石油化学工业基础知识丛书

炼油设备基础知识

（第三版）

马秉骞　主编

史有麟　王聚才　卢世忠　编

U0264101

中国石化出版社

内 容 提 要

从生产实际出发，本书以定性分析理论为主，突出结论和应用。对炼油生产中的常用设备，从结构特点、作用原理、使用维护等方面做了详细的介绍。全书共分 9 章，包括：液体、气体输送设备；加热、冷换、传质、反应、储存等工艺设备；管道、阀门及过滤机、烟气轮机、套管结晶器、工业汽轮机等配套辅助设备。

本书适用于炼油、化工企业工程技术人员和生产管理人员阅读，同时可作为企业员工培训教材，也可供高等院校师生参考。

图书在版编目(CIP)数据

炼油设备基础知识/马秉骞主编. —3 版 . —北京：中国石化出版社,2019.7(2024.9 重印)
ISBN 978 - 7 - 5114 - 5258 - 0

Ⅰ.①炼… Ⅱ.①马… Ⅲ.①石油炼制 - 机械设备 - 教材　Ⅳ.①TE96

中国版本图书馆 CIP 数据核字(2019)第 094104 号

中国石化出版社出版发行

地址：北京市东城区安定门外大街 58 号
邮编：100011　电话：(010)57512500
发行部电话：(010)57512575
http://www.sinopec-press.com
E-mail:press@ sinopec.com
北京科信印刷有限公司印刷
全国各地新华书店经销
*
850×1168 毫米 32 开本 16.75 印张 430 千字
2019 年 7 月第 3 版　2024 年 9 月第 3 次印刷
定价：68.00 元

第三版前言

本书第二版自 2009 年出版以来，深受各方面特别是炼油化工生产一线工程技术人员和管理人员的青睐。随着炼油设备技术的不断发展，相关技术标准和规范也发生了较大变化。为此，应出版社的要求，在征求多方面意见的基础上进行了修订，形成了第三版。

本次修订：一是根据最新的标准规范对相应内容进行了修改；二是对部分内容、包括图表，重新进行了编写和修改，修改和删减了个别表述不够准确的内容；三是修正了第二版在编写、编辑、校对及印刷等方面的小差错。

本次修订由兰州石化职业技术学院马秉骞教授任主编。其中，绪论、第一章、第三章、第四章、第五章由马秉骞修订，第二章的第一、二、三、五节及第九章的第一节由史有麟修订，第六章、第七章及第九章的第二、三节由王聚才修订，第二章的第四节及第九章的第四节由兰州石化公司卢世忠修订，第八章由兰州石化公司马雯修订。全书统稿工作由马秉骞完成。

因编者水平和资料所限，虽经努力但疏漏在所难免，请广大读者和同行批评指正。

第一版前言

炼油生产是石油工业的重要组成部分。在炼油厂中，原油经过各种工艺过程的加工可得到不同类型的产品，而各种工艺过程都是通过不同的设备来实现的。所以，炼油厂的各种生产装置都是由不同类型的设备所构成，炼油设备性能的优劣及使用者对其掌握的程度，将直接关系到炼油生产的正常进行。

本书以生产实际为出发点，对炼油生产中常用的设备，从结构特点、作用原理、使用维护等方面做了较为详细的介绍。包括：液体、气体输送设备；加热、冷换、传质、反应、储存等工艺设备；管道、阀门及过滤机、烟气轮机、套管结晶器等配套辅助设备。

本书编写过程中，力求体现"简明扼要、通俗易懂"的原则，理论上以定性分析为主，避免烦琐的数学推导，注重结论和应用；配备了适量的机器、设备简图和相关表格，以增加直观性且方便阅读。

本书适用于炼油、化工企业生产一线的工程技术人员和生产管理人员阅读，也可作为企业员工的培训教材、高等职业院校相关专业的教材及教学参考书。

本书绪论、第四、五、八章由马秉骞编写，第一、二章及第九章第一节由史有麟编写，第六、七章及第九章第二、三节由王聚才编写，第三章由王仰东编写。全书由马秉骞主编，王明庆主审。

　　本书编写中参考了一些相关书目及标准规范，主要参考资料列于书后。在此，对有关作者一并表示感谢。

　　因编者水平所限，错误及欠妥之处恳请读者批评指正。

目 录

绪　　论

一、炼油工业在国民经济中的地位

石油是从地下开采出来的可燃性有机物，石油炼制工业是把采集到的石油经过一系列工艺过程的加工，得到汽油、煤油、柴油、润滑油、石蜡和石油焦等产品的过程，它是整个石油工业的重要一环。石油工业的发展与其他工业以及人民生活息息相关。

（一）促进动力机械和交通运输业的发展

石油产品为动力机械和交通运输业提供了各种优质燃料，同时也提供了机械工业所必需的绝大部分润滑剂。汽车、飞机及农用拖拉机等各类交通运输工具，大型发电机组及各种精密仪器等机械，如果没有石油炼制工业提供大量品质优良的具有各种不同性能的燃料和润滑剂，那它们将是无法运转的。

（二）促进农业现代化的发展

随着我国农业现代化的迅速发展，不但农用拖拉机、播种机、收割机、排灌等各种机械所需要的柴油用量日益增加，而且所需要的化学肥料和杀虫除草剂等农药也都需要石油炼制工业提供原料。同时随着石油化工技术的发展，可使用石油产品代替动植物油脂生产脂肪酸，代替粮食生产丙酮、酒精、丁醇以及生产合成橡胶和畜用蛋白质等。

（三）促进化学工业和材料科学的发展

石油炼制工业提供了大量的化工原料，从而改变了基本有机合成工业的原料路线，使化工生产的结构发生了根本的变革。有效地促进了与高分子化学技术相结合的合成橡胶、合成纤维和合成塑料等新型材料工业的发展。生产出多种特殊功能的材料、结构材料和复合材料，用以代替各种合金钢，开辟了新的材料来源，解决了许多新技术发展所需要的具有各种特殊性能的新材料的需求。

（四）促进国防工业的发展

现代化的国防绝大部分是以石油产品为其动力来源的。导弹、飞机、舰艇、坦克及装甲车等多种军用机械与各种现代化武器，多以石油产品作为燃料、润滑剂及其制造的特殊材料。

二、炼油工艺对设备的基本要求

炼油生产装置中的各种设备是为了实现确定的生产工艺而配置的。随着生产工艺的改进和新工艺的出现，对设备提出了新的、更高的要求，促进了设备的发展，而设计合理、性能优良的设备又为先进的工艺过程的实现提供了保证。不同的工艺所使用的设备不同，对设备的要求也不尽相同，但概括起来有如下三方面的要求。

（一）满足工艺要求

设备是为工艺服务的，所以首先应满足工艺所提出的各项要求。如流体输送设备应能按要求输送工艺需要的流体；反应设备应能在规定的温度、压力、浓度等条件下进行所需要的化学反应，且反应率及反应速度达到工艺要求；传质设备应能将处于混合状态的物料实施分离，并达到工艺要求的分离效果和处理能力；换热设备应能在规定的流量和温度条件下实施规定的热量交换等。

（二）安全可靠地运行

炼油生产的原料、产品及使用的催化剂、添加剂，大多都是易燃、易爆、有毒及腐蚀性的物质，而且生产过程一般都是在一定的压力、温度甚至于高温、高压下进行的，一旦发生事故，不仅设备本身遭到破坏，往往还会诱发一连串恶性事故，造成重大人身伤亡和经济损失，所以生产的安全性尤为重要。

为了确保设备安全可靠运行，首先要求其具有足够的强度、刚度和良好的密封性。强度是指设备在载荷作用下抵抗破坏的能力，每台设备不论壳体或部件，都应该有足够的强度以保证正常操作和人员安全；刚度是指设备在载荷作用下抵抗变形的能力，刚度不足同样也会使设备丧失工作能力，如在减压下操作的设备若刚度（稳定性）不足，将由于失稳（失去原有形状）而不能正常工作；密封性对炼油设备来说也是非常重要的，易燃、易爆、有毒性及强腐蚀的介质若泄漏出来，不仅给环境带来严重污染，使人员的健康受到严重的损害，而且还可能引发火灾、爆炸等恶性事故，对于真空设备即使其壳体内无有毒介质，但若密封不严漏进空气，破坏了真空，也是不允许的，所以要求设备在操作时应该严密不漏。

保证设备安全可靠运行除了对设备本身的要求外，还需从使用和日常操作方面着手。配备合格的操作人员和具有相关知识及技能的管理人员，严格执行操作规程、加强日常维护，按有关规定对设备主体以及安全附件定期进行检查、检验和维修，及时发现和消除不安全因素，保证设备的安全运行。

（三）结构简单、造价低廉、操作维护方便

炼油设备在炼油厂投资中占有很大的比重，设备的投入费用是产品的成本之一，所以在满足工艺要求和安全运行的前提下，设备的结构要简单、尽量采用标准型号和通用零部件，这样既可使设备本身的制造成本较小，而且操作维护也较为方便，减少了操作的动力消耗和维护费用，降低了石油产品的成本，提高了经济效益。另外还要求设备具有良好的运转性能，无噪声及振动、能连续进行操作、自动化程度高且易于维持等。

三、炼油设备的类型

炼油装置是由一定的设备，按工艺需要组成的。各种工艺装置的任务不同，所采用的设备也不尽相同。按在生产中的作用可将炼油设备大致分为流体输送设备、加热设备、换热设备、传质设备、反应设备及储存设备等几种类型。

（一）流体输送设备

流体输送设备的作用是将原油、成品油、水、石油气、空气等各种液体和气体从一个设备输送到另一个设备，或者使其压力升高以满足炼油工艺的要求。包括各种泵、压缩机、鼓风机以及与其配套的管线和阀门等。这类设备一个共同的特点就是它可以用于许多场合，不仅限于炼油或化工生产，因此也称其为通用设备。

在炼油厂中，机泵、阀门和管线的用量是很大的。例如在常减压装置中，泵的投资占总投资的 5% 左右；催化裂化装置中"三机"（增压鼓风机、气体压缩机、主风机）的投资约占总投资的 7% ~ 8%；加氢裂化装置中机泵的动力消耗相当于整个装置的 60%。一个工艺装置所需的阀门数以千计，管线的总长可达上万米。所以常把流体输送设备喻为炼油厂的"动脉"。

（二）加热设备

将油品加热到一定的温度，使其汽化或为油品进行反应提供足够热量的设备称为加热设备。在炼油厂中通常采用的加热设备是管式加热炉，它是一种火力加热设备，按其结构特征有圆筒炉、立式炉及斜顶炉等。加热炉在炼油厂建设和生产中都占有重要的地位，一般用作加热炉的自用燃料约占全厂原油加工量的 3% ~ 8%；在炼油装置中，加热炉的投资费用约占总建设费用的 10% ~ 14%，总设备制造费用的 30% 以上，钢材耗量占装置钢材总耗量的 20% 左右。

（三）换热设备

将热量从高温流体传给低温流体，以达到加热、冷凝、冷却油品，并从中回收热量、节约燃料的设备称为换热设备。换热设备的种类很多，按其使用目的有加热器、换热器、冷凝器、冷却器及再沸器等；按换热方式可分为直接混合式、蓄热式和间壁式。在炼油厂中，应用最多的是各种间壁式换热设备。换热设备的钢材耗量占炼油厂工艺设备总重量的40%左右；投资费用约占工艺设备总投资的35%～40%。一个年处理量250万吨的炼油厂所需的换热设备约200余台。

（四）传质设备

传质设备的作用是利用介质之间的某些物理性质不同，如沸点、密度、溶解度等，将处于混合状态的物质中的某些组分分离出来。在进行分离的过程中物料间发生的主要是质量的交换，故称其为传质设备。这类设备就其外形而言，大多都呈细而高的塔状，所以通常也叫塔设备或塔器，如精馏塔、吸收塔、解吸塔、萃取塔等。按结构组成，塔设备可分为板式塔和填料塔，其中板式塔应用较多。在炼油厂中，塔设备约占工艺设备总投资的25%～30%，钢材耗量的20%～30%。

（五）反应设备

反应设备的作用是完成一定的化学和物理反应，其中化学反应是起主导和决定作用的、物理过程是辅助的或伴生的。反应设备在炼油厂的应用也是很多的，如催化裂化、催化重整、加氢裂化、加氢精制等装置，都要采用不同类型的反应器。反应设备的种类有多种，有的已经标准化、如夹套式搅拌反应器，这种反应器在化工生产中用的较多。炼油厂中使用的反应设备绝大多数都是根据不同装置的具体特点和工艺要求而设计制作的专用工艺设备。

（六）储存设备

用于储存各种油品、石油气及其他液体或气体物料的设备称为储存设备或储罐。按其结构特征有立式储罐、卧式储罐及球形储罐等。球形储罐用于储存石油气及各种液化气，大型卧式储罐用于储存压力不太高的液化气和液体，小型的卧式和立式储罐主要作为中间产品罐和各种冷凝罐用。在炼油厂用量最多的是大型立式储油罐，按其罐顶的构造不同可分为拱顶油罐、外浮顶油罐及内浮顶油罐等。

上述各种设备中有的主要用于炼油、化工类生产装置，如加热炉、反应设备、塔设备、换热设备等，称为工艺设备；有些则不仅可用于炼油、化工生产中，还可用于其他方面，如各种泵、压缩机、风机及阀门等，称为通用设备。

第一章 液体输送设备

在炼油生产过程中，由于其原料、中间产品和最终产品绝大部分都是液体，因此，液体的输送是炼油生产过程不可缺少的重要环节。通常将液体输送设备称为泵，泵是炼油过程中使用最多的设备之一，泵的性能好坏将直接影响到生产的正常进行，如果泵出现故障，整个生产系统就会停止工作。因此，对泵的可靠性要求很高。另外，由于泵消耗的电量大，生产过程中使用的台数又较多，泵的运行效率的高低将直接关系到产品的生产成本，故在泵的选择及运行过程中应特别注意使泵在各自的高效工作区内工作，以避免电能的浪费。

泵不仅使用在炼油生产过程中，而且在国民经济各部门中，不论是重工业还是轻工业，农业或是国防工业都在广泛地使用泵，到处都可以看到泵在运行，因此，泵也是一种通用机械设备。

第一节 泵的分类

由于泵的用途十分广泛，被输送液体的性质有时差异也很大，不同的工作场合对泵的流量和压力要求又不同，为了满足各种场合对泵的性能要求，泵的种类十分繁多，通常可按工作原理、用途及其所能提供的扬程对泵进行分类。

一、根据工作原理分类

根据泵的工作原理可将其分为容积式泵、叶片式泵和其他类型泵三大类。

（一）容积式泵

容积式泵依靠体积产生周期性变化的工作容积吸入和排出液体，当工作容积增大时，泵吸入液体；减小时，泵排出液体。根据工作机构的运动特点又将这种类型泵分为：

1. 往复式泵　往复式泵的工作机构做往复运动。属于这种类型的泵有活塞泵、柱塞泵、隔膜泵等。

2. 回转式泵　回转式泵的工作机构做定轴转动。属于这种类型的泵有齿轮泵、螺杆泵、滑片泵等。

（二）叶片式泵

叶片式泵都是依靠一个或数个高速旋转的叶轮推动液体流动，实现液体输送的。根据液体在泵内的流动方向又将叶片式泵分为：

1. 离心泵　液体在泵内作径向流动，推动液体流动的力为叶轮旋转时产生的离心力。

2. 轴流泵　液体在泵内作轴向流动，推动液体流动的力为叶轮旋转时产生的轴向推力。

3. 混流泵　液体在泵内与泵轴成一定角度流动，推动液体流动的力为叶轮旋转时产生的离心力与轴向推力的合力。

4. 旋涡泵　液体在泵内作纵向旋涡流动，依靠叶轮旋转时推动液体产生的旋涡运动吸入和排出液体。

（三）其他类型泵

其他类型泵大都是依靠另一种流体（液、气）的静压能或动能来输送液体的。因此，又称为流体动力作用泵，如喷射泵、水锤泵等。

二、根据具体用途分类

根据泵所输送液体的名称或在工艺过程中的具体用途直接对泵命名，如清水泵、污水泵、泥浆泵、砂泵、耐酸泵、热油泵、低温泵、热水循环泵、锅炉给水泵等。

三、根据泵所提供的扬程分类

扬程在 600m 以上的泵，称为高压泵，扬程在 200～600m 之间的泵称为中压泵，扬程在 200m 以下的泵称为低压泵。

根据工作原理分类的各种泵，其适用范围见图 1－1，选泵时可作为参考。由图中可看出，离心泵等叶片式泵适用于需要大中流量和中低扬程的场合，往复泵等容积式泵适用于需要小流量和高扬程的场合，其他类型泵使用则较少。

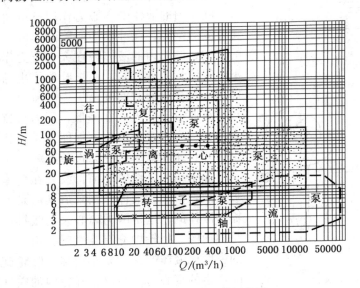

图 1－1　各种类型泵的适用范围

第二节　离心泵

离心泵由于流量均匀，适用范围宽，结构简单，制造成本低，并且运转可靠，易于操作，因此，得到了广泛的应用。在炼油装置中使用的泵大多数为离心泵。但离心泵也存在一些不足之处，如无干吸能力，输送高黏度液体时效率下降明显，难以满足小流量，高扬程的需要等。

一、离心泵的工作原理及分类

（一）离心泵的工作原理

离心泵的工作原理如图1–2所示，其主要工作部件是叶轮。

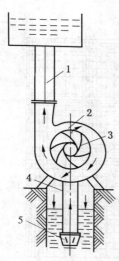

泵启动前要先将泵灌满液体，这样泵启动后，叶轮内的液体受离心力作用被甩向叶轮外围的蜗壳，在叶轮中心附近形成一定的真空，储槽内的液体便在大气压力作用下经吸液管流入叶轮，而被叶轮甩出的液体由于是在流通截面逐渐扩大的流道中流动，流速沿流动方向在降低，压力沿流动方向在提高，于是液体不但能从排液管排出，并且还能输送到一定的高度。

如果离心泵在启动前，没有在泵体和吸排液管中灌满液体，则泵启动后是不能输送液体的，这是因为离心泵的吸排液口是相通的，叶轮中充有空气时，由于空气的密度比液体的密度要小得多，叶轮旋转时产生的离心力不足以将叶轮内的空气甩出，叶轮进口处形不成较高的真空，因此，泵吸不上液体。所以，离心泵在启动

图1–2　离心泵的
工作原理
1—排液管；2—泵体；
3—叶轮；4—吸液管
5—底阀（单向阀）

前必须灌泵或将叶轮内的空气抽出。

（二）离心泵的分类

1. 按照叶轮的数目分类　只装有一个叶轮的泵称为单级泵，装有两个以上叶轮的泵称为多级泵。一个叶轮以及与其配套的固

定元件称为一个级，级数越多的泵，扬程越高。

2. 按照叶轮的吸液方式分类　所装叶轮只从一侧吸液的泵称为单吸泵，所装叶轮从两侧吸液的泵称为双吸泵，双吸泵流量较单吸泵大。

3. 按照泵壳的剖分方式分类　泵体在通过泵轴中心线的平面上剖分的泵称为中开式泵，泵体在垂直于泵轴中心线的平面上剖分的泵称为分段式泵，分段式泵均为多级泵，各段泵体用长螺栓紧固在一起。

离心泵还可以按泵体的形状分为蜗壳泵和导叶泵，按驱动方式分为电动泵、汽动泵和手动泵等。

二、离心泵的基本构造

离心泵的结构形式很多，但其基本构造主要由叶轮、泵轴、泵体、泵盖、密封环、轴封装置、平衡装置和托架组成。图1-3所示为最常见的单级单吸悬臂式离心泵，图中叶轮装在泵轴上，

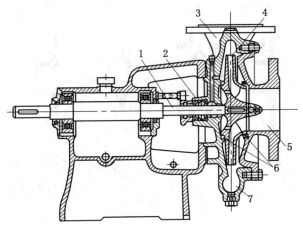

图1-3　单级单吸悬臂式离心泵

1—泵轴；2—轴封装置；3—排液管；4—叶轮；5—吸液管；6—密封环；7—泵壳

泵体上泵轴穿过的部位设有轴封装置，泵盖用螺栓紧固在泵体上，泵盖上对着叶轮入口处设有密封环，泵盖上还设有吸液管。泵体呈蜗壳状，安装在托架上，排液管设在泵体上。托架内装有支承泵轴的轴承，轴承用黄油或托架内的机械油润滑。

（一）叶轮

离心泵输送液体主要靠叶轮的作用，叶轮的结构形式主要有闭式、开式和半开式三种，如图 1 - 4 所示。闭式叶轮由前后盖板和叶片组成，吸入口一侧的盖板称为轮盖，另一侧称为轮盘，两盖板间有圆弧形叶片，叶片的弯曲方向与叶轮的转向相反。叶片与两盖板共同构成叶轮流道。闭式叶轮有单吸和双吸两种结构，双吸叶轮的两侧盖板形状相同，用在双吸泵中。闭式叶轮因其容积效率高，应用较广泛，但因其流道易堵塞，只适用于输送清洁液体。开式叶轮由轮毂和叶片组成，叶片根部有筋板与轮毂相连。这种叶轮容积效率低，因其流道不易堵塞，适用于输送含有固体颗粒或纤维的液体。半开式叶轮由轮毂、叶片及后盖板组成，其性能介于闭式和开式之间。

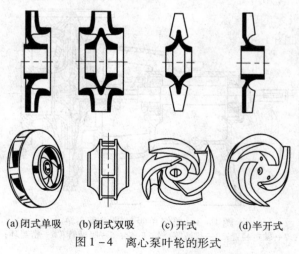

(a)闭式单吸　　(b)闭式双吸　　(c) 开式　　(d)半开式

图 1 - 4　离心泵叶轮的形式

（二）泵体

泵体的作用是汇集被叶轮甩出的液体，并使液体在泵体中截面逐渐扩大的流道内流动的过程中，降低流速，提高压力。另外，液体通过泵体被引向排液管，最终从泵中排出。泵体的结构有蜗壳、导轮和双层蜗壳三种形式。蜗壳的轮廓呈螺旋线形，内部流道截面逐渐扩大，排液管出口呈扩散管状，其结构如图1-5所示，液体以叶轮流出后在蜗壳内平缓地减速流动，使部分动能转化为静压能。蜗壳的优点是制造方便，在流量改变时仍可保持较高的效率，但由于其形状

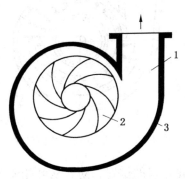

图1-5 蜗壳的结构形式
1—扩散管；2—叶轮；3—蜗壳

不对称，转子受到径向力的作用，在高扬程的泵中，易造成泵轴的弯曲，一般单级泵和多级泵的首尾段都采用蜗壳。

多级泵的中段泵体一般采用导轮，导轮是一个固定的圆盘，其结构如图1-6所示，导轮内正对着叶轮入口的位置设有正向导叶，正向导叶的弯曲方向与叶轮叶片的弯曲方向相反。在正向导叶的背面设有反向导叶，反向导叶的弯曲方向与叶轮叶片的弯曲方向相同。液体在正向导叶构成的流道内作减速增压流动；流出后经转弯流入反向导叶构成的流道，在反向导叶的引导下

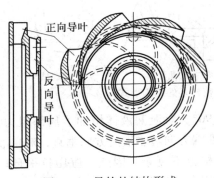

正向导叶

反向导叶

图1-6 导轮的结构形式

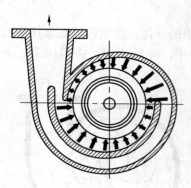

图 1 - 7　双层蜗壳的结构形式

流入下一级叶轮。

双层蜗壳如图 1 - 7 所示，在单蜗壳的流道内加一隔舌，将单蜗壳流道分隔为两个，每个流道包围叶轮 180°，这样两流道对叶轮产生的径向力相互抵消，避免了造成泵轴弯曲。双层蜗壳多用在尺寸较大、扬程较高的离心泵中。

（三）密封环

密封环设在泵盖上正对着叶轮入口的位置，防止从叶轮流出的液体漏回叶轮入口。密封环的结构形式有平环、角环和迷宫式环三种，如图 1 - 8 所示。平环结构简单，但因对液体的密封作用主要依靠密封间隙的沿程摩擦阻力，密封效果较差，并且由于泄漏液体的流动方向与叶轮入口的主液流方向相反，易使主液流边缘产生旋涡，造成液流的能量损失。这种密封环的径向间隙 s 一般在 $0.1 \sim 0.2 \mathrm{mm}$ 之间。

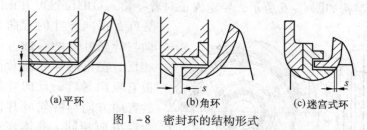

(a)平环　　　　　(b)角环　　　　　(c)迷宫式环

图 1 - 8　密封环的结构形式

角环由于密封间隙转弯 90°，对泄漏液体增加了局部阻力，密封效果较平环好，且由于泄漏方向与主液流方向垂直，对主液流的流动干扰较平环小，结构也不复杂，因此，应用较平环广泛。角环的径向间隙和平环相同，轴向间隙 s 考虑到转子在工作过程中可能产生窜动，一般取 3～7mm。迷宫式密封环由于泄漏液体路径曲折，阻力较大，因此密封效果好，但由于结构复杂，制造成本高，在一般离心泵中应用较少。

离心泵在使用过程中密封环被磨损，泄漏量增大，影响泵的效率，因此在密封环磨损并且间隙超过允许值时，应及时进行维修或更换密封环。

（四）轴封装置

在泵轴穿越泵体的位置设轴封装置，目的是防止泵内液体向泵外泄漏或泵外空气漏入泵内。轴封装置有填料密封和机械密封两种类型。老式的离心式水泵大多采用填料密封，其结构形式如图 1-9 所示，在填料箱内的泵轴上装有两组软填料，中间有一水封环将两组填料分开，当填料压盖压紧填料时，填料贴紧泵轴表面起密封作用。泵工作时可从泵的吸入口或直接将自来水引水封环形成水封，对填料起润滑及冷却作用，填料密封的密封性能与压盖的松紧程度有关，压盖压紧时，密封可靠，但泵轴与填料的摩擦加剧，填料磨损快，反之，密封性差，填料磨损也慢。对于水泵，压盖的松紧程度以泵轴转动灵活，泵工作时轴封处仅有滴状渗漏为宜。

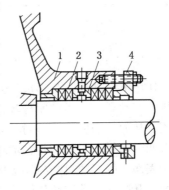

图 1-9　填料密封
1—填料箱；2—填料；
3—水封环；4—填料压盖

填料的材料多为用石墨或黄油浸透的棉织物或石棉，在输送石油产品的离心泵中多用金属箔包石棉芯子的填料。

机械密封也叫端面密封，由于具有泄漏量小、使用寿命长、功率损耗小、不需要经常维修等优点，被广泛应用于各种形式的离心泵中，但是机械密封的制造较复杂、精度要求高、价格贵，

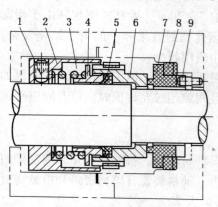

图 1-10　机械密封

1—传动螺钉；2—传动座；3—弹簧；
4—推环；5—动环密封圈；6—动环；
7—静环；8—静环密封圈；9—防转销

同时安装技术要求也高。

机械密封的基本结构如图 1-10 所示，在填料箱内的泵轴上装有传动座，传动座用传动螺钉固定在泵轴上，在推环与传动座之间装有大圆柱弹簧，推环压紧动环密封圈，动环上开有导向槽，传动座的导向拨叉伸入其中，使推环与动环随传动座同步转动。静环装在压盖上，由于防转销的作用，静环不会转动。动环在弹簧力的作用下与静环贴紧形成密封端面。泵工作时动环上作用的液体压力使动环进一步贴紧静环，并在密封端面内形成一层极薄的液膜，从而达到良好的密封效果。图 1-10 所示机械密封装置中共有四个密封点，分别是：动环与静环的贴合面，动环密封圈与泵轴表面，静环密封圈与压盖的密封面，压盖与填料箱端部的密封面。其中，只有动环与静环的贴合面为动密封，其余均为静密封。

（五）平衡装置

单吸式叶轮由于两侧几何形状不对称，泵工作时，叶轮入口半径圆以外两侧压力相等，相互抵消，但在入口半径圆以内，入口一侧为叶轮的吸入压力，另一侧为叶轮的排出压力，因此，在叶轮上产生了一个指向叶轮入口的轴向力，如图 1-11 所示，由于轴向力的存在使泵的转子向叶轮吸入口一侧窜动，造成叶轮入口外缘与密封环摩擦，影响泵正常工作。

在单级泵中，由于轴向力不是很大，常采用在叶轮上开平衡孔或安装平衡叶片的方法平衡轴向力。叶轮上开平衡孔的离心泵

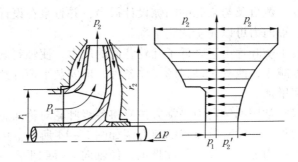

图 1-11　离心泵轴向力示意图

如图 1-12 所示，在叶轮轮盘上相对于吸液口处对称开几个平衡孔，将吸液口两侧空间连通，这样可以大大减小吸液口两侧的压力差，起到平衡轴向力的作用。为了减小由于开平衡孔而产生的内泄漏，在叶轮轮盘上铸有密封环，其与泵体上的密封环相互构成密封，减小液体从叶轮出口经平衡孔至叶轮入口的泄漏。

　　在叶轮上安装平衡叶片的方法是在轮盘背面铸造几条径向对称的筋条状叶片，如图 1-13 所示，叶轮转动时，平衡叶片推动轮盘背面的液体旋转产生离心力，使叶轮背面压力降低。如果

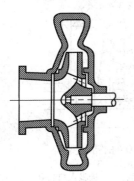

图 1-12　叶轮上开有
平衡孔的离心泵

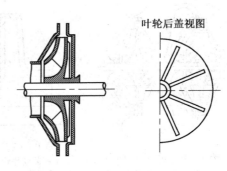

图 1-13　带有平衡叶片的叶轮

叶片长度、数目及与泵壳的间隙设计得当，并且泵在设计工况下运行时，轴向力可以完全达到平衡。

安装平衡叶片由于降低了叶轮背面的压力，使轴封装置的密封压力差减小，改善了轴封的工作条件，但安装平衡叶片会使泵的轴功率增加。

多级泵常用的轴向力平衡方法有将各级叶轮对称布置和采用平衡盘两种。叶轮对称布置的离心泵如图 1 - 14 所示。由于相邻叶轮的轴向力方向相反，彼此抵消，使轴向力得到平衡。在叶轮数目为偶数并用蜗壳转能导流的中开式离心泵中常采用这种方法。当叶轮数目为奇数时，第一级可采用双吸叶轮，其余各级对称布置。

对于级数较多的垂直剖分式离心泵，均采用平衡盘装置平衡轴向力。平衡盘装置由装在末级叶轮后泵轴上的平衡盘和装在尾段泵体上的平衡环及平衡套组成，如图 1 - 15 所示。在平衡盘与平衡套之间有一径向间隙 b_0，平衡盘后的平衡室与泵吸入口用管子连通。泵工作时，从最后一级叶轮流出的液体经径向间隙

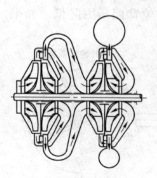

图 1 - 14　叶轮对称布置的多级离心泵

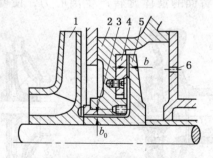

图 1 - 15　多级泵的平衡盘装置
1—末级叶轮；2—尾段　3—平衡套；
4—平衡环；5—平衡盘；6—接吸入口管孔

b_0漏到平衡盘的工作面上，而平衡盘非工作面上作用的则是平衡室内的吸入口压力，由于末级叶轮的排出压力显然大于泵的吸入口压力，因此，在平衡盘上产生了一个与叶轮轴向力方向相反的平衡力。泵工作时，此平衡力的大小会随轴向力的变化而变化，当叶轮轴向力大于平衡力时，转子带着平衡盘向前窜动，使平衡盘与平衡环之间的轴向间隙b减小，平衡盘工作面上压力升高，平衡力自动增大，当平衡力小于轴向力时，转子带着平衡盘向后窜动，轴向间隙b增大，平衡盘工作面上的压力降低，平衡力自动减小。由于运动的转子具有惯性，因此，泵工作时转子始终在某一平衡位置左右摆动，不会停在平衡位置上。

三、离心泵的主要性能参数

表示离心泵工作性能的参数叫做离心泵的性能参数。离心泵的主要性能参数有流量、扬程、功率、效率、允许吸上真空度以及允许汽蚀余量等。

（一）流量

1. 实际流量 Q　离心泵的实际流量也称为泵的流量，指在单位时间内从泵的排液管排出的液体体积量。其常用单位是 m^3/s、L/s 或 m^3/h，其大小可在泵的排液管路中直接用流量计测量，泵的铭牌上所标流量为离心泵在设计工况点工作时的流量，不是泵的最大流量。

2. 理论流量 Q_T　离心泵的理论流量是在单位时间内流过泵的做功部件（叶轮）的液体体积量。由于泵内存在从叶轮流出后仍漏回叶轮的内泄漏，也存在不经排液管而漏至泵外的外泄漏，因此，泵的理论流量大于实际流量。

（二）扬程

1. 实际扬程 H　离心泵的实际扬程一般就称为泵的扬程，指单位重量液体流过泵时增加的能量。单位是 J/N，化简后为

m。虽然泵的扬程单位和高度单位相同，但不能简单地将其理解为泵所能提升液体的高度。由于液体流过泵时增加的能量为机械能，包括静压能、动能和位能，其中的一部分用于提高液体压

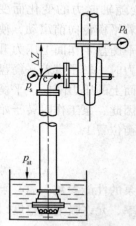

力，一部分用于增加液体流速，还有一部分用于克服流动阻力，剩下的部分才能用于提升液体的高度，因此，泵所能提升液体的高度小于其扬程。一般离心泵的扬程都随流量增大而降低，泵铭牌上所标扬程为泵在设计工况点工作时的扬程，不是泵的最大扬程。

对于一台使用中的离心泵，要想确定其在一定流量下的扬程时，如图 1 – 16 所示，可在泵的吸液口处安装真空表，排液口处安装压力表，并测出吸液口安装真空表处至排液口安装压力表处的垂直距离，根据排液管路中的流量计确定流量后，对应的扬程可按下式计算：

图 1 – 16　离心泵扬程
测定装置

$$H = \frac{p_d - p_s}{\rho g} + \Delta Z + \frac{C_d^2 - C_s^2}{2g}, \text{m} \qquad (1-1)$$

式中　p_s、p_d——分别为泵吸排液口处的压力，Pa；

　　　C_s、C_d——分别为泵吸排液口处的流速，m/s；

　　　　ρ——泵内液体的密度，kg/m^3；

　　　　g——重力加速度，取 $g = 9.81\text{m/s}^2$；

　　　ΔZ——吸排液口之间的垂直距离，m。

2. 理论扬程 H_T　离心泵的理论扬程指叶轮对流过其流道的单位重量液体供给的能量。由于液体流过泵内流道时要产生沿程摩擦损失、局部阻力损失和冲击损失，所以，理论扬程大于实际扬程。

（三）功率

1. 有效功率 N_e　有效功率是离心泵的输出功率，即泵的输入功率中被有效利用的那部分功率。其值按下式计算：

$$N_e = \frac{QH\rho g}{1000}, kW \qquad (1-2)$$

式中　Q——离心泵的流量，m^3/s；

　　　H——与式中流量对应的扬程，m；

　ρ、g——意义和单位同式（1-1）。

2. 水力功率 N_i　水力功率是叶轮供给流过泵内流道液体的功率，其值按下式计算：

$$N_i = \frac{Q_T H_T \rho g}{1000}, kW \qquad (1-3)$$

式中　Q_T——泵的理论流量，m^3/s；

　　　H_T——泵的理论扬程，m；

　ρ，g——意义和单位同式（1-1）。

3. 轴功率 N　轴功率是离心泵的输入功率，即原动机传给泵轴的功率。由于泵轴在将此功率传给叶轮的过程中要与轴承、轴封产生机械摩擦，叶轮将接受的功率进一步传给液体的过程中，其表面还要和液体产生机械摩擦，若将总机械摩擦消耗的功率记为 N_m，则轴功率 N 为水力功率 N_i 与机械摩擦耗功率 N_m 之和，即：

$$N = N_i + N_m \qquad (1-4)$$

（四）效率

1. 容积效率 η_V　容积效率是衡量泵泄漏量大小的性能参数，定义为实际流量与理论流量之比，即：

$$\eta_V = \frac{Q}{Q_T} \qquad (1-5)$$

2. 水力效率 η_h　水力效率是衡量泵内流动阻力损失大小的

性能参数，定义为实际扬程与理论扬程之比，即：

$$\eta_h = \frac{H}{H_T} \qquad (1-6)$$

3. 机械效率 η_m　　机械效率是衡量泵内机械摩擦损失大小的性能参数，定义为水力功率与轴功率之比，即：

$$\eta_m = \frac{N_i}{N} \qquad (1-7)$$

4. 泵的总效率 η　　泵的总效率一般就称为泵的效率，是衡量泵工作时经济性能高低的综合性能参数，等于有效功率与轴功率之比，也等于容积效率、水力效率和机械效率的乘积。即：

$$\eta = \frac{N_e}{N} = \frac{\rho g Q H}{N} = \eta_v \eta_h \eta_m \qquad (1-8)$$

一般离心泵的效率统计值见表 1-1。

表 1-1　离心泵效率统计值

效率 类　型	η_v	η_h	η_m
大流量泵	0.95~0.98	0.95	0.95~0.97
小流量低压泵	0.90~0.95	0.85~0.90	0.90~0.95
小流量高压泵	0.85~0.90	0.80~0.85	0.85~0.90

（五）允许吸上真空度及允许汽蚀余量

1. 吸上真空度 H_{sc} 和 $[H_s]$　　离心泵的吸液装置如图 1-17 所示，在泵的吸液管路其他条件不变的情况下，提高泵的安装高度或降低吸液池液面压力，都会降低泵的入口压力，由于泵内叶轮的叶片进口 K 处压力较泵入口更低，当泵入口压力下降到临界值时，

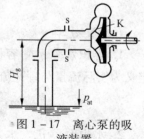

图 1-17　离心泵的吸液装置

叶轮叶片进口 K 处的压力已下降到等于工作温度下液体的饱和蒸气压,此时,叶片进口 K 处的液体开始汽化,泵进入所谓的汽蚀临界状态。泵入口的真空度也达到最大值,此最大值称为临界吸上真空度,记为 H_{sc},定义 H_{sc} 为:

$$H_{sc} = \frac{p_{at} - p_{sc}}{\rho g}, \text{m} \qquad (1-9)$$

式中 p_{at}——标准大气压,Pa;

p_{sc}——泵入口的临界压力,Pa;

ρ、g——意义与单位同式(1-1)。

泵入口的临界压力只略大于工作温度下液体的饱和蒸气压,为了避免泵工作时发生汽蚀,泵的入口压力应高于临界压力,考虑一定安全裕量后的临界吸上真空度称为允许吸上真空度,记为 $[H_s]$,定义 $[H_s]$ 为:

$$[H_s] = H_{sc} - 0.3, \text{m} \qquad (1-10)$$

式中 H_{sc}——临界吸上真空度,意义与单位同式(1-9)。

允许吸上真空度是在保证泵内不发生汽蚀的条件下,以米水柱为单位的允许泵入口压力低于标准大气压的最大值。泵铭牌上所标的允许吸上真空度是泵在设计工况点工作时的允许吸上真空度。泵工作时如果入口真空度小于或等于允许吸上真空度,则可以避免泵发生汽蚀。

2. 汽蚀余量 Δh_r 和 $[\Delta h_r]$ 汽蚀余量也是反映离心泵吸入特性的性能参数。当泵随着吸入口压力下降进入到汽蚀临界状态时,叶轮叶片进口 K 处的压力下降为工作温度下液体的饱和蒸气压,在汽蚀临界状态下泵吸入口处压力高出液体饱和蒸气压之值,称为泵的必须汽蚀余量,也叫做最小汽蚀余量,记作 Δh_r,定义 Δh_r 为:

$$\Delta h_r = \frac{p_{sc} - p_{st}}{\rho g}, \text{m} \qquad (1-11)$$

式中　p_{sc}、ρ、g——意义及单位同式(1-9);

　　　　　p_{st}——工作温度下液体的饱和蒸气压,Pa。

　　在离心泵的使用过程中,为了避免泵发生汽蚀,泵的汽蚀余量应大于必须汽蚀余量,考虑一定安全裕量后的必须汽蚀余量称为允许汽蚀余量,记为[Δh_r],定义[Δh_r]为:

$$[\Delta h_r] = \Delta h_r + 0.3, \mathrm{m} \qquad (1-12)$$

式中　Δh_r——必须汽蚀余量、意义和单位同式(1-11)。

　　泵铭牌上所标的允许汽蚀余量是泵在设计工况点工作时的允许汽蚀余量,泵工作时如果吸入口处的汽蚀余量大于或等于允许汽蚀余量,则可以避免泵工作时发生汽蚀。

四、离心泵的工作点及流量调节

　　离心泵的工作点是泵的扬程曲线与管路特性曲线的交点。泵的工作点位置不变时,泵的流量不变,改变泵的工作点位置,就可以实现泵的流量调节。

(一) 离心泵的性能曲线

　　离心泵在一定转速下工作时,其性能参数扬程、功率及效率随泵的流量变化而变化,在坐标平面上表示这种性能参数之间变化规律的曲线称为泵的性能曲线,性能曲线是选择、使用离心泵的主要依据。

　　由于液体在泵内流动的复杂性,各项阻力损失和功率损失以及泄漏量目前还难以进行准确的理论计算,因此,实际使用的离心泵性能曲线都是在一定转速下,以常温清水为介质,通过实验测定的,实验装置见图1-18,在泵的吸液口 s 处装设有真空表,排液口 d 处装设有压力表,吸液口 s 至排液口 d 的垂直距离为 Z,排液管路中装设有流量计。另外,为了测定泵的轴功率,在电机外壳上装有测功力臂,测功力臂的一端装有可移动的平衡锤,另一端则挂有可放置砝码的秤盘,电机轴由设在电机两端的支承架支承，电机呈悬空状态。

1. 扬程曲线　扬程曲线的测定方法是将泵启动后待泵吸上液体，然后，观察真空表和压力表并记下流量 $Q=0$ 时的真空表及压力表读数。即 p_s 及 p_d，再缓慢打开排液阀，待流量稳定后记下流量计读数及对应的真空表及压力表读数，依次开大排液阀，记下各个流量对应的真空表及压力表读数，根据式（1－1）算出各流量对应的扬程，取横坐标为流量，纵坐标为扬程，以各流量对应的扬程在坐标平面上描点连线，即可作出离心泵的扬程曲线。

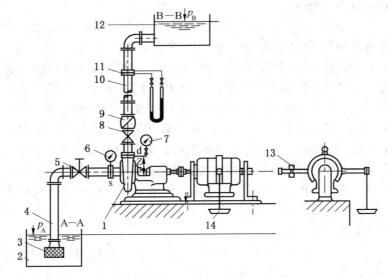

图 1－18　离心泵的试验装置

1—泵；2—吸液罐；3—底阀；4—吸入管路；5—吸入管调节阀；
6—真空表；7—压力表；8—排出管调节阀；9—单向阀；10—排出管路；
11—流量计；12—排液罐；13—平衡锤；14—秤盘

2. 功率曲线　功率曲线的测定方法是在启动泵以前，首先调节电机外壳上所加测功力臂一端的平衡锤位置，使测功力臂处于水平位置，然后启动泵。这时作用在电机外壳上的反输出力矩会使测功力臂产生倾斜，可在测功力臂另一端所挂的秤盘上加入砝码，用砝码产生的力矩将电机外壳上的反输出力矩平衡，由于作用在电机外壳上的反输出力矩与电机的输出力矩互为反作用力矩，大小相等，方向相反，而电机输出力矩与电机轴角速度的乘积为电机的输出功率，并且电机与泵轴通过联轴器直联，电机的输出功率等于泵的轴功率，因此，通过测量作用在电机外壳上的反输出力矩，可以测出泵的轴功率。取横坐标为流量，纵坐标为轴功率，以各流量及对应的轴功率在坐标平面上描点连线，作出泵的轴功率曲线。

3. 效率曲线　泵的效率曲线可以根据已作出的扬程曲线和轴功率曲线经换算得到。方法是首先取几个流量点 Q_1、Q_2、Q_3……，然后将所取流量标到扬程曲线和轴功率曲线的横坐标上，查取所标各流量对应的扬程值 H_1、H_2、H_3……，轴功率值 N_1、N_2、N_3……，将各对应参数 Q_1、H_1、N_1、Q_2、H_2、N_2、Q_3、H_3、N_3……代入式（1-8）中，算出所取各流量对应的效率 η_1、η_2、η_3……，在以流量为横坐标，效率为纵坐标的坐标平面上描点连线，即为泵的效率曲线。离心泵的性能曲线还有一条允许吸上真空高度 $[H_s]$ 随流量变化的关系曲线，根据该曲线可查出泵在一定流量下工作时的允许吸上真空高度 $[H_s]$。离心泵的性能曲线见图 1-19。

4. 离心泵性能曲线的分析及应用　比较各种离心泵的性能曲线，会看到扬程曲线具有平坦形、陡降形及驼峰形三种形状，平坦形扬程曲线如图 1-20 中 I 线所示，具有这种扬程曲线的泵在流量变化较大时，扬程变化很小，因此，适用于流量调节范围较大，而压力要求变化较小的管路系统中。例如，给水塔和锅炉供水的泵，需要用调节阀调节流量，并且还必须保持一定的液面高度或压力。采用具有平坦形扬程曲线的泵，不仅可以在一定的流量范围内保持液面高度或压力基本不变，还可以将调节阀造成的节流调节损失降低到最小。

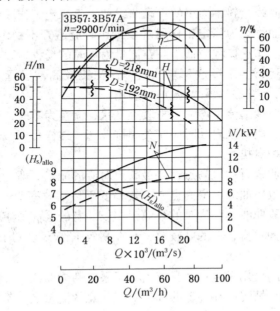

图 1 - 19　离心泵的性能曲线

陡降形扬程曲线，如图 1 - 20 中Ⅱ线所示，具有这种扬程曲线的泵在流量变化较小时，扬程会出现较大变化。因此，适用于输送易堵塞管路的液体介质。例如，在输送含纤维液体时，采用具有陡降形扬程曲线的泵，当管路流量稍有减小时，泵的出口压力会有较大的提高，因此，可防止管路发生堵塞。

驼峰形扬程曲线如图 1 - 20 中Ⅲ线所示，具有这种扬程曲线的泵如果安装

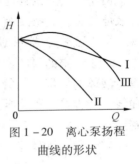

图 1 - 20　离心泵扬程曲线的形状

在有可升降液面或可储存释放能量装置的管路系统中工作时，有时会产生不稳定工况，即会出现管路中液体向泵倒流的现象。驼峰形扬程曲线上斜率为正的一段曲线称为不稳定工作段，斜率为负的一段曲线称为稳定工作段。泵工作时应避开不稳定工作段，一般规定工作点扬程应低于泵在流量为零时的扬程，以免泵在不稳定工况运行。不过这种泵的效率往往比较高，运行成本比较低，因此，应根据实际情况加以选用。

功率曲线随流量增大呈平缓上升状，流量为零时，轴功率最小，因此，离心泵启动时应先关闭排液阀，这样可以减小启动电流，以保护电机。

效率曲线有一最高点，此最高点对应的流量一般为泵的设计流量。以效率曲线上最高点左右效率低于最高效率7%的两点为端点的一段曲线，称为泵的高效工作段。有的泵高效工作段对应的流量范围较宽，有的则较窄，泵在高效工作段工作时运转经济性较高。

在泵的使用过程中，只有借助于泵的性能曲线，才能正确掌握泵的运行情况。在性能曲线上对于任意的流量点，都可以找出一组对应的扬程、功率及效率值，通常将这一组对应的参数所反映的泵的运行状态称为工况，对应于最高效率点的工况称为最佳工况点，最佳工况点一般为泵的设计工况点。

由于离心泵的性能曲线是以常温清水为介质测定的，当被输送液体的密度、黏度等与常温清水不同时，还需进一步换算。

（二）管路特性曲线

对于一定的管路系统，液体流过管路时需要由外界给予单位重量液体的能量 L 与管路流量 Q 之间的关系曲线称为管路特性曲线。外界给予单位重量液体的能量 L 习惯称为管路所需外加扬程。

设一管路如图 1 – 21 所示，现要将液体从吸液池液面 A 输

送到管路出口 B，根据管路条件，对单位重量液体列从 A 到 B
的能量平衡式，即：

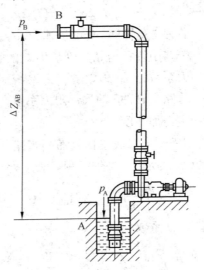

图 1-21　离心泵在管路中工作

$$L = \frac{p_B - p_A}{\rho g} + \Delta Z_{AB} + \frac{C_B^2 - C_A^2}{2g} + \sum h_{AB} , m \quad (1-13)$$

式中　　p_A、p_B——管路的进出口压力，Pa；

　　　　ΔZ_{AB}——管路的进出口高度差，m；

　　　　C_A、C_B——管路的进出口流速，m/s；

　　　　$\sum h_{AB}$——单位重量液体从管路进口到出口的总流动阻力
　　　　　　　　损失，m；

　　　　ρ、g——意义及单位同式(1-1)。

　　上式中的外加扬程 L 等于单位重量液体从管路进口流到管路
出口的过程中所需的静压能、位能、动能以及阻力损失之和，其
中的动能项较小，可忽略不计，总流动阻力损失包括管路各段的

沿程损失及各管件处的局部损失，即：

$$\sum h_{AB} = \sum_A^B \lambda_i \frac{l_i}{d_i} \frac{C_i^2}{2g} + \sum_A^B \zeta_j \frac{C_i^2}{2g}, \text{m} \qquad (1-14)$$

式中　C_i、C_j——管段 i 及管件 j 处的流速，m/s；

　　　　λ_i——管路中管径为 d_i、管长为 l_i 的管段 i 的沿程阻力系数；

　　　　ζ_j——管路中管件 j 的局部阻力系数；

　　　　g——重力加速度，m/s²。

　　由于流速 C_i、C_j 与流量成正比，而当管路条件一定时，λ_i、d_i、l_i 及 ζ_j 均为常数，所以，外加扬程可表示为：

$$L = \frac{p_B - p_A}{\rho g} + \Delta Z_{AB} + KQ^2 \qquad (1-15)$$

式中　K——管路特征系数。

$$K = \frac{1}{2g}\left(\sum_A^B \lambda_i \frac{l_i}{d_i} \frac{1}{f_i^2} + \sum_A^B \zeta_j \frac{1}{f_j^2} \right) \qquad (1-16)$$

　　　　f_i、f_j——管段 i 及管件 j 处的流通面积，m²；

　　　　其他符号与式（1-14）相同。

　　式（1-15）称为管路特性方程式，系数 λ_i 和 ζ_j 可从有关流体力学手册查取，由于已将外加扬程表示成管路流量的函数，据此函数关系取横坐标为流量，纵坐标为外加扬程，作出管路特性曲线如图 1-22 中曲线 I 所示，图中曲线 II 和 III 为管路阀门开大或关小时的管路特性曲线，由于管路阀门开大时，阀门阻力系数 ζ 减小引起管路特征常数 K 减小，管路特性曲线开口增大，曲线 I 变为曲线 II，而管路阀门关小时，阀门阻力系数 ζ 增大，管路特性曲线开口减小，曲线由 I 变为曲线 III。如果在工作过程中管路进出口压力差及高度差发生变化，则将引起管路特性曲线平行上下移动，图 1-22 中曲线 IV 为管路压力差减小后的管路特性曲线。

（三）离心泵的工作点

由于离心泵是串联在管路中工作的，如以泵的流量等于管路流量。而当管路流量稳定时，流速不变，泵提供的扬程应等于管路所需外加扬程。因此，泵的工作点只能是泵的扬程曲线与管路特性曲线的交点，此交点即在泵的扬程曲线上，也在管路特性曲线上，也只有此交点才能满足泵在管路上工作的条件。如果两曲线的交点在斜率为负的泵扬程曲线上，则泵的工作点为稳定工作点，当泵由于某种干扰使工作点偏离交点位置时，泵的继续工作会使工作点自动返回到交点处。如图 1－23 所示，泵原来的工作点为两曲线的交点 M，现偏移到 A，这时泵的扬程 H_A 小于管路所需扬程 L_A，因推动力不足管路流速降低，流量减小，泵的工作点自动从 A 点移动到交点 M。同理，如泵的工作点偏移到 B，这时由于 H_B 大于 L_B，管路流量增加，泵的工作点又从 B 点向交点 M 移动。

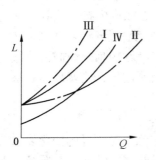

图 1－22　管路特性曲线

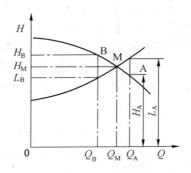

图 1－23　离心泵的工作点

对于具有驼峰形扬程曲线的泵，如果管路中还具有可升降的液面或可储存或释放能量的装置时泵就会出现不稳定工况，对应的工作点为不稳定工作点。如果用具有驼峰形扬程曲线的泵给水

塔供水，泵的不稳定工作情况如图 1-24 所示，水塔液面在截面
1 处时，管路特性曲线为 $(L-Q)_1$，工作点流量为 Q_1，随着塔内
液面升高，管路特性曲线向上移动，当塔内液面升高至截面 2
时，管路特性曲线为 $(L-Q)_2$，与扬程曲线交于两点，看上去泵
有两个工作点，但由于泵的流量
变化具有连续性，因此，液面升
至截面 2 时，泵的工作点流量是
Q_2 而不是 Q_0，如果泵继续运转，
塔内液面继续升高，管路特性曲
线继续上移直到点 3 处与扬程曲
线相交，此时水塔液面到达截面
3 位置，泵的工作点流量为 Q_3。
如液面再稍有升高。则两曲线脱
离，管路压力大于泵出口压力，

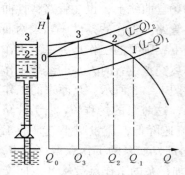

图 1-24　离心泵的不稳定工况

液体向泵倒灌，管路流量变为负值，水塔液面开始降落，管路特
性曲线向下移动。此时泵的工作点不在图中的扬程曲线上，直到
水塔液面降到截面 2 时，管路特性曲线重新下移到 $(L-Q)_2$ 位
置，泵的流量从零开始增加，工作点沿着扬程曲线向两曲线的切
点 3 移动，到达 3 以后重复以上的倒灌过程，这就是离心泵的不
稳定工况。

（四）离心泵的流量调节

离心泵的流量调节就是根据工艺流程对流量的变化要求改变
泵的工作点位置。已知泵的工作点是管路特性曲线与泵扬程曲线
的交点，因此，只要改变管路特性曲线或者泵的扬程曲线就可以
改变泵的工作点位置，实现泵的流量调节。

1. 出口调节阀调节　这种方法的实质是改变管路特性曲线，
使泵的工作点随调节阀的开度变化而改变。具体方法就是在泵的
排液口处装设调节阀。采用出口调节阀调节时的管路特性曲线变

化情况如图 1-25 所示，调节阀全开时的管路特性曲线为 $(L-Q)_1$，泵的工作点为 P_1，而图中的曲线 $(L-Q)'$ 及 $(L-Q)_2$ 则表示调节阀逐渐关小时的管路特性曲线，随着调节阀关小，泵的工作点从 P_1 经 P' 变动到 P_2，流量从 Q_1 经 Q' 减小到 Q_2。从图 1-25 中还可看到，在关小调节阀使流量从 Q_1 减小到 Q_2 的过程中，泵的轴功率从 N_1 减小到 N_2，泵的效率从 η_1 降低到 η_2。流量为 Q_2 时，泵供给的扬程为 H_2，而在调节阀全开的情况下，管路流量为 Q_2 时，管路所需外加扬程仅为 L_2，H_2 大于 L_2，其差记为 $\Delta h = H_2 - L_2$，称为节流调节损

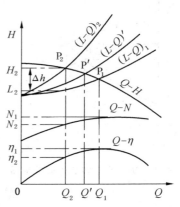

图 1-25　出口调节阀调节流量

失。节流调节损失是单位重量液体因克服调节阀关小时增加的阻力而消耗的能量。

　　在离心泵的实际使用过程中，调节阀调节流量虽然会产生节流调节损失，不很经济，但因其装置简单，操作方便，可调流量范围大，并且在关闭调节阀时启动泵，可以降低启动功率，因此，在离心泵的流量调节中使用较广泛。

　　2. 改变转速法调节流量　改变离心泵的转速，可以改变其扬程曲线的位置，因此，用改变转速的方法可以改变泵的工作点，调节泵的流量。改变转速时泵的扬程曲线变化情况如图 1-26 所示，泵在原转速 n 时的扬程曲线为 $H-Q$，工作点为 P_1，当转速降低到 n' 时的扬程曲线为 $H'-Q'$，工作点为 P_2，可见扬程曲线随转速降低在下移，流量随转速降低在减小。图中原转速时泵的流量为 Q_1，随着转速降低减小到 Q_2。由于采用改变转速法调节流量，不存在调节损失，比用调节阀调节经济，但是改变泵

的转速受到原动机类型的限制，当用汽轮机，内燃机或直流电机等易改变转速的原动机驱动时，采用改变转速法调节流量较为合适，而对于需另配调速装置的原动机，一般不采用改变转速的方法调节流量。

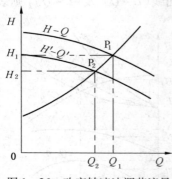

图 1-26　改变转速法调节流量

离心泵变转速后的扬程曲线可用比例定律根据泵在原转速下的扬程曲线 $H-Q$ 以及改变前后的转速 n 及 n' 换算作出。比例定律如下：

$$\frac{Q'}{Q} = \frac{n'}{n} \qquad (1-17)$$

$$\frac{H'}{H} = \left(\frac{n'}{n}\right)^2 \qquad (1-18)$$

$$\frac{N'}{N} = \left(\frac{n'}{n}\right)^3 \qquad (1-19)$$

式中　n'、Q'、H'、N'——改变后的转速及对应的流量、扬程及功率；

　　　　n、Q、H、N——改变前的转速及对应的流量，扬程及功率。

应用比例定律换算变转速后扬程曲线的方法是：在原转速下的扬程曲线 $H-Q$ 上取点 0、1、2……，其坐标分别为（Q_0、H_0）、（Q_1、H_1）、（Q_2、H_2）……，将各点流量坐标代入比例定律流量关系式 $Q' = Q\dfrac{n'}{n}$，扬程坐标代入比例定律扬程关系式 $H' = H\left(\dfrac{n'}{n}\right)^2$ 换算，用换算后的坐标（Q_0^1、H_0^1）、（Q_1^1、H_1^1）、（Q_2^1、H_2^1）……描点连线即可作出转速改变为 n' 时的扬程曲线。

变转速后的功率曲线可用比例定律根据泵在原转速下的功率曲线($N - Q$)以及改变前后的转速 n 及 n' 用相同的方法换算作出。

值得注意的是比例定律在泵的转速变化超过原转速的 20% 时会产生较大的计算误差，因此，在调节流量时，泵的转速变化一般限制在原转速的 20% 以内。采用改变转速的方法，流量的可调范围较采用调节阀调节要小。

3. 切割叶轮法调节流量 改变离心泵的叶轮外径同样可以改变泵扬程曲线的位置，因此，用切割叶轮的方法也可以调节离心泵的流量。切割叶轮后泵扬程曲线的变化情况如图 1 - 27 所示，泵的叶轮外径为 D_2 时的扬程曲线为 $H - Q$，工作点为 P_1，当叶轮外径切割为 D_2' 时，泵的扬程曲线变化为 $H' - Q'$，工作点为 P_2，扬程曲线随叶轮外径减小而下移，工作点流量从 Q_1 减小为 Q_2。采用切割叶轮法调节流量没

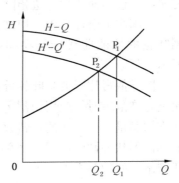

图 1 - 27 切割叶轮法调节流量

有增大管路阻力，不存在节流调节损失，但因叶轮一旦切割就不能再恢复原样，所以不适应流量需要经常性改变的场合。离心泵叶轮外径切割后的性能曲线可用切割定律根据原型叶轮的性能曲线以及切割前后的叶轮外径换算作出，切割定律如下：

$$\frac{Q'}{Q} = \frac{D_2'}{D_2} \qquad (1 - 20)$$

$$\frac{H'}{H} = \left(\frac{D_2'}{D_2}\right)^2 \qquad (1 - 21)$$

$$\frac{N'}{N} = \left(\frac{D_2{}'}{D_2}\right)^3 \qquad (1-22)$$

式中　$D_2{}'$、Q'、H'、N'——切割后的叶轮外径及对应的流量、扬程及功率；

　　　　D_2　、Q　、H　、N——切割前的叶轮外径及对应的流量、扬程及功率。

应用切割定律换算叶轮外径切割后的性能曲线的方法与换算变转速后性能曲线的方法相同。

在国产水泵样本中，切割叶轮外径的离心泵的性能曲线与原型叶轮的性能曲线标绘在同一坐标图上，如图 1 - 19 中虚线所示。

同样值得注意的是叶轮外径的切割量也应在允许范围以内，超过允许范围时，应用切割定律就会产生较大误差。叶轮外径的允许切割量与离心泵的比转数 n_s 有关，比转数 n_s 是一个与叶轮的几何形状和性能曲线有关的参数，比转数 n_s 与叶轮外径允许切割量之间的关系见表 1 - 2。

表 1 - 2　离心泵叶轮外径的允许切割量

n_s	60	120	200	300	350
$\dfrac{D_2 - D_2{}'}{D_2}$	0.2	0.15	0.11	0.09	0.09

五、离心泵的安装高度

(一) 离心泵的汽蚀现象

离心泵进入汽蚀临界状态时，叶轮流道内的压力分布情况如图 1 - 28 所示，叶片进口 K 处的压力等于工作温度下液体的饱和蒸气压，液体在 K 处开始汽化，产生气泡，当这些气泡随液体流到叶轮内压力很高处时，由于气泡周围的环境压力大于液体的饱和蒸气压，使形成气泡的蒸汽重新凝结为液体，气泡破灭。
由于这种气泡的产生和破灭过程非常短暂，气泡破灭后原先所占
据的空间形成真空，周围压力较高的液流向真空区域冲击，在这
些气泡破灭的地方造成剧烈的水击。这种由于液体在叶轮内汽化

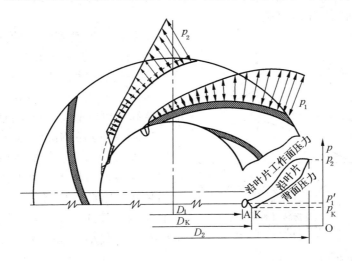

图 1 – 28 叶轮流道内的压力分布

继而凝结而造成的水击现象称为离心泵的汽蚀。当泵发生汽蚀
时，可以听到泵内发出噪声，汽蚀严重时可以感觉到泵体的振
动，同时泵的流量，扬程和效率明显下降，性能曲线也出现急剧
下降的情况，如图 1 – 29 所示。曾有实验测得，离心泵产生汽蚀
时，叶轮内水击点上的压力可高达几百个大气压，水击的频率可
高达 25000 Hz。大量的气泡在叶轮流道内的金属表面附近破灭凝
结，金属表面在压力很大，频率很高的液体质点的连续打击下，
逐渐疲劳破坏，产生点状的剥落。同时，气泡中含有的氧等活泼
气体借助气泡凝结时产生的热量，对金属起化学腐蚀作用。疲劳
破坏和化学腐蚀的共同作用加速了流道内金属表面的损坏速度，

最终使叶轮内表面形成蜂窝状破坏甚至击穿。

（二）防止离心泵产生汽蚀的措施

由于离心泵产生汽蚀的根本原因是泵的入口压力过低或液体的饱和蒸气压过高，因此防止泵产生汽蚀，可从这两方面着手分析问题、采取措施。

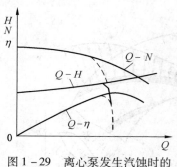

图1-29　离心泵发生汽蚀时的
性能曲线
——正常运转时的性能曲线；
……发生汽蚀时的性能曲线

1. 泵的安装高度　泵的安装高度越高，泵的入口压力越低，降低泵的安装高度可以提高泵的入口压力。因此，合理的确定泵的安装高度可以避免泵产生汽蚀。

2. 吸液管路的阻力　在吸液管路中设置的弯头、阀门等管件越多，管路阻力越大，泵的入口压力越低。因此，尽量减少一些不必要的管件或尽可能地增大吸液管直径，减小管路阻力，可以防止泵产生汽蚀。

3. 泵的几何尺寸　由于液体在泵入口处具有的动能和静压能可以互相转换，其值保持不变，入口液体流速高时，压力低，流速低时，压力高，因此，增大泵入口的通流面积，降低叶轮的入口速度，可以防止泵产生汽蚀。

4. 液体的密度　输送密度越大的液体时泵的吸上高度就越小，当用已安装好的输送密度较小液体的泵改送密度较大的液体时，泵就可能产生汽蚀，但用输送密度较大液体的泵改送密度较小的液体时，泵的入口压力较高，不会产生汽蚀。

5. 输送液体的温度　温度升高时液体的饱和蒸气压升高。在泵的入口压力不变的情况下，输送液体的温度升高时，液体的饱和蒸气压可能升高至等于或高于泵的入口压力，泵就会产生汽蚀。

6. 吸液池液面压力　吸液池液面压力较高时，泵的入口压力也较高，反之，泵入口压力则较低，泵就容易产生汽蚀。

7. 输送液体的挥发性　在相同的温度下较易挥发的液体其饱和蒸气压较高，因此，输送易挥发液体时泵容易产生汽蚀。

（三）汽蚀性能曲线$[H_s]-Q$和$[\Delta h_r]-Q$

离心泵的汽蚀性能曲线是泵制造厂在标准大气压下，以20℃的清水做试验测定的。试验装置和泵性能曲线的测定装置相同。实验方法是首先在泵的允许流量范围内，选择几个流量点Q_1、Q_2、Q_3……，启动泵后，在每一个流量点上利用关小泵入口调节阀的方法，增大泵的入口真空度，并同时开大出口调节阀以保持流量不变。在关小泵入口调节阀的过程中，当离心泵出现噪声及振动，并且出口压力急剧下降时，说明泵已进入汽蚀工况，根据泵的入口真空表读数，确定泵在此工况下的入口临界压力p_{sc}，再由式(1-9)，式(1-10)算出各流量对应的允许吸上真空度$[H_s]$，在以$[H_s]$为纵坐标，以流量为横坐标的平面上描点连线，作出$[H_s]-Q$曲线。

离心泵的$[\Delta h_r]-Q$曲线可以根据$[\Delta h_r]$与$[H_s]$的关系作出。根据式(1-9)和式(1-11)，将泵的允许汽蚀余量和允许吸上真空度相加，则：

$$[\Delta h_r] + [H_s] = \frac{p_{at} - p_{st}}{\rho g}, m \qquad (1-23)$$

由于离心泵的汽蚀性能实验是在标准大气压下，以20℃的清水为介质进行的。已知用水柱高度表示的标准大气压$\frac{p_{at}}{\rho g}=$10.33m，20℃清水的饱和蒸汽压$\frac{p_{st}}{\rho g}=0.24$m，所以：

$$[\Delta h_r] + [H_s] = 10.33 - 0.24 = 10.09, m \qquad (1-24)$$

可见[Δh_r]较小时，[H_s]较大。在已作出的[H_s]-Q曲线上选择流量点Q_1、Q_2、Q_3……，查取对应的允许吸上真空度[H_s]$_1$、[H_s]$_2$、[H_s]$_3$……，根据式(1-24)算出对应的允许汽蚀余量[Δh_r]$_1$、[Δh_r]$_2$、[Δh_r]$_3$……，以[Δh_r]为纵坐标，以Q为横坐标在坐标平面上描点连线，作出[Δh_r]-Q曲线。离心泵的[H_s]-Q和[Δh_r]-Q曲线见图1-30。

（四）离心泵的安装高度及计算

对图1-31所示吸液装置，列池面到泵入口 s 断面的流体机械能平衡式如下：

$$Z_o + \frac{p_o}{\rho g} + \frac{C_o^2}{2g} = Z_s + \frac{p_s}{\rho g} + \frac{C_s^2}{2g} + \sum h_{os}, \text{m} \quad (1-25)$$

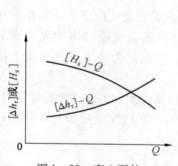

图1-30　离心泵的
[H_s]-Q和[Δh_r]-Q曲线

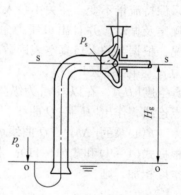

图1-31　离心泵的几何
安装高度

式中　Z_o、Z_s——分别为池面及泵入口的几何高度，m；

　　　p_o、p_s——分别为池面及泵入口的压力，Pa；

　　　C_o、C_s——分别为池面及泵入口的流速；

　　　　ρ——液体密度，kg/m³；

　　　　g——重力加速度，m/s²；

$\sum h_{os}$——吸入管路流动阻力损失，m。

在一般情况下，C_o 很小，可略去不计，而泵的几何安装高度 $H_g = Z_s - Z_o$，当 H_g 提高到最大值 H_{gmax} 时，泵的入口压力也下降到临界值 p_{sc}，所以，H_{gmax} 为：

$$H_{gmax} = \frac{p_o - p_{sc}}{\rho g} - \frac{C_s^2}{2g} - \sum h_{os}，\text{m} \qquad (1-26)$$

将允许吸上真空度 $[H_s] = \dfrac{p_{at} - p_{sc}}{\rho g} - 0.3$ 和允许汽蚀余量 $[\Delta h_r] = \dfrac{p_{sc} - p_{st}}{\rho g} + 0.3$ 分别代入式（1-26），并将 $H_{gmax} - 0.3$ 记为 $[H_g]$，则：

$$[H_g] = \frac{p_o - p_{at}}{\rho g} + [H_s] - \frac{C_s^2}{2g} - \sum h_{os}，\text{m} \qquad (1-27)$$

$$[H_g] = \frac{p_o - p_{st}}{\rho g} - [\Delta h_r] - \frac{C_s^2}{2g} - \sum h_{os}，\text{m} \qquad (1-28)$$

式（1-26）、式（1-27）及式（1-28）中，p_{sc} 为泵入口的汽蚀临界压力，p_{at} 为泵使用地点的大气压力，p_{st} 为工作温度下液体的饱和蒸气压，其余各项符号意义同式（1-25）。

$[H_g]$ 称为离心泵的允许安装高度，离心泵的实际安装高度低于允许安装高度时，可避免泵产生汽蚀。在应用式（1-26）及式（1-27）计算泵的允许安装高度时还应注意以下几点：

1. 按最大流量计算允许安装高度 $[H_g]$　离心泵的汽蚀性能曲线说明在泵的工作范围内，允许吸上真空度随流量增大而降低，允许汽蚀余量随流量增大而增大。因此，在决定泵的安装高度时，应按泵运转时可能出现的最大流量所对应的 $[H_s]$ 或 $[\Delta h_r]$ 进行计算，以保证泵在大流量下工作时不会产生汽蚀。

2. 不同使用条件下对 $[H_s]$ 和 $[\Delta h_r]$ 的修正　目前，我国除油泵外，大多数泵厂给出的汽蚀性能曲线为 $[H_s]$-Q 曲线，由于$[H_s]-Q$曲线是在标准大气压下，用20℃的清水作实验测定的，当泵使用地点的大气压、液体温度及密度与标准实验条件不同时，应对所查取的允许吸上真空度进行修正，修正公式如下：

$$[H_s]' = [H_s] - \frac{p_{at}' - p_{st}'}{\rho'g} - 10.09, m \qquad (1-29)$$

式中　$[H_s]$、$[H_s]'$——修正前后的允许吸上真空度，m；

　　　　p_{at}'、p_{st}'——使用条件下的大气压及液体的饱和蒸气压，Pa；

　　　　ρ'——输送液体的密度，kg/m³；

　　　　g——重力加速度，m/s²。

对于油泵，泵厂给出的$[\Delta h_r]-Q$曲线也是用标准实验条件下的数据作出的。由于允许汽蚀余量与大气压力无关，因此，只要对所查取的$[\Delta h_r]$根据油和水的相对密度值$b = \rho/\rho_{H_2O}$及输送温度下油品的饱和蒸汽压p_{st}'进行修正，修正公式为：

$$[\Delta h_r]' = \varphi[\Delta h_r], m \qquad (1-30)$$

式中　$[\Delta h_r]$、$[\Delta h_r]'$——修正前后的允许汽蚀余量，m；

　　　　φ——修正系数，可查图1-32。

图1-32上横坐标为相对密度，纵坐标为修正系数φ，图中给出了不同饱和蒸气压下的修正曲线，但该图仅适用于碳氢化合物组成的液体。

3. 输送黏性液体时对$[H_s]$和$[\Delta h_r]$的修正　　如输送液体的

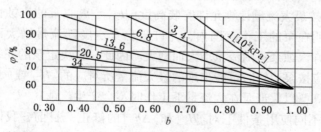

图1-32　离心泵的$[\Delta h_r]$修正图

黏度较大时，离心泵的汽蚀性能曲线要经过换算才能使用，输送黏性液体时汽蚀性能曲线的换算方法可查阅其他有关资料。

六、离心泵的选择与使用

(一) 离心泵的型号

目前，国内离心泵的型号编制方法尚未完全统一，但在大部分国内产品目录或泵样本中，泵的型号由汉语拼音字母和阿拉伯数字组合而成，包括以下三部分内容：

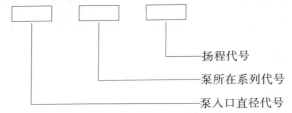

泵入口直径代号为阿拉伯数字，单位为 mm 或 in。泵所在系列代号为汉语拼音字母，表示泵的结构类型、用途，有时在该项尾部用罗马数字表示泵的制造材料。扬程代号也为阿拉伯数字，单位为 m，多级泵的扬程用单级扬程与叶轮数的乘积表示，该项尾部有时出现的字母 A 或 B 表示泵内叶轮切割过一至两次。下面所举泵的型号就是用以上方法编制的。

8B29A

其中 8——用英寸表示的泵吸入口直径；

　　B——单级单吸离心式水泵；

　　29——泵的设计工作点扬程，m；

　　A——叶轮外径经过一次切割。

250YS150X2

其中 250——泵吸入口直径，mm；

　　YS——双吸式离心油泵；

150——泵设计点单级扬程，m；

　2——叶轮数。

150RⅡ—56A

其中　150——泵入口直径，mm；

　　　R——热水循环泵；

　　　Ⅱ——第二类材料；

　　　56——泵设计点扬程，m；

　　　A——叶轮外径经过一次切割。

　　泵的材料代号Ⅰ表示球墨铸铁，Ⅱ代表碳素钢，Ⅲ代表不锈耐酸钢。有的泵制造厂在型号内不标吸入口直径，而标注流量，例如：

D155—67×3

其中　D——多级分段式离心泵；

　155——泵设计点流量，m^3/h；

　　67——泵设计点扬程，m；

　　　3——叶轮数。

DG46—30×5

其中　DG——多级分段式锅炉给水泵

　　46——泵设计点流量，m^3/h；

　　30——泵设计点单级扬程，m；

　　　5——叶轮数。

　　近年来，国内泵厂根据国际标准 ISO 2858 所规定的性能和尺寸设计制造的 IS 型泵，在型号内不标流量、扬程，而标注泵的入口、出口及叶轮直径，例如：

IS80—65—160

其中　IS——国际标准单级单吸清水离心泵；

　　80——泵吸入口直径，mm；

　　65——泵排出口直径，mm；

160——泵叶轮名义直径，mm。

对于一些编制方法特殊的离心泵型号，可根据泵铭牌中所标内容综合分析理解或查阅泵产品目录。大多数厂家所用泵铭牌的内容及形式见图1－33。

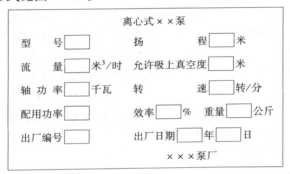

图1－33　离心泵的铭牌

部分国产离心泵的系列代号见表1－3。

表1－3　部分国产离心泵的系列代号

单级单吸水泵	IS　B　BA	冷凝水泵	N　NL
单级双吸水泵	S　Sh	热水循环泵	R
多级分段水泵	D　DA	离心式油泵	Y　YS
多级中开水泵	DK	耐腐蚀泵	F　DF
多级锅炉给水泵	DG　GC　GB	杂质泵	P　PN

（二）离心泵的型谱图

离心泵原型叶轮的扬程曲线和切割叶轮后的扬程曲线如图1－34所示，在图中曲线上，点A、B为原型叶轮的扬程曲线上效率较最高效率低7%的两点，曲线AB称为原型叶轮的扬程曲线上泵的高效工作段。点C、D为切割叶轮后的扬程曲线上效率较最高效率低7%的两点，曲线CD称为切割叶轮后的扬程曲线上泵的高效工作段，连接点ABCD作出的扇形面积称为泵的高效

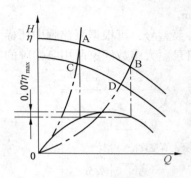

图 1 - 34　离心泵的高效工作区

工作区，泵的工作点在此面积内时，可以保证泵工作时的效率不比该泵的最高效率低 7%。

将同一系列各型号泵的高效工作区绘制在一张坐标图上，作出同系列泵的高效工作区综合图，此图称为离心泵的型谱图。在型谱图上每个扇形面积上都标有该扇形所代表泵的型号，型谱图是用以选择泵的重要依据，图 1 - 35 为 Y 型离心式油泵的型谱图。

（三）离心泵的选择

离心泵的选择一般按下列方法和步骤进行：

1. 选择泵的类型　根据输送液体的性质，如密度、黏度、液体中固体颗粒的含量、液体是否具有腐蚀性、毒性等确定所选泵的类型。如输送液体为黏度较高的油品，应当选用油泵；如输送液体含有较多的固体颗粒或纤维，应当选用杂质泵；在输送液体的性质与水接近的情况下，应优先选用清水泵。

2. 确定所选泵的流量和扬程　在确定泵的流量时，应考虑工艺条件波动引起的流量变化，应按最大流量选泵，如果工艺条件给出的是正常流量，则应再乘以 1.05 ~ 1.1 的系数作为最大流量，小泵取较大系数，大泵取较小系数。在确定泵的扬程时，应充分考虑管路阻力损失。根据管路条件，利用管路从进口液面到管路出口的能量平衡式（1 - 13），算出管路所需外加扬程，再乘以 1.05 ~ 1.1 的系数作为裕量，系数的大小可根据泵的使用场合而定。对于某些特殊场合，如炼油厂焦化加热炉的进料泵，随着运转时间的延长，结焦厚度逐渐增加，使管网阻力增大，这时泵的扬程应留有较大的富余量。

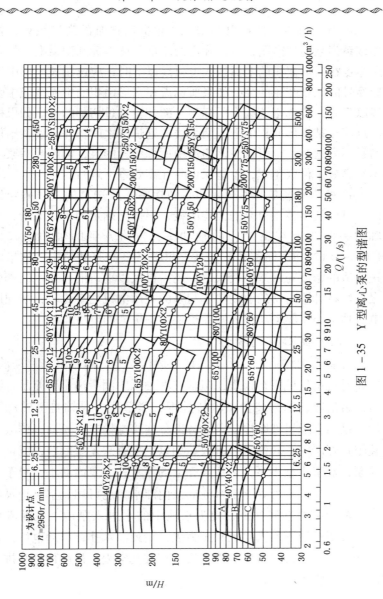

图 1-35　Y 型离心泵的型谱图

3. 利用型谱图选择泵的型号　根据所选泵的类型系列，找出该系列泵的型谱图，将已确定的流量和扬程标到型谱上，如果所标点在扇形面积的上弧线或上弧线以下时，应选用该扇形中所标型号的原型叶轮的泵，如果所标点在扇形面积的中弧线或中弧线以下时，应选用该扇形所标型号的叶轮经过切割的泵。如果标注点落在某扇形面积的上下两弧线的延长线之间，并且离某扇形面积不太远时，也可选用该扇形中所标型号的泵，但因此时泵已不在高效工作区工作，不能保证泵在高效率下运行。

4. 核算所选泵的轴功率和驱动功率　所选泵的型号确定以后，可以找出该型号泵的性能曲线，根据已确定的工作流量，在轴功率曲线上查出对应的轴功率，再将查到的轴功率乘以1.05～1.1的功率储备系数，其乘积就是泵的驱动功率。如果输送液体的密度与水差别较大时，还需再乘以输送液体与水的密度之比。将计算所得的驱动功率与泵的配用电机功率比较，如配用电机功率小于驱动功率，则需更换功率更大的电机。

（四）离心泵的操作

1. 离心泵的启动　为了保证泵运行安全，离心泵在启动前，应先对机组机械进行检查，包括查看轴承中润滑油是否充足，油质是否洁净，轴封装置中填料是否松紧适度，泵轴是否转动灵活，泵内有无机件摩擦现象，各部分连接螺栓有无松动，排液阀关闭是否严密，底阀是否有效。如以上检查未发现问题，就可以灌泵，对于小型水泵，可从泵壳上的灌水孔向泵内灌水，对于大中型泵可从排水管处的蓄水池向泵内灌水，也可用真空泵把泵内至吸液管中的空气抽出，使吸水池中的水进入泵内。泵灌满以后，关闭排液阀、真空表和压力表，堵死灌水孔，启动电机，再打开压力表，待出口压力正常后，打开真空表，最后再打开排液阀，直到管路流量正常。

2. 离心泵的运转维护及停车 在离心泵运转过程中，还要经常检查润滑油量，轴承温度，轴封的泄漏情况及其是否过热，压力表及真空表读数是否正常，机械振动是否太大。如出现以上不正常现象，则应立即停车检查维修。在正常情况下，润滑剂也应定期更换，润滑油的更换时间为泵运转500h，润滑脂的更换时间为泵运转2000h。离心泵停车时，应先关闭排液阀、真空表及压力表，防止管路液体倒流，然后关闭电机，在停泵后再关闭轴封及其他部位的冷却油系统。如果停车时间长，还应将泵内液体排净，以防内部零件锈蚀或冬季冻裂。

3. 离心泵的常见故障及排除方法 离心泵在运转过程中可能出现的故障，产生故障的原因及其排除方法见表1-4。

表1-4 离心泵的常见故障及其排除方法

故障现象	故障原因	排除方法
泵灌不满	1. 底阀已坏 2. 吸液管路泄漏	1. 修理或更换底阀 2. 检查吸液管路连接、消除泄漏
泵不吸液，真空表指示真空	1. 底阀未打开或滤网淤塞 2. 吸液管阻力大或泵安置过高	1. 打开底阀、清洗滤网 2. 清洗吸液管、降低安置高度
压力表虽有压力，但排液管不出液	1. 排液阀未打开或排液管阻力大 2. 塔内压力过高或叶轮转向不对	1. 打开排液阀，清洗排液管 2. 调整塔内压力，检查电机相位
流量不足	1. 叶轮流道部分堵塞或密封环径向间隙过大 2. 底阀太小或排液阀开度不够 3. 吸液管内空气排不出去或输送液体温度过高,泵产生汽蚀	1. 清洗叶轮，更换密封环 2. 更换底阀，开大排液阀 3. 重新安装吸液管，降低液体温度，消除汽蚀

续表

故障现象	故障原因	排除方法
填料过热	1. 填料压得太紧 2. 填料内冷却水不流通 3. 泵轴或轴套表面不够光洁	1. 放松填料压盖 2. 疏通冷却水道 3. 修理泵轴、更换轴套
填料函泄漏量过大	1. 填料磨损或压盖太松 2. 填料安装错误或平衡盘失效	1. 更换填料,拧紧压盖 2. 重新安装填料修理平衡盘
轴承过热	1. 润滑油不洁或油量不足 2. 泵轴与电机轴不同心 3. 轴承磨损滚珠失圆	1. 更换新油,加足油量 2. 重新找正 3. 更换轴承
泵体振动	1. 叶轮不对称磨损 2. 泵轴弯曲 3. 联轴器结合或地脚螺栓松动	1. 对叶轮作平衡校正 2. 校直泵轴 3. 调整并拧紧螺栓

第三节　其他常用类型泵

在炼油及化工生产过程中使用的液体输送设备除离心泵外,还有一些其他类型的泵,如输送高温重油用的往复泵,输送加热炉燃料用的齿轮泵,输送液态烃用的旋涡泵以及用于各种大型机械润滑系统中的螺杆泵等。

一、往复泵

往复泵主要用在小流量,高压力的场合输送黏性液体,尤其是黏度随温度变化的液体。与离心泵相比,往复泵的优点是扬程高,受介质性质影响较小,有自吸能力,并且效率也较离心泵高。但是流量不均匀,结构及操作都较离心泵复杂,并且价格也高。

(一)往复泵的工作原理及分类

1. 往复泵的工作原理　往复泵的工作机构由活塞、泵缸、吸入阀、排出阀、吸液管和排液管组成，工作原理如图 1-36 所示，当活塞从左端点开始向右移动时，泵缸的工作容积逐渐增大，泵缸内压力降低形成一定的真空，排液管中压力高于泵缸内压力使排出阀关闭，吸液管中压力高于泵缸内压力使吸入阀打开，吸液池中的液体在大气压力作用下进入泵缸，这一过程称为泵缸的吸入过程，吸入过程在活塞移动到右端点时结束。当活塞从右端点开始向左移动时，泵缸

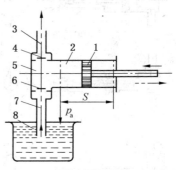

图 1-36　往复泵的工作原理图
1—活塞；2—泵缸；3—排出管；
4—排出阀；5—工作室；6—吸入阀；
7—吸入管；8—储液槽

内的液体受到挤压，压力升高，吸入阀关闭，排出阀打开，泵缸排出液体，这一过程称为排出过程。排出过程在活塞移动到左端点时结束。活塞往复移动一次，泵缸完成一个吸入过程和排出过程，称为一个工作循环，往复泵的工作过程就是其工作循环的简单重复。泵缸左端点到右端点的距离叫作活塞行程。

2. 往复泵的分类　往复泵可根据活塞的构造形式，泵缸的工作方式以及传动机构的特点进行分类。

根据活塞的构造形式可将往复泵分成活塞式往复泵、柱塞式往复泵以及隔膜式往复泵三种类型，如图 1-37 所示。活塞的结构特点是径向尺寸大，轴向尺寸小，柱塞则是径向尺寸小，轴向尺寸大，隔膜或往复泵中的膜片有的是直接由活塞杆推动，有的是依靠柱塞运动造成的液压推动。

根据泵缸的工作方式可将往复泵分成单作用往复泵、双作用往复泵以及差动泵三种类型。单作用往复泵只在活塞的一侧装有

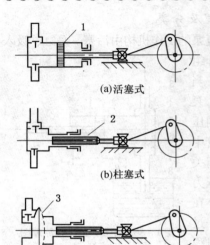

图 1 – 37　活塞式、柱塞式和
隔膜式往复泵
1—活塞；2—柱塞；3—膜片

吸排液阀，活塞往复运动一次，泵缺吸排液一次。双作用往复泵如图 1 – 38 所示，活塞两侧均装有吸排液阀，活塞往复运动一次有两次吸排液过程。差动泵如图 1 – 39 所示，只在活塞一侧装有吸排液阀，但由于泵的排液管与活塞另一侧泵缸容积连通，活塞往复运动一次的过程中，泵缸有一次吸液过程，两次排液过程。

根据传动机构的特点可将往复泵分成动力式往复泵、直接作用往复泵和手摇往复泵三种类型。动力式往复泵由电动机或内燃机驱动，通过曲柄连杆机构带动活塞往复运动。直接作用式往复泵由高压蒸汽或压缩空气驱动，原动机的活塞与泵的活塞直连，省去了曲柄连杆机构。手摇往复泵依靠人力通过杠杆作用使活塞作往复运动。

往复泵还有一些分类方法，如根据泵缸的位置分为立式或卧式泵，根据泵缸的数目分成单缸泵、双缸泵以及多缸泵等。

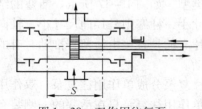

图 1 – 38　双作用往复泵

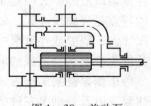

图 1 – 39　差动泵

(二)往复泵的基本构造

在炼油厂中蒸汽直接作用往复泵被广泛用于输送石油产品及各种易燃易爆液体，其基本构造由气缸，泵缸及连接部分组成，结构如图1－40所示。气缸为泵的动力部分，主要由气缸体、活塞、配汽机构及活塞杆密封装置组成，配汽机构装在气缸上部。泵缸与活塞构成泵的工作容积，吸入阀和排出阀分上下两层装在泵缸上部，下层的吸入阀直接装在泵缸上，上层的排出阀装在一个可拆卸的阀板上。连接部分由摇臂、拉杆和连接器组成，连接器将气缸活塞与泵缸活塞连成一体，由气缸活塞直接推动泵缸活塞运动。连杆和摇臂将配汽机构与气缸活塞连接，由气缸活塞带动配汽机构工作。

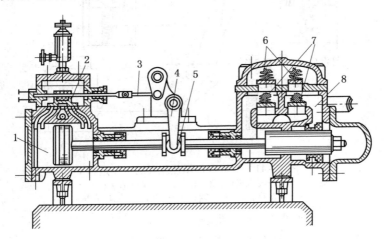

图1－40　蒸汽直接作用往复泵

1—气缸；2—配汽机构；3—拉杆；4—摇臂；
5—连接器；6—排气阀；7—吸入阀；8—泵缸

蒸汽直接作用往复泵一般都采用双缸双作用结构，两个活塞交替工作，使泵的流量更加均匀。其工作过程如图1－41所示，当蒸汽进入气缸Ⅰ左边，推动活塞向右运动时，右侧废气同时从排汽口排出，气缸Ⅰ内活塞杆通过摇臂带动气缸Ⅱ配汽机构向右滑动，蒸汽从气缸Ⅱ右侧汽道进入推动气缸Ⅱ活塞向左运动，左侧废气从排气口排出，气缸Ⅱ活塞杆同时带动气缸Ⅰ配汽机构向左移动，蒸汽从气缸Ⅰ右侧汽道进入推动活塞向右运动，从而带动气缸Ⅱ配汽机构向左移动，蒸汽又从气缸Ⅱ左侧汽道进入推动活塞向右运动，通过配汽机构，每一个缸当活塞走到行程中点时便带动另一个活塞运动。

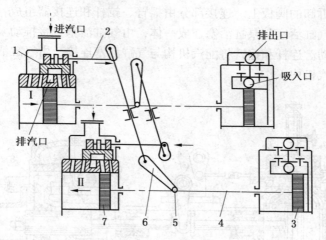

图1-41　双缸双作用往复泵的工作过程
1—配汽机构；2—拉杆；3—泵缸活塞；
4—活塞杆；5—联结器；6—摇臂；7—气缸活塞

（三）往复泵的性能参数

1. 流量　往复泵的流量只与活塞直径、行程和转速有关，而与排出压力无关。由于其吸排液过程不是连续的，因此排出的流量不均匀。其平均流量按下式计算：

$$Q = iFSn\eta_V \qquad m^3/min$$

式中　i——泵缸数目；

F——活塞工作面积，对于单作用泵，$F = \frac{\pi}{4}D^2$，双作用

泵，$F = \frac{\pi}{2}(D^2 - \frac{d^2}{2})$；

D——活塞直径，m；

d——活塞杆直径，m；

S——活塞行程，m；

n——转速或往复次数，r/min；

η_v——容积效率，中型往复泵为 0.9 ~ 0.95。

2. 扬程　往复泵的吸排液阀均为自动阀，依靠阀前后形成的压力差开启，依靠作用在阀盘上的弹簧力和阀盘本身的自重关闭。泵的排出压力取决于管路情况及泵本身的动力、强度以及密封情况。往复泵的扬程曲线为一垂线，如图 1 - 42 所示，垂线上部稍向左弯曲是由于随着排出压力的提高，

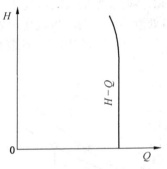

图 1 - 42　往复泵的扬程曲线

在活塞环，轴封以及吸排液阀等处产生的泄漏量加大的原因。

3. 功率　往复泵的有效功率计算方法与离心泵相同，利用式(1 - 8)计算，轴功率为：

$$N = \frac{N_e}{\eta}$$

式中　N_e——往复泵的有效功率，kW；

η——往复泵的总效率，动力式往复泵的 η 为 0.6 ~ 0.9，蒸汽直接作用往复泵的 η 为 0.8 ~ 0.95。

（四）往复泵的使用

1. 在排液管路上设置安全阀　往复泵出厂时，对泵的排

出压力有明确的规定，这是由于配用电机功率和泵本身的强度限制，不允许泵的排出压力超出允许值，在往复泵的排液管路上设置安全阀，在排液管路压力升高时，安全阀及时打开，使泵缸内液体通过安全阀回流，保证了泵缸内压力不超出规定值。

2. 安装高度要在许用值以下　往复泵和离心泵一样，吸上高度也有限制，这是由于往复泵也是依靠吸液池液面与泵入口的压力差吸上液体的。在大气压力不同的地区，输送性质及温度不同的液体时，泵的安装高度不同，如果安装高度超出许用值，泵入口处液体同样会产生汽化现象。

3. 往复泵的工作点　往复泵的工作点如图1-43所示，也为扬程曲线与管路特性曲线的交点。在管路曲线改变时，工作点在扬程曲线上垂直上下变动，扬程变化，流量不变，因此，往复泵不能像离心泵那样在排液管路上用阀门调节流量，在往复泵工作时，不能将出口阀完全关闭，否则，泵内压力会急剧升高，造成泵体，管路以及电机的损坏。

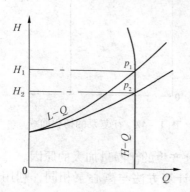

图1-43　往复泵的工作点

4. 往复泵的流量调节　往复泵通常采用旁通回路，改变活塞冲程大小和改变活塞往复次数的方法调节流量。旁通回路调节流量如图1-44所示，利用旁通管将吸排液管连通，旁通管上设有旁通阀，打开旁通阀使部分液体回流到吸液管中，从而改变了排液管路中的液体流量。这种调节方法的优点是装置简单可靠，但是消耗动力，不够经济，适用于流量变化较小的经常性调节。改变活塞冲程的方法是通过改变曲柄销的位置使活塞的冲程大小产生变化，从而改变泵缸的吸排液量。这种方法节省动力消耗，但操作不便，在需要经常性调节的场合使用较少。对于动力式往复泵还可以采用塔轮或变速箱装置改变泵轴的转速使活塞在单位时间内的往复次数改变，从而改变泵缸的吸排液量。对于蒸汽直接作用往复泵，则可以通过改变进汽阀的开度改变活塞在单位时间内的往复次数，从而改变泵的流量。

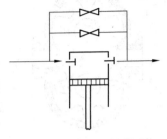

图 1 - 44　往复泵旁路调节流量示意图

二、齿轮泵

齿轮泵在炼油厂中主要用于输送燃料油和润滑油，同时，也用于各种机械的液压系统和润滑系统作为辅助油泵使用。齿轮泵的优点是工作可靠，流量脉动小，有自吸能力，并且结构简单，造价低。缺点是易磨损，效率较往复泵低，不宜输送含有固体颗粒的流体，且存在一定的振动和噪声。

（一）齿轮泵的工作原理及分类

齿轮泵的工作机构为一对相互啮合的齿轮，装在泵体内。主动齿轮由电机驱动，从动齿轮与主动齿轮相啮合，泵体两侧有吸排液腔，但没有吸排液阀。工作原理如图 1 - 45 所示，当电机驱动主动齿轮转动时，与主动齿轮相啮合的从动齿轮跟着旋转，吸液腔一侧的啮合齿逐渐脱离啮合，使吸液腔空间增大，压力降低并形成一定的真空，使吸液池中的液体在大气压力作用下经吸液管进入泵体吸液腔，充满于吸液腔一侧轮齿齿槽内的液体随齿轮转动分两路沿泵体内壁转到排液腔。由于吸液腔与排液腔始终被啮合齿分隔，排液腔一侧的轮齿还在逐渐地进入啮合，齿槽内的液体又源源不断地送到排液腔内，使排液腔内的液体受到挤压，

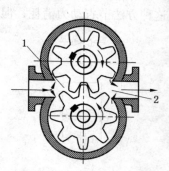

图 1-45　齿轮泵工作原理
1—吸液腔；2—排液腔

压力升高，于是便从排液腔排出。主动齿轮和从动齿轮不停地旋转，泵便能连续地吸入和排出液体。

齿轮泵的种类很多，按齿轮的啮合方式可分为外啮合齿轮泵和内啮合齿轮泵，按齿轮的齿形可分为正齿轮泵、斜齿轮泵和人字齿轮泵等。

（二）齿轮泵的基本构造

一般场合使用的齿轮泵绝大多数为外啮合齿轮泵，其结构如图 1-46 所示，主要有泵壳、主动齿轮、从动齿轮、安全阀和前后盖板组成。与主动齿轮一体的主动轴伸出泵壳，由原动机驱动，为防止液体向外泄漏，在主动轴伸出泵壳的部位设有机械密封装置。由于齿轮泵的排出压力和往复泵一样取决于管路情况，为防止意外情况造成排出压力过高，发生事故，在泵壳上装有安全阀，安全阀的开启压力可通过调节

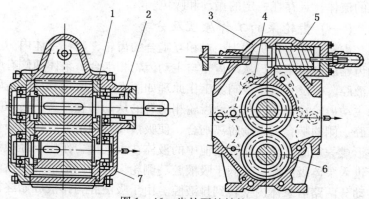

图 1-46　齿轮泵的结构
1—盖板；2—机械密封；3—泵壳；4—主动齿轮；
5—安全阀；6—从动齿轮；7—轴承

手轮预先设定，当泵的排出压力高出安全阀的设定压力时，高压液体便顶开安全阀，向泵的吸液腔一侧回流，以降低排出压力。为防止在泵内产生泄漏，两齿轮的齿顶与泵壳、齿端与盖板的间隙均很小，齿顶与泵壳的径向间隙为 0.1～0.15mm，齿端与盖板的轴向间隙为 0.04～0.10mm。由于齿轮泵的吸液腔压力低，排液腔压力高，使作用在齿轮上的液体压力不能自行平衡，齿轮轴承受径向力的作用，该径向力的作用可使轴产生弯曲，平衡措施多采用缩小排液口直径的办法，使高压液体仅作用在 1～2 个齿上，以减轻液体压力对齿轮轴的作用。此外，齿轮泵工作时，在前一对齿脱开之前，后面的齿必须开始啮合，这样在两对啮合的轮齿之间就形成了一个既不与排液腔相通，也不与吸液腔相通的封闭容积，称为困液区，困液区容积随着齿轮转动先逐渐缩小，而后又逐渐增大，在前一对齿轮脱离啮合时达到最大值。由于液体的不可压缩性，困液区容积减小时，密闭容积内的液体压力急剧上升，使齿轮受到很大的径向力作用，而在困液区容积增大时，溶于液体内部的空气将分离出来，部分液体也会汽化，产生类似于离心泵的汽蚀现象，泵同时发生噪声，并产生振动。消除困液现象的一般方法是在盖板上铣出两个卸荷槽，使困液空间在达到最小值之前与排液腔连通，过了最小值位置后又能及时与吸液腔连通，既保证吸液腔与排液腔的分隔，又利用了困液区产生的压力。

（三）齿轮泵的使用

由于齿轮泵和往复泵一样，也是一种容积式泵，因此使用方法有很多地方类似于往复泵。在泵启动前，必须把排液管路中的阀门全部打开，要是泵内流道表面有液膜存在，在不灌泵的情况下可以正常启动，齿轮泵的安装高度也须低于允许值，在缺乏安装高度数据的情况下，可根据泵的吸上真空高度进行计算，方法与离心泵相同。由于齿轮泵的排液量也与排出压力无关，因此，其流量调节方法也和往复泵一样，常采用旁路调节法调节流量。

一般齿轮泵的流量范围为 0.75 ~ 500L/min，压力范围为 0.7 ~ 20MPa，转速范围为 1200 ~ 4000r/min。

三、螺杆泵

螺杆泵主要用于输送各种黏性液体，在各种机械的液压传动系统或调节系统中常被采用，与齿轮泵相比，螺杆泵运转无噪声，寿命长，流量均匀，效率也较齿轮泵高。在泵内流道表面存在液膜的情况下启动时，不用灌泵，并且也可以输送含少量杂质颗粒的液体。

（一）螺杆泵的工作原理

双螺杆泵的结构如图 1-47 所示，主动螺杆由电机驱动，从动螺杆与主动螺杆相啮合，当电机驱动主动螺杆转动时，从动螺杆与主动螺杆反向旋转，两螺杆相互啮合的空间容积产生变化，靠吸入室一侧的啮合空间打开，与吸入室容积连通，吸入室容积增大，压力降低，吸入管内液体流入螺杆槽中在螺杆的推动下产生轴向移动。螺杆泵中液体的轴向

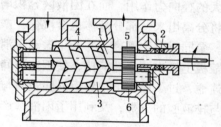

图 1-47　双螺杆泵
1—主动螺杆；2—填料函；3—从动螺杆；
4—泵体；5、6—齿轮

移动类似于螺母在螺杆上的移动，如图 1-48 所示，螺母不转，螺杆转动时，螺母在螺杆的推动下产生轴向移动。在螺杆泵中从动螺杆的螺纹与主动螺杆螺纹相啮合，起到防止液体随螺杆旋转的挡板作用。当螺杆不断旋转时，液体便从吸入室连续的沿着泵体轴向移动到排出室。

（二）三螺杆泵

螺杆泵根据互相啮合的螺杆数目，可分为单螺杆泵，双螺杆泵和三螺杆泵等。其中三螺杆泵由于主动螺杆不承受径向力作用，从动螺杆不承受扭矩作用，受力情况好，使用寿命长，因此，在国内使用较为广泛。三螺杆泵的结构如图 1－49 所示，泵的排出管位于上方，并高于泵轴，目的是停车后螺杆中仍能存有液体，以免下次启动时产生干摩擦。泵壳内衬套为三个相互连接的圆柱孔，三根螺杆置于其

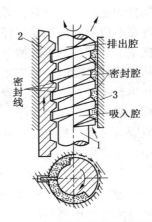

图 1－48 螺杆泵工作简图
1—螺杆；2—挡板；3—壳体

中，中间的主动螺杆左侧由固定在侧盖上的止推轴承支承，右端伸出泵壳的位置设有轴封填料，两从动螺杆左侧的止推轴承呈浮动状，螺杆中心有通孔，将排出压力引入止推轴承内，以平衡螺杆工作时产生的轴向力。泵壳内的衬套与螺杆的外圆柱面形成密封间隙，主动螺杆与从动螺杆啮合形成工作容积。主动螺杆为右旋，具有双头等螺距的凸螺纹，从动

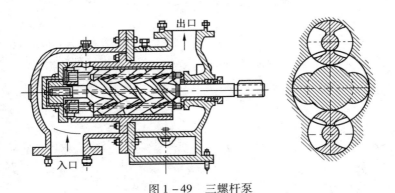

图 1－49 三螺杆泵

螺杆为左旋，具有双头等螺距的凹螺纹。在工作过程中，主动螺杆靠电机驱动，从动螺杆在液体压力作用下转动。螺杆的啮合线把主、从螺杆的螺纹槽分割成若干个封闭容积，当主动螺杆带动从动螺杆转动时，由于啮合线的移动，使封闭容积沿轴向移动，在主动螺杆转一圈的过程中，各封闭容积正好移动一个导程的距离，吸入室一端的封闭空间随螺杆转动而打开，并不断扩大，完成吸液过程，排出室一端的封闭容积随螺杆转动打开后，不断缩小，完成排液过程。

（三）螺杆泵的使用

螺杆泵也是一种容积式泵，具有自吸能力，在泵启动前，要把排液管路中的阀门全部打开，其安装高度须低于允许值，在缺乏安装高度数据的情况下，可根据吸上真空高度计算，方法同离心泵。由于螺杆泵的流量也与排出压力无关，因此，流量调节也采用旁路调节法。

螺杆泵的转速一般为 3000r/min，最高可达 18000r/min，流量范围为 $1.5 \sim 500 \text{m}^3/\text{h}$，排出压力可达 20MPa，并且由于螺杆的转动惯量小，启停不延时，应用于各种机械的液压系统或调节系统中时能保证机械操作的准确性及灵敏性。

第二章　气体压缩及输送设备

用于气体压缩及输送的设备称为压缩机。在炼油生产过程中，压缩机的使用十分普遍，石油裂解气加氢工艺需要把氢气加压到15MPa以上。铂重整、临氢脱蜡、烷基化等工艺也需要用压缩机对原料气进行加压。另外，有些单元操作如过滤、蒸发、蒸馏等要求在一定的真空度下进行，需要从设备中抽气。石油气和天然气的管道输送为了克服输送过程中的流动阻力，需要用压缩机提高气体的压力，还有些工艺流程为了使系统内未发生化学或物理变化的气体再循环，需要用压缩机对这部分气体循环加压。除以上用途以外，压缩机还广泛应用于动力工程和制冷工程。在动力工程中，使用压缩机供给的压缩空气驱动风动机械和某些自动化装置中的气动仪表。在制冷工程中，使用压缩机对气体加压，使气体液化，然后利用液化气体蒸发时吸收热量的性质，对需要制冷的空间制冷。在其他行业，如食品工业、国防工业中，压缩机也具有广泛的用途，因此，压缩机和泵一样，也是一种通用机械。

第一节　气体压缩及输送设备的分类

由于气体和液体都是流体，压缩机和泵都是用于对流体加压及输送的设备，所以，两者在工作原理和结构上有很多相似之处，其类型基本相同，对压缩机也可以根据工作原理。用途以及排气终压进行分类。

一、根据工作原理分类

根据工作原理的不同，可将压缩机分为容积式和速度式两大类，每一类又可分为若干种。

（一）容积式压缩机

容积式压缩机的工作原理类似于容积式泵，依靠工作容积的周期性变化吸入和排出气体。根据工作机构的运动特点可分为往复式压缩机和回转式压缩机两种类型。

1. 往复式压缩机　往复式压缩机的典型代表是活塞式压缩机，其结构与往复泵有相似之处，由气缸和活塞构成工作容积，依靠曲柄连杆机构带动活塞在气缸内作往复运动压缩气体，根据所需压力的高低，可以制成单级压缩机或多级压缩机，也可以制成单列压缩机或多列压缩机。可用以压缩空气及其他各种气体。

2. 回转式压缩机　回转式压缩机由机壳与定轴转动的一个或几个转子构成压缩容积，依靠转子转动过程中产生的工作容积变化压缩气体，属于这种类型的螺杆式压缩机在结构和原理上类似于螺杆泵，机壳内装有两螺杆，主动螺杆为凸螺纹，从动螺杆为凹螺纹，两螺杆依靠齿轮传动，工作时，凸螺纹挤压凹螺纹内的气体，使工作容积产生变化，实现气体的吸入与排出。这种压缩机常作为动力用空气压缩机使用，此外，还应用于制冷。

属于回转式类型的压缩机还有罗茨鼓风机，其结构和原理与外啮合齿轮泵有相似之处，在长圆形的机壳内，有两个铸造而成的"8"字形转子，由装在轴端的齿轮传动，两转子转向相反。鼓风机的风量与转速成正比关系，在转速不变的条件下，风压改变时，风量仍保持不变。

（二）速度式压缩机

速度式压缩机的工作原理类似于叶片式泵，依靠一个或几个高速旋转的叶轮推动气体流动，通过叶轮对气体做功，首先使气体获得动能，然后使气体在压缩机流道内作减速流动，再将动能转变为气体的静压能，根据气体在压缩机内的流动方向，将速度

式压缩机分为离心式和轴流式两大类:

1. **离心式压缩机** 在离心式压缩机中气体作径向流动,其叶轮的形状与离心泵相似,但由于气体的密度小,为了对气体产生足够大的离心力,压缩机的叶轮直径比离心泵叶轮要大得多,转速也比离心泵要高得多,加工精度要求也很高。离心式压缩机在现代大型化的石油化工生产中应用非常广泛。

2. **轴流式压缩机** 在轴流式压缩机中转鼓上所装的螺旋桨式叶片推动气体作轴向流动,机壳上装置的静叶片起减速导流作用。由于在轴流式压缩机中气流路程短,阻力损失小,因此,其效率较离心式压缩机高,但排气终压较低,一般只作为大型鼓风机使用。

二、根据用途分类

这种分类方法以被压缩气体的名称或依其在工艺流程中的用途对压缩机进行分类,如压缩氢气的称为氢气压缩机,压缩石油气的称为石油气压缩机,压缩空气的称为空气压缩机,还有如二氧化碳压缩机、乙烯压缩机等。根据在工艺流程中的用途命名的有循环压缩机,用于对循环气体加压;冰机,用于工艺系统的制冷等。

三、根据排气终压分类

排气终压即压缩机的最终排气压力,常用单位是 kPa 或 MPa,根据排气终压可将压缩机分类如下:

通风机　终压不大于 14.7kPa(表压);

鼓风机　终压为 14.7~294kPa(表压);

压缩机　终压大于 294kPa(表压);

真空泵　用于减压,终压为大气压。

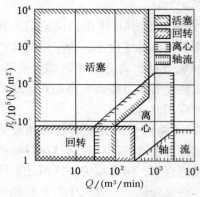

图 2 – 1　各类压缩机的适用范围

四、各类压缩机的适用范围

压缩机由于在原理和结构上的差别，使得在性能特点方面各有不同，各类压缩机的适用范围如图 2 – 1 所示，活塞式压缩机在高压或超高压领域具有不可替代的优势，离心式压缩机因其流量大，特别适合于大型化石油化工生产，回转式压缩机较适合于中小气量的场合使用。

第二节　活塞式压缩机

活塞式压缩机的构造、工作原理与往复泵相似，依靠活塞在气缸内往复运动造成的工作容积变化吸入和压缩气体。排气终压取决于压缩前后气体的体积比，气体在机器内流速低，阻力损失小。与其他类型压缩机相比较，排气终压范围广，可以满足从低压直到高压、超高压的要求，其效率也较其他类型压缩机高。但由于其排气量与气缸容积和转速成正比，转速的提高又受到惯性力的限制，排气量大的压缩机、气缸尺寸大、机器笨重，占地面积大，并且存在气阀、活塞环、填料等易损件。因此，在现代大型化的石油化工生产中其使用受到一定的限制。

一、活塞式压缩机的基本构造及其分类

（一）活塞式压缩机的基本构造

工厂中常见的 L 型空气压缩机如图 2 – 2 所示，一级气缸垂

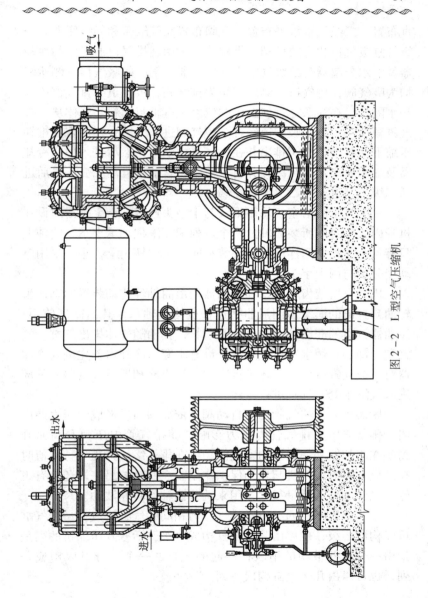

吸气

出水

进水

图 2－2　L 型空气压缩机

直布置，二级气缸水平布置，气阀布置在气缸盖和气缸座上。一级气缸吸气口装有减荷阀，供调节气量用，排气口通过中间冷却器及油水分离器与二级气缸吸气口连通，气缸的吸气口一侧所装均为吸气阀，排气口一侧所装均为排气阀，吸气道与排气道用冷却水隔开，在活塞穿过气缸座的位置装有轴封填料。气体从一级气缸减荷阀一侧的吸气道经各个吸气阀进入气缸，在活塞的推动压缩下从各个排气阀排出并在排气道内汇集，然后进入中间冷却器及油水分离器进行冷却并将气体中所含油水分离除去，最后进入二级气缸进行第二次压缩。

　　两级气缸的活塞杆均用螺纹与十字头连接，十字头滑道设在机身内，机身内所装曲轴由两个双列球面滚柱轴承支承，曲轴上只有一个曲拐，两连杆的大头装在同一个曲柄销上，小头采用浮动销分别与两十字头连接。

　　机身上所装齿轮油泵和注油器均由曲轴经传动装置驱动，齿轮油泵打出的润滑油润滑曲柄连杆机构及轴承，其油循环使用，注油器打出的润滑油润滑气缸及填料，其油随气体排出气缸。气缸和冷却器采用水冷，气缸壁上设有水套，冷却水首先进入冷却器对一级气缸排出的气体进行冷却，流出冷却器后分两路从下部进入气缸水套对气缸进行冷却。

　　压缩机采用的气阀均为自动阀，依靠阀前后形成的压力差启闭，排气终压受排气管内压力影响，随排气管内压力升高而升高。在冷却器上部装设的安全阀，可在排气终压升高到警戒值时打开放空，对压缩机起自动保护作用。在曲轴的另一端还装有飞轮，飞轮的转动惯量很大，用来调节曲轴的转速波动。

　　活塞式压缩机的级由吸排气压力相同的气缸构成，一个气缸可以构成一级，也可由几个气缸构成一级。活塞式压缩机的列是指由一个连杆带动的串联在一起的气缸，一个气缸可以构成一列，也可以由几个气缸构成一列。

（二）活塞式压缩机的分类

活塞式压缩机的分类见表 2 - 1。

表 2 - 1　活塞式压缩机的分类

分类方法	类型名称	参数范围或结构特点
按排气量 V_d 分（吸气压力为大气压）	微型	排气量 $V_d \leqslant 1 m^3/min$
	小型	$1 m^3/min < V_d \leqslant 10 m^3/min$
	中型	$10 m^3/min < V_d \leqslant 100 m^3/min$
	大型	$V_d > 100 m^3/min$
按排气压力 p_d 分	低压压缩机	$0.2 MPa < p_d \leqslant 1 MPa$
	中压压缩机	$1 MPa < p_d \leqslant 10 MPa$
	高压压缩机	$10 MPa < p_d \leqslant 100 MPa$
	超高压压缩机	$p_d > 100 MPa$
按气缸的排列方式分	立式	气缸中心线垂直于地面
	卧式	气缸中心线平行于地面
	对称平衡式	属于卧式，气缸对称排列，活塞对称运动
	角式	气缸中心线互成一定角度
按气缸容积的利用方式分	单作用式	仅活塞一侧气缸容积工作
	双作用式	活塞两侧气缸容积交替工作
	级差式	同一列中有两个以上活塞组装在一起工作
按压缩级数分	单级压缩机	气体经一次压缩达到排气终压
	双级压缩机	气体经二次压缩达到排气终压
	多级压缩机	气体经多次压缩达到排气终压

二、活塞式压缩机的工作循环

压缩机的活塞在气缸内往复运动一次的过程中，气缸所经历的吸气、压缩及排气等过程的总和称为压缩机的工作循环，压缩机的工作过程就是其工作循环的简单重复，通过对工作循环的分析，可以得到压缩机主要性能参数的计算方法。

（一）理论工作循环

为了由浅入深地认识问题，便于抓住主要矛盾，在分析压缩机的工作循环时，可以先对实际问题做如下的简化和假设：

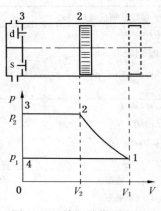

图 2-3　单缸单作用压缩机
的理论工作循环

（1）排气结束时气缸内气体能够全部排尽；

（2）在吸气及排气过程中气缸内气体的温度、压力与吸排气管内相同；

（3）气缸不存在泄漏。

符合以上全部条件的工作循环称为理论工作循环。图 2-3 所示的是单缸单作用压缩机的理论工作循环，横坐标 V 表示气缸的工作容积，纵坐标 p 表示气缸内的气体压力。压缩机吸气口 s 处的压力为 p_1，排气口 d 处的压力为 p_2。

当活塞从外止点截面 3 向右移动时，吸气阀打开，气缸吸入压力为 p_1 的气体，活塞到达内止点截面 1 时，吸气过程结束，吸气阀关闭，气缸的吸入容积为 V_1，在 $p-V$ 坐标平面上吸气过程用水平线 4-1 表示；当活塞从内止点向左移动时，由于吸排气阀都是关闭的，气缸内气体被压缩，气体压力随气体体积减小而升高，活塞到达截面 2 时，气体体积减小为 V_2，压力升高到 p_2，压缩过程结束，排气阀打开排气，活塞移动到外止点截面 3 时，排气过程结束，气缸又回到原来的吸气状态。压缩过程和排气过程在 $p-V$ 坐标平面上分别用曲线 1-2 和水平线 2-3 表示。当活塞再次从外止点截面 3 向右移动时，吸气阀重新打开，压缩机开始下一个理论工作循环。

由于理论工作循环由吸气、压缩和排气三个过程组成，因此在一个理论工作循环中活塞压缩气体消耗的功应等于在三个过程中消耗的功之代数和。在压缩机中规定活塞压缩气体做功为正，气体推动活塞做功为负，在吸气过程中，是气体推动活塞做功，功为负值，即：

$$W_1 = -p_1 V_1$$

在压缩过程中，是活塞推动气体做功，功为正值，但由于积分上限小于下限，在积分号前加一负号，即：

$$W_2 = -\int_1^2 p\mathrm{d}V$$

排气过程情况与压缩过程相同，因此，功也为正值，即：

$$W_3 = p_2 V_2$$

于是在一个理论工作循环中活塞压缩气体消耗的功为：

$$W = W_1 + W_2 + W_3 = -p_1 V_1 - \int_1^2 p\mathrm{d}V + p_2 V_2$$

根据积分性质：

$$p_2 V_2 - p_1 V_1 = \int_1^2 \mathrm{d}(pV) = \int_1^2 p\mathrm{d}V + \int_1^2 V\mathrm{d}p$$

所以，

$$W = \int_1^2 V\mathrm{d}p \tag{2-1}$$

理论工作循环功在 $p-V$ 坐标平面上表示为由 $1-2-3-4-1$ 所包围的底边在纵坐标轴上的曲边梯形面积。从式(2-1)看出在吸入体积和吸、排气压力相同的条件下，理论工作循环功只与压缩过程中 V 与 p 的函数关系有关。

当压缩过程为温度保持不变的等温过程时，等温压缩循环功 W_{is} 为：

$$W_{is} = p_1 V_1 \ln \frac{p_2}{p_1}, \text{J} \tag{2-2}$$

式中　V_1——气体的吸入容积，m^3；

　　p_1、p_2——气缸的吸、排气压力，Pa。

当压缩过程为无热量交换的绝热过程时，绝热压缩循环功 W_{ad} 为：

$$W_{ad} = p_1 V_1 \frac{K}{K-1} \left[\left(\frac{p_2}{p_1} \right)^{\frac{K-1}{K}} - 1 \right], J \qquad (2-3)$$

式中　K——绝热过程指数。

其余符号意义及单位同式(2-2)。

当压缩过程为温度升高，但有热量经气缸壁输出的多变过程时，多变压缩循环功 W_{pol} 为：

$$W_{pol} = p_1 V_1 \frac{m}{m-1} \left[\left(\frac{p_2}{p_1} \right)^{\frac{m-1}{m}} - 1 \right], J \qquad (2-4)$$

式中　m——多变过程指数，$1 < m < K$。

其余各项符号意义及单位同式(2-2)。

比较三种理论压缩循环功，可见等温压缩循环功最小，多变压缩循环功居中，绝热压缩循环功最大。因此，为了减小压缩机的功耗，应在气缸壁上设置水套或散热翅片，加强气缸散热，使压缩过程尽量趋近于等温过程。

（二）实际工作循环

对于实际工作循环，仍然以单缸单作用压缩机为例进行分析，作出 $p-V$ 坐标平面如图 2-4 所示，考虑到活塞的热膨胀及气缸中存在油水，活塞移动到外止点位置时其端面不能与气缸盖接触，须留有一定的余隙容积 V_3，由于存在余隙容积，气缸排气结束时余隙容积中存留有高压气体，因此在下一个工作循环开始时，气缸并不能马上吸入气体，而是余隙容积中的残留气体首先随气缸容积增大而膨胀，此膨胀过程直到气缸容

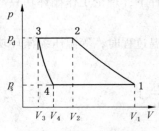

图 2-4　实际工作循环

积增大到 V_4 时结束，这时气缸内的气体压力已下降为 p_s，p_s 低于吸气管内的压力 p_1，吸气阀在压力差 $\Delta p_s = p_1 - p_s$ 的作用下被推开，气缸开始吸气。吸气过程在气缸工作容积增大到 V_1 时结束，$V_h = V_1 - V_3$ 称为气缸的行程容积。膨胀过程和吸气过程在图 2-4 中由曲线 3-4 和水平线 4-1 表示。接着气缸容积从 V_1 开始减小，气缸内气体压力随气缸容积减小而增高，当气缸容积减小到 V_2 时，气缸内压力增高到 p_d，p_d 大于排气管中压力 p_2，排气阀在压力差 $\Delta p_d = p_d - p_2$ 作用下被推开，气缸开始排气，在活塞到达外止点时，气缸容积减小为余隙容积 V_3，排气结束，气缸又回到膨胀过程即将开始状态。压缩过程和排气过程如图 2-4 中曲线1-2和水平线2-3所示。与理论工作循环比较，实际工作循环由于气缸存在余隙容积，出现了一个膨胀过程，由于吸、排气阀存在阻力，气缸的实际吸入压力低于吸气管中的气体压力，气缸的实际排出压力高于排气管中的气体压力，并且，如果考虑气缸存在泄漏，压缩终了体积也小于理论工作循环的压缩终了体积。

实际工作循环功在图 2-4 中由封闭曲线 1-2-3-4-1 所包围的面积表示，等于两个底边在纵坐标轴上的曲边梯形面积之差，由于在实际工作过程中活塞移动的速度很快，虽然气缸可通过水套散热，但由于可供散热的面积有限，时间又很短，因此，在计算压缩机的实际工作循环功及功率时，常将气缸内的膨胀过程及压缩过程近似作为绝热过程处理，按绝热过程计算时的实际工作循环功为：

$$W = p_s (V_1 - V_4) \frac{K}{K-1} \left[\left(\frac{p_d}{p_s} \right)^{\frac{K-1}{K}} - 1 \right] \qquad (2-5)$$

理想气体的绝热过程指数，对于单原子气体 $K = 1.67$，对于双原子气体 $K = 1.4$，对于三原子气体 $K = 1.33$。气缸的实际压缩比 p_d / p_s，常记作 ε，对于设计合理的气阀，气缸内的实际吸排气压力 p_s、p_d 按以下两式计算：

$$p_s = p_1 - 0.045p_1^{0.75}$$

$$p_d = p_2 + 0.105p_2^{0.75}$$

应用以上两式时应注意气缸内气体的密度应等于或近似等于同温度下的空气密度,并且活塞的平均速度应为 3.5m/s,否则,还需根据其他资料介绍的方法加以修正。式(2-5)中的 $V_1 - V_4$ 与行程容积 V_h 的比值称为容积系数,记为 λ_V:

$$\lambda_V = 1 - \alpha(\varepsilon^{\frac{1}{m}} - 1) \tag{2-6}$$

式中　α——相对余隙容积;

　　　ε——实际压缩比;

　　　m——多变膨胀过程指数。

规定容积系数以后,$V_1 - V_4 = \lambda_V V_h$,相对余隙容积 α 为气缸的余隙容积与行程容积之比,$\alpha = V_3/V_h$,α 的大小与气缸的排气压力及气阀在气缸上的布置方式有关,对于低压级气缸,$\alpha = 0.07 \sim 0.12$,中压级气缸 $\alpha = 0.09 \sim 0.14$,高压级气缸 $\alpha = 0.11 \sim 0.16$,气缸的实际压缩比 ε 一般为 $3 \sim 4$,理想气体的多变膨胀过程指数 m 与气缸的吸气压力及气体的绝热过程指数 K 有关,可参照表 2-2 选取。

表 2-2　多变膨胀过程指数

吸气压力/MPa(绝压)	m 值	
	K 为任意值	$K = 1.4$
≤0.15	$m = 1 + 0.5(K-1)$	$m = 1.2$
>0.15 ~ 0.4	$m = 1 + 0.62(K-1)$	$m = 1.25$
>0.4 ~ 1	$m = 1 + 0.75(K-1)$	$m = 1.3$
>1 ~ 3	$m = 1 + 0.88(K-1)$	$m = 1.35$
>3	$m = K$	$m = 1.4$

三、活塞式压缩机的主要性能参数

（一）排气温度

压缩机的排气温度可在紧挨排气阀室的排气管段上直接用温度计测得。对于有油润滑的固定式空气压缩机，为防止高温下润滑油分解、积炭，规定排气温度须低于 160℃，移动式空气压缩机须低于 180℃。无油润滑压缩机则取决于活塞环和填料采用的自润滑材料，如采用填充聚四氟乙烯时，排气温度须低于 180℃，采用尼龙时，须低于 100℃ 等。石油化工用压缩机的排气温度主要受被压缩气体性质的限制。如石油气在温度过高时会聚合成胶状物易堵塞气阀、卡住活塞环等，规定排气温度不得超过 100℃。乙炔气在温度过高时易产生爆炸，规定排气温度不得超过 100℃，氯气在高温下易对气缸造成腐蚀，规定干燥氯气排气温度不得超过 130℃，湿氯气不得超过 100℃。在压缩机的设计计算中，气缸的排气温度一般按下式计算：

$$T_2 = T_1 \left(\frac{p_2}{p_1} \right)^{\frac{K-1}{K}}, \text{K} \qquad (2-7)$$

式中　T_1、T_2——分别为气缸吸、排气口温度，K；

　　　　p_1、p_2——分别为气缸吸、排气口压力，Pa；

　　　　K——理想气体的绝热过程指数。

（二）排气量

在单位时间内，压缩机排出的气体体积量称为压缩机的排气量。由于质量相同的气体在不同状态下体积大小不同，因此，又规定排气量为压缩机吸气管状态下的体积。

1. 理论排气量　对于理论工作循环，由于假定了排气结束时气缸内气体能够全部排尽，气缸无余隙容积，吸气过程中气体的温度、压力与吸气管中相同，气缸不存在泄漏，因此，气缸的吸入容积等于行程容积，吸气量等于排气量。气缸的行程容积为气缸内活塞工作面扫过的容积，行程容积 $V_h = A \cdot S$，A 为活塞的工作面积，单位为 m^2，S 为活塞行程，单位为 m，对于单作用气缸 $A = \frac{\pi}{4}D^2$，双作用气缸 $A = \frac{\pi}{4}(2D^2 - d^2)$，式中的 D 为气缸内径，d 为活塞杆直径。由此可知，当压缩机的每分钟转速为 n 时，理论排气量 Q_{th} 为：

$$Q_{th} = nV_h, m^3/min \qquad (2-8)$$

对于单级双缸压缩机，行程容积应按两个气缸计算，对于多级压缩机，行程容积应按第一级气缸计算。

2. 实际排气量　对于实际工作循环，由于排气结束时气缸内气体不能全部排尽，在吸气开始前，残留在余隙容积中的气体首先膨胀，占去了气缸内大小等于 V_4（见图 2-4）的有效容积，使气缸内可供吸气的容积减小为 $\lambda_V V_h$，而吸入气缸的气体由于在通过吸气阀时要产生流动阻力降，压力较吸气管中低，并且在吸入气缸的过程中受气缸壁加热，温度较吸气管中高，当把气缸内的压力较低、温度较高的气体换算到压力较高、温度较低的吸气管状态时，气缸的吸入容积将进一步减小。现考虑进气流动阻力降造成的吸入容积损失、引入压力系数 λ_p，λ_p 为实际吸入气缸的压力 p_s 与吸气管压力 p_1 之比，$\lambda_p < 1$。考虑进气加热造成的吸入容积损失，引入温度系数 λ_T，λ_T 为吸气管内温度 T_1 与实际吸入气缸的温度 T_s 之比，$\lambda_T < 1$。这样综合考虑了余隙容积膨胀，进气流动阻力降和进气加热后换算到吸气管状态下的气缸实际吸气量为：

$$\lambda_V \lambda_T \lambda_p V_n$$

在实际循环中吸入气缸的气体还会通过气阀、活塞环及填料向外泄漏，因此，实际的排气量比吸气量还要低，考虑泄漏造成的气量损失，引入泄漏系数 λ_L，λ_L 为压缩机的排气量与第一级气缸的实际吸气量之比，λ_L 也小于 1。现将压缩机的实际排气量记为 Q_d，则：

$$Q_d = n \cdot \lambda_V \cdot \lambda_p \cdot \lambda_T \cdot \lambda_L \cdot V_h \qquad m^3/min \qquad (2-9)$$

式中　n——压缩机曲轴转速，r/min；

　　　V_h——第一级气缸行程容积，m^3。

3. **排气量的影响因素**　排气量公式(2-9)说明在气缸行程容积和曲轴转速一定的条件下，压缩机的排气量与系数 λ_V、λ_p、λ_T、λ_L 有关，现分别分析如下：

根据式(2-6)，容积系数 $\lambda_V = 1 - \alpha(\varepsilon^{\frac{1}{m}} - 1)$，$\lambda_V$ 的大小与气缸的相对余隙容积 α、气缸的压缩比 ε 以及膨胀过程指数 m 有关，在 ε 及 m 不变的条件下，容积系数 λ_V 随相对余隙容积 α 减小而增大，相对余隙容积较小的气缸，λ_V 较大，气缸容积的有效利用率较高，因此，减小气缸的相对余隙容积，可以提高气缸的排气量。在气缸相对余隙容积不变的条件下，降低气缸的压缩比或增大膨胀过程指数，同样可以使容积系数 λ_V 增大，这是因为降低压缩比，可使膨胀过程的起点压力下降，气体膨胀后的体积减小，也就增大了气缸的可吸入容积。在气缸冷却效果良好时，膨胀过程指数 m 较大，由于冷却降低了膨胀气体的温度，膨胀后的体积因此而减小。

压力系数 λ_p 的大小主要与气阀的弹簧力以及进气管中的压力波动有关，对于设计合理的气阀，λ_p 的取值范围为 0.95~0.98，进气压力低的气缸取较小值，进气压力高的气缸取较大值。

温度系数 λ_T 的大小主要与吸气过程中气体受气缸壁的加热程度有关，λ_T 的取值范围为 0.94~0.98，转速低、压缩比高的气缸取较小值，转速高、冷却良好的气缸取较大值。

泄漏系数 λ_L 的大小主要与压缩机各级气缸产生的外泄漏量之和有关。压缩机中的泄漏分外泄漏和内泄漏两种，外泄漏是指从压缩机内部直接漏入外界大气的泄漏,如双作用气缸中,通过填料产生的泄漏,单作用气缸中通过活塞环产生的泄漏以及由于第一级气缸的吸气阀关闭不及时或关闭不严密产生的泄漏等;内泄漏是从压缩机内部高压级气缸或从级间漏入低压级气缸的泄漏,如排气阀关闭不严密时从级间管道漏入低压级气缸的泄漏或由于吸气阀关闭不严密而在气缸排气时漏入级间管道的泄漏等。内泄漏只影响机器的效率,不影响排气量。在计算压缩机排气量时,泄漏系数 λ_L 的取值范围为 $0.95 \sim 0.98$,转速低,填料数目多,外泄漏量大的机器取较小值,转速高、级数少,外泄漏量小的机器取较大值。无油润滑压缩机由于密封性差,λ_L 也取较小值。

(三) 压缩机的功率

1. 指示功率　压缩机的实际工作循环功也称作指示功,压缩机在单位时间内消耗的指示功称作指示功率,如已知压缩机的每分钟转速为 n,根据式(2-5)及式(2-6),压缩机的指示功率 N_i 为:

$$N_i = \frac{n}{60} p_s \lambda_V V_h \frac{K}{K-1} \left[\left(\frac{p_d}{p_s} \right)^{\frac{K-1}{K}} - 1 \right], \quad \text{W} \quad (2-10)$$

式中　p_s、p_d——气缸的实际吸、排气压力,Pa;

　　　　λ_V、K——气缸的容积系数及气体的绝热过程指数;

　　　　V_h——气缸的行程容积,m^3;

　　　　n——压缩机的转速,r/min。

双作用压缩机的指示功率等于气缸两侧工作容积的指示功率之和,多级压缩机的总指示功率等于各级气缸的指示功率之和。

在转速和气缸尺寸一定的条件下,影响压缩机指示功率的主要因素为气体通过气阀时产生的阻力降和气体的绝热过程指数。阻力降使气缸的压缩比增大,引起指示功率增大,压缩绝热过程指数较大的气体时消耗的指示功率也较大。

2. 轴功率　轴功率是驱动机传给压缩机曲轴的功率，轴功率的绝大部分为压缩气体消耗掉的指示功率，另外一小部分用于克服曲柄连杆机构的运动摩擦，指示功率与轴功率之比称作机械效率，记为 η_m，已知指示功率 N_i 和选定机械效率 η_m 以后，轴功率 N_z 为：

$$N_z = \frac{N_i}{\eta_m} \qquad (2-11)$$

机械效率 η_m 与压缩机的结构形式、制造装配质量及润滑条件有关，常见压缩机的机械效率见表 2-3。

表 2-3　常见压缩机的机械效率

机 器 类 型	机械效率 η_m
大中型有十字头压缩机	0.90 ~ 0.95
卧式单级压缩机	0.85 ~ 0.93
小型无十字头压缩机	0.80 ~ 0.85
高压循环压缩机	0.80 ~ 0.85

3. 驱动功率　考虑驱动机将功率传给曲轴的过程中存在传动损失，驱动功率应比轴功率大一些，轴功率与驱动功率之比称作传动效率。记作 η_c，对于皮带传动 $\eta_c = 0.96 \sim 0.99$，齿轮传动 $\eta_c = 0.97 \sim 0.99$，联轴器传动 $\eta_c = 1$，压缩机中为了避免传动损失，大多将曲轴与电动机用联轴器直联。此外，考虑到压缩机运转过程中负荷的改变、进气状态和冷却水温度的变化，会引起功率增加，因此，选择驱动机时还应有 5% ~ 15% 的功率储备，所以，驱动机功率 N_g 为：

$$N_g = (1.05 \sim 1.15) \frac{N_z}{\eta_c} \qquad (2-12)$$

（四）压缩机的效率

1. 等温指示效率　等温指示效率为压缩机的等温压缩循环

功 W_{is} 与实际工作循环功 W 之比，记作 η_{is}，由于等温压缩循环功是压缩机压缩一定量气体所必需的最小功，因此，等温指示效率 η_{is} 常作为经济性指标，用来评价水冷式压缩机的经济性能，η_{is} 一般在 0.6 ~ 0.75 之间。

2. 绝热指示效率　绝热指示效率为压缩机的绝热压缩循环功 W_{ad} 与实际工作循环功 W 之比，记作 η_{ad}，由于大多数压缩机气缸内的压缩过程接近绝热过程，造成实际工作循环功大于绝热压缩循环功的主要原因就是气阀的阻力损失及压缩机内部的气体泄漏，因此，绝热指示效率常作为技术性指标，用来评价一般压缩机的技术性能。η_{ad} 一般在 0.85 ~ 0.97 之间。

3. 比功率　比功率是压缩机的轴功率 N_z 与排气量 Q_d 之比，反映同类型压缩机在进排气条件相同的情况下，单位排气量所消耗的轴功率，常用来评价动力用空气压缩机的综合性能，据目前统计：一般动力用空压机，排气量小于 $10\mathrm{m^3/min}$ 时，其比功率 $N_r = 5.4 ~ 6.3\mathrm{kW/(m^3/min)}$，排气量为 $10 ~ 100\mathrm{m^3/min}$ 时，比功率 $N_r = 5.0 ~ 5.3\mathrm{kW/(m^3/min)}$。

四、多级活塞式压缩机

（一）多级压缩机的工作过程

在多级压缩机中气体的压缩过程被分配到各级气缸中进行，各级气缸通过中间冷却器和油水分离器串联在一起。如图2-5所示的三级压缩，气体首先在第一级气缸内被压缩，然后，进入中间冷却器和油水分离器经过冷却及除掉油水后再进入第二级气缸压缩，依次经过三次这样的压缩后，最终在第三级气缸中达到所要求的排气终压，从气缸后的油水分离器排出。由于在多级压缩机中各级气缸被串联在一起使用，因此，压缩机的总压缩比等于各级气缸的压缩比之积。

三级压缩的理论工作循环如图2-6所示，设各级气缸均按绝热过程压缩，各级气缸排出的气体经冷却后的温度与第一级气缸的进气温度相同，无余隙容积及气阀阻力，并且不存在泄漏。图中第一级气缸的吸气压力为 p_1，排气压力为 p_a，第二级气缸的

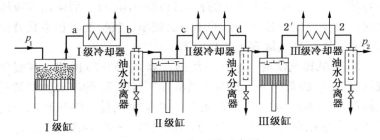

图 2-5　三级压缩示意图

吸气压力等于第一级气缸的排气压力，第二级气缸的排气压力为 p_c，第三级气缸的排气压力为 p_2，各级气缸的压缩起点均在等温过程线 1-2 上，由图看到三级压缩的理论循环曲线由组成三级压缩的各级气缸的理论循环曲线叠加而成。

（二）多级压缩机的优点

1. 节省压缩功耗　从图 2-6 看到，将一定量气体从压力 p_1 压缩到压力 p_2 时，若采用单级压缩，压缩过程线为曲线 1-2″，若采用三级

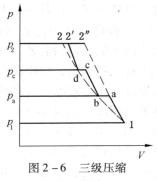

图 2-6　三级压缩
理论工作循环

压缩，压缩过程线为折线 1-a-b-c-d-2′，由于三级压缩的过程线比单级压缩更接近等温过程线 1-2，已知等温压缩循环功是压缩机压缩一定量气体所必需的最小功，因此，采用多级压缩较单级压缩省功。

2. 提高气缸容积利用率　前已述及气缸可供吸气的容积为

$\lambda_V\lambda_h$，容积系数 λ_V 在气缸余隙容积一定时，随气缸压缩比增大而减小，在总压缩比一定的情况下，若采用单级压缩，由于气缸的压缩比高，致使容积系数小，膨胀后的气体将占去气缸的大部分容积，气缸中能用于吸气的容积只剩一小部分，而采用多级压缩时，由于分配到各级气缸的压缩比较小，气缸的容积系数就较大，有利于提高气缸容积的利用率。

3. 降低排气温度　排气温度的计算式(2-7)说明，在吸气温度 T_1 一定的条件下，影响压缩机排气温度 T_2 的主要因素就是气缸的压缩比 p_2/p_1。在工艺条件要求压缩机排气终压较高的情况下，若采用单级压缩，由于压缩比过高，排气温度往往会超出允许范围，但采用多级压缩时，总压缩比被分配到各级气缸中，各级气缸的压缩比都比较低，并且前级气缸压缩后的气体经过级间冷却后才能进入下级气缸继续压缩，这样，既降低了排气温度，也能达到工艺条件要求的排气终压。

4. 降低活塞力，使压缩机结构更合理　采用单级压缩时，为了满足吸气量的需要，气缸尺寸必须足够大，并且单级压缩，气缸排气终压高，作用在活塞端面上的气体力大，为了保证强度和刚度，压缩机除了气缸壁必须足够厚，曲柄连杆机构中各零部件的截面尺寸也必须足够大，结果使得机器笨重，机械效率降低。而采用多级压缩时，气体在各级气缸中依次压缩，气缸直径随气体体积减小逐级减小，气缸壁厚随气体压强增大逐级增厚，即便是各级气缸串联在一起，传动曲柄连杆机构上的气体力也较单级压缩小。因为，单级压缩的气体力等于较大活塞面积与较高排气压力的乘积，而在多级压缩中虽然低压级活塞面积大，但排气压力低，高压级气缸虽然排气压力高，但活塞面积小，因此，多级压缩的气体力较单级压缩小。采用多级压缩有利于提高机器的机械效率，也使机器结构更为合理。

（三）多级压缩机的级数选择与压缩比分配

多级压缩虽然有很多优点，但也不是级数越多越好，级数过多时，压缩机结构复杂，运动件增多，机器的可靠性差。并且阀门、冷却器及油水分离器数量增加，气体在机器内部的流动阻力增大，有时反而会造成机器效率下降，因此，合理地选择级数，对于保证机器的可靠性和经济性都具有重要意义，选择级数的一般原则是：保证排气温度在允许范围以内，运转可靠，功耗小，结构简单，并且易于维修。表 2 - 4 列出了进气压力为大气压时，排气终压与级数的关系，供选择级数时参考。

表 2 - 4　排气终压与级数的关系

终压/MPa	0.5 ~ 0.6	0.6 ~ 3	1.4 ~ 15	3.6 ~ 40	15 ~ 100	20 ~ 100	80 ~ 150
级数	1	2	3	4	5	6	7

根据已选定的级数，分配各级气缸的压缩比时，一般按最省功的原则进行，可以证明，当各级气缸的压缩比相等时，功率消耗为最小。如压缩机的总压缩比为 ε 时，任一级气缸的压缩比 ε_i 为：

$$\varepsilon_i = \varepsilon^{\frac{1}{Z}} \qquad (2 - 13)$$

式中　Z——已选定的气缸级数。

在压缩机实际运转过程中，其各级气缸的压缩比还会随管路系统的压力变化自动进行调整，级间压力的变化规律服从气体流动的连续性原理和状态方程，末级气缸的排气压力则由管路系统决定。

五、活塞式压缩机的选择

（一）活塞式压缩机的种类选择

选择活塞式压缩机时，首先应根据生产需要确定所选压缩机的种类。石油化工生产用的压缩机虽然在工作原理和结构方面与空气压缩机基本相同，但由于被压缩气体的性质和生产工艺要求不同，使得各种专用压缩机又具有各自的结构特点，典型的石油化工用压缩机有氢气压缩机、氮氢气压缩机、氧气压缩机、石油气压缩机、二氧化碳压缩机以及乙烯超高压压缩机等。

1. 氢气压缩机　在炼油生产过程中，氢气压缩机用于油品加氢和铂重整等工艺过程，由于氢气与空气混合至一定浓度时有爆炸的危险，因此，常压进气时，第一级气缸的吸入压力不允许抽成负压，其他各级应尽量避免外泄漏，活塞杆穿出气缸座处一般采用带前置填料的密封结构，利用前置密封室与主密封室之间的回气管将泄漏气体引到第一级气缸的吸气管中或定向放空，防止气体直接从主密封室漏到机外。图2-7为炼油过程中使用的氢气循环压缩机，进气压力为2.6MPa，排气压力为3.6MPa，排气量为10m^3/min，转速为375r/min，双缸、双作用对称平衡式结构，气缸无油润滑，活塞环和填料采用填充聚四氟乙烯材料，完全顶开吸气阀调节气量。

2. 氧气压缩机　氧气压缩机主要用于氧气加压装瓶。由于氧气是一种强助燃气体，因此，严禁气体与润滑油接触，气缸用蒸馏水润滑或采用无油润滑结构。用水润滑时排气温度须低于120℃，用填充聚四氟乙烯无油润滑结构时排气温度须低于160℃，检修后的氧压机中与氧气接触的零部件须用四氯化碳等溶剂清洗后才能安装使用。此外，由于氧气的化学性质活泼，用水润滑时，湿氧气对气缸等零部件易造成严重腐蚀，因此，压缩机中与氧气接触的零件须用不锈钢、铜合金等抗氧化材料制造。图2-8为三列三级氧气压缩机，机器由曲轴箱、机身、中间座及气缸四部分组成，活塞环、填料及气阀均用塑料制造，填料盒上设有循环冷却水，以导出填料处的摩擦热，为避免机身内的机油与气缸漏出的氧气接触，中间座较长，座内装有刮油环，油塞杆上装有挡油圈，以防机油被带进气缸。

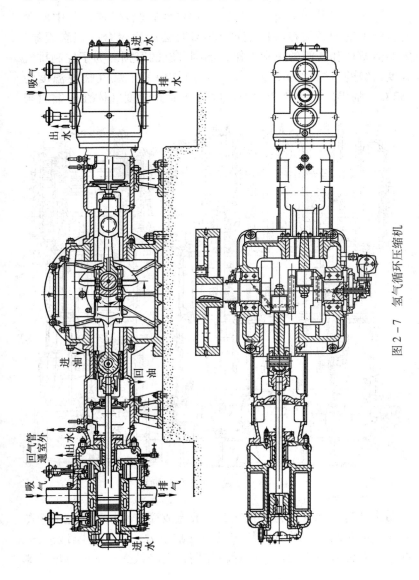

进水

吸气

排水

出水

进油

回油

回气管
通室外

出水

吸气

排水

进水

图 2-7 氢气循环压缩机

3. 石油气压缩机 石油气为多组分的混合气体，其中所含的多碳不饱和烃类在温度超过130℃时会产生聚合、积炭现象，影响活塞环和气阀的正常工作，加剧气缸的磨损。为了控制排气温度，级的压缩比为2.5左右。石油气中的丁烷气临界温度为152℃，临界压力为3.75MPa，这类高临界温度气体在压缩时很

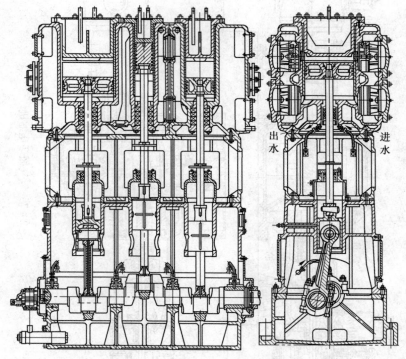

出水　　进水

图2-8 立式三列氧气压缩机

容易出现凝液现象，为防止气缸凝液造成撞缸事故，气缸的余隙容积一般都较大，并且排气阀设在气缸下方，以便于凝液流出。此外，石油气对润滑油具有稀释作用，会降低润滑油的黏度，影

响油膜的形成。因此，要防止石油气漏入曲轴箱中，造成曲柄连杆机构润滑不良。对于气缸和活塞环等润滑，应采用耐稀释的润滑油或采用无油润滑结构，经验表明，采用无油润滑时，在气缸内加入少量润滑油，可以溶解聚合物，保持气缸清洁。石油气同时也是一种易燃易爆且有毒的气体，填料密封应可靠，不允许石油气外泄或空气漏入气缸。应采用防爆电机或设防火墙，将压缩机与电机分别安装在两个机房内。图 2-9 为 2D 型无油润滑石油气压缩机，两列活塞对动，采用无油润滑结构，密封元件用塑料制造，排气压力为 4MPa，排气量为 $16.6m^3/min$。

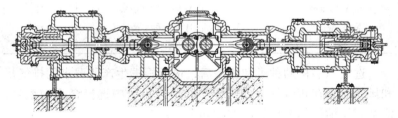

图 2-9　无油润滑石油气压缩机

氮氢气压缩机用于合成氨生产，其技术要求与氢气压缩机基本相同。二氧化碳压缩机用于合成尿素生产，气缸的余隙容积较大，气阀、冷却器等用不锈钢制造。乙烯超高压压缩机用于高压法合成聚乙烯，常采用热套组合气缸，热套产生的预应力可使气缸的疲劳强度得到很大提高。

（二）活塞式压缩机的结构形式选择

根据被压缩气体的性质确定所选压缩机的种类以后，就可以根据生产规模和厂房的具体条件选择压缩机的结构形式。立式压缩机占地面积小，机身结构简单，气缸磨损均匀，但气量大且多级串联时，机器高大，维修不便，中小气量级数不多的压缩机宜采用这种机型。L 型压缩机中，大直径气缸垂直布置，小直径气缸水平布置，级间冷却器安装在机器上的条件好，动力用的固定式空气压缩机和工艺用的中型压缩机宜采用这种机型。角式无十字头结构的压缩机，可用风扇冷却，机器重量轻，小型或需要移动的压缩机多采用这种机型。对称平衡型的卧式压缩机占地面积小，列数多，排气量大，工艺用大型压缩机一般都采用这种机型。活塞式压缩机的机型代号见表2-5。

表2-5 活塞式压缩机的机型代号

机 型	代 号	机 型	代 号
气缸呈 L 型排列	L	气缸水平排列	P
气缸呈 V 型排列	V	M 型对称平衡式	M
气缸呈 W 型排列	W	H 型对称平衡式	H
气缸垂直排列	Z	D 对称平衡式	D

选定压缩机的种类和机型后，最后根据生产所要求的排气量和排气压力在相应的压缩机样本和产品目录中选择合适的型号，活塞式压缩机的型号编制方法如下：

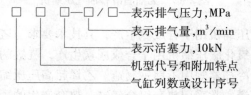

对于 Z、P、M、H、D 型压缩机，机型代号前的数字表示气缸列数，对于 L 型则表示该型号在 L 系列压缩机中的设计序号，机型代号后 Y 表示附加特点为移动，加 F 表示风冷，活塞力表示各列活塞中承受的最大气体压力值，排气压力为表压力。

六、活塞式压缩机的运转

（一）排气量调节

压缩机的排气量是根据工艺系统所需的最大气量选定的，但在实际运转过程中，系统的耗气量是变化的，当系统耗气量小于排气量时，系统压力就会升高，此时若不及时对压缩机的排气量进行调节，则可能出现各种故障甚至事故，压缩机的排气量调节方法一般有以下几种：

1. 停转调节　采用压缩机停转的方法调节排气量。当压缩机出口储气罐压力升高到警戒值时，通过压力继电器及时切断电动机电源，使压缩机停转，直到储气罐压力下降到规定值时再通过压力继电器接通电动机电源，启动压缩机供气。这种方法的优点是易于自动控制调节，经济性好，但是频繁启动、停机，增加零部件磨损，并影响电网的电压稳定，一般只用于小型压缩机的气量调节。

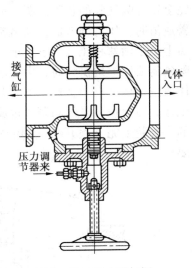

图 2 - 10　停止吸气阀

2. 切断吸气调节　采用在气缸吸气口上加装停止吸气阀调节排气量，停止吸气阀如图 2 - 10 所示。当系统压力升高到警戒值时，来自储气罐的高压气体推动阀内的小活塞关闭停止吸气阀，使压缩机的排气量在一段时间内为零，当系统压力下降，需要恢复供气时，压力调节器会自动控制打开停止吸气阀。阀体上的手轮用于压缩机空载起动。这种调节方法简单可靠，功耗低，但是停止吸气后，气缸内的气体温度升高，影响润滑油的润滑性能，并且气缸内会出现负压，因此，这种方法主要用于空气压缩机的气量调节。

3. 回流调节　将压缩机的排气管与吸气管连通，并在连通管路中装设旁通阀，需要降低压缩机排气量时打开旁通阀，使排出气体部分或全部回流到吸气管中，可实现排气量的连续调节，这种调节方法的优点是装置简单，操作方便可靠，缺点是调节功耗大，且节流阀在高速气流的冲击下易损坏，主要用于大型压缩机起动时的减荷和中小型压缩机的排气量调节。

4. 顶开吸气阀调节　在压缩机运转过程中，将吸气阀完全顶开，使气体只通过吸气阀进出气缸，机器空转，排气量为零。完全顶开吸气阀的装置如图 2-11 所示，当储气罐内压力升高到警戒值时，压力调节器自动将罐内气体引至吸气阀压盖，推动压盖上的小活塞将压叉压下，顶开吸气阀阀片。当储气罐内压力下降到需要压缩机供气时，由于压力调节器的作用，活塞上部的气体放空，压叉在弹簧作用下升起，进气阀关闭，压缩机恢复正常工作，完全顶开吸气阀调节也属于间歇调节，若只在双作用气缸的一侧装上完全顶开吸气阀装置，则可以实现 50% 气量的调节要求。

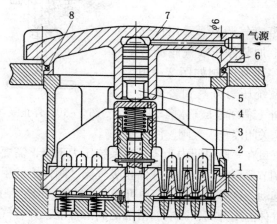

图 2-11　完全顶开吸气阀装置

1—阀座；2—压叉；3—弹簧；4—小活塞；
5—压罩；6—气阀压盖；7—密封槽；8—密封圈

　　如果只在部分行程顶开吸气阀，则可以实现排气量的连续调节。图 2 – 12 所示为部分行程顶开吸气阀装置，旋转丝杆，弹簧压向压叉产生对阀片的顶开力，使吸气阀在吸气结束时仍保持开启状态，活塞开始压缩后，气缸内的部分气体倒流回吸气管。由于气流经过吸气阀时产生的流动阻力对阀片有推动作用，当此推动力大于调节装置中的弹簧力时，吸气阀关闭，气缸内所剩气体经压缩后排出。由于通过调节压紧弹簧力，可以控制吸气阀打开

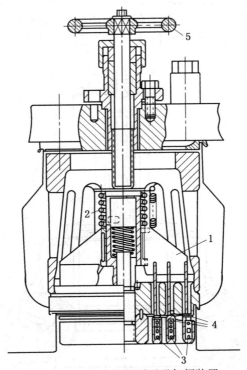

图 2 – 12　部分行程顶开吸气阀装置
1—压叉；2—压紧弹簧；3—阀片弹簧；
4—阀片；5—手轮

的时间，因此，可以实现连续调节气量。

顶开吸气阀调节装置简单，功耗小，但是会缩短气阀阀片的寿命，因此，只适用于转速较低的压缩机调节气量。

5. 补充余隙容积调节　由于余隙容积增大时，气缸的容积系数减小，气缸的吸气量下降。据此性质可以进行排气量的调节，方法是在气缸上连通一补充余隙容积。补充余隙容积有不变容积与可变容积两种，不变容积只能实现排气量的固定调节，可变容积则可以实现排气量的连续调节。图 2 – 13 为设置在气缸盖上的可变容积的补充余隙调节装置，补充余隙容积与气缸容积连通，转动手轮时，小活塞移动，余隙容积逐渐增大，气缸的吸气

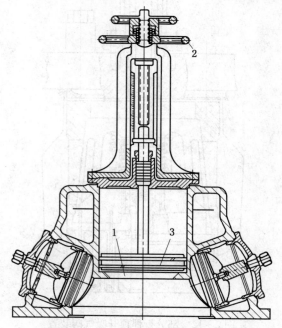

图 2 – 13　可变容积的补充余隙调节装置

1—补充余隙容积；2—手轮；3—小活塞

量逐渐减少。

补充余隙调节功耗低，不影响阀片寿命，但仅在第一级气缸上调节时，会引起第一级气缸压缩比下降，末级气缸压缩比升高，中间各级压缩比不变，但所有的级间压力都要下降。大型工艺用压缩机常采用这种方法调节气量。

(二) 活塞式压缩机的润滑与冷却

1. 润滑　活塞式压缩机的润滑分飞溅润滑和压力润滑两种方式。飞溅润滑主要用于无十字头的单作用压缩机，采用这种润滑方式的压缩机在连杆大头盖上装有击油杆，压缩机工作时，击油杆打击曲轴箱内的润滑油面产生飞溅的油雾和油滴，润滑整个运动机构及气缸。曲轴箱内的润滑油面高度应适当，油面过高时，连杆大头浸入润滑油内，击油损失功耗增加，引起油温上升，油面过低时，打起的油量不够，使机构润滑不足。飞溅润滑的优点是装置简单，可降低机器的制造成本，缺点是耗油量难以控制，气缸和运动机构只能用一种油润滑，且油无法滤清，只能定期更换。

压力润滑主要用于有十字头的大中型压缩机，气缸和传动机构的润滑分为两个相互独立的系统，气缸及填料依靠注油器供油润滑，传动机构依靠齿轮油泵供油润滑。注油器由几个独立的小柱塞式油泵组成，每个小油泵负责向一个润滑点供油，油压等于注油点处压力的平均值。图 2 - 14 所示为真空滴油式注油器，由偏心轮带动柱塞上下运动。柱塞下行时，泵腔内形成真空，吸入通道 B 中的钢球抬起，油箱中的润滑油通过吸油管和通道 A，从滴油管滴入透明罩壳，显示油路畅通，滴入罩壳的润滑油再经过通道 C 进入泵腔。柱塞上行时，通道 B 中的钢球落下，切断吸油通道，润滑油通过有止逆作用的注油阀最后被输送到润滑点。

旋转调节螺套，升降调节杆，可以改变柱塞行程，调节油量，按动调节杆，可先将油注入机器后再启动。这种注油器一般用电动机单独驱动。

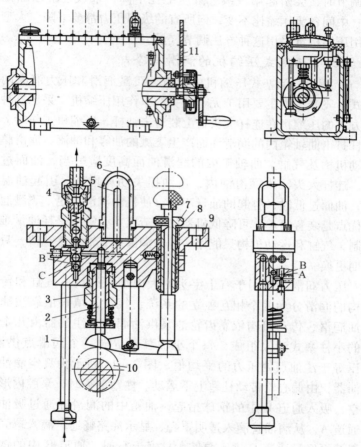

图 2-14   真空滴油式注油器

1—吸油管；2—柱塞；3—柱塞套；4—注油阀；
5—滴油管；6—罩壳；7—调节螺套；8—调节杆；
9—泵体；10—偏心轮；11—摆杆

传动机构的润滑有内传动和外传动两种方式，中小型压缩机为了结构紧凑，采用主轴带动油泵的工作方式，称为内传动；大型压缩机需要的油量大，油泵也大，采用电动机单独驱动油泵工作，称为外传动。传动机构的油路有以下三种：

A 型油路：油泵→曲轴中心孔→连杆大头→连杆小头→十字头滑道→回入油箱

B 型油路：油泵→机身主轴承→连杆大头→连杆小头→十字头滑道→回入油箱

C 型油路：

油泵
　┌→十字头上、下滑板→回入油箱
　└→机身主轴承→连杆大头→连杆小头→回入油箱

A 型油路可以不设任何单独的油管，多用于单拐和双拐曲轴的压缩机，主轴承依靠飞溅润滑。B 型油路在机身内设总油管，由分油管将润滑油送到各轴承处，用于多曲拐压缩机。C 型油路单独设置了通往十字头滑板的分油管，可保证十字头滑道处油量充足。三种油路中都设有油过滤器，润滑油循环使用，并且在油泵和过滤器之间装设回油阀，防止油压升高，导致出现油路故障。压缩气体的种类与应用润滑油的关系见表 2-6。

表 2-6　压缩气体的种类与应用润滑油的关系

气　体	对润滑油的要求及原因	应用润滑油	代　用　油
空气	应有较好的抗氧化能力，油的闪点比最高排气温度高 40℃	HS13、HS19 单级用 DAA100，DAA150 两级用 DAA68，DAA100 低压用 DAB32	11# 柴油机油，10# 汽油机油 30#、40#、50# 机械油
氮、氢气、氮氢混合气	被压缩气体对润滑油具有化学惰性，可用压缩机油	HS13、HS19 DAA68，DAA100，DAA150	低压 HG-11 饱和气缸油 高压 HG-24 饱和气缸油

续表

气 体	对润滑油的要求及原因	应用润滑油	代 用 油
氧气	使矿物油剧烈氧化而引起爆炸,故不能用矿物油	蒸馏水加 6% ~8% 的甘油无油润滑	
氯气	在一定条件下与润滑油中的烃类作用生成氯化氢,对钢铁有腐蚀	浓硫酸	
乙烯	为防止乙烯被润滑油污染,不用润滑油	80% 甘油加 20% 蒸馏水白油	
石油气	对润滑油有溶解作用,用高黏度润滑油	HS19 DAA100,DAA150	
二氧化碳	水分溶解二氧化碳生成酸,恶化润滑油性质,要干燥除水	HS13,HS19 DAA68,DAA100,DAA150	40#机械油
氨	要求润滑油的凝固点低	13#冷冻机油	
氟利昂	要求润滑油的凝固点低	18#、25#冷冻机油	

2. 冷却　压缩机的冷却包括气缸冷却、级间冷却以及在有些压缩机中对最后排出气体的所谓后冷却。冷却方式有风冷和水冷两种,风冷适用于小型移动式压缩机,固定式压缩机大都采用水冷。水冷却系统有串联、并联及混联三种形式。串联式冷却只适用于两级压缩,冷却水首先进入级间冷却器对一级缸排出的气体进行冷却,然后依次进入一级缸水套、二级缸水套和后冷却器进行冷却。串联式冷却的优点是水路简单,节约用水,但级数多时,后面各级的冷却效果差。并联式冷却适用于多级压缩,冷却水同时进入各冷却部位进行冷却,流出冷却部位后即行排放,冷却效果好,但冷却水用量大。混联式冷却中冷却水首先进入级间

冷却器进行冷却，流出级间冷却器后的冷却水再分几路进入各级气缸的水套进行冷却。在二级压缩机中采用混联式冷却其综合效果优于串联式冷却。

（三）活塞式压缩机的操作与维护

1. 开车运转　在压缩机开车前，应先对机器的油路、水路、安全保护装置、机械传动装置等进行检查。

对于采用飞溅润滑的压缩机，应通过机身上的视镜或油尺观察润滑油油面高度是否适合开车，如连杆大头转动到最低位置时油面仅能淹没击油杆，则高度适宜。对于采用压力润滑的压缩机，可先启动油泵和注油器，检查传动机构和气缸、填料等处油路是否畅通。由于传动机构的润滑油是循环使用的，润滑油的性能随使用时间延长而恶化，一般要求一年须更换一次，换油时要注意检查新油的牌号和各项性能指标一定要符合技术要求，并对油过滤器进行清洗。

水路的检查包括对水温的检查和水路是否畅通的检查。在压缩机运转过程中，冷却水温度并不是越低越好。压缩临界温度较高的气体时，气缸冷却水温度过低，会使气缸内气体出现液化现象，压缩含水蒸气的湿气体时，会使水蒸气在气缸壁面凝结，造成气缸的润滑恶化并由此增加气缸的磨损，因此冷却水温度应以设计说明书的指示为准。检查水路是否畅通的方法是打开水路进水阀门后，观察排水管中是否有冷却水流出，对于并联式和混联式冷却应对机器的每个冷却部位水路都进行检查。

压缩机的安全保护装置包括安装在各级气缸排气管路上的安全阀，压力调节机构以及安装在第一级气缸吸气口的排气量调节机构，这些装置不仅可以调节排气量，而且在压缩机各部位压力升高到警戒值时，可以对压缩机起到安全保护作用。为保证机器开车运转安全可靠，开车前须检查安全保护装置是否正常有效，尤其对安全阀、减荷阀等不经常工作的装置，为避免锈蚀卡住，应定期检验。

　　此外，在开车前还应盘车转动传动机构一圈以上，检查各连接部位是否紧固、转动是否灵活、地脚螺栓和管道连接是否有松动现象，气缸等机件的支承是否坚固可靠。连杆大头螺栓，由于承受交变载荷的作用，易疲劳断裂，是压缩机的薄弱环节之一，应检查是否已按期更换。

　　2. 维护　压缩机在开车进入正常运转后，应按时观察机器的排气压力、排气温度、油压、水温、冷却水是否断流等项目，并作好记录，储气罐、冷却器、油水分离器要及时放出油水，并注意压缩机及其辅助设备的环境清洗卫生，发现问题及时处理，以保证机器的安全运行及其使用寿命。压缩机在开车和运转过程中的常见故障。产生原因以及消除方法见表 2-7。

表 2-7　活塞式压缩机的常见故障、产生原因及其消除方法

序号	故障性质	产　生　原　因	消　除　方　法
1	打气量不足	1. 吸排气阀漏气 (1) 阀座与阀片之间有金属颗粒，因关闭不严引起漏气、影响气量 (2) 新的吸气阀弹簧，初用时刚性太大，引起开启迟缓。弹簧用久后，因疲劳引起开阀不及时，造成漏气 (3) 阀片与阀座磨损不均匀，因而引起密封不严而漏气，影响气量 (4) 吸气阀升起高度不够，流速加快阻力增大，影响气量	(1) 拆检清洗。若吸气阀的阀盖发热，则故障在吸气阀上，否则是在排气阀上 (2) 检查弹簧刚性，或更换合适的弹簧 (3) 用研磨方法加以修理，或更换新的阀片和阀座 (4) 调整升程高度，更换适当的升程限制圈
		2. 填料漏气 (1) 填料或活塞杆磨损引起漏失 (2) 润滑油供应不足，降低气密性，引起漏失	(1) 修理或更换密封圈或活塞杆 (2) 拆检吸、排气阀，发现气阀缺油，应增加润滑油量

序号	故障性质	产　生　原　因	消　除　方　法
1	打气量不足	3. 气缸与活塞环有故障 (1) 气缸磨损(特别是单边磨损)超过最大允许限度,间隙增大,引起漏气,影响打气量 (2) 活塞环因润滑油质量不好,油量不足,缸内温度过高,将形成咬死现象,不但影响气量,而且影响压力 (3) 活塞环磨损,造成间隙大而漏气	(1) 用镗削或研磨的方法进行修理,严重时更换新缸套 (2) 取出活塞,清洗活塞环或环槽,更换润滑油,改善冷却条件 (3) 更换活塞环
		4. 气缸余隙容积过大,降低了吸入量	调整气缸余隙
2	某级压力升高	(1) 后一级的吸、排气阀漏气,必然增大前一级的排气压力 (2) 活塞环泄漏引起排气量不足 (3) 本级吸、排气阀因各种原因产生的泄漏	(1) 更换后一级的吸、排气阀 (2) 更换活塞环 (3) 拆检气阀,并采取相应措施
3	某级压力降低	(1) 本级吸、排气阀漏气 (2) 第一级的吸、排气阀有毛病,引起排量不足,以及第一级活塞泄漏过大 (3) 内漏 (4) 吸入管阻力太大	(1) 拆检气阀,更换损坏的零件 (2) 拆检气阀,更换损坏的零件,检查活塞环并修复 (3) 检查内漏部位,并采取相应措施 (4) 检查管路,并采取相应措施

序号	故障性质	产　生　原　因	消　除　方　法
4	曲柄连杆机构发出异常声音	(1) 连杆螺钉断裂,其原因有装配时连杆螺母拧得太紧,承受过大的预紧力;紧固时,产生偏斜,连杆螺钉承受不均匀的载荷;轴承瓦(大头瓦)在轴承中晃动或大头瓦与曲柄销间隙过大,因而连杆螺钉承受过大的冲击载荷;供油不足,使连杆轴承发热,或活塞有卡死现象,或超负荷运转时,连杆承受过大的应力;材质不符合要求,在较大的交变载荷冲击下,连杆螺钉因疲劳而断裂	(1) 装配连杆螺钉时,应松紧适当;或使连杆螺母端面与连杆体上接触面紧密配合,必要时用涂色法检查;固定好大头瓦,调整其间隙;或增加油量,检查活塞磨损情况;或用符合要求的连杆螺钉更换损坏件
		(2) 连杆螺钉、轴承盖螺母、十字头螺母松动,将引起响声	(2) 紧固
		(3) 主轴承、连杆大头、小头瓦、十字头滑道等间隙过大,发出不正常声音	(3) 检查并调整间隙
		(4) 曲轴与联轴器配合松动	(4) 检查并调整
		(5) 十字头滑板与滑道间隙过大,或滑板松动;十字头销过紧或断油引起发热、烧坏	(5) 检查油路,增大油量,更换十字头销,拧紧滑板,调整间隙
5	气缸内发出异常声音	(1) 油和水带入气缸造成水击	(1) 减少油量、提高油水分离效果,定期打开放油水阀
		(2) 气阀有故障	(2) 检查并消除
		(3) 活塞螺帽松动,活塞松动	(3) 检查并紧固
		(4) 润滑油太少或断油,引起气缸拉毛	(4) 增加油量,修复拉毛处
		(5) 活塞环断裂	(5) 更换活塞环
		(6) 气缸余隙太小	(6) 适当加大余隙
		(7) 异物掉入气缸内	(7) 清除之

序号	故障性质	产　生　原　因	消　除　方　法
6	气缸发热	(1) 冷却水太少或中断 (2) 供油量太少或中断	(1) 检查冷却水供应情况 (2) 检查油泵油压是否正常，油路有无堵塞，过滤器是否堵塞，并畅通清洗
7	活塞杆填料处发热或漏气	(1) 润滑油过少或中断 (2) 活塞杆与填料配合间隙不恰当，装配时产生偏斜 (3) 密封环损坏	(1) 清洗，并适当加大油量 (2) 调整间隙，重新装配 (3) 更换
8	轴承或十字头滑道发热	(1) 轴颈与轴瓦或十字头与滑道间隙过小 (2) 两摩擦面之间贴合不均匀，或安装时，轴承有偏斜，十字头有偏斜 (3) 供油量不足或断油 (4) 润滑油质量低劣或有污垢	(1) 调整间隙 (2) 用涂色法刮研，调整间隙 (3) 检查油泵、油管及过滤器的工作情况 (4) 更换润滑油
9	油泵油压不足或为零	(1) 吸油阀有毛病或吸油管堵塞 (2) 油泵泵壳与填料不严密，漏油 (3) 滤油器堵塞 (4) 油箱油位太低 (5) 管路破裂漏油，或管内漏入空气 (6) 压力表堵塞、油冷却器堵塞	(1) 检查并清洗 (2) 拆检油泵并消除 (3) 清洗 (4) 增加油量 (5) 更换油管 (6) 清洗
10	气缸发生不正常振动	(1) 支承不对或垫片松 (2) 配管振动所引起 (3) 气缸内有异物	(1) 调整支承间隙或垫片 (2) 消除配管振动 (3) 消除异物
11	机体发生不正常的振动	(1) 各轴承及十字头滑道间隙过大 (2) 气缸振动引起 (3) 各部接合不好	(1) 调整间隙 (2) 消除气缸振动 (3) 检查并调整

序号	故障性质	产　生　原　因	消　除　方　法
12	管道发生不正常的振动	（1）管卡太松或断裂 （2）支撑刚性不够 （3）气流脉动引起共振 （4）配管架子振动大	（1）紧固或更换 （2）加固 （3）用预流孔改变共振面 （4）加固

第三节　离心式压缩机

在现代大型石油化工装置中，除了个别需要超高压，小流量的场合外，离心式压缩机已经基本上取代了活塞式压缩机。如在化肥厂使用的离心式氮氢气压缩机、二氧化碳压缩机，石油化工厂使用的离心式石油气压缩机、乙烯压缩机，炼油厂使用的离心式空气压缩机、烃类气体压缩机，以及制冷用的氨气压缩机等。实践证明，在大型化生产中采用离心式压缩机具有以下几方面优点：

（1）排气量大，尺寸小，机组占地面积及重量比排气量相同的活塞式压缩机机组要小得多。

（2）没有气阀、填料及活塞环等易损件，连续运转时间长，机器利用率高，操作维修费用低。

（3）气缸内不加润滑油，不污染被压缩气体，对于不允许气体带油的某些工艺过程，具有重要意义。

（4）机器转速高，适宜采用汽轮机、烟气轮机直接驱动，使生产过程中产生的蒸汽、烟气等副产品得以利用，降低产品成本。

离心式压缩机存在的缺点主要表现在以下几个方面：

（1）气量调节的经济性较差，工作流量偏离设计流量时，效率下降幅度较大。

（2）设计制造高压缩比、小流量的离心式压缩机目前还有一定困难。

（3）转轴和叶轮要同高级合金钢制造，对加工制造工艺要求很高。

（4）目前离心式压缩机的效率仍低于活塞式压缩机。

一、离心式压缩机的基本构造及分类

离心式压缩机的基本构造和工作原理与离心泵相似。压缩机由转子和定子两大部分组成。转子包括转轴以及安装在其上的叶轮、轴套、平衡盘以及联轴器等转动元件，定子包括安装在机壳内的扩压器、弯道、回流器、蜗壳、轴承以及吸气室和排气室等固定元件。图 2－15 为 DA120－61 型离心式空气压缩机，转轴上装有 6 个叶轮和 1 个平衡盘，转轴左端支承为径向滑动轴承，

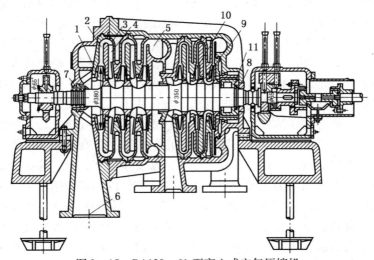

图 2－15　DA120－61 型离心式空气压缩机
1—叶轮；2—扩压器；3—弯道；4—回流器；
5—蜗壳；6—吸气室；7、8—前后轴封；
9—级间密封；10—叶轮进口密封；11—平衡盘

右端支承为径向止推组合滑动轴承，通过伸出右端的联轴器由汽轮机或电动机驱动。气体在机器内的流动过程为：当驱动机带动转子高速旋转时，叶轮内的气体被甩出，叶轮入口产生负压，吸气室中的气体便进入叶轮，在叶轮离心力的作用下，压力得到提高，并同时获得很高的速度，然后流入扩压器中进一步减速增压，再经弯道流入回流器，最后从回流器中流出，完成在一个级中的压缩及流动过程。在离心式压缩机中，将一个叶轮以及与其相配套的固定元件称为压缩机的一个"级"。级是压缩机的基本单元，气体在各级中的压缩及流动过程基本上是相同的。另外，为了防止在连续的压缩过程中气体温度过度升高，在压缩机的机壳外还设有中间冷却器，在图 2 – 15 中，压缩机的中间冷却器设在第三级叶轮后。气体经过第一段前三级叶轮的压缩后，在段末的蜗壳中汇集，并在蜗壳流道的引导下流入中间冷却器降温。在离心式压缩机中由中间冷却器所分隔的连续的级称为"段"，每段可以包括 2 ~ 4 级，也可以只有一级，根据被压缩气体的性质及温度要求决定。DA120 – 61 型压缩机为 2 段 6 级，冷却降温后的第一段排出气体，被第二段的叶轮吸入继续压缩，经过两段压缩后的气体压力已达到工艺要求，被送往工艺系统使用。

在离心式压缩机中级的压缩比较低，通常为 1.3 ~ 2，因此，需要排气终压较高时，压缩机需采用的段数和级数就较多，如果将许多段和级的叶轮都装在同一根两端支承的转轴上，势必会造成转轴的弯曲应力太大，而且也会造成转轴的临界转速过低。考虑这些因素，将压缩机的转轴分成几根，每根轴上只装几段叶轮，并将其分装在几个机壳内，这样的每一个机壳以及组装在其内的段和级称为离心式压缩机的一个"缸"，每个缸内可以有一至十个叶轮。用联轴器连接串通起来并在一条中心线上的几个缸称为压缩机的一"列"，同一台驱动机驱动的一列或几列缸称为一个离心式压缩机机组。

离心式压缩机的分类见表 2 - 8。

表 2 - 8　离心式压缩机的分类

分类方法	类型名称	结构特点或用途
按照机壳数目分	单缸型	只有一个机壳
	多缸型	具有两个以上机壳
按照气体在压缩过程中的冷却次数分	单段型	气体在压缩过程中不进行冷却
	多段型	气体在压缩过程中至少冷却一次
	等温型	气体在压缩过程中每次都进行冷却
按照机壳的剖分方式分	水平剖分型	机壳被水平剖分为上下两半
	筒型	机壳为垂直剖分的圆筒
按照工艺用途分	空气压缩机	用于压缩空气
	氧气压缩机	用于压缩氧气
	丙烯压缩机	用于压缩丙烯
	……	……

二、离心式压缩机的主要性能参数

(一) 压缩机的功率

1. 叶轮的主要结构参数　离心式压缩机一般都采用后弯式叶轮，叶片出口安装角 $\beta_{A1} = 15° \sim 30°$ 的后弯式叶轮称为水泵型叶轮，$\beta_{A2} = 30° \sim 60°$ 的后弯式叶轮称为压缩机型叶轮，叶轮的叶片形状大部分为圆弧形。后弯式叶轮的结构如图 2 - 16 所示，其主要结构参数如下：

D_1——叶轮叶片的进口直径；

D_2——叶轮外径；

D_0——叶轮的进口直径；

d——叶轮进口的轮毂直径；

b_2——叶轮叶片的出口宽度；

　　b_1——叶轮叶片的进口宽度；

　　δ——叶片的厚度；

　　Δ——叶片的折边宽度；

　　β_{A1}——叶片进口安置角；

　　β_{A2}——叶片出口安置角。

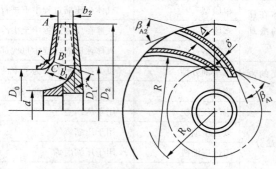

图 2-16　后弯式叶轮的结构

　　2. 级的理论叶片功　级的理论叶片功是气体流过叶轮流道时，叶轮对单位质量气体所做的理论功。由于气体在叶轮流道内的流动形态非常复杂，为了便于研究，在具体计算理论叶片功时，一般先对实际问题做一些简化，假设：流过叶轮的气体为理想气体，流过叶轮时无摩擦损失，在同一半径圆圈上气流参数相同，并且不随时间变化，经过这样简化以后，根据欧拉方程和斯托道拉公式，叶轮的理论叶片功 H_{th} 为：

$$H_{th} = \varphi_{u2} u_2^2, \text{J/kg} \qquad (2-14)$$

式中　φ_{u2}——叶轮出口的周速系数；

　　　　u_2——叶轮出口的圆周速度，m/s。

　　周速系数 $\varphi_{u2} = 1 - \varphi_{r2} \text{ctg}\beta_{A2} - \dfrac{\pi}{Z}\sin\beta_{A2}$，其中的 Z 为叶片数，

φ_{r2} 称为叶轮出口的流量系数，等于叶轮出口的气流径向速度与叶轮出口的圆周速度之比，通常按下式计算：

$$\varphi_{r2} = \frac{Q_j}{u_2 \pi D_2 b_2 \tau_2 K_{V2}} \qquad (2-15)$$

式中　Q_j——级的进口体积流量，m^3/s；

　　　τ_2——叶轮出口的阻塞系数；

　　　K_{V2}——叶轮出口的比体积比；

其余符号如前规定。

叶轮出口的阻塞系数为叶轮出口通流面积与叶轮出口圆柱面积之比，对于叶片数为 Z，厚度为 δ 的焊接叶轮和整体铣制叶轮，阻塞系数 τ_2 按下式计算：

$$\tau_2 = \frac{\pi D_2 - \dfrac{Z\delta}{\sin\beta_{A2}}}{\pi D_2} \qquad (2-16)$$

比体积比 K_{V2} 为级进口截面的气体比体积 V_j 与叶轮出口截面的气体比体积 V_2 之比，也等于级进口截面的体积流量与叶轮出口截面的体积流量之比，即：$K_{V2} = \dfrac{V_j}{V_2} = \dfrac{Q_j}{Q_2}$，在具体计算中由于 Q_2 难以测定，故常用试算法确定。

3. 级的总耗功　叶轮工作时消耗的功除了理论叶片功，还有漏气损失功和轮阻损失功。漏气损失功是由于叶轮入口密封不严，在叶轮出口与入口之间存在内泄漏而消耗的功，记作 H_L，轮阻损失功是叶轮外表面在旋转过程中与周围气体摩擦而消耗的功，记作 H_{df}，这样对每千克流出叶轮的有效气体，叶轮的总耗功 H_{tot} 为：$H_{tot} = H_{th} + H_L + H_{df}$，为了便于计算，定义漏气系数 $\beta_l = \dfrac{H_L}{H_{th}}$，轮阻损失系数 $\beta_{df} = \dfrac{H_{df}}{H_{th}}$，至此，叶轮的总耗功可以表示为：

$$H_{tot} = H_{th}(1 + \beta_1 + \beta_{df}) \qquad (2-17)$$

一般 β_1 的取值范围是 $0.005 \sim 0.05$，β_{df} 的取值范围是 $0.02 \sim 0.13$。

由于在离心式压缩机的级中，叶轮是对气体做功的唯一元件，因此，叶轮的总耗功就是级的总耗功，当级的出口质量流量为 G 时，级的总耗功率 N_{tot} 为：

$$N_{tot} = GH_{th}(1 + \beta_1 + \beta_{df}) \qquad (2-18)$$

4. 压缩机的轴功率　压缩机的总耗功率称为压缩机的内功率，等于各级总耗功率之和，记作 ΣN_{tot}，如果在压缩机中由于在轴承等处的机械摩擦而消耗的功率为 N_m，则压缩机的轴功率 $N = \Sigma N_{tot} + N_m$。压缩机的机械效率 η_m 为内功率与轴功率之比：

$$\eta_m = \frac{\Sigma N_{tot}}{N} \qquad (2-19)$$

机械效率 η_m 随内功率增大而提高，当内功率 $\Sigma N_{tot} > 2000 kW$ 时，$\eta_m \geqslant 97\% \sim 98\%$。

（二）压缩机的效率

已知级的总耗功包括理论叶片功，漏气损失功和轮阻损失功三部分，理论叶片功是作用于有效气体的功，其中的大部分用于提高气体的压力，一小部分用于提高气体的流速，还有一小部分用于克服流动阻力。由于在离心式压缩机的级中气体压力升高的过程一般为吸收热量的多变过程，因此，理论叶片功中用于提高气体压力的那部分功又称为多变功，现将这三部分功分别记为 H_{pol}，H_m，H_{hyd}，则级的总耗功就包括了五个部分，即：

$$H_{tot} = H_{pol} + H_m + H_{hyd} + H_L + H_{df} \qquad (2-20)$$

以上分析说明，在总耗功 H_{tot} 中，真正用于压缩气体的功只有多变功 H_{pol} 一项，为了反映实际总耗功的有效利用程度，将多变功 H_{pol} 与总耗功 H_{tot} 之比称为多变效率，记作 η_{pol}。

$$\eta_{pol} = \frac{H_{pol}}{H_{tot}} \qquad (2-21)$$

　　在离心式压缩机的设计计算中，级的多变效率通常用模型实验测定，在级的设计工况点附近，多变效率一般为 0.70～0.84，其中对于采用 $\beta_{A2} < 90°$ 的后弯式叶轮的级，η_{pol} 在 0.76～0.84 之间，石油气压缩机的多变效率一般为 0.72～0.74，而化工用高压缩比、小流量的级，其多变效率有时仅为 0.6 左右。对于同一台压缩机的各段，前面段的多变效率高于后面段，对于已知压缩机尺寸、工作转速、进气状态以及进气量的校核性计算，多变效率一般凭经验选取。

　　在离心式压缩机中还将多变功与理论叶片功的比值称为流动效率，记作 η_{hyd}：

$$\eta_{hyd} = \frac{H_{pol}}{H_{th}} \qquad (2-22)$$

　　流动效率是反映压缩机流道中气体流动阻力损失的主要指标，流动效率与多变效率的关系如下：

$$\eta_{hyd} = (1 + \beta_l + \beta_{df})\eta_{pol} \qquad (2-23)$$

　　在流动效率一定的条件下，漏气损失系数和轮阻损失系数越大，多变效率就越低。

　　（三）级中任意截面的气流参数

　　离心式压缩机第一级的流道通流截面如图 2-17 所示，流道的关键通流截面用下列编号表示：

　　j–j——吸气室进口截面；

　　0–0——叶轮进口截面；

　　1–1——叶道进口截面；

　　2–2——叶道出口截面；

　　3–3——扩压器进口截面；

　　4–4——扩压器出口截面；

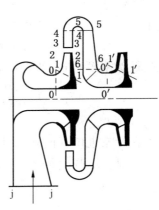

图 2-17　第一级流道通流截面

5 - 5——回流器进口截面;

6 - 6——回流器出口截面;

0′ - 0′——本级出口或下级进口截面。

1. 级中任意截面的气流温度　根据气体稳定流动的焓值方程式,级的总耗功与级的进出口气温以及进出口流速的关系如下:

$$H_{\text{tot}} = \frac{KR}{K-1}(T_c - T_j) + \frac{1}{2}(C_c^2 - C_j^2),\text{J/kg} \quad (2-24)$$

式中　T_j、T_c——级的进出口气温, K;

C_j、C_c——级的进出口流速, m/s;

K——气体的绝热指数;

R——气体常数, J/(kg·K)。

在式(2-26)中用级中的任意截面 i 代替出口截面 C_c,并经整理得气流在级中任意截面 i 处的温度计算式为:

$$T_i = T_j + \frac{H_{\text{tot}}}{\dfrac{KR}{K-1}} - \frac{C_i^2 - C_j^2}{\dfrac{2KR}{K-1}},\text{K} \quad (2-25)$$

式中　T_i、C_i——气流在截面 i 处的温度和流速;其余符号意义
同式(2-26)。

任意截面 i 处与级进口截面 j 处的温差为:

$$\Delta T_i = T_i - T_j = \frac{H_{\text{tot}}}{\dfrac{KR}{K-1}} - \frac{C_i^2 - C_j^2}{\dfrac{2KR}{K-1}},\text{ K} \quad (2-26)$$

在叶轮进口截面 0 和叶道进口截面 1 处,由于没有外功加入,所以,这些截面与进口截面的温差为:

$$\Delta T_i = \frac{C_i^2 - C_j^2}{\dfrac{2KR}{K-1}},\text{ K} \quad (2-27)$$

2. 级中任意截面的压缩比和比体积比　根据理想气体的状态方

程式和过程方程式，级中任意截面的压缩比 ε_i 与温度的关系式为：

$$\varepsilon_i = p_i/p_j = (T_i/T_j)^{\frac{m}{m-1}}$$

式中　p_i、p_j——截面 i 和截面 j 处的气体压力，Pa；

　　　T_i、T_j——截面 i 和截面 j 处的气体温度，K；

　　　m——多变过程指数。

级中任意截面的比体积比 K_{Vi} 与温度的关系式为：

$$K_{Vi} = V_j/V_i = (T_i/T_j)^{\frac{1}{m-1}}$$

式中　V_j、V_i——截面 j 和截面 i 处的气体比体积，m³/kg。

取 $\sigma = \dfrac{m}{m-1}$，称为指数系数，如已知级中任意截面与进口截面 j 的温差为 ΔT_i 时，任意截面 i 的压缩比和比体积比可分别表示如下：

$$\varepsilon_i = \left(1 + \frac{\Delta T_i}{T_j}\right)^{\sigma} \qquad (2-28)$$

$$K_{Vi} = \left(1 + \frac{\Delta T_i}{T_j}\right)^{\sigma-1} \qquad (2-29)$$

（四）多变效率与指数系数的关系

根据热力学中多变压缩功的计算式和焓值方程式，级的多变效率可近似表示如下：

$$\eta_{pol} = \frac{\dfrac{m}{m-1}}{\dfrac{K}{K-1}} = \frac{\sigma}{\dfrac{K}{K-1}} \qquad (2-30)$$

利用以上多变效率与指数系数的关系，在已知级的多变效率的情况下，可算出指数系数和级的多变过程指数。

（五）轴功率、排气温度以及排气压力的计算步骤

已知压缩机的工作转速 n，各级中关键截面的几何尺寸，以及气体的绝热过程指数 K，气体常数 R，第一级的进气状态参数

p_j、V_j、T_j，压缩机的进气量 Q_j，要求计算压缩机的轴功率、各段的排气温度及排气压力。

计算采用试算法，计算所需的第一级流道关键截面尺寸如表 2-9 所示。

表 2-9　第一级流道关键截面尺寸

名　　称	符号	单位	数值	名　　称	符号	单位	数值
进气管截面积	F_j	m²		叶片厚度	δ	m	
叶轮出口直径	D_2	m		叶片数	Z		
叶轮出口宽度	b_2	m		级出口截面积	F_c	m²	
叶片出口安置角	β_{A2}	(°)					

首先计算第一级的总耗功、排气温度以及排气压力，计算取两个截面，第一截面取在叶轮出口，第二截面取在级的出口，计算框图如下：

$$\boxed{\text{选定多变效率 } \eta_{pol}}$$

$$\boxed{\begin{array}{c} \sigma = \dfrac{K}{K-1}\eta_{pol}, \quad C_j = \dfrac{Q_j}{F_j} \\[2mm] u_2 = \dfrac{\pi D_2 h}{60}, \quad \tau_2 = \dfrac{\pi D_2 - \dfrac{Z\delta}{\sin\beta_{A2}}}{\pi D_2} \end{array}}$$

$$\boxed{\text{初选 } K_{V2}}$$

$$\boxed{\begin{array}{c} \varphi_{r2} = \dfrac{Q_j}{u_2 \pi D_2 b_2 \tau_2 K_{V2}} \\[2mm] \varphi_{u2} = 1 - \varphi_{r2}\operatorname{ctg}\beta_{A2} - \dfrac{\pi}{Z}\sin\beta_{A2} \end{array}}$$

$$\boxed{\text{选定 } \beta_1 \text{ 和 } \beta_{df}}$$

$$\boxed{\begin{array}{c} H_{th} = \varphi_{u2} u_2^2 \\[1mm] H_{tot} = (1 + \beta_1 + \beta_{df})H_{th} \\[1mm] C_2 = u_2\sqrt{\varphi_{r2}^2 + \varphi_{u2}^2} \end{array}}$$

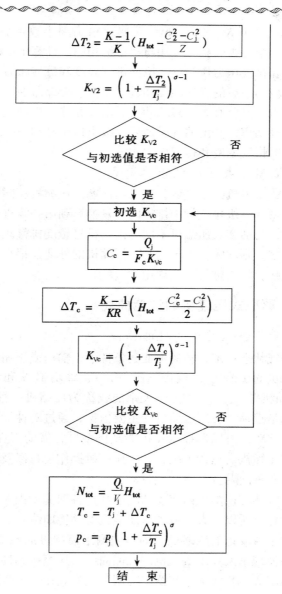

以上计算中 K_{v2} 和 K_{vc} 的计算要求精确到小数点后第三位。压缩机中其余各级的计算方法与第一级相同。计算中把前一级的排气温度和排气压力作为下一级的进气温度和进气压力。分段压缩机中各段第一级的进气温度和进气压力取冷却器的出口温度和压力。算出各段所有级的总耗功率后求和并除以机械效率，即为压缩机的轴功率，算出的各段最后一级出口温度和压力，即为压缩机各段的排气温度和排气压力。

（六）离心式压缩机的排气量

离心式压缩机的排气量其定义与活塞式压缩机相同，是单位时间内从最后一级排气管中排出的气量换算到第一级进气管状态下的体积，与活塞式压缩机不同的是其排气量随排气压力升高而减小，反之，则增大。由于离心式压缩机的外泄漏很小，故一般认为排气量就等于进气量，均用 Q_j 表示。

三、离心式压缩机的性能曲线

（一）单级压缩机的性能曲线

在进气状态一定，转速不变的条件下，输送或压缩某种气体时，压缩机的压缩比 ε（或排气压力 p_c）、轴功率 N 和多变效率 η_{pol} 随压缩机排气量 Q_j 变化的关系曲线称为压缩机的性能曲线。性能曲线是选择、使用压缩机的主要依据，通过对性能曲线与工艺条件的比较，可以选择压缩机的规格型号，借助于性能曲线，可以了解压缩机的运行工况，解决压缩机操作运行以及流量调节中遇到的各种问题。

由于气体在压缩机内流动的复杂性，各项流动损失目前还难以精确计算，所以，大多数现有压缩机的性能曲线还是依靠实验测定，对于新设计的压缩机，则是先测出模型机的性能曲线后，再利用相似理论换算出实型机的性能曲线。压缩机的性能曲线测试装置如图 2-18 所示，装置中的调节阀安装在排气管路中，流量计安装在进气管路中，在机器的进排气管法兰附近分别装有压力计和温度计，机器的主轴上装有功率计。功率计一般采用转矩转速仪或直流测功机。试验开始后，待机器在某一转速下稳定运行时，就可将调节阀全部打开，这时的流量为压缩机的最大流量，记下各项数据后，把调节阀稍微关小，再记下各项数据，依次减小流量、记录数据，直到压缩机出现不正常工况，即所谓的

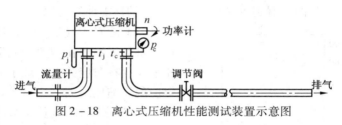

图 2 - 18　离心式压缩机性能测试装置示意图

喘振工况时结束实验。根据测得的压缩机进排气压力，求出各流量对应的压缩比，以压缩机的排气量 Q_j 为横坐标，以对应的压缩比 ε（或排气压力 p_c）为纵坐标，作出压缩机的压力比曲线 $\varepsilon - Q_j$（或排气压力曲线 $p_c - Q_j$）。以排气量为横坐标，以功率计测得的各流量对应的轴功率 N 为纵坐标，作出轴功率曲线 $N - Q_j$。而效率曲线的绘制则需要根据测得的压缩机进排气压力和进排气温度进行计算，根据理想气体的状态方程式和多变过程方程式，压缩机的进排气压力与进排气温度的关系为：

$$\frac{p_c}{p_j} = \left(\frac{T_c}{T_j}\right)^{\frac{m}{m-1}} \qquad (2-31)$$

式中　p_j、p_c——进排气压力，Pa；

　　　T_j、T_c——进排气温度，K。

已知 $\frac{m}{m-1} = \sigma$，并对上式两边取对数，则：

$$\sigma = \frac{\ln p_c/p_j}{\ln T_c/T_j} \qquad (2-32)$$

算出各流量对应的指数系数后，将其代入多变效率与指数系数的关系式（2－30），再算出各流量对应的多变效率，最后以排气量 Q_j 为横坐标，以各流量对应的多变效率 η_{pol} 为纵坐标作出效率曲线 $\eta_{pol} - Q_j$。

图 2－19 所示为单级离心式压缩机的性能曲线，图中自上而下分别为轴功率曲线 $N - Q_j$，效率曲线 $\eta_{pol} - Q_j$ 和压力比曲线 $\varepsilon - Q_j$，从图中看到单级离心式压缩机的性能曲线有以下特点：

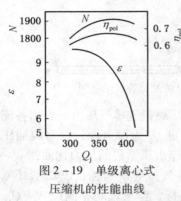

图 2－19　单级离心式
压缩机的性能曲线

（1）随着排气量减小，压缩机提供的压缩比在增大，流量与压缩比存在对应关系，最小流量对应的压缩比最大。

（2）压缩机的流量有最小流量和最大流量两个极限值，最小流量对应的工况称为喘振工况，最大流量对应的工况称为堵塞工况，喘振工况与堵塞工况之间为压缩机的稳定工作范围。

（3）效率曲线有一最高点，称为最高效率点，此点一般为压缩机的设计工况点，离开此工况点后效率下降较快。

（4）轴功率曲线开始时随流量增加而上升，但在流量增加到某一点后，却随流量增加而下降。

（二）喘振工况与堵塞工况

1. 喘振工况　离心式压缩机的最小流量对应的工况称为喘振工况，压缩机产生喘振工况的直接原因就是排气管路中的压力过高，在前述实验中当调节阀关小时，排气管内压力由于调节阀的节流作用而升高。由于离心式压缩机在一定转速下对气体所能提供的压力是有限的，因此，当压缩机提供的压力不足以克服气体在排气管中流动所遇到的阻力时，气体在机器内的流速就自然下降，流量减小，气流方向改变，引起对扩压器叶片和叶轮叶片的冲击加剧，冲击损失急剧增大，在叶片的非工作面区域，产生气流边界层严重分离，造成压缩机进出口气流参数，如压力、速度及流量等产生强烈的脉动，机器噪声明显增大，如果流量进一步减小，则压缩机的性能就将出现突变，排气压力会大幅度下降。

在正常使用条件下，压缩机是串联在管路中工作的，管路由于具有一定的容积，而且气体具有可压缩性，所以，管路压力不会很快下降，这样，管路压力就会反大于压缩机的排气压力。于是，管路中的气流开始向压缩机倒流，直到管路压力低于压缩机排气压力时为止，压缩机重新向管路供气，管路压力又重新升高，压缩机流量又逐渐减小，重复以上的倒流现象，压缩机出现周期性低频、高振幅的气流振荡，其频率和振幅的大小与管路的气体储量有关，储量愈大、频率愈低、振幅愈大。这种由于管路压力过高，引起压缩机流量减小而出现的周期性气体倒流现象称为喘振工况，当离心式压缩机进入喘振工况时，机器还会出现周期性的吼声及振动，如不及时采取措施加以解决，则会对压缩机的轴承及密封造成破坏。

2. 堵塞工况 离心式压缩机的最大流量对应的工况称为堵塞工况，也称为最大流量工况，压缩机在达到最大流量后，无论管路系统压力如何降低，其流量也不会再增加。因为，根据气体动力学的理论，流道中气流的最大体积流量存在极限值，这一极限等于流道中的最小通流面积与当地声速的乘积。但是从实验测量到的最大流量往往低于这个极限，这是因为压缩机的排气压力随流量增大在降低，流速与流量成正比，流动阻力损失与流速平方成正比，当压缩机的流量增大到某一最大值时，流道内的气流速度已经很高，叶轮对气体所做的功仅够用来克服气体在排气管路中流动时遇到的阻力，所以，流量不会再增大了。

3. 稳定工况范围　离心式压缩机的最小进气量$(Q_j)_{min}$与最大进气量$(Q_j)_{max}$之间的工况是机器的稳定工况范围，这个范围的大小一般以比值 $K_Q = \dfrac{(Q_j)_{max}}{(Q_j)_{min}}$ 来表示，有时也用比值 $K'_Q = \dfrac{(Q_j)_{max} - (Q_j)_{min}}{(Q_j)_{opt}}$ 来表示，式中的$(Q_j)_{opt}$是对应于效率最高点的流量，比值 K_Q 或 K'_Q 的值愈大则说明机器的稳定工况范围愈宽。此外，还可以用比值 $\dfrac{(Q_j)_{min}}{(Q_j)_{opt}}$ 来衡量最高效率工况是否远离喘振工况，其值愈小愈好。

压缩机的性能优劣反映在性能曲线上，性能好的压缩机不仅在对应的工作流量下具有较高的效率，而且高效区和稳定工况范围都较宽，并且工作点离喘振点比较远。

（三）多级离心式压缩机的性能曲线

由于在单级压缩机中只有一个叶轮对气体做功，气体压力的提高程度十分有限。因此，为了达到一定的排气压力，常常采用多级压缩机。多级压缩机一般都是由若干个叶轮级串联而成，一个气缸有时可串联 8～10 级。多级压缩机的性能曲线与单级压缩机基本相同，区别只是较单级压缩机显得更陡一些，稳定工况范围更窄一些。实际使用的多级压缩机的性能曲线也是在一定的进气状态，一定的转速下，输送或压缩某种气体时通过实验测定的。图 2-20 所示为一多级离心式压缩机的性能曲线，图中标有机器的进气状态、转速、气体介质和压力比曲线，多变效率曲线以及轴功率曲线。

多级压缩机的喘振流量较单级大，最大流量较单级小，稳定工况范围较单级窄，其原因以两级压缩机为例来进行说明。

设两级压缩机中两级性能相同，第一级的进口流量为 Q_{ji}、气体密度为 ρ_{j1}，第二级的进口流量为 Q_{j2}、气体密度为 ρ_{j2}，由于两级的质量流量相等，所以两级进口体积流量的关系为：

$$Q_{j2} = \frac{\rho_{j1}}{\rho_{j2}} Q_{j1}, \quad \mathrm{m^3/s} \qquad (2-33)$$

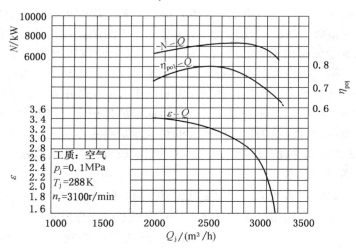

图 2-20 多级离心式压缩机的性能曲线

由于第一级的进口压力低于第二级，第一级进口的气体密度小于第二级，所以第一级进口的体积流量大于第二级。在机器运转中，当第一级进口流量下降到某一值时，虽然第一级尚未进入喘振工况，但由于第二级的体积流量小于第一级，第二级就有可能已进入喘振工况。由于在多级压缩机中任何一级发生喘振都意味着机器已进入喘振工况，都会影响机器的正常工作，因此，与第二级的喘振流量对应的第一级进口流量增大了，这就是多级压缩机的喘振流量较单级压缩机大的原因，对于具有更多级的压缩机，由于随着压力提高，后面级的体积流量将更小，因此，以第一级进口流量为标志的机器的喘振流量将更大。

　　仍然以两级压缩机为例来说明多级压缩机的最大流量小于单级压缩机的原因。在两级压缩机中，随着第一级的进口流量增大，级的压缩比在下降，气体在级内的流动阻力损失在增加，气体吸收摩擦产生的热量后温度升高，当第一级的进口流量增大到一定值时，级出口处的气体密度反而小于级的进口，级出口的体积流量反而大于级的进口。造成第二级中的体积流量大于第一级，第二级较第一级先进入最大流量工况，而这时第一级的流量还未达到最大，因此，多级压缩机的最大流量较单级小。对于更多级的压缩机，随着温度升高，后面级的体积流量将更大，以第一级的进口流量为标志的机器的最大流量将更小。正是由于多级压缩机的喘振流量较单级大，最大流量较单级小，所以稳定工况范围较单级窄。

（四）影响压缩机性能曲线的因素

　　离心式压缩机在进气状态、转速以及压缩介质改变时，其性能曲线会随之发生改变，下面以压缩比曲线为例，进行说明：

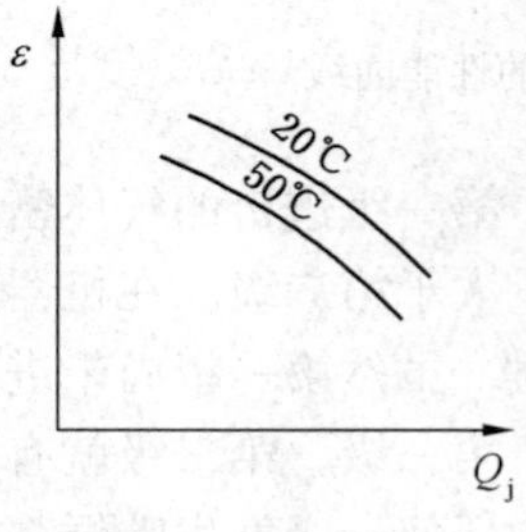

图 2 – 21　进气温度对
压缩比曲线的影响

　　1. 进气状态的影响　在转速以及压缩介质不变的条件下，改变压缩机的进气温度时，压缩比曲线 ε – Q_j 的变化如图 2 – 21 所示，进气温度提高时，压缩比曲线向下移动，进气温度降低时，压缩比曲线向上移动。进气压力虽然不会对压缩比曲线产生影响，但对排气压力曲线 p_c – Q_j 会产生影响，进气压力降低时，排气压力曲线向下移动，进气压力升高时，排气压力曲线向上移动。

　　2. 转速的影响　图 2 – 22 所示为一台压缩机在进气状态不变的条件下，采用不同转速压缩同一种气体介质时的性能曲线，图中高转速下的压缩比曲线在上，低转速下的压缩比曲线在下，把各种转速下的压缩比曲线的左端点连接起来，所得连线为一条过坐标原点的抛物线，此抛物线称为机器的喘振界限，在坐标平面上喘振界限右面的区域为压缩机的稳定工况区，左面的区域为喘振工况区，图 2−22 上方的两组曲线分别为压缩机在不同转速下工作时的轴功率曲线和多变效率曲线。

3. 气体介质的影响 在进气状态和转速不变的条件下，用同一台压缩机压缩相对分子质量较大的气体介质时，同等体积流

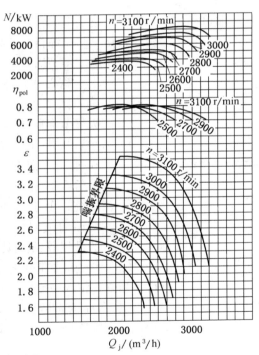

介质：空气
$R=287.05\,\mathrm{J/(kg \cdot K)}$；$T_j=288\mathrm{K}$；$P_j=1.0\times10^5\mathrm{Pa}$；相对湿度80%

图 2−22 不同转速下的性能曲线

量下气体获得的压缩比较相对分子质量小的气体高。所以，相对分子质量大的气体的压缩比曲线在坐标平面的上方，相对分子质量小的气体的压缩比曲线在坐标平面的下方。

四、离心式压缩机的流量调节

离心式压缩机的工作点是压缩机的排气压力曲线与管路特性曲线的交点，压缩机的流量调节就是通过各种方法改变这一交点的位置。

（一）管路特性曲线

离心式压缩机和离心泵一样，也是串联在管路中工作的，与离心泵装置不同的是压缩机的管路只取压缩机后的排气管路及其装置，因为这样选取管路，可以使问题得到简化。

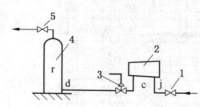

图 2 – 23　离心式压缩机的管路
1—吸气节流阀；2—离心式压缩机
3—排气控制阀；4—容器；5—容器出口阀

离心式压缩机的管路系统如图 2 – 23 所示，气体经吸气节流阀进入压缩机增压，然后从排气口经排气控制阀和排气管路进入缓冲容器，最后经容器出口阀送往工艺系统，由于作压缩机的管路特性曲线时，只取压缩机后的排气管路及其装置，因此，管路特性曲线就是管路进口压力随管路进口流量变化的关系曲线。

对于图 2 – 23 所示管路，当管路情况一定时，将气流在管路中的流动过程看作是多变过程指数 m 为常数的多变过程，同时忽略气流在管路中的动能变化，则管路进口压力随管路进口流量变化的关系式为：

$$p_c = p_r + \rho_c \sum h_{\text{tub}}, \quad \text{Pa} \tag{2 – 34}$$

式中　p_c、p_r——管路进出口压力，Pa；

ρ_c——管路进口的气体密度，kg/m^3；

Σh_{tub}——管路阻力损失，包括沿程阻力损失和局部阻力损失，J/kg。

对用压缩机以提高气体压力为主的管路，由于从压缩机出口到容器的管路很短，阀门又全开，管路的进口压力近似等于缓冲容器内压力，管路阻力损失可忽略不计，所以，以提高气体压力为主的管路特性方程为：

$$p_c = p_r, \quad Pa \qquad (2-35)$$

管路特性曲线为一条与气量无关的水平线。

对于用压缩机以克服 i 处局部阻力为主的管路，忽略管路中的沿程阻力损失，并根据稳定流动时流道内各截面的气体质量流量相等的原理以及管路局部阻力损失与管路进气量之间的关系，可得以克服 i 处局部阻力为主的管路特性方程为：

$$p_c^2 + p_r p_c - RT_c \frac{\zeta_i}{2F_i^2} \rho_j^2 Q_j^2 = 0 \qquad (2-36)$$

式中　p_c、p_r——管路进出口压力，Pa；

R——气体常数，$J/kg \cdot K$；

ζ_i——i 处的局部阻力系数；

F_i——i 处的通流面积，m^2；

T_c——管路的进口温度，K；

ρ_j——压缩机进口的气体密度，kg/m^3；

Q_j——压缩机进口的体积流量，m^3/s。

在管路情况一定、压缩机进气状态不变，并且经过容器供给工艺系统的气量等于压缩机的排气量时，i 处的阻力系数 ζ_i、流通截面积 F_i 以及容器内的压力 p_r 均为常数，压缩机的进气密度 ρ_j 和管路进口温度也不改变，此时，按式(2-36)作出的管路特性曲线是一条开口向上的二次抛物线，如图 2-24 中的曲线 1 所示，如将管路中的局部阻力加以改变，例如将排气控制阀开大或

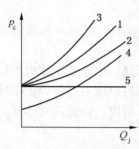

图 2 - 24　管路特性曲线

关小，则式(2 - 36)中的局部阻力系数 ζ_i 和局部流通截面积 F_i 将发生改变，引起管路特性曲线的斜率变化，如图中曲线 2 和 3 分别表示阀门开大或关小时的管路特性曲线。此外，如管端容器内压力 p_r 发生变化时，将引起管路特性曲线在图中的位置发生上下变化，图中曲线 4 为容器内压力 p_r 下降后的管路特性曲线，水平线 5 则表示阀门全开，管路阻力忽略不计时的管路特性曲线。

（二）离心式压缩机的工作点

离心式压缩机的工作点是压缩机的排气压力曲线 $p_c - Q_j$ 与管路特性曲线 $(p_c - Q_j)_{tub}$ 的交点，因为在此交点压缩机的排气量等于管路的进气量（均为换算到压缩机进气状态下的体积流量），压缩机的排气压力等于管路的进口压力，压缩机和管路性能协调。当压缩机在此交点工况下工作时，气体流量和排气压力都相当稳定，处于稳定操作状态。而当压缩机的排气压力曲线与管路特性曲线同时变动或其中任意一条变动时，就会引起压缩机的工作点变动。值得注意的是：压缩机在运行过程中有时会因为生产系统或驱动机的干扰而引起工作点的变动。如图 2 - 25(a)所示，压缩机原来的进气温度为 30℃，工作点在 A 点，现因生产中冷却器出现故障，使进气温度上升到 70℃，这时压缩机的排气压力曲线因进气温度上升而下移，使压缩机的工作点由 A 变动到 A′。图 2 - 25(b)所示为压缩机原来在工作点 B 正常工作，后因进气管被杂物堵塞而使进气压力下降，引起排气压力曲线下移，使工作点从 B 变动到 B′。图 2 - 25(c)所示为压缩机原来在工作点 C 正常工作，后因生产中蒸汽压力不足，使作为驱动机的蒸汽轮机转速下降，引起压缩机的排气压力曲线下移，工作点由 C

变动为 C′。以上三种情况压缩机的工作点都在向小流量方向变动，如果变动后的工作点流量等于或小于机器的喘振流量（图中虚线即为喘振界限），则将使机器发生喘振。

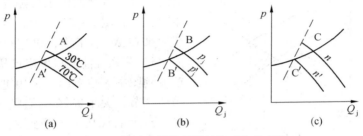

图 2-25 因为干扰而引起的工作点变动

（三）离心式压缩机的流量调节

由于压缩机是通过缓冲容器向工艺系统供气的，当缓冲容器的送气量与压缩机的排气量相等时（同一状态下的体积流量），容器内的压力保持不变。由容器压力和容器送气量在坐标平面上所确定的点称为压缩机的供应点，如图 2-26 所示，当压缩机在 A 点工作时，供应点 g 为过 A 点的垂线与表示容器压力的水平线的交点。离心式压缩机的流量调节就是通过改变压缩机的排气压力曲线或改变管路特性曲线而改变压缩机的工作点，从而改变压缩机供应点的位置，以满足工艺系统对流量和压力的要求。

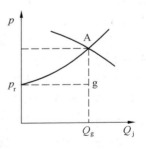

图 2-26 压缩机的
工作点与供应点

对离心式压缩机进行的流量调节常用方法有以下三种：

1. 进气节流调节　这种方法是通过调节安装在压缩机进气管上的节流阀开度，改变压缩机的进气压力，而进气压力的改变影响到排气压力，会引起压缩机的排气压力曲线上下变动，并且，当排气压力曲线的变动影响到缓冲容器内的压力时，管路特性曲线也会随之发生变化。如图 2-27 所示，压缩机原来在 A_1 点工作，供应点为 g，当工艺系统需要将供应点从 g 改变到图中 g′ 位置时，采用进气节流调节，关小进气节流阀，使排气压力曲线从 1 下降到 2，压缩机的工作点从 A_1 沿着管路特性曲线向左下移到 A_2，由于在 A_2 点工作时，压缩机的排气量

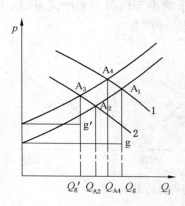

图 2-27　压缩机的进气节流调节

Q_{A2} 大于工艺系统所要求的新供应点流量 $Q_g{}'$，引起缓冲容器压力升高，结果使管路特性曲线上移，压缩机的工作点再次从 A_2 沿着排气压力曲线向左上移到 A_3，工作点 A_3 对应的供应点就是 g′，这样，就完成了压缩机流量从 Q_g 到 $Q_g{}'$ 的调节。如果工艺系统重新需要把压缩机的供应点从 g′ 调节到 g 时，只要开大进气节流阀，排气压力曲线从 2 上升到 1，工作点从 A_3 移动到 A_4，由于在 A_4 点工作时，压缩机的排气量 Q_{A4} 小于系统所要求的供应点 g 的流量 Q_g，引起容器压力下降，结果使管路特性曲线下移，压缩机的工作点回到 A_1，供应点回到 g。

　　进气节流调节设备简单，操作方便，流量可调范围大，虽然在关小节流阀时也要造成一些能量损失，但较其他方法要小，因此，在离心式压缩机的流量调节中应用较普遍。

　　2. 排气节流调节　这种调节方法是通过调节安装在压缩机排气管上的排气控制阀开度，改变管路特性曲线的斜率和位置，实现流量调节的。如图 2-28 所示，压缩机原来在 A_1 点工作，供应

点为 g，当工艺系统要求把供应点从 g 调节到 g′时，采用排气节流调节，将排气控制阀关小，这时管路特性曲线斜率增大，开口减小，由曲线 1 改变为曲线 2，压缩机的工作点从 A_1 沿排气压力曲线向左上移到 A_2，由于在 A_2 点工作时压缩机的排气量 Q_{A2} 大于系统所要求的新供应点流量 $Q_g′$，结果引起容器内压力升高，管路特性曲线平行上移为曲线 3，压缩机的工作点再次从 A_2 起沿排气压力曲线向左上移到 A_3，A_3 对应的供应点是 g′，至此完成调节。

　　排气节流调节同样设备简单，操作方便，但由于排气控制阀关小时，消耗的能量高，很不经济，因此，只有小型离心式压缩机才单纯采用这种调节方法。

　　3. 改变转速调节　　由于转速降低时压缩机的排气压力曲线将向左下方移动，因此，采用变转速的方法也可以调节压缩机的流量，如图 2 - 29 所示，压缩机原来在 A_1 点工作，供应点为 g，现要求把供应点改变为 g′，则只要降低压缩机的转速，使排气压力曲线下移，压缩机的工作点从 A_1 变动到 A_2，A_2 对应的供应点

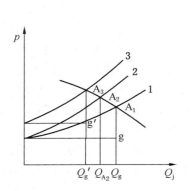

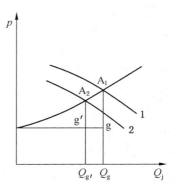

图 2 - 28　压缩机的排气节流调节　　图 2 - 29　压缩机的变转速调节

为 g'，所以，调节完成。

变转速调节不增加能量损失，但如果是提高转速进行调节，则必须考虑增加转速后转子的强度，临界转速以及轴承的寿命等问题，并且这种调节方法还受到驱动机调速问题的限制，因此，实际应用很少。

（四）防止离心式压缩机喘振的具体方法

1. 使部分气流放空　已知压缩机产生喘振的直接原因是排气管路中的压力过高。因此，只要在排气管路中装设防喘振放空阀，在排气管路中压力提高到接近机器发生喘振时的压力时，通过自动控制装置使防喘振放空阀及时打开放空，降低排气管路压力，就可以避免机器发生喘振。这种方法简单可靠，但由于对被放空的气体压缩机已经对其做了功，所以，不够经济。

2. 使部分气流回流　这种方法的作用原理与使部分气流放空相同，区别只是把要放空的气流引入吸气管循环使用，主要用于输送有毒有害或经济价值较高不宜放空的气体，当回流量较大时，应在回流管路中安装冷却器，以减小回流气温对机器的排气温度和功耗的影响。

3. 使压缩机脱离供气系统　在供气系统容量很大或有几台压缩机并联工作的情况下，可以用使压缩机脱离供气系统的方法防止喘振发生。方法是在压缩机的排气管路中安装止逆阀，并同时在止逆阀前安装防喘振放空阀，在机器即将发生喘振时，由于自动控制装置的作用，防喘振放空阀自动打开放空，机器的进气节流阀同时关小，机器出口压力下降导致管路中安装的止逆阀关闭，这时机器已与供气系统脱离，只有少量的气体流入压缩机再经防喘振放空阀流出。而当供气系统压力下降到一定值时，在自动控制装置的作用下，防喘振放空阀关闭，进气节流阀开大，压缩机出口压力升高，止逆阀打开，机器又开始向系统正常供气。

第四节　轴流式压缩机

一、轴流式压缩机的应用

随着炼油工业技术的发展，单套装置加工能力显著提高，比如重油催化裂化装置的加工能力由 20 世纪 70 年代的 30 万 t/a 提升到目前的大于 350 万 t/a，因此要求装置主要设备的处理能力大幅度提高，主风机的送风能力由原来的 (3~4) 万 m³/h 提高到 40 万 m³/h。对于气体输送量很大的场合，离心压缩机很难适应。近年来随着我国轴流式压缩机生产的技术突破，其在大流量气体输送环境得到了大量应用，除了应用在炼油行业外，还应用到电力、钢铁高炉送风等领域。

轴流式压缩机是指气体在压缩机内的流动方向大致平行于旋转轴的压缩机，它与离心式压缩机同属于透平压缩机。轴流压缩机与离心式压缩机相比，最大的特点在于：单位面积气体通流能力大，在相同加工气体量的前提下，径向尺寸小，特别适合要求大流量的场合。目前轴流式压缩机的效率可以达到 90%，我国以陕西鼓风机动力有限公司为主要生产基地，采用技术为瑞士苏尔寿技术。透平压缩机的发展方向是以提高经济性、可靠性、实用性为主要目标。轴流压缩机主要发展趋势是向大容量、高效化、高压化、低噪声化方向发展，目前轴流压缩机的最大功率已达 150000kW，最大流量达 1200000m³/h。轴流压缩机的缺点之一是压比低，但随着超音速、跨音速压缩机技术研究和应用，目前轴流压缩机单级压比已有达到 7~9 的。

二、轴流式压缩机的基本结构

轴流压缩机工作部分由两大基本部分构成，一部分是以转轴为主体的旋转部分——转子，另一部分是以机壳以及装在机壳上各静止部件为主体的固定部分——定子(或静子)。轴流压缩机的结构如图2-30所示。

在转鼓式的转轴上装着多级叶片(图中为15级)，组成转子的主要部分。转子转动时，这些叶片随转子一起作周向旋转，推动气流向前运动，因此称这部分叶片为动叶片，由叶根的榫头固定于转鼓的榫槽之中。

在每排动叶之后是静叶排，被固定于气缸或调节缸上，并且可以随着调节缸位置变动(轴向调节)实现叶片入口角度的调节，从而实现压缩机入口大小的调节以实现压缩机气量调节。由于该部分叶片不随着转子旋转而做旋转运动，故称作为静叶或导叶。通常在第一级动叶之前还有一排导叶，称之为进口导叶，有固定式和可调式两种结构。可调式通常与其他级静叶共用一套调节机构，实现同步调节。进口导叶的作用是控制进入第一级的气流方向，使气流以合适的角度进入动叶，减小阻力损失。如果不设入口导叶，气流则是轴向进入第一级动叶。

压缩机的一排动叶排与紧跟其后的一排静叶排共同组成压缩机的一个级，这种首尾相连、串联而成的各个级，构成了压缩机的主要工作部分，即压缩机的通流部分。由于轴流压缩机通流部分的级与级之间没有由隔板组成的扩压器、弯道、回流器，因此在同等输气量下其轴向尺寸及体积比离心式压缩机大大缩小。

(一)轴流压缩机通流元件的作用

轴流压缩机的通流元件由进气室、收敛器、进气导流器、动叶栅、静叶栅、出口导流器、扩压器、排气室等构成。

(1)进气室。进气室是轴流压缩机气体吸入的首要环节，其作用是将大气或者进气管来的工艺介质气体，改变流态，比较均匀地送到环形收敛器中。

(2)收敛器。收敛器是轴流压缩机的特有元件，其作用是使

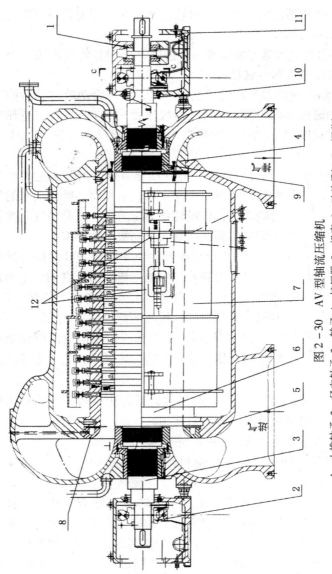

图 2－30　AV 型轴流压缩机

1—止推轴承;2—径向轴承;3—转子;4—扩压器;5—机壳;6—叶片承缸;7—调节缸;
8—进口圈;9—迷宫密封;10—油封;11—轴承箱;12—伺服马达

进气室的气流适当加速，并使气流进入导流器之前获得较均匀的速度场和压力场。

（3）进气导流器。也即第一排静叶，作用是使气流按需要的速度均匀地进入第一级动叶。

（4）动叶。即组装在转鼓上的叶片，每一级动叶与其后的静叶组成轴流压缩机的级，动叶是对气体做功的唯一元件，它使气流流出时速度和压力都有所提高。动叶叶身结构如图2-31所示。

图2-31　动叶
叶身结构

（5）静叶。静叶即导流器，由气缸上的叶片组成，其作用有两方面，一是将动叶流出来的气流的动能，尽量转化为压力能，二是使气流按照一定方向和速度进入下一级继续压缩。

（6）出口导流器。位于末级静叶之后，其作用是使末级静叶排出的气流，沿叶高均匀变为轴向流动，以防止气流在扩压器内产生旋转运动，以减少流动损失，提高运行效率。

（7）扩压器。扩压器的作用是使出口导流器排出的气体，能均匀地减速增压，进一步变动能为压力能。

（8）排气室。排气室紧连排气管，其作用是将扩压器排出的气体沿径向收集，并经过排气管输出。

（二）轴流压缩机主要构件结构

1.转子　转子是轴流压缩机的主要做功元件，如图2-32所示，是由主轴、各级动叶以及叶片锁紧装置构成。动叶片通过叶根的榫齿配装于转子主轴上，整体转子通常为刚性轴。且较长、直径较大。转子根据轮盘在轴上的安装方式以及叶片在轮盘上的安装方式不同，可分为鼓筒式、盘轴式、盘鼓式等结构。

主轴通常由5Cr2Ni4MoV等高合金钢锻造而成。动静叶片用

图 2 - 32　轴流压缩机转子

2Cr13 坯料精加工而成，成型叶片要进行实时喷砂处理，以增加叶片表面的抗疲劳强度。对动叶片还要进行测频、修频处理，确保运行时叶片的安全性。

2. 静叶调节机构　　轴流压缩机由于静叶角度需要调节，所以静叶不是在承缸上固定死的，而是可以绕自身轴自由转动，以便实现静叶角度的调节，因此在静叶承缸上设置了特制的静叶轴承，轴承通常由石墨制成。各级静叶通过静叶轴承装配在静叶承缸上，每只静叶均有伸至承缸之外的连杆机构，如图 2 - 33 所示，其末端设有滑块，该滑块配装于调节缸的圆周槽内，调节缸轴向移动时，滑块在槽内沿圆周滑动，并驱动静叶绕自身轴心旋转一定角度。调节缸位移的方向和大小，决定着静叶开度的增大和减小。调节缸轴向的位移调节，通过位于机身外部的气缸或液压活塞驱动，并经曲柄连杆机

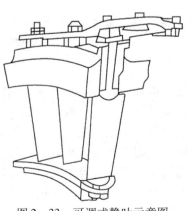

图 2 - 33　可调式静叶示意图

构驱动调节缸运动。

　　为了确保静叶调节的灵活性，避免杂质进入静叶轴承，同时动叶对于介质中颗粒物影响很敏感，因此轴流压缩机入口均设有入口过滤装置。

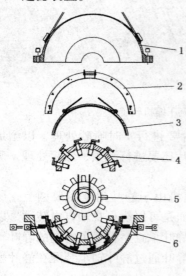

图 2 - 34　轴流压缩机气缸组件
1—上壳体；2—调节缸；3—导向环；
4—静叶承缸；5—转子；6—下壳体

3. 气缸组件

　　（1）机壳。轴流压缩机的气缸组件如图 2 - 34 所示，机壳分为上下两部分，通常为水平剖分形式，在上下机壳中分面处通过预应力螺栓联机，机壳材质常用铸铁，如 HT250 等。机壳作为机组外壳，要求具有较高的刚度，以增加机组运行的稳定性。

　　（2）叶片承缸。叶片承缸即静叶缸，是安装静叶片的缸体，在缸体壁上环形装有支撑静叶的静叶轴承，静叶及其附件全部靠静叶轴承支承，该轴承是由石墨制成的无油润滑轴承，有很好的自润滑和密封作用。承缸与转子一起构成压缩机的气流通道，通道的几何尺寸由气动设计而定。静叶承缸通常由球墨铸铁（如 QT400）制造，通过两端支承在机壳内，进气侧一端固定，排气端可以滑动以满足缸体热膨胀要求。承缸进气侧配有进口圈，排气侧配有扩压器，与机壳、密封套等共同组成收缩通道和扩压通道，气体从机壳进气室进入，沿着流道通过转子动叶片、静叶片逐级压缩做功和动静叶栅不断扩压，提高压力，最后经扩压器进一步扩压后进入机壳排气室由管道引向工艺流程。

（3）调节缸。调节缸的作用是调节轴流压缩机的各级静叶角度，以满足变工况的要求。安装在机壳侧部（通常是两侧）的伺服马达在控制系统作用下，通过连接板带动调节缸作轴向往复运动。调节缸的内部对应于各级静叶装有各自的导向环，分两半分别装在上下缸体上。缸体的往复运动又带动各级导向环和嵌在环内的滑块一起运动，滑块通过曲柄带动静叶产生转动，从而达到调节静叶角度的目的。而各级静叶角度大小的调节又是通过变化各级曲柄的长度来实现的，这些都是在气动设主时确定了的。

调节缸分四点支承在机壳上，安装在机壳与叶片承缸之间，有时也称之为中缸（机壳为外缸、叶片承缸为内缸），四个支承点是由无油润滑合金制成。

（三）国产轴流压缩机 A 及 AV 系列的性能特点

A 系列为静叶不可调的固定式多级轴流压缩机系列，该系列有 40、45、50、56、63、71、80、90、100、112 等十种规格，级数为 10~20 级。

AV 系列为静叶可调的固定式多级轴流压缩机系列。该系列由 AV40、AV45、AV50、AV56、AV63、AV71、AV80、AV90、AV100、AV112、AV125、AV140 等规格。但由于本系列静叶全部可调，其流量变化范围几乎比 A 系列大一倍，不仅有很宽的工作范围，而且保持较高的效率。其空气动力学的特点是流量、压力调节范围宽广，各工况点效率高。

压缩机型号的表示方法示例：

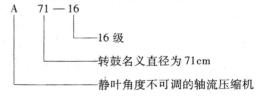

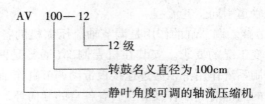

目前国内生产的 AV 系列机组自动化水平高, 配套程度高, 运行平稳, 各项技术均达到了国际先进水平。

国产 A 和 AV 系列轴流式压缩机, 流量范围 $1100 \sim 18000 Nm^3/$min, 功率范围 $4000 \sim 90000 kW$, 最高压力 $0.6 \sim 0.7 MPa$。可以用于输送空气、煤气、硝酸气、CH 混和气、制冷介质等。可广泛应用在大型高炉鼓风、大型空分装置、硝酸装置、汽化炼钢、精炼装置、天然气输送、催化裂化装置、催化重整装置、城市煤气输送、化学工业、污水处理等领域。

近几年来陕西鼓风机(集团)有限公司制造的 AV 系列轴流压缩机具有如下技术特点:

(1)轴流压缩机气体动力学设计采用最先进的三元流理论和优化设计方法; 采用效率高、压头大的新型叶栅, 成功进行了各种反动度叶型组合设计。在同样参数的条件下, 新设计的产品比国外原进口产品级数少 $1 \sim 2$ 级, 效率平均提高 5% 以上, 与一般离心压缩机比效率高出 10%。

(2)采用全静叶可调机构, 将原静叶调节角度从 $37° \sim 79°$ 拓展到 $22° \sim 79°$, 扩大了工况调节范围; 同时进一步研究开发了全静叶可调加变转速调节新技术, 工况范围又拓宽了 15% 以上, 有效地避免了运行时放风操作和造成的能源损失。

(3)整体结构采用便于安装调试的公共底座; 定子组件采用三层缸结构, 改善了产品内部零部件的热应力分布, 提高了产品的抗振性, 降低了机组的噪声, 噪声比国外同类产品低 $5 \sim 10 dB$。

(4)调节机构和滑动支承部件大量运用无油润滑合金和石墨轴承，具有良好的自润滑性。

三、轴流压缩机的工作过程

(一)基本工作原理

工艺介质通过压缩机的每一级时，从级中获得能量，实现了压力的提高、流速的提高，气体提高了动能。压缩机的级是工作的基本单元，以下就压缩机的一个级(基元级)对气体增压原理做以介绍，即可了解整机的工作原理。

1. 流道形状与增压关系　由气体伯努力利方程，我们知道气流流经扩张型通道时，流速减小、静压头提高。如图 2-35 所示，气流流经锥形通道，入口面积 F_1，出口面积 F_2，气流进出口速度分别为 w_1、w_2，压力为 p_1、p_2，则有 $w_1 > w_2$，$p_1 < p_2$。

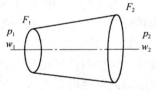

图 2-35　锥形扩张通道

气流流经压缩机叶片排时，叶片构成的通道是渐扩通道，因此介质经叶片后达到提高静压的目的。当然压缩机叶栅所构成的流道形状不同于图例所示圆锥形。取一个级作为研究对象——基元级，如图 2-36 所示，假定叶栅由等厚度平直叶片构成，叶间距为 t。当气流沿叶形进出口切线方向流入、流出时，进气角为 β_1、出气角为 β_2。则进气、出气通道面积：

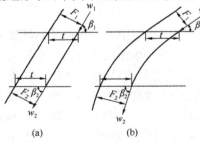

(a)　　　(b)

图 2-36　平直叶型叶栅与
弯曲叶型叶栅

$$F_1 = t\sin\beta_1 \quad F_2 = t\sin\beta_2$$

由此式可见，当采用

直叶片时，$\beta_1 = \beta_2$，所以 $F_1 = F_2$，气流经叶栅后，不产生扩压作用。如图 2 – 36(b) 所示，当采用弯曲叶型时，$\beta_1 < \beta_2$，故 $F_1 = t\sin\beta_1 < F_2 = t\sin\beta_2$，形成了出口面积大于入口面积，具有扩压效果。因此要实现气流在叶栅中扩压，就必须使得出口面积大于入口面积，由于在一级中叶栅距 t 是不变的，因此要求必须保证 $\beta_1 < \beta_2$，即必须要采用弯曲叶型才能实现。但并不是说弯曲的叶型必然会产生扩压效果，如果 β_1 较大并接近 90°，或 β_1 虽然小于 90°，但叶型严重弯曲即 β_2 远大于 90°，都可造成 $F_1 = t\sin\beta_1 > F_2 = t/\sin\beta_2$，即构成收敛型流道，气流经叶栅后会使流速增加、压力降低。因此既要流道弯曲，还要满足流道面积不断增加的共同条件，才能实现叶栅流道是扩张流道。

2. **气流在基元级中的流动**　气体在动叶栅中受到与转子轴线成一定倾斜角并随转子高速旋转的动叶片的推动作用，在流道中沿轴向从动叶片的入口流向出口，并得外加能量，使气流动能增加，同时压力提高。然后该部分气体流出动叶并以一定速度流向静叶栅，再流经静叶栅，在扩张形流道中进一步得到压力提高，将一部分动能转化为压力能，当然同时气流速度降低。于是气体在流经由动叶、静叶共同组成的基元级后气体压力提高。

将一级基元级在平面中展开后如图 2 – 37 所示，我们进一步分析气体速度的变化。

气流在展开的圆环形基元级叶栅通道中，首级以绝对速度 c_1 进入动叶，叶片由于随转子旋转，周向线速度为 u，气流相对于叶片流道的相对速度为 w_1。气流以这种方式流入动叶，在流出动叶时，由于圆周速度不变所以牵连速度仍然为 u，相对速度变为 w_2。由于叶片推动作用绝对速度发生一定角度的偏离，偏向于旋转方向，然后气体以绝对速度 c_2 进入静叶。静叶的作用一方面是引导气流，另一方面是起到扩张增压的作用，所以静叶的角度设计时要依据动叶气流方向而定。

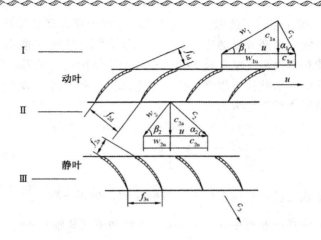

图 2 – 37　基元级中气体的流动

c_1—入口绝对速度；w_1—入口气流相对速度（相对于叶片）；u—牵连速度（即
压缩机旋转的圆周线速度）；c_{1a}—入口绝对速度轴向分量；w_{1u}—入口相对速
度圆周分量；c_{1u}—入口绝对速度圆周分量；c_2—出口绝对速度；w_2—出口气
流相对速度（相对于叶片）；c_{2a}—出口绝对速度轴向分量；w_{2u}—出口相对速
度圆周分量；c_{2u}—出口绝对速度圆周分量

　　动叶的布置角度是按照气流相对速度方向设计，静叶则是依
据气流的绝对速度方向设计，叶片弯曲方向应该适应绝对速度的
偏向，是因为静叶静止不旋转，没有牵连速度 u，绝对速度方向
决定了气流在静叶中的流态，如果角度不适应必然增大了气流的
冲击，增大流动损失。

　　由于动、静叶栅通道都是扩张形的，动静叶的进出口面积
为：

$$f_{1d} < f_{2d}, \quad f_{2s} < f_{3s}$$

所以有 $w_2 < w_1$，$c_3 < c_2$，则 $p_2 > p_1$，$p_3 > p_2$，于是 $p_3 > p_2 > p_1$。

　　在动静叶中，均出于出口面积大于入口面积，流道面积增
大、速度降低、压力提高，因此在基元级中气体压力得到提高。

3. 动叶栅对气体做功　气体从动叶栅中获得动能和压力能，在静叶栅中将部分动能进一步转化为压力能，使气流通过级时的压力能获得提高，主要是由转子动叶对气体做功的结果。分析动叶做功借助于欧拉方程来分析。根据欧拉方程，转子动叶传给单位质量气体理论能头为 h_t：

$$h_t = u_1 \cdot w_{1u} - u_2 \cdot w_{2u} = u(w_{1u} - w_{2u})$$
$$= \frac{c_2^2 - c_1^2}{2} + \frac{w_1^2 - w_2^2}{2} \qquad (2-37)$$

上式与离心式压缩机欧拉方程相比，少了一项 $+\dfrac{u_2^2 - u_1^2}{2}$，是因为轴流式压缩机中 $u_2 = u_1 = u$。因此轴流式压缩机的做功能力比离心式压缩机少了 $\dfrac{u_2^2 - u_1^2}{2}$，这部分功对于离心式压缩机是非常大的，所以能对气体提供很大的速度能头。由此可见轴流式压缩机相比离心式压缩机做功能力上要小很多，少了气体由于圆周速度提高所增加的能头这一部分。

通过分析，我们可以得到提高轴流压缩机做功能力即提高理论能头的途径有：

(1)提高动叶栅的圆周速度。但受到叶片材料限制，圆周速度过高必然产生更大的离心力，叶片强度受到限制，因此目前经常将动叶的圆周速度控制在 $150 \sim 300\text{m/s}$。

(2)增大气流转折角 $\Delta\beta(\Delta\beta = \beta_2 - \beta_1)$。但太大的 $\Delta\beta$ 会因出口面积过大，扩张程度太大，造成气流分离，产生流动损失，此时在做功能力提高的同时，损失也同时增大。

(3)增加轴向速度。但太大会引起流道中马赫数增大，使流动恶化，损失增加。

4. 静叶栅的主要功能　气体流出动叶时，动能、速度能、压力能均有不同程度的提高，静叶栅的功能就是要进一步地将气流从动叶栅中获得的动能转化为压力能，以提高整个级的压增；同时调解气流方向，引导气流以合适的角度流入下一级，以降低阻力损失。正是由于基元级的做功，使得压缩机各级的压力得以不断提高。

无论动叶片还是静叶片，在设计时都要考虑有足够的抗拉、抗弯、抗振以及抗疲劳的强度，以保证安全可靠运行。

（二）轴流压缩机的压缩过程及效率

从前面的知识可以知道，加给气体的机械功只有一部分用于提高气体的压力能，我们把它称为压缩功。

1. 压缩过程与压缩功　在压缩机的压缩过程中，气体的压力与密度因为体积的变化而不断发生改变，在理论上常对经常遇到的两种情况进行研究，即绝热过程与多变过程。绝热过程就是指压缩机既与外界无任何热交换，也没有任何损失的理想压缩过程，绝热过程的压缩功为：

$$h_{ad} = \frac{k}{k-1} RT_1 \left[\left(\frac{p_2}{p_1} \right)^{\frac{k-1}{k}} - 1 \right] \qquad (2-38)$$

式中　h_{ad}——绝热过程压缩功；

　　　　k——绝热指数；

　　　　R——气体常数；

　　　　T_1——进口气体温度；

　p_1、p_1——进口、出口气体压力。

多变压缩过程是不论与外界有无热交换，但有损失存在的实际过程，多变过程的压缩功为：

$$h_{pol} = \frac{m}{m-1} RT_1 \left[\left(\frac{p_2}{p_1} \right)^{\frac{m-1}{m}} - 1 \right] \qquad (2-39)$$

式中　h_{pol}——多变过程压缩功；

　　　　m——多变指数。

多变过程和理论绝热过程的公式具有同样形式，只是以绝热指数 k 代以多变指数 m。多变指数和绝热指数不同，它不仅随气体的种类而变化，而且与设备结构有关。绝热过程为一理想的做功过程，在压缩机的实际运行过程中是无法实现与外界不发生任何热交换的。压缩机设计和控制的愈合理，则 m 愈接近 k 值。

2. 级的效率　压缩机或级的效率，是表示压缩机或级能量转化过程的完善程度，由于实际的压缩工作过程总存在着各种损失，外界传给气体的机械功不可能全部变为我们所需要的压缩功，因此其效率总是小于 1。

在绝热过程下，将介质的压力由 p_1 提高到 p_2 所需的压缩功是最少的，因此在压缩机的实际工作过程中，可用绝热过程的压缩功作为对照比较的标准，来衡量实际级中工作的完善程度。绝热效率的定义式为：

$$\eta_{ad} = \frac{h_{ad}}{h_{pol} + h_r} = \frac{c_p(T_{2ad} - T_1)}{c_p(T_2 - T_1)} = \frac{T_{2ad} - T_1}{T_2 - T_1} \qquad (2-40)$$

式中　η_{ad}——绝热效率；

$\quad\quad h_r$——流动损失；

$\quad\quad h_{pol}$——多变过程压缩功；

$\quad\quad h_{ad}$——绝热过程压缩机；

$\quad\quad T_{2ad}$——绝热过程的气体出口温度，K；

$\quad\quad c_p$——气体比热容，kJ/(kg·K)；

T_1、T_2——实际压缩过程的气体入口、出口温度。

多变效率的定义为：

$$\eta_{pol} = \frac{h_{pol}}{h_{pol} + h_r} = \frac{\dfrac{m-1}{m}(T_2 - T_1)}{\dfrac{k-1}{k}(T_2 - T_1)} = \frac{\dfrac{m-1}{m}}{\dfrac{k-1}{k}} \qquad (2-41)$$

式中　η_{pol}——多变效率。

两种效率之间的关系可以用以下公式进行表示：

$$\frac{\eta_{ad}}{\eta_{pol}} = \frac{h_{ad}}{h_{pol}} = \frac{\dfrac{k}{k-1}(\varepsilon^{\frac{k-1}{k}} - 1)}{\dfrac{m}{m-1}(\varepsilon^{\frac{m-1}{m}} - 1)} = \frac{(\varepsilon^{\frac{k-1}{k}} - 1)}{(\varepsilon^{\frac{m-1}{m}} - 1)\eta_{pol}}$$

$$(2-42)$$

$$\eta_{od} = \frac{\varepsilon^{\frac{k-1}{k}} - 1}{\varepsilon^{\frac{k-1}{k\eta_{pol}}} - 1}$$

$$(2-43)$$

式中 $\varepsilon = p_2/p_1$，表示级的压比，其他符号与上式中所表示的含义相同。

上式说明，压比越大，效率越低时，η_{ad} 与 η_{pol} 的差别越大，反之越小；当压比很小趋近 1 时，两效率近似相等，这对单级轴流压缩机的使用很有意义。

3. 压缩机的效率及功率

压缩机的压比： $\varepsilon_0 = \dfrac{p_{out}}{p_{in}}$

式中 p_{out}——出口压力；

p_{in}——入口压力。

绝热能头： $H_{ad} = \dfrac{k}{k-1}RT_{in}(\varepsilon^{\frac{k-1}{k}-1})$ $(2-44)$

$$\Delta T_{ad} = \frac{H_{ad}}{\dfrac{k}{k-1}R}$$

$$(2-45)$$

压缩机的绝热效率为：$\eta_{ad} = \dfrac{\Delta T_{ad}}{\Delta T}$ $(2-46)$

式中 ΔT_{ad}——绝热温升；

ΔT（压缩机实际温升）$= T_{out} - T_{in}$。

给出机械效率 η_m，并考虑经过密封装置的漏气损失系数 β_1，得压缩机的实际效率为：

$$\eta = \eta_{ad}\eta_m(1 - \beta_1) = \eta_{ad}\eta_m\eta_1$$

$$(2-47)$$

所需轴功率为：$\qquad N = \dfrac{mH_{ad}}{\eta}$ $\qquad\qquad$ （2-48）

（三）轴流压缩机级中的能量损失

轴流压缩机接受外界加入的机械功，不可能完全转化为介质的压力能，部分会损失掉。压缩机的能量损失分为内损失和外损失两部分。内部损失不可逆的转变为热，使气体状态发生改变，外损失使压缩机的功耗增加，但不会影响气体状态。外损失常指压缩机轴端密封的漏气，径向轴承、推力轴承、联轴器等部件的机械损失，以及驱动某些辅助设备（如润滑油泵）所消耗的功。内损失，包括压缩机的叶栅损失，通过级内密封的漏气引起的损失，轮盘和转鼓表面对气体的摩擦损失等。通常级内漏气损失和转鼓表面摩擦损失很小，可以忽略不计。

级中气体的流动很复杂，各个截面情形不完全相同，为了进行损失计算，通常把叶栅损失分为：叶型损失、级的环面损失、二次流损失三部分。

1. 叶型损失　由于气体存在一定的黏性，靠近叶型壁面处气体往往附着在叶片表面，其流速接近于零，而最外层的流速接近主流的速度，正是由于存在这样的差异才导致一部分能量损失。叶型损失主要是指气流在叶型表面附面层摩擦、尾迹中的涡流和调匀、附面层的分离以及在有激波出现时的波阻损失。轴流压缩机各级的叶型损失可分为摩擦损失、分离损失反尾迹损失三部分。

叶型损失的大小与叶型的形状、安装角、表面质量、叶栅稠度、进气冲角和马赫数等诸多因素有关。

2. 环端面损失　由于气体的黏性，在气缸壁面和轮毂表面形成附面层，产生叶片端部气流摩擦和涡流引起的损失，这部分损失称为环面损失。

3. 二次流损失　轴流压缩机的各个叶片的长度是有限的，

各级叶片排构成的环行空间，气体在环行空间的流动比较复杂，特别是叶片的顶部和根部，存在一些和主流方向大不相同的流动，这些流动称为二次流动，它对主流起到干扰作用，形成二次流损失，二次流损失主要包括以下几项内容。

（1）叶片槽道端部的双涡损失　气体质点经过叶栅流道时产生离心力，使叶片工作面上的压强比非工作面上的压强高，在叶栅流道内形成横向压力梯度。在叶片通道的中间部分，横向压力梯度由气体质点的离心力平衡，而在叶片端部通道由于环形壁面附面层的影响，气流速度比主气流速度小得多，形成的气流离心力比主气流的离心力小很多，因而不能与横向压力梯度平衡，这样就在叶片槽道端部叶片背面和环型壁面的交角处形成两个转向相反的旋涡，通常称之为双涡，这种涡对不断形成、不断被主气流带走，造成能量损失，称之为双涡损失，如图 2–38 所示。

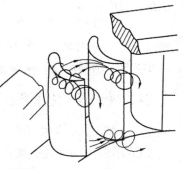

图 2–38　叶栅端部附面层内气体的横流

（2）径向间隙流动损失　轴流压缩机工作时，为了避免动叶顶与静叶承缸内壁、静叶与转轴轮毂之间的碰磨，在动叶或静叶的叶片顶部与环端面之间要留有一定的径向间隙，叶片端面的截面上，工作面的压力大于非工作面的压力，于是一些气流将通过径向间隙，由压力高的工作面流向非工作面，就造成叶端附近流动的混乱，且影响叶端附近基元叶栅的增压能力而带来损失。

（3）叶身附面层径向流动的潜移损失　由于气流在叶栅中存在圆周方向分速度而形成离心力，使气体有从动叶片排的内径向外径流动的趋势，但是在贴近叶片叶身上的附面层中，介质几乎与叶片一起以相同的圆周速度旋转，而此时的圆周速度远大于气流的周向分速度，因此叶身附近工质微团的离心力要大于主流层中的，于是叶身附面层内的气体即沿叶片根部向顶部移动。但是，在静叶表面附面层内，气流圆周分速度比主气流的圆周分速

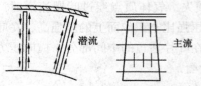

度低，所产生的离心力小，而附面层内的气体压强和主气流一样，于是压力梯度得不到平衡，在径向压差的作用下，静叶表面附面层内形成自外缘向中心的气体潜移运动，如图

图 2 - 39　沿叶片表面气流的潜移

2 - 39 所示。这种潜移会形成潜移压力损失。

四、轴流压缩机的运行

（一）轴流压缩机的性能曲线

轴流压缩机的性能曲线所表示的意义主要是指在一定的进口温度 T_1、进口压力 p_1、转速 n、质量流量 m 或容积流量 V_1 下，其特性参数压缩比 ε 与效率 η（还可有功率 N）的变化情况，当知道压缩机的压比与效率后，其功率可以很方便地通过相应的公式算出。

这一点与离心式压缩机意义相同。同样将以上关系用图线形式表示，画出在一定进口压力、进口温度下，不同转速时的压缩比 ε、效率 η 与流量的关系曲线，就是压缩机的性能曲线或称特性曲线。利用这些曲线可以很方便地看出轴流压缩机的基本性能。轴流压缩机的性能曲线如图 2 - 40 所示。

从图中可以看出，轴流压缩机性能曲线与离心式压缩机性能曲线比较，由于轴流压缩机叶栅对冲角变化比较敏感，因此曲线比较陡，稳定工况区域也比较窄；轴流压缩机的输入功率一般随着流量的增大而降低，但在某个范围内，由于流量变化的影响与

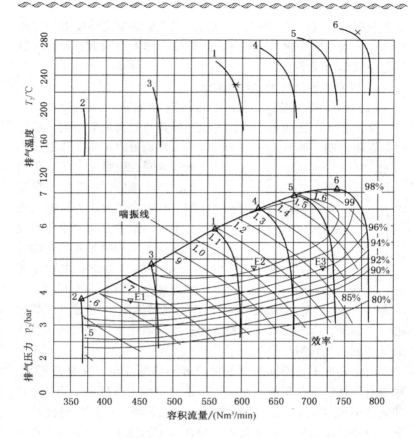

图 2-40　轴流压缩机性能曲线

1—静叶角度 52°；2—静叶角度 28°；3—静叶角度 40°

其他因素影响相互抵消，可使流量变化时功率曲线的变化比较平坦。

从实验得知，当只有进口压力 p_1 变化时，压缩机通流部分各截面上的压力将成比例的变化，而温度和轴向速度都将保持不变，因此对压缩机的压比及效率并无任何影响。进口压力 p_1 变化将引起进口气体的密度发生变化，则质量流量也会发生相应的变化，导致功率变化，功率随着进口压力增大而增大，随着进口压力的减小而减小。

1. 轴流压缩机性能曲线的特点

（1）转速一定，流量增大，压比下降；流量减小，压比增加。

流量减小，正冲角增大，气流转折角与升力系数增大，但受喘振界限限制，通常把喘振工况作为压缩机可以正常工作的最小

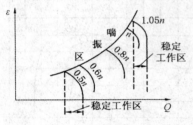

图 2 - 41　稳定工作区
在特性线上的表示

流量界限；流量增大负冲角增大，压比降低，受阻塞工况限制，将阻塞工况作为压缩机正常工作的最大流量界限。因此压缩机在工作时必须处于喘振工况与阻塞工况之间的稳定工作区域，如图 2 - 41 所示。

（2）转速一定时，在某个进口流量下，压缩机效率有最大值；不同转速下，在某转速时压缩机性能曲线有最高位置。

给定转速下，不同的流量对应着不同的冲角，在某流量下，冲角有最佳值，如果偏离此值，不论冲角增大或减小，均可能在叶栅中出现气流分离，损失增大，效率下降。只有在最佳冲角下，流动状况最好、效率最高。故在给定转速下，效率曲线有一最大值。图 2 - 42 为不同转速下效率曲线，其中以 n_4 曲线位置最高，该转速下的最高效率点也是机组最高效率点。

（3）转速增大时，压比显著增加，性能曲线变陡，稳定工况区域变窄，并向大流量区移动。

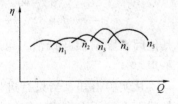

图 2 - 42　不同转速下
的效率曲线

能量头与圆周速度平方成正比,转速大,能量头和压比增加。高转速下,马赫数大,容易发生阻塞工况,故稳定工况变窄。

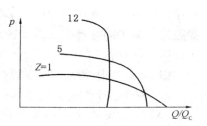

图 2 - 43 不同级数下性能曲线

(4)压缩机级数越多,性能曲线越陡,稳定工作区越窄,如图 2 - 43 所示。

进口容积流量变化,引起后面各级容积流量更大的相应变化,因此稳定工作区变窄。

2. 轴流压缩机与离心压缩机性能曲线比较

从图 2 - 44 曲线比较可以看出,轴流压缩机与离心压缩机相比具有如下特点:

(1)轴流压缩机效率高(流道短而平直,无急剧转弯),但压比低(叶栅流道扩压,无离心力作用升压)。

(2)特性曲线陡,稳定工况范围窄(冲角敏感)。

(3)功率随流量增大而下降。

(二)轴流压缩机不稳定工况介绍

轴流压缩机的不稳定工况与离心式压缩机基本相同,主要有喘振、旋转失速、叶片阻塞等几种,在此不赘述。对于

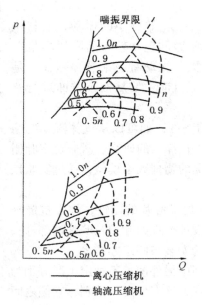

图 2 - 44 轴流压缩机与离心压缩机性能曲线比较

喘振的调节，轴流式压缩机除了与离心式压缩机采取相同的调整措施外，多了静叶调节法，即转速不变调节静叶开度角。静叶调节有以下优点：

（1）稳定工作区宽，效率较高，有较大适应性和经济性。

（2）避免由于调速产生共振的可能性，增加运行安全性。

（3）气流与叶片几何参数配合好，减小了冲击现象，流动好，噪声较低。

（4）比调转速动作迅速，反应快。

（5）可由同步电机拖动，不需变速箱，提高了电机工作的经济性。

但由于轴流压缩机本身的特点，还有一种特定的不稳定工况即轴流压缩机的颤振。

颤振一般认为是由于叶片的某一初始微小的振动，使它从周围气流中吸取了能量，一旦当所做的正功较大而阻尼不足以克服时，则振动的振幅会不断增大，振动将越来越强烈，于是就形成了颤振。防止颤振的发生，目前主要从两个方面进行解决：

（1）从气动上消除产生颤振的条件，如可以从气体流动的稳定性、气体的黏性、可压缩性等进行深入的研究。对非稳定叶栅的气体动力学建立能反映实际情况的物理数学模型，通过实验预测叶片颤振稳定性的一种方法。

（2）增大叶片的机械阻尼，即提高叶片的刚性，增强抗颤振阻尼，如选择合适的叶片材料、设计合理的叶型及叶片根部榫头结构、增大叶弦尺寸、改善叶片的安装与固定办法等。

另外，轴流压缩机在运行过程中另外两种不稳定工况分别为喘振与旋转失速，二者既相互关联，又有一定的区别，它们之间的相互关系归纳为如下几点：

（1）旋转失速时，由于压缩机叶栅中的一个或几个脱离团沿周向传播，气流的脉动是沿着压缩机圆周方向的，而喘振时的气流脉动是沿着轴向的，也即纵向脉动，前者的流场是周向不对称的，而后者是基本上对称的。

（2）旋转失速时，沿压缩机叶栅周向上各点气流质量是随时间而脉动的，但通过压缩机各个截面的平均流量不随时间而变，而喘振时通过压缩机的平均流量随时间而变，因而压缩机所需的功率将有脉动。

（3）旋转失速时，气流的脉动频率与振幅大小主要和压缩机叶栅本身的几何参数及转速有关，而与管网流量无关，喘振时的频率与振幅和管网容量的大小关系甚大，管网容量越大，发生喘振的频率就越低，振幅越大。

（4）旋转失速的脉动频率比喘振的频率要高得多。

（5）旋转失速属于压缩机本身的气动稳定性问题，而喘振不是压缩机单独的问题，而是整个压缩机管网系统的稳定性问题，必须联系整个管网系统来分析。

（三）轴流压缩机的管网特性及调节

轴流压缩机管网特性的定义调节方式与离心式压缩机相同，通常采用定风量调节控制、定风压调节控制两种方式，只是这两种方式的实现上多了静叶可调这一有力措施，使得调节更容易实现。静叶调节有以下优点：

（1）稳定工作区宽，效率较高，有较大适应性和经济性。

（2）避免由于调速产生共振的可能性，增加运行安全性。

（3）气流与叶片几何参数配合好，减小了冲击现象，流动好，噪音较低。

（4）比调转速动作迅速，反应快。

（5）可由同步电机拖动，不需变速箱，提高了电机工作经济性。

但轴流压缩机采用静叶角度的调节后，在不同静叶开度下其性能曲线不相同，如图 2-45 在转速不变的情况下作出一组不同静叶开度的曲线，可以看出，随着静叶角度的增加，性能曲线逐渐向右上方移动，从而使流量和压力参数得到调节。但同时随着流量增加，机组的调节范围变窄。

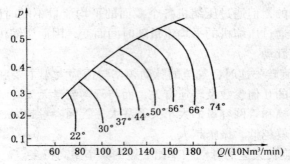

图 2-45　不同静叶角度下性能曲线

（四）轴流压缩机与离心压缩机的比较

轴流式压缩机与离心式压缩机都属于速度型压缩机，均称为透平式压缩机。速度型压缩机的含义是指它们的工作原理都是依赖叶片对气体做功，并先使气体的流动速度得以极大提高，然后再将动能转变为压力能。透平式压缩机的含义是指它们都具有高速旋转的叶片。所以"透平式压缩机"的意义也就是叶片式的压缩机械。与离心式压缩机相比，由于气体在压缩机中的流动不是沿半径方向，而是沿轴向，所以轴流式压缩机的最大特点在于：单位面积的气体通流能力大，在相同加工气体量的前提条件下，径向尺寸小，特别适用于要求大流量的场合。另外，轴流式压缩机还具有结构简单、运行维护方便等优点。但叶片型线复杂，制造工艺要求高，以及稳定工况区较窄、在定转速下流量调节范围小等方面则明显不及离心式压缩机，典型的参数比较如表 2-10 所示。

表 2-10　轴流压缩机与离心压缩机比较

序号	项目	轴流压缩机	离心压缩机
1	适用流量范围	$1000m^3/min$ 以上	$1300m^3/min$ 以下
2	适用压比	中低压比	高中压比
3	效率	89% ~91%	<83%
4	调节方式	静叶或转速调节	进口节流或转速调节
5	调节范围	范围宽，适应各工况	范围窄，无法满足全部工况
6	需否放风	不需要	需要
7	调节稳定性	风压风压波动小	风量风压波动大
8	噪音	低	较高
9	经济性	高（能耗小）	低（能耗大）
10	对气体中杂质的敏感度	对气体中杂质较敏感，叶片易磨损	对气体中杂质不敏感，叶片不易磨损
11	主要通流元件	进气室、收敛器、进气导流器、动叶栅、静叶栅、出口导流器、扩压器、排气室	进气室、叶轮、扩压器、弯道、回流器、蜗壳
12	稳定工况范围	窄	宽
13	气流方向	沿轴向运动	沿径向运动
14	做功原理	气体经动叶和静叶叶栅减速增压	气体经叶轮作用产生离心力和能量头

五、轴流式压缩机的操作

（一）启动前的准备工作

（1）检查自动控制、电气控制信号传输正常，报警及安全保护系统好用。确认所有系统安全可靠，按照机组仪表、自控说明书规定程序和规定内容进行详细检查。

（2）详细检查润滑油系统是否完全满足机组运转的要求。

（3）检查原动机是否满足开机条件。

（4）所有附属设备（包括供水系统、配电系统、气路系统等）应该处于正常工作状态。

（5）检查轴流压缩机：

静叶可调式轴流压缩机静叶必须关闭到最小启动角（如AV90－15 的第一级静叶为 22°）；防喘振阀（即放空阀）必须100％ 全开；逆止阀（即止回阀）必须 100％ 关闭。

（二）机组的启动

轴流压缩机启动时必须保证上述启动前的准备工作准确、可靠的完成，特别是要保证静叶关闭到最小启动角，防喘振阀必须100％ 全开，排气管道上的逆止阀必须 100％ 的全关闭，如果排气管道上有截止阀（即主闸阀）必须也要保证 100％ 关闭，以防逆止阀失灵造成工艺系统的高压气体倒流进入轴流压缩机造成重大事故。

1. 机组的启动

（1）确认机组联锁装置投入使用，各个联锁点处于自动状态。

（2）严格按照制造厂提供的说明书操作启动汽轮机、烟气轮机、电动机等原动机。

（3）检查机组运行状态的监测系统是否运行正常。

（4）检查离润滑油站最远处的轴承进油压力，压力表指示值通常应保证在 0. 147MPa（即 1. 5kgf/cm²）以上。

（5）检查油冷却器出口油温，温度指示表应该指示在 40℃左右。

（6）检查所有轴承的温度，必须低于轴承工作温度的允许值。

（7）根据汽轮机、烟汽轮机、电动机等原动机厂家提供的技术说明中的检验项目检查这些原动机组的运行状态，应该满足制造厂说明书中的要求。

（8）检查机组轴系中各个单机的主轴轴振动，其振动值必须满足设计值（低于运行允许值）。

检查机组轴系中各单机主轴的轴位移，其轴向位移必须低于有关说明书中规定的报警值，并尽可能远离报警值。

2. 加载过程　当轴流压缩机启动并且转速达到额定转速（即轴流压缩机进入"安全运行"状态），这时轴流压缩机静叶保持在最小启动角，防喘振阀处于100%全开，逆止阀和排气截止阀处于全关闭状态。

（1）打开轴流压缩机排气管道上的截止阀。

（2）将轴流压缩机的防喘振阀由手动控制状态转换为自动控制状态，当然，也可以在手动状态下操作，只是自动状态更便于监测和控制。

（3）逐渐开大压缩机静叶开度，流量也随之增加，如果防喘振阀处于自控状态的话，防喘振阀将缓慢自动关闭，轴流压缩机排气管道上的逆止阀将随着排气量的增加自动打开。

（4）当压缩机的流量和排气压力达到所期望值时，将流量控制器转换到自动控制状态。

（5）机组综合检查。检查内容包括：润滑油压力、油冷却器出口温度、径向轴承温度、止推轴承温度、轴振动值、轴向位移值，以及汽轮机、电机、烟气轮机等驱动机，还要检查辅助设备的运行综合项目。

（6）当机组进入正常运行，开始日常监测并做好运行记录。

（三）运行监视和检查

1. 轴流压缩机的喘振与防喘　当压缩机发生喘振时，如不及时防止或停机，将导致整个机器的毁坏。所以必须保证：无论任何情况下，都不允许轴流压缩机在喘振工况下运行。在轴流压缩机正常运转情况下，防喘振控制系统必须处于自动控制状态，当轴流压缩机运行工况点位于性能曲线的防喘振区域时，防喘振阀必须自动打开。所以轴流压缩机必须设置防喘振控制系统。

2. 轴流压缩机的运行监视和检查 当压缩机的自动控制系统和保护系统工作正常时，机组不需要特别的关照；但是一旦有非正常信号出现时（如报警、危险信号指示等），安全保护装置中的任意一个均可能造成机组意外停机，因此在此期间，应该对机组进行规律性的监视，并做好运行记录，对所有仪表值、观察到的任何异常现象及数据都要做详细记录，同时对反映机器性能的主要数据作出曲线，以便迅速查找造成非正常运转现象的原因。

3. 每小时一次做好以下项目检查

（1）压缩机的进气压力、进气温度、排气压力、排气温度、流量、轴流压缩机工作转速、轴承温度（径向轴承、止推轴承）、转子振动值、转子轴向位移值。

（2）润滑油系统。

（3）汽轮机、烟气轮机、电动机等驱动机。

4. 每班检查的项目 每班都应检查润滑油系统、进口过滤器、报警系统检查、高位油箱液位检查等。

5. 轴流压缩机运行的限制 压缩机运行工况点绝对不允许超越防喘振线。在机组正常运行时，防喘振控制系统必须处于自动控制状态。

严禁轴流压缩机工作转速低于额定工作转速以下运行或高于允许的最高工作转速以上运行。

6. 安全运行状态 轴流压缩机的安全运行条件是同时满足以下三点：①压缩机的转速等于额定工作转速；②静叶角度关闭在最小启动角；③防喘振阀处于 100% 全开。

（四）停机

1. 正常停机

（1）缓慢地关小轴流压缩机的静叶角度到最小启动角。

（2）完全打开防喘振阀。

（3）关闭排气管道上的截止阀、逆止阀等。

（4）停止汽轮机、电动机等驱动机。

（5）盘车，盘车直到压缩机转子完全冷却下来。如果没有自动盘车装置，应该定期手动盘车，直至轴流压缩机排气侧蜗壳与轴承箱之间外露的主轴温度低于50℃为止。

（6）轴流压缩机排气侧蜗壳与轴承箱之间的主轴温度低于50℃后，停止润滑油系统运行。

（7）辅助系统停机。

2. 紧急停机

（1）保安装置之一起作用而使机组自动跳闸停机。

（2）出现下列情况之一，应按动紧急跳闸按钮使机组停车。

①轴承温度过高且无法排除；②油温过高无法排除；③机组突然发生强烈振动或机壳内有摩擦声。④轴承或密封处发生冒烟。⑤轴振动或轴位移过大而保安装置没有紧急停机。⑥任一保安装置报警后无法排除时。

（3）当转子已经停止后，润滑油泵应该在轴流压缩机排气侧蜗壳与轴承箱之间的主轴温度低于50℃以下时停止。机组紧急停机后，应该对所有轴承进行检查。

（4）机组紧急停机后，其操作过程与正常停机的（3）、（4）、（5）相同，同时观察静叶角度是否关到最小启动角；防喘振阀是否全开。注意：如果机组长时间停机（大于24h），重新启机前必须进行充分盘车。

（五）机组的维护

机组运行过程中，适当的维护对于机组运行状态的改善以及寿命都非常重要。通过定期的检修维护、更换已经损坏的部件，可以使整机性能、效率得以恢复，轴流压缩机检修期间应该认真检查以下部件：

（1）径向轴承。认真检查各个径向轴承的接触情况和间隙，检查巴氏合金的划痕、裂纹、压痕和磨损痕迹，检查巴氏合金和轴承瓦之间的结合是否牢固可靠，轴承间隙的测定用压铅丝方法测定，侧间隙用塞尺测量。如果轴承间隙过大没法进行调整时，应该更换轴承。如果检查发现不良的磨损痕迹时，要用涂色法检查轴承瓦面与轴颈、瓦体背面与轴承座的接触情况，并进行研磨修理，直至接触均匀。

（2）止推轴承。拆卸止推轴承前，需要测量轴向总间隙。拆卸后检查推力瓦块和转子推力盘磨损情况。如果瓦块有严重磨损、划痕、擦伤情况之一，必须更换推力瓦块。如果转子推力盘有划痕、擦伤应该修理后再用。止推轴承更换后，应该按照技术要求进行检查并调整轴向间隙和接触情况。

（3）转子。目测法检查转子的外观，如果有损坏或腐蚀现象，必须进一步认真检查，包括进行叶片裂纹着色渗透探伤，必要时应该由专业人员或制造厂进行修理，并重新调整。着色法或磁粉探伤法检查转子叶片表面的冲蚀、裂纹等；重新组装前应该在动平衡机上校验转子平衡；用转子专用吊架起吊并安装转子，避免叶片碰伤。

（4）叶片承缸。需要检查叶片承缸内流道表面是否存在缺陷，目视检查静叶片的冲蚀情况和宏观裂纹，并着色检查静叶片是否存在微裂纹，如果冲蚀严重或存在裂纹缺陷，必须进行叶片更换。

（5）轴封。检查轴端梳齿密封、检查平衡活塞上梳齿密封，如果密封间隙过大或存在密封部件损坏，比如部分梳齿磨损或倒齿，必须进行密封更换。

（六）叶片周期性裂纹检查

压缩机运行一个周期后，要例行进行叶片裂纹检查。即要100%检查处于安装状态的进口导叶、动叶片、静叶片，若发现有裂纹、擦伤、条痕等缺陷，应该及时更换，避免造成更大的损失。

在压缩机运行中受到强烈振动或机械应力变化等非正常状态时，以及发生以下非正常工况，应该进行叶片检查：轴流压缩机喘振、逆流、旋转失速；腐蚀；杂质贯穿流道，使叶片表面受损。

应该注意，在采用着色探伤时，严格禁用含有氯化物的溶液处理叶片。

轴流压缩机常见故障查找及排除方法见表2－11。

表2－11　轴流压缩机常见故障及排除方法

故障现象	故障原因	排除方法
轴承油排出温度过高或轴承磨损过大	1. 温度计出了故障	更换温度计
	2. 进入轴承的润滑油量不足	（1）校准或更换润滑油压力表或开关 （2）如果压力表或开关工作正常，检查进入轴承润滑油流动情况，察看润滑油管路是否堵塞
	3. 润滑油油质不良或轴承上有油泥、沉积物或其他杂物	（1）更换润滑油 （2）检查并清洗润滑油过滤器或滤网 （3）检查并清洗轴承 （4）核实润滑油牌号是否正确
	4. 润滑油冷却器的冷却水量不足	（1）增大冷却水量 （2）检查冷却器进水温度是否高于设计温度
	5. 润滑油冷却器油侧或水侧堵塞	清洗或更换润滑油冷却器
	6. 轴承磨损，可能是轴承巴氏合金材料牌号不正确或浇铸有缺陷	（1）更换轴承 （2）确定轴承磨损的原因

故障现象	故障原因	排除方法
轴承油排出温度过高或轴承磨损过大	7. 润滑油黏度过大	检查并核实润滑油牌号
	8. 振动	更换因磨损而造成间隙过大的轴承
	9. 油中带水或油变质	更换泄漏件，更换新油
	10. 转子轴颈表面粗糙	应重新修整转子轴颈表面，达到设计要求
	11. 轴承泄油口（槽）尺寸偏小	适当加大轴承泄油口（槽）的尺寸
振动过大	1. 各部件组装不适当	停机后，拆卸轴流压缩机有关零部件，检查并排除故障，如果转子上有变动，应对转子重新更换螺栓
	2. 螺栓松动或折断	检查支撑组件上的螺栓和底座螺栓等，拧紧或更换螺栓
	3. 管道受力而变形	检查管道布置，管道吊架，弹簧膨胀接头等是否安装合适
	4. 共振	由于基础或管道的共振，或者是在压缩机停机时，或者以一定的速度运转时，邻近的旋转机械也可能引起振动，要求详细调查研究，以便采取相应措施
	5. 机组找正精度破坏	检查机组在操作温度下轴系的同心度，排除轴中心的偏移
	6. 联轴器磨损或破坏	更换联轴器
	7. 由于不均匀加热或冷却，或由于转子受外力的影响造成转子主轴弯曲	校直或更换转子主轴

故障现象	故障原因	排除方法
振动过大	8. 在临界转速附近运行	避开临界转速的影响区域，或使用有效的方法，改变轴系的临界转速
	9. 转子上有沉积物堆积	清除转子上的沉积物，并检查转子的平衡精度，必要时应对转子重新进行平衡
	10. 转子的动平衡精度被破坏	(1)检查转子的磨损迹象 (2)检查转子的同心度，叶片锁紧装置，动平衡块的位置是否改变 (3)重新进行动平衡
	11. 动叶片磨损过大	(1)更换动叶片并检查转子主轴 (2)重新对转子进行平衡
	12. 轴承间隙过大	更换轴承
	13. 液体似的"渣团"冲击转子	(1)检查渣团位置并清除 (2)排出壳体内或管道内凝结液
	14. 转子上有关部件松动	检修或更换松动部件
	15. 压缩机在喘振运行	离开喘振区
	16. 轴承压盖松动或轴承间隙过大	拧紧轴承压盖的紧固螺栓，减小轴承间隙
轴中心偏移	1. 管道受应力而变形	(1)检查管道吊架、弹簧、膨胀节等安装是否合适 (2)按照要求检查管道布置并加以调整

续表

故障现象	故障原因	排除方法
轴中心偏移	2. 基础或底座倾斜	（1）检查基础或底座是否有倾斜现象，如有应重新调整 （2）检查是否由于基础或底座四周的温度不均匀造成变形，清除其热源
压缩机排气压力下降	1. 压缩机进口温度过高	查找造成压缩机进口温度过高的原因，并予以排除
	2. 排气管道泄漏	补漏
	3. 防喘振阀泄漏	查找泄漏原因，并采取相应措施
压缩机流量降低	1. 密封间隙过大	（1）按照有关说明书的要求调整密封间隙 （2）更换密封
	2. 进口过滤器堵塞	清洗进口过滤器
	3. 防喘振阀泄漏	查找泄漏原因，并采取相应措施

第五节　其他气体输送设备

一、离心式风机

　　离心式风机产生的风压不高，气体经过风机时的温升不大，因此，一般不需要冷却，并且可以近似作为不可压缩流体处理。在结构和工作原理方面与离心泵有很多相似之处。根据其产生的风压大小可分为离心式通风机和离心式鼓风机两大类。

（一）离心式通风机

离心式通风机的最大出口风压低于 14.7kPa，按照其用途又分为压气式和排气式两种。压气式风机从大气中吸气，如锅炉的送风机就是这种压气式风机。排气式风机从稍低于大气压的空间吸气，如锅炉的引风机就是排气式风机，由于锅炉内燃烧后的气体温度很高，因此，锅炉引风机需用耐高温材料制造，轴承还需冷却。

1. 离心式通风机的基本构造　离心式通风机如图 2 - 46 所示，其结构主要由机壳、叶轮及转轴等部件组成。机壳一般采用流通截面为矩形的蜗壳，蜗壳的轮廓曲线为对数螺线，排风口沿螺线的展开方向布置在机壳上，进风口与转轴平行地布置在机壳前盖板上，进风口的几何形状有筒形、圆锥形以及锥弧形几种形式。整个机壳用钢板焊接而成。叶轮由轮盖、轮盘以及叶片组成，轮盖的形状有平盖、锥形盖和弧形盖三种，采用锥弧形的进

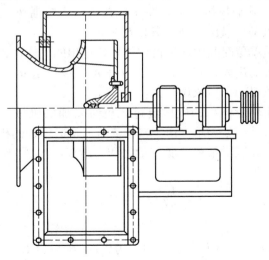

图 2 - 46　离心式通风机的构造

风口，并配以具有弧形盖的叶轮时，气体在风机内的流动损失较小，效率较高。叶轮的轮盘为平盘，焊接在轮毂上。叶片形状有平板形、圆弧形和机翼形三种，如图 2 – 47 所示，大型通风机多采用机翼形叶片，中小型通风机以采用圆弧形和平板形叶片为宜。叶片可焊接、也可铆接在轮盖及轮盘上。对于单吸式叶轮可用螺母固定在转轴上，采用悬臂式支承，轴承座设在机座上，大型风机多采用联轴器传动，小型风机则可以直接将叶轮安装在电机轴上。

(a)平板叶片　　(b)圆弧径向叶片　(c)圆弧后弯叶片　(d)机翼形叶片

图 2 – 47　离心式通风机的叶片形状

2. 离心式通风机的主要性能参数　离心式通风机的主要性能参数有风量、风压、轴功率和效率等。

风量是单位时间内从风机的排风口排出的气体体积，但仍需换算到风机的进风口状态，常以 Q 表示，单位是 m^3/min，风量的大小与风机的出口风压有关。

风压是单位体积的气体流过风机时增加的机械能，单位是 J/m^3 或 Pa，以 H_T 表示。由于气体流过风机时增加的机械能为静压能增量，动能增量和位能增量之和，所以，风压 H_T 的计算式如下：

$$H_T = (p_2 - p_1) + \frac{1}{2}\rho(C_2^2 - C_1^2) + (Z_2 - Z_1)\rho g, Pa$$

$$(2 - 49)$$

式中　p_1、p_2——风机的进出口压力，Pa；

　　　　C_1、C_2——风机的进出口流速，m/s；

Z_1、Z_2——风机的进出口高度，m；

ρ——风机内气体的平均密度，kg/m^3；

g——重力加速度，m/s^2。

由于风机的进出口高度差比较小，所以，常将 $(Z_2 - Z_1)\rho g$ 一项忽略，并且，由于风机进口与大气相通，取 $C_1 \approx 0$，这样式 (2-49) 就可简化为：

$$H_T = (p_2 - p_1) + \frac{1}{2}\rho C_2^2 \qquad (2-50)$$

式中的 $(p_2 - p_1)$ 称为风机的静风压，记作 H_{st}，$\frac{1}{2}\rho C_2^2$ 称为风机的动风压，静风压 H_{st} 与风量 Q 的乘积称为风机的静压功率，记作 N_{st}，即：

$$N_{st} = H_{st}Q \qquad (2-51)$$

由于风机的风压为静风压与动风压之和，所以称为全风压，全风压 H_T 与风量 Q 的乘积为风机的有效功率 N_e，即：

$$N_e = H_T Q \qquad (2-52)$$

静压功率 N_{st} 与风机轴功率之比称为静压效率，记作 η_{st}，即：

$$\eta_{st} = \frac{N_{st}}{N} \qquad (2-53)$$

有效功率 N_e 与风机轴功率之比为风机效率，即：

$$\eta = \frac{N_e}{N} \qquad (2-54)$$

离心式通风机的风压 H_T，静风压 H_{st}、轴功率 N、静压效率 η_{st} 和效率 η 随风量 Q 变化的关系曲线称为风机的性能曲线，如图 2-48 所示。

3. 离心式通风机的型号及选择　由于离心式通风机的应用极为广泛，产品规格很多，因此，型号编制方法是在表示风机类

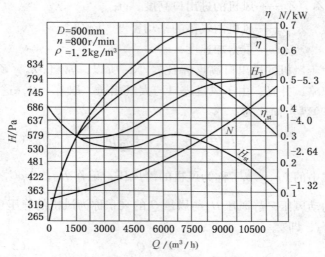

图 2 – 48　离心式通风机的性能曲线

型的符号后面再加机号，如型号 4 – 72 – 11 No. 12，其中 4 – 72
表示风机类型为低压离心式通风机，11 表示叶轮单级，第一次
设计，机号 No. 12 表示风机的叶轮直径为 1200mm，又如型号
8 – 18 – 12 No. 4，其中 8 – 18 表示风机类型为高压离心式通风机，
12 表示叶轮单吸，第二次设计，机号 No. 4 表示叶轮直径为
400mm。

　　离心式通风机的选择与离心泵类似，具体选择步骤为：

　　（1）根据式（2 – 40）计算输气管路系统所需的实际风压 H_T'，
由于风机性能表上的风压 H_T 是在大气压力为 101. 3kPa，气温为
20℃的条件下，用空气作介质通过实验测定的。该条件下空气的
密度 $\rho = 1.2 kg/m^3$，若使用条件与上述实验条件不同，则应将使
用条件下的实际风压 H_T' 换算为实验条件下的风压 H_T，然后按
H_T 的大小选择风机，换算公式为：

$$H_T = 1.2\,\frac{H_T{}'}{\rho'} \qquad\qquad (2-55)$$

式中　ρ'——使用条件下的气体密度，kg/m^3。

（2）根据输送气体的种类和性质以及风压的大小确定所选风机的类型，若输送气体的性质与空气相近，可选用一般类型的离心式通风机，如 4-72 型，8-18 型和 9-26 型等。

（3）根据风机进口状态下的风量与实验条件下的风压 H_T，查阅风机样本或产品目录中的性能表及性能曲线，选择适合的机号，最后确定所选风机。

（二）离心式鼓风机

离心式鼓风机的最大出口风压低于 294kPa，工作原理与离心式通风机相同，结构与离心式压缩机相似，图 2-49 所示为三级离心式鼓风机，用于化工生产中输送发生炉煤气，空气及其他无腐蚀性气体，该机为单吸式双支承结构，机壳水平剖分为上下两半，蜗壳流通截面为圆形，进风口和排风口均垂直向下布置，

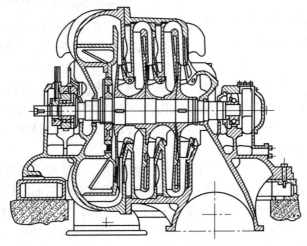

图 2-49　三级离心式鼓风机

级间及轴端密封均为梳齿形迷宫密封，各级叶轮直径相等。

由于鼓风机中气体的压缩比不高，所以，不设中间冷却器，叶轮产生的轴向力由止推轴承承受。鼓风机的型号用 D 或 S 表示，其后面的数字则表示鼓风机的流量及叶轮数和设计序号，如 D300－41，D 表示叶轮单吸，300 表示流量为 300m³/min，41 表示该机有 4 个叶轮，第一次设计，如型号为 S，则表示第一级叶轮为双吸。

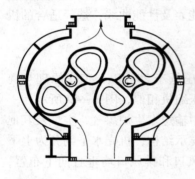

图 2－50　罗茨鼓风机

二、罗茨鼓风机

罗茨鼓风机的工作原理与齿轮泵相似，出口压力低于 80kPa，其效率在出口压力为 40kPa 左右时最高，输气量范围 2～500m³/min，其构造如图 2－50 所示，在断面为 8 字形的机壳内装有两个形状相同的转子，转子轴端装有一对相互啮合的传动齿轮，两齿轮的齿数及模数均相同。在主动齿轮的带动下两转子作同步反向旋转，气体从进气口进入吸气腔后在转子的推动下被送到压气腔，在压气腔内受到从吸气腔送来气体的挤压最后从排气口排出。对于采用实心转子的鼓风机，由于气体压力可以抵消掉部分转子重量，因此，将进气口设在机壳上方，排气口设在下方，可以改善轴承的受力情况。

鼓风机的转子一般用铸铁或铸铝制造，压送有腐蚀性的气体时，可用不锈钢制造。小型鼓风机的转子可采用实心结构，大中型鼓风机的转子为减轻重量，一般采用空心结构，转子的形状有两齿形、三齿形及星形几种形式，三齿形较两齿形运转平稳，排气压力脉动小。但转子齿数增多时，要占去部分工作容积，使鼓风机的排风量减小，因此，大多数小型鼓风机多采用两齿形转子，大中型鼓风机可采用三齿形或星形转子，图2-51所示为三齿形罗茨鼓风机，该机的排风量为30.9m³/min，风压为500Pa，转速为1310r/min，配用30kW电机驱动。

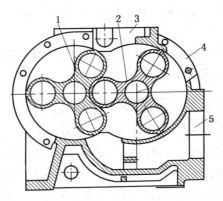

图2-51　三齿形罗茨鼓风机
1—从动转子；2—主动转子；3—排气口；
4—机壳；5—吸气口

鼓风机的机壳用铸铁制造，机壳结构由壳体和盖两部分或机壳与前后盖三部分组成，为避免机壳和转子的摩擦碰撞，要求机壳与转子之间、转子与转子之间应留有间隙，但为了减少泄漏，规定机壳与转子之间的间隙为0.2~0.3mm，转子相互之间的间隙为0.23~0.3mm，机壳与转子之间的间隙可通过调整前后盖径向位置进行调整，转子相互之间的间隙可通过传动齿轮调整。转子由设在前后盖上的滚动轴承支承，在主动转子轴伸出后盖的位置设有轴封，轴封的结构形式一般为梳齿形迷宫式。

罗茨鼓风机属于容积式鼓风机，其风量与转速成正比，在一定的转速下，出口压力增高时，风量略有降低，这是由于压力增高时通过转子与机壳间隙产生的泄漏增大的缘故。由于鼓风机的风量基本不受出口压力变化的影响，因此，在鼓风机的排气口应连接储气罐，并在罐上安装安全阀，以备放空时用，流量调节可采用部分气体放空或旁路回流调节。此外鼓风机的操作温度不能高于85℃，否则，转子受热膨胀会引起摩擦甚至出现卡死现象。

罗茨鼓风机的型号包括机型、机号及与电机的连接方式等内容。如 L81WD，其中 L——罗茨鼓风机（SL 为水冷罗茨鼓风机），8——机号（1～11），1——叶轮长度序号，W——卧式（L 为立式），D——电机通过联轴器直联（B 为皮带轮中间支承，C 为皮带轮悬臂支承）。

三、真空泵

真空泵从压力低于大气压的设备中抽吸气体，使设备内部形成真空。在炼油及化工生产中主要用于减压精馏、真空过滤、干燥、结晶等工艺过程。根据工作原理的区别，可将真空泵划分为扩散式、喷射式和机械式三种。扩散式真空泵产生的真空度很高，主要应用于电子工业，喷射式真空泵是按照拉伐尔喷管原理设计的一种真空泵，利用喷管收缩段产生的负压抽吸气体。在石油化工生产中使用的主要是机械式真空泵，例如往复式、水环式和滑片式等。真空泵的工作条件有干式和湿式两种，干式真空泵只用于抽吸气体，湿式真空泵可用于抽吸气液混合物。由于湿式真空泵工作时有液体进入气缸，为使液体能及时排出缸外，设计中将排出阀和排出通道截面积取得较大，为降低气液混合物通过进排出阀的速度，泵的转速也取得较低。

（一）往复式真空泵

往复式真空泵是一种干式真空泵，适用于抽吸不含固体颗粒的无腐蚀性气体，在机械式真空泵中，这种泵产生的真空度较高，在炼油及化工生产中应用广泛。

往复式真空泵的结构及其原理与活塞式压缩机基本相同。区别只在于气阀结构，大多数往复式真空泵采用如图 2－52 所示的滑阀配气机构，由装在主轴上的偏心轮带动操纵杆控制滑阀启闭。采用这种机构后，由于气阀的启闭不再需要压力差推动，因此，在真空泵吸排气时，气缸内的压力可保持与吸排气管中一致，有利于提高泵的抽吸能力。此外，真空泵在工作过

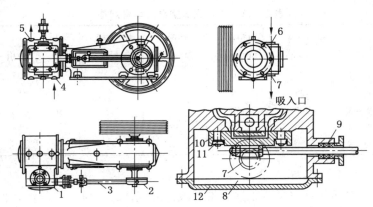

图 2 – 52　往复式真空泵及其配气机构

1—滑阀机构；2—偏心轮；3—操纵杆；4—冷却水入口

5—冷却水进口；6—吸气口；7—排气口；8—阀室；

9—填料函；10—平面滑阀；11—排气阀；12—阀室盖

程中吸气压力不断下降，排气压力不变，使得作用在活塞两侧的气体压力差逐渐增大，气缸的压缩比不断提高，以致影响泵轴平稳运转。在滑阀配气机构中，由于偏心轮与主轴的偏角为90°，当活塞移动到止点位置时，滑阀正位于中间位置，通过滑阀上加工的气流通道使一侧余隙中的部分气体流入气缸另一侧容积，从而平衡在止点位置活塞两侧的压力，并降低气缸的压缩比。

　　往复式真空泵的缺点是结构较复杂，维修工作量大，近年来国内有些厂家在使用时将滑阀配气机构改为自动阀机构。自动阀依靠其阀前后的气体压力差控制启闭，不需要专门的操纵机构，因此，这样改造简化了机构，并且可以降低功耗。往复式真空泵的规格型号共有五种，见表 2 – 12。

表2-12　往复式真空泵的型号规格

型　号	抽气速率/ (m³/h)	真空度/ mmHg	转速/ (r/min)	电机功率/ kW	口　径	
					吸入	排出
W-1	65	750	—	2.2	38	38
W-2	125	750		4	50	50
W-3	200	750		5.5	50	50
W-4	370	750	200	10	75	75
W-5	770	750		22	125	125

（二）水环式真空泵

水环式真空泵适于抽吸带有液体的气体，可以避免气体在抽吸过程中产生泄漏及发热，因此，常用于抽吸有毒或易爆炸气体，如氯气，氢气以及乙炔气等。

水环式真空泵如图2-53所示，其结构主要由泵盖、泵体、

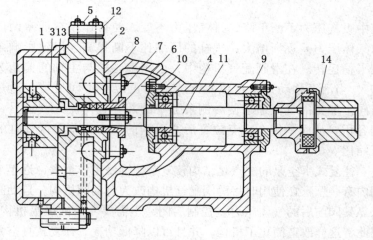

图2-53　SZB型水环式真空泵结构图

1—泵盖；2—泵体；3—叶轮；4—泵轴；5—螺栓；6—压盖；

7—填料；8—填料环；9—滚珠轴承；10—轴承压盖；

11—托架；12—进出口法兰；13—键；14—联轴器

叶轮、泵轴以及托架等组成，泵盖和泵体用铸铁制造，用长螺栓紧固构成泵腔。进排气口设在泵体上，泵体下面还装有放水旋塞，叶轮偏心安装在泵腔中，泵轴由托架内的滚球轴承悬臂支承，叶轮用键传动，可在泵轴上滑动，自动调整与泵盖及泵体的间隙，在叶轮的轮毂上开有六个平衡孔，以平衡轴向推力，轴封采用软填料密封。在泵体上还设有气水分离器，为防止杂物进入泵内，在循环水管路中还设有过滤器。

　　水环式真空泵的工作过程见图2-54，泵工作之前需先灌注一定量的液体，泵启动后，在叶轮离心力的作用下，泵内液体被甩至泵壳内表面，形成一个旋转的液环，液环内表面上部与叶轮轮毂相切，形成一个月牙形空间，此空间又被叶片分割成若干个被称为基元容积的工作室。在叶轮旋转过程中位于右侧的基元容积沿旋转方向逐渐扩大，左侧的基元容积逐渐缩小，由于在泵体上相应位置开有镰刀形的吸排气孔，因此，叶轮每转动一周，每个基元容积都扩大、缩小并与吸排气孔连通一次，完成吸气，压缩及排气过程。

　　水环式真空泵的优点是结构简单，旋转部分没有机械摩擦，

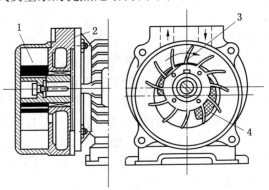

图2-54　水环式真空泵的工作过程
1—叶轮；2—壳体；3—排气口；4—吸气口

泵内不需润滑，操作可靠，使用寿命长。缺点是叶轮在推动液体旋转的过程中产生的能量损失很大，几乎等于压缩气体所耗之功，因此，泵的效率很低，仅为 0.3～0.5。

国产水环式真空泵有 SZ 型、SZB 型及 SZZ 型三种系列，每种系列又包括几种规格，如型号 SZ－1 中，SZ 表示水环式真空泵，1 表示系列序号，型号 SZB－8 中，SZB 表示悬臂式水环真空泵，8 表示该泵在真空度 69kPa 时的抽气速率为 8L/s，又如型号 SZZ－4，SZZ 表示直联式水环真空泵，4 表示该泵在真空度为 69kPa 时的抽气速率为 4L/s。

（三）滑板式真空泵

滑板式真空泵如图 2－55 所示，在圆筒形的泵壳内装有一偏心转子，转子上开有若干径向滑槽，槽内置有滑板、转子旋转时，滑板在离心力的作用下伸出滑槽，其

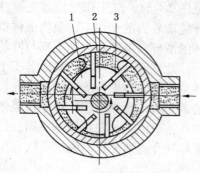

图 2－55　滑板式真空泵
1—转子；2—定子；3—叶片

端部与泵壳内表面贴紧，形成若干个扇形工作容积，在转子旋转过程中，这些容积的大小起着周期性的变化，由于在泵壳上对应工作容积最大的位置设有进气口，对应工作容积最小的位置设有排气口，所以，在转子旋转的过程中，便可以连续地抽吸气体。滑板式真空泵存在的问题是滑板端部易磨损，并且由于泵体内排气口附近压力高，吸气口附近压力低，使转子上作用有径向力。此外，泵内构成工作容积的滑板密封条件差，泵内存在漏气现象，容积效率一般为 0.75～0.95，因此，产生的真空度较其他机械式真空泵低。

第三章　管道与阀门

管道是炼油设备的重要组成部分，原油及其他辅助生产物质从不同的管路进入生产装置，炼制成成品油再进入罐区，最后装车外运。可见管道是炼油生产的大动脉，它将整个生产联结起来构成一个整体。所以保持管路的畅通是保证炼油生产正常进行的重要环节。阀门是一种通用机械产品，也是炼油管道中常用的重要附件，在管路中起切断或连通管内介质的流动，调节其流量和压力，改变或控制流动方向等作用。本章主要介绍炼油厂管道的类型、布置与安装、使用及维护；阀门的结构类型、选用及维护等内容。

第一节　管　　道

一、管道的分类

（一）管道的类型

炼油厂的介质种类繁多，各类介质的特性不同，在管路中的状态、温度、压力也不尽相同，管道按不同的分类方法有不同的类型。分类的目的在于便于合理设计、安装、检修和管理。

按管道的用途可将其分为工艺管道和辅助管道，工艺管道包括原油管道、半成品及成品油管道等，是炼油厂的主要管道；辅助管道是指一切辅助生产的管道，包括燃料系统、蒸汽及冷凝水系统、冷却水系统、排污系统及供风系统管道等。

根据管路中介质压力的高低可将管道分为高压、中压、低压及真空管道，见表 3 – 1。

根据管道所用材料可分为钢管、铸铁管、耐油橡胶管等。

表 3-1　管道按压力分级

级　别　名　称		设计压力 p/MPa
真空管道		p 小于标准大气压
低压管道		$0 < p < 1.6$
中压管道	1	$1.6 \leqslant p < 4.0$
	2	$4.0 \leqslant p < 10.0$
高压管道		$10.0 \leqslant p \leqslant 35$

TSG D0001—2009《压力管道安全技术监察规程—工业管道》，按管道的设计压力、设计温度、介质等因素综合考虑，将工业管道分为 GC1、GC2、GC3 三级。

（1）GC1 级

符合下列条件之一的工业管道，为 GC1 级：

①输送毒性程度为极度危害介质，高度危害气体介质和工作温度高于其标准沸点的高度危害的液体介质的管道；

②输送火灾危险性为甲、乙类可燃气体或者甲类可燃液体（包括液化烃）的管道，并且设计压力大于或者等于 4.0MPa 的管道；

③输送除前两项介质的流体介质并且设计压力大于或者等于 10.0MPa，或者设计压力大于或者等于 4.0MPa，并且设计温度高于或者等于 400℃的管道。

（2）GC2 级

除 GC3 级管道外，介质毒性程度、火灾危险性（可燃性）、设计压力和设计温度低于 GC1 级的管道。

（3）GC3 级

输送无毒、非可燃流体介质，设计压力小于或者等于 1.0MPa，并且设计温度高于 -20℃但是不高于 185℃的管道。

压力管道中介质毒性程度、腐蚀性和火灾危险性的划分应当以介质的"化学品安全技术说明书"(CSDS)为依据；介质同时具有毒性及火灾危险性时，应当按照毒性危害程度和火灾危险性的划分原则分别定级；介质为混合物时，应当按照有毒化学品的组成比例及其急性毒性指标(LD_{50}、LC_{50})，采用加权平均法，获得混合物的急性毒性(LD_{50}、LC_{50})，然后按照毒性危害级别最高者，确定混合物的毒性危害级别。

压力管道中介质毒性程度的分级应当符合 GB 5044—1985《职业性接触毒物危害程度分级》的规定，以急性毒性、急性中毒发病状况、慢性中毒患病状况、慢性中毒后果、致癌性和最高容许浓度等六项指标为基础的定级标准，如表 3-2 所示。

表 3-2 介质毒性危害程度分级依据

指标		分级		
		I（极度危害）	II（高度危害）	III（中度危害）
急性毒性	吸入 LC_{50}/(mg/m³)	<200	200~<2000	2000~≤20000
	经皮 LD_{50}/(mg/kg)	<100	100~<500	500~≤2500
	经口 LD_{50}/(mg/kg)	<25	25~<500	500~≤5000
急性中毒发病状况		生产中易发生中毒，后果严重	生产中可发生中毒，预后良好	偶可发生中毒
慢性中毒患病状况		患病率高（≥5%）	患病率较高（<5%）或症状发生率高（≥20%）	偶有中毒病例发生或症状发生率较高（≥10%）
慢性中毒后果		脱离接触后，继续进展或不能治愈	脱离接触后，可基本治愈	脱离接触后，可恢复，不致严重后果
致癌性		人体致癌物	可疑人体致癌物	实验动物致癌物
最高容许浓度/(mg/m³)		<0.1	0.1~<1.0	1.0~≤10

压力管道中介质的毒性危害程度包括极度危害、高度危害以及中度危害三个级别介质毒性危害程度的级别应当不低于以急性毒性和最高容许浓度两项指标分别确定的最高危害程度级别：如果以急性中毒发病状况、慢性中毒患病状况、慢性中毒后果和致癌性四项指标确定的介质毒性危害程度明显高于上述确定的危害程度级别时，应当根据压力管道具体工况，综合分析，全面权衡，适当提高介质的毒性危害程度级别。

压力管道中的腐蚀性液体系指：与皮肤接触，在4h内出现可见坏死现象，或55℃时，对20钢的腐蚀率大于6.25mm/a的流体。

压力管道中介质的火灾危险性包括GB 50160—2008《石油化工企业设计防火规范》及GB 50016—2006《建筑设计防火规范》中规定的甲、乙类可燃气体、液化烃和甲、乙类可燃液体，工作温度超过其闪点的丙类可燃液体，应当视为乙类可燃液体；国家安全生产监督管理总局颁布的《危险化学品名录》中的第1类爆炸品、第2类第2项易燃气体、第4类易燃固体、自燃物品和遇湿易燃物品以及第5类氧化剂和有机过氧化物，应当根据其爆炸或者燃烧危险性、闪点和介质的状态(气体、液体)视为甲、乙类可燃气体、液化烃或者甲、乙类可燃液体；甲类可燃气体指可燃气体与空气混合物的爆炸下限小于10%(体积)；乙类可燃气体指可燃气体与空气混合物的爆炸下限大于或者等于10%(体积)，液化烃指15℃时的蒸气压力大于0.1MPa的烃类液体和类似液体，甲类可燃液体指闪点小于28℃的可燃液体，乙类可燃液体指闪点高于或者等于28℃，但小于60℃的可燃液体，工作温度超过闪点的丙类可燃液体(闪点高于或者等于60℃)，应当视为乙类可燃液体。

炼油、石油化工管道输送的介质一般都是易燃、可燃性介质，有些物料属于剧毒介质，这类管道即使压力很低，但一旦发生泄漏或损坏后果是很严重的，因此对这类管道不仅要考虑温度和压力的影响，还要考虑介质性质的影响；《石油化工有毒、可燃介质钢制管道工程施工及验收规范》(SH3501—2011)，根据被输送介质及管道的设计压力、设计温度将石油化工管道分为 SHA1、SHA2、SHA3、SHA4、SHB1、SHB2、SHB3、SHB4 八级，见表 3 - 3。

表 3 - 3　管道分级

序号	管道级别	输送介质	设计条件	
			设计压力/MPa	设计温度/℃
1	SHA1	(1)极度危害介质(苯除外)、光气、丙烯腈	—	
		(2)苯、高度危害介质(光气、丙烯腈除外)、中度危害介质、轻度危害介质	$p \geqslant 10$	
			$4 \leqslant p < 10$	$t \geqslant 400$
			—	$t \leqslant -29$
2	SHA2	(3)苯、高度危害介质(光气、丙烯腈除外)	$4 \leqslant p < 10$	$-29 \leqslant t < 400$
			$p < 4$	$t \geqslant -29$
3	SHA3	(4)中度危害、轻度危害介质	$4 \leqslant p < 10$	$-29 \leqslant t < 400$
		(5)中度危害介质	$p < 4$	$t \geqslant -29$
		(6)轻度危害介质	$p < 4$	$t \geqslant 400$
4	SHA4	(7)轻度危害介质	$p < 4$	$-29 \leqslant t < 400$
5	SHB1	(8)甲类、乙类可燃气体介质和甲类、乙类、丙类可燃液体介质	$p \geqslant 10$	—
			$4 \leqslant p < 10$	$t \geqslant 400$
			—	$t < -29$
6	SHB2	(9)甲类、乙类可燃气体介质和甲$_A$类、甲$_B$类可燃液体介质	$4 \leqslant p < 10$	$-29 \leqslant t < 400$
		(10)甲$_A$类可燃液体介质	$p < 4$	$t \geqslant -29$

续表

序号	管道级别	输送介质	设计条件	
			设计压力/MPa	设计温度/℃
7	SHB3	(11)甲类、乙类可燃气体介质、甲B类可燃液体介质、乙类可燃液体介质	$p < 4$	$t \geqslant -29$
		(12)乙类、丙类可燃液体介质	$4 \leqslant p < 10$	$-29 \leqslant t < 400$
		(13)丙类可燃液体介质	$p < 4$	$t \geqslant 400$
8	SHB4	(14)丙类可燃液体介质	$p < 4$	$-29 \leqslant t < 400$

注1:常见的毒性介质和可燃介质参见本规范的附录 A。

注2:管道级别代码的含义为:SH 代表石油化工行业,A 为有毒介质,B 为可燃介质,数字为管道的质量检查等级。

(二)炼油厂常用管材

1. 钢管　钢管按制造方法有无缝钢管、有缝钢管和螺旋钢管三种。无缝钢管有冷拔和热轧两种,适用于输送各种油品、石油气、蒸汽、水、风和浓度 98% 的硫酸等,使用温度从 $-40 \sim 75℃$ 不等,使用压力 $p \leqslant 16MPa$,常用材料为 10、20 号钢和 Q345 钢等;有缝钢管分为镀锌管(白铁管)和不镀锌管(黑铁管)两种,适用于水、煤气、空气、低压蒸汽($p \leqslant 1.6MPa$)、碱液等的输送,使用温度 $0 \sim 200℃$,常用材料为 Q235A;螺旋钢管适用于公称直径大于 250mm,压力 $1.6 \sim 4.0MPa$,温度小于等于 $300℃$ 的大型输油、输气管道,常用材料为 Q235A、Q235B、Q345 等。

2. 铸铁管　铸铁管耐腐蚀性好,多用于埋置地下的上、下水管,也可用于输送碱液及浓硫酸。按使用压力分为低压、中压及高压三种,其最大承受压力分别为 0.45MPa、0.75MPa、1.0MPa;公称直径 $75 \sim 1500mm$,管长 $3 \sim 4m$。

3. 耐油胶管　耐油胶管有耐油夹布胶管、耐油螺旋胶管及输油钢丝编织胶管三种,都由丁腈橡胶制成。耐油夹布胶管适用于低压输油管、低压供水管；耐油螺旋胶管多用于压力输送管和泵的吸入管；输油钢丝编织胶管没有接头，可视需要截断使用，可用于油品输送的排、吸使用。耐油胶管的承压能力 0.1 ~ 1.0MPa，内径 16 ~ 152mm，管长一般为 7.5 ~ 20m。

二、管道的布置与安装

（一）管道的布置

1. 管道布置的一般要求　在进行管道布置时应根据管道的用途、周围建筑物的位置、所输送介质的特性，以及与管道连接的机械设备的布置情况等综合考虑，合理配置。一般应遵循以下原则：

（1）布置管道时，应对全装置的所有管道包括工艺管道、热力管道、供排水管道、仪表管道及采暖通风管道等通盘规划，各安其位，做到安全、经济和便于施工、操作及维修，防止顾此失彼。

（2）布置管道时，应了解周围建筑物的位置，与管道连接的设备的特点，以便管道可靠安装固定。

（3）除能满足工艺、机械设备及整个系统的正常运行外，还应能适应开工、停工和事故处理的要求，备有必要的旁通路或采取其他措施。

（4）在满足操作和工艺流程要求的前提下，尽可能紧凑，避免烦琐、防止浪费。

（5）管道通过人行道时，最低点离地面不得小于 2m，通过工厂主要交通干线时，管底离地面不得小于 4.5m；通过铁路时不小于 6m。

（6）输送有毒或腐蚀性介质的管道，不得在人行道上空设置阀件、法兰等，以免泄漏时发生事故；输送易燃易爆介质的管道，一般应设有防火、防爆安全装置。

2. 机、泵管道的布置　各类压缩机和泵管道布置时应注意以下几点：

（1）压缩空气管道上应设置减压装置，对流量稳定，压力波动不大的管道，可以设置节流孔板；对压力波动较大的管道则应设置减压阀；对压力波动不大但需要调节流量的，可串联节流阀。压缩空气管道上应设置排水管，人工定期排水，为便于清洗，应在适当部位安装若干个公称直径 15～25mm 的吹扫接头。

（2）氨压缩机吸入管应有坡向蒸发器的 0.005 左右的坡度（指单位长度管道中心线倾斜的距离），氟压缩机吸入管应有 0.02 的顺向坡度；压缩机的排出管应有 0.01～0.02 的顺向坡度。为防止往复泵和压缩机吸入、排出管道的振动，应采用弹性支架。

（3）所有泵的吸入管道在靠近泵进口法兰处均应安装临时过滤网（已安装了永久性过滤器者除外）。

（4）泵的吸入和排出管道和阀门的重量不应由泵体承受，应在靠近泵体的管段上设置吊架。

（5）泵的吸入管应尽量缩短、少拐弯，如必须拐弯时，应采用曲率半径较大的弯头，避免突然缩小管径；泵吸入管应有 0.02 的坡度，当泵比水源低时坡度朝向泵，泵比水源高时反之。

3. 工艺管道的布置　各种工艺管道布置时应注意以下几点：

（1）沿塔及立式容器敷设的管道，为便于装设支架，除个别小管道可沿平台敷设外其余应尽量靠近塔壁或容器壁敷设。

（2）当塔及容器的安全阀是通大气时，其出口放空管应尽量高于附近最高设备，管口朝向空地，避免放出介质落到通道、梯子及热油管道上而发生事故。

（3）容易冻凝介质的冷却水箱应通入蒸汽管，防止介质过冷而冻凝；接有火嘴的燃料油管道易冻结，最好与雾化蒸汽线布置在一起，保温在一起，靠近火嘴处应有热水管接头，以便清洗地面。

（4）为便于清扫和消防，在塔及容器的每一层平台上、换热器的框架上、空冷器的平台上均应设置公称直径 20mm 的蒸汽接头。

4. 油品储罐区管道的布置　炼油厂油品储运系统设备数量多、联系面广，包括收油、调合、发油、输送、装车、循环及扫线等各种过程，操作较为频繁。因此油罐区普遍采用多管系统布置，且多为专油专线，各线有各自的生产作用互不影响，如图3-1所示。这种布置形式工艺先进、操作方便、能满足生产和经营的各种需要，但流程较复杂、消耗钢材多、投资较大。故当作业单一、品种少、操作间隔较大时，为减少投资也可采用双管或独立管道系统，如图3-2、图3-3所示。

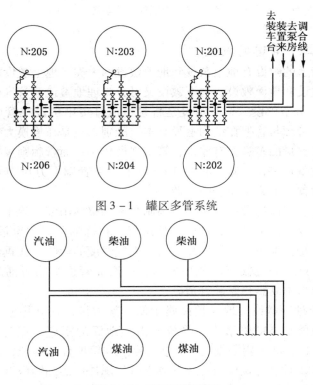

图3-1　罐区多管系统

图3-2　罐区双管系统

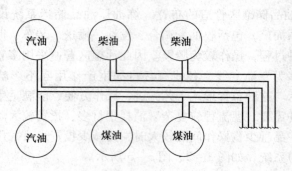

图 3 - 3　罐区独立管系统

（二）管道的敷设

管道的敷设有地上敷设和地下敷设两大类。地上敷设又分为架空敷设和地面敷设；地下敷设又可分为埋地敷设和管沟敷设。

1. 架空敷设　架空敷设是将管道成排集中敷设在管廊或管架上，管廊与管架在结构上没有本质区别，只是在规模大小和联系设备数量的多寡上有差别；管架规模较小，而管廊则规模较大联系设备较多，其宽度可达 10m 以上，在管廊下方可布置泵和其他设备、上方可布置冷却器。

管道架设的敷设方法便于预制和现场整体吊装，施工快、费用低、发生泄漏易于查找且方便维修，在炼油厂应用也最普遍。其缺点是占地较大，管内介质易受大气温度的影响，如重油管道保温不好，遇气候寒冷热损失增大；汽油管道受热时油品易膨胀，压力增高容易憋破管道。

2. 地面敷设　地面敷设属于低管架敷设，它是将管道敷设在离地面不高的管墩上，管排底沿离地面的距离一般为 300 ~ 500mm，管墩可用混凝土构架或混凝土与钢的混合构架，对只有单层敷设时也可直接用枕式混凝土墩。炼油厂的油罐区至泵房及泵房内部管道的敷设采取这种方式居多，其造价比架空敷设低，但需要占一定的地面，在一些地段会影响人员通行，管道油漆和保温层易被人为损坏，所以在人员穿行地段常设跨越小桥，以保护管道不被损坏。

3. 管沟敷设　管沟敷设是将管道设置在地下的管沟内，地面上铺有盖板，不会影响人和车辆的通行，且受外界气温的影响也较小，地面上也显得整洁，但工程量大、造价较高，在雨水较多的地区不宜采用。管沟敷设时外管壁和沟壁及管底和沟底间一般不小于200mm，以便防潮和检修，相邻管道间还要考虑热影响，尽量使蒸汽管道和带保温的重油管道相邻，轻质油、石油气体等易挥发介质的管道不要靠近蒸汽管和热油管道。

4. 埋地敷设　管道的埋地敷设在炼油厂现在已不再采用，在油气田的集输线或长距离输送管道上采用较多。这种敷设方法工程造价低，管道不易受外界损伤，热能损失少；但管道易遭受土壤的电化学腐蚀，一旦被腐蚀穿孔，油气泄漏，造成损失、污染环境，甚至引起事故，而且泄漏点不易发现、使用不便。一般采用埋地敷设的管道大多采用阴极保护法以延长管道的使用寿命。

（三）管道的安装

1. 管道安装的一般要求　管道安装应注意以下几方面：

（1）管道安装前必须将全部管架及支架紧固，对于安装在沉陷量大的基础上的设备，必须在设备找正定位并经水压沉陷稳定后，再安装与其连接的管道。

（2）管子在组合前或管子和组合件在安装前，应将管子和管件内部清扫干净。

（3）安装有缝钢管道时，应使其纵缝位于管道水压试验时易于检查的方位。

（4）凡穿过楼板、墙壁、基础、铁道及公路的管道，应加保护套管且套管内的管段一般不得有焊口，若不得不有焊口时应先进行试压，合格后再安装。钢管与套管间应填满保温材料。

（5）管道对口时应在离接口200mm处测量平直度，如图3-4所示。当管子公称直径小于100mm时，允许偏差为1mm；当管子公称直径大于等于100mm时，允许偏差为2mm。但全长允许偏

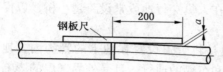

图3-4　管道对口平直度

差不得超过10mm。管道连接时不得强力对口、一般不允许将管子的重量支承在机泵设备上。

（6）法兰连接应与管道同心，并应保证螺栓自由穿入，法兰螺栓应错开排管的排列方向，法兰盘间应保持平行，其偏差不得大于法兰外径的1.5‰且不大于2mm，不得用强紧螺栓的办法消除歪斜。

（7）输送含有固体介质的管道，主管和支管除设计上有规定者外，一般要求不大于30°角相接；接口焊缝根部应光滑，在管内壁无焊瘤。

（8）地埋压力管道安装时，应先检查支持的地基或基础待合格后才能进行，如遇地下水或积水时应先排水后安装；焊接接口需要进行强度及严密性试验合格并采取防腐蚀措施后，才能回填土。距管道两侧及顶部200mm以内的回填土中不应含有石块、砖头等杂物。管道两侧应同时覆土夯实以防管道错位。距管顶200mm以内的回填土层只能踏实，不得用器械夯打，200mm以上应每200～300mm为一层分层夯实。

2. 管道的连接　管道的连接方式有焊接、法兰连接、丝扣（即螺纹）连接和承插连接四种。丝扣连接主要用于生产或生活水暖设施的管道上，在机泵的冷却水管道或压力表与控制阀的引压线连接上也广为应用；这种连接需要多种配件，如活接头、三通、卡箍、丝堵等。丝扣连接拆装方便，但施工麻烦、接头处也容易发生泄漏。承插连接主要适用于铸铁管、陶瓷管、混凝土管及塑

料管的连接。在炼油厂采用最多的还是焊接连接和法兰连接。

管道的焊接连接焊口强度高、严密性好、不需要配件、成本低、使用方便，适用于输送各种介质的钢管道，其缺点是不能拆卸。焊接连接时要求两平行焊缝间距离不小于管子外径且不得小于 200mm；为避免十字焊缝，若是钢板卷制焊接而成的管子，在对口时应使相邻两管的纵焊缝错开 200mm 以上。管道的对接焊缝应离开支架 100mm 以上。

法兰连接是通过连接管子和管件端部的接盘（法兰盘），把管子和管件连接在一起的一种连接方式。法兰连接由一对法兰、一个垫片、若干个螺栓、螺母组成，如图 3-5 所示。法兰属标准零件，国家和行业都有相应的标准。法兰连接拆装灵活方便，管道可定期清洗、检修或更换；但需要各种规格的法兰，耗用钢材多，而且由于温差、压力波动及腐蚀等原因，有时在连接处会发生泄漏，造成介质损失、甚至引起事故。

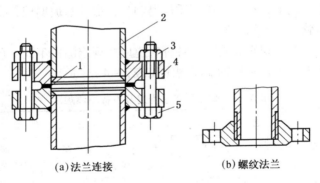

(a)法兰连接　　　　　(b)螺纹法兰

图 3-5　法兰连接

1—垫片；2—管子；3—螺母；4—法兰；5—螺栓

3. 管道的保温、防腐与涂色　管道无论在地下还是在地面，其表面都会受到周围土壤或大气不同程度的腐蚀，使管道使用寿命减少，因此对管道应采取适当的防腐措施。普通的地面架空管道，如果不需要保温则采用涂料使金属与周围大气、水分、灰尘等腐蚀性介质相隔绝，通常是管外壁先除锈，再涂刷一层红丹底漆，然后再刷一遍醇酸磁漆；如果需要保温则在保温层外再加一层玻璃布或镀锌铁皮，铁皮表面刷两遍醇酸磁漆。埋于地下的管道受到土壤的腐蚀，主要是电化学腐蚀，应根据土壤的性质采用不同的措施，最常用的是涂沥青防腐层。

对于一些输送高温介质的管道，如蒸汽管道、热油管道等，为了减少热量损失、节约能源，保证工艺过程的控制和操作人员的安全，需要采取保温措施。保温层的厚度和结构应根据管道所处的环境、用途、经济指标等综合考虑，应使全年热损失的价值和保温层投资的折旧费之和为最小，一般是由理论分析并结合实际经验确定。要求保温材料具有导热系数低、密度小、机械强度高、化学稳定性好、价格低廉、施工方便等特点；地上管道或地沟中敷设的管道最常用的保温材料有玻璃棉毡、矿渣棉毡和石棉硅藻土，地下管道常采用硬质保温制品，如酚醛玻璃棉管壳、水泥蛭石管壳、泡沫混凝土等。

为了便于识别和管理，各种管道应按规定涂刷不同颜色的油漆，炼油厂工艺管道的刷漆规定见表 3 - 4。

表 3 - 4　炼油厂工艺管道及设备刷漆规定

工　艺　管　道				储　运　设　备	
介质名称	颜色	介质名称	颜色	设备名称	颜色
重　　油	黑　色	空气、氧气	天蓝色	保温油罐	中灰色
轻　　油	银白色	消防水、消防蒸汽	中红色	不保温油罐	银白色
水	深绿色			机　泵	银白色
瓦　斯	紫　色			压缩机、电机	苹果绿
蒸　汽	红　色	阀　　门		吊　车	苹果绿
酸、碱	正黄色	阀　体	银灰色	火　炬	红、白色相间
液氨、氮气	橘黄色	铸钢手轮	橘黄色	安全防护扶手	正黄色
氢　气	正蓝色	铸铁手轮	红　色	油罐消防线、消防栓	红　色

① 管道统一刷成银白色后,应在系统管网,泵房或进出界区,机泵出人口等一定部位喷刷红色标志。

② 标志一律用弹头式箭头,标出介质流动方向,箭头内标示管道类别(Ⅰ、Ⅱ、Ⅲ类标),类别用罗马数字标示。

③ 在管道上标明的管号应用阿拉伯数字标志:介质名称用仿宋体。

④ 长距离管道每100m复标一次,在复杂管道交汇点及阀门前或后立管上也应设有标志。

三、管道配件

在管道的配置中,为了连接管段或改变管道的方向和管径的大小,经常需要使用专门的零件,如弯头、三通、异径管(大小头)及各种接头等,这些零件统称为管件。按用途和所用材质管件可分为钢制管件、铸铁管件和非金属管件,炼油工艺系统大多采用钢制管件。钢制管件适用多种介质和用途的管道,目前成型产品主要有压制弯头、异径管和三通。

压制弯头有无缝弯头和焊接弯头两种,如图3-6所示。无缝压制弯头是用10、20钢或不锈钢无缝钢管在特制的模具上压制而成,它分为90°和45°两种,其中最常用的是90°弯头。

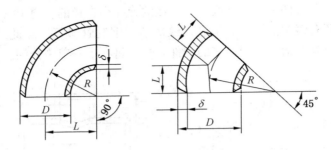

图3-6 压制弯头

压制焊接弯头是用10、20钢的两块瓦冲压成型后焊接而成,也有90°和45°两种。当管道直径较小、介质压力较大时常用无缝弯头,大直径压力不高的管道多用焊接弯头。

异径管包括同心异径管和偏心异径管两种,可以用无缝钢管冲压,也可用钢板卷焊成型。如图3-7、图3-8所示。

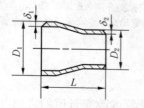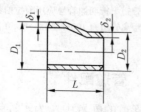

图3-7 无缝异径管

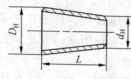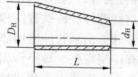

图3-8 焊接异径管

三通也包括等径三通和异径三通两种,可以用无缝管压制,也可焊接而成。如图3-9、图3-10所示。

以上管件都是与管段焊接连接的,在小直径的管道上常用的管件还有钢制活接头、钢制螺纹短节、钢制管箍等。除此之外、阀门也是管道中应用最多的配件之一,将在下一节中介绍。

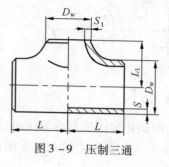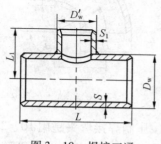

图3-9 压制三通 图3-10 焊接三通

四、管道的使用与维护

（一）管道的投用

新设管道施工完毕或在用管道检修完毕后，在管内往往留有焊渣、铁锈、泥土等杂物，如不及时清除，在使用中可能会堵塞管路、损坏阀门，甚至污染管内介质。因此管道在投用前必须进行清洗和吹扫。具体方法是：先用水清洗，然后再用压缩空气吹净管内存水，对输送不能含水的介质，如航空煤油、润滑油等，在水洗后应用温度不低于 80℃ 的热风吹干；管道吹扫时压力表应关闭，若吹扫经过过滤器则应在吹扫后打开过滤器，清除过滤网上的杂质，防止堵塞、影响管路的畅通。

为了检查管道的强度、焊缝的致密性和密封结构的可靠性，对清扫后的管道应进行耐压试验。耐压试验应以水作为试压介质，对承受内压的地上钢管道及有色金属管道试验压力取设计压力的 1.5 倍，埋地钢管道的试验压力取设计压力的 1.5 倍和 0.4MPa 之小者。承受内压的埋地铸铁管道，当设计压力小于等于 0.5MPa 时，试验压力取设计压力的 2 倍；当设计压力大于 0.5MPa 时，试验压力取设计压力再加 0.5MPa。对承受外压的管道，其试验压力取设计内外压力差的 1.5 倍且不小于 0.2MPa。对不宜作水压试验的可作气压试验，气压试验时应做好安全措施，试验压力及其他具体要求查阅有关规范。

（二）管道的定期检查

1. 检验周期　　管道的定期检验分为在线检验和全面检验。在线检验是在运行的情况下对在用管道进行的检验，每年至少 1 次。全面检验是按照一定的检验周期在管道停车期间进行的较为全面的检验。对于 GC1、GC2 级压力管道的全面检验周期一般不超过 6 年，若按照基于风险检验（RBI）的结果确定全面检验周期，一般不超过 9 年。GC3 级管道的全面检验周期一般不超过 9 年。

属于下列情况之一的管道，应当适当缩短检验周期：

(1)新投用 GC1、GC2 级的（首次检验周期一般不超过 3 年）；

(2)发现应力腐蚀或严重局部腐蚀的；

(3)承受交变载荷，可能导致疲劳失效的；

(4)材质产生劣化的；

(5)在线检验中发现存在严重问题的；

(6)检验人员和使用单位认为需要缩短检验周期的。

2. 检验内容　　在线检验主要检查管道在运行条件下是否有有影响安全的异常情况，一般以外观检查和安全保护装置检查为主，必要时进行壁厚测定和电阻值测量。检验后应当填写在线检验报告，做出检验结论。

全面检验一般进行外观检查、壁厚测定、耐压试验和泄漏试验。并且根据管道的具体情况，采取无损检测、理化检验、应力分析、强度校验、电阻值测定等方法。

3. 检验要求　　在线检验由使用单位自行安排并实施，从事在线检验的人员应当取得特种设备作业人员证，也可委托给具有压力管道检验资质的机构进行。全面检验应列入使用单位的年检计划，并上报使用登记机关和承担检验工作任务的检验机构，全面检验到期时，由使用单位向检验机构申报进行检验。

全面检验工作由国家市场监督管理总局核准的具有压力管道检验资质的检验机构进行，基于风险的检验(RBI)由国家市场监督管理总局指定的技术机构承担。

全面检验时，检验机构还应当对使用单位的管道安全管理情况进行检查和评价，检验工作完成后，检验机构应当及时向使用单位出具全面检验报告。全面检验所发现的管道严重缺陷，使用单位应当制定修复方案。修复后检验机构应当对修复部位进行检查确认，对不易修复的严重缺陷，也可采取安全评定的方法，确认缺陷是否影响管道安全运行到下一个安全检验周期。

（三）炼油厂输油管道的维护

油品在管路输送过程中，为防止油品由于黏度增高或凝结而影响输送，在输油管内安装小直径的蒸汽管或把蒸汽管和输油管用保温材料包扎在一起，这些用来加热油品的辅助性管道称为伴热管。若伴热管蒸汽不足，温度下降，蒸汽凝结甚至被冻结，使输油管中油品凝固，管路堵塞，这时应加强对伴热管的维护，利用伴热管将输油管内的油品化开，严禁用明火烘烤，当油品管停运时应用蒸汽及时吹扫排空，在伴热管的低处应设置放水点，多条油管的伴热管都应单独排水，不可连接在同一根排水管上，以防止阀门不严凝结水串入停运的伴热管而使管路冻结。

管道的焊缝质量不合格会造成管道破损漏油，在进行修补或切除重焊时，应先将与储罐一侧连接的管道或室外供油管网连接处的管道拆开通往大气，并用绝缘物分离；管内积油要用蒸汽吹扫干净并排净余气，取样化验确认无可燃气体时方可作业。

第二节　阀　　门

一、阀门的分类与型号

（一）阀门的分类

阀门的种类繁多，分类方法也很多。按阀门的公称压力可分为真空阀、低压阀、中压阀和高压阀；按关闭阀件的驱动方式可分为手动阀、动力驱动阀（电磁阀、液动阀、气动阀、电动阀等）和自动阀（靠管路中介质本身能量驱动的阀门，如止回阀、安全阀、减压阀等）；按阀体材料可分为铸铁阀、铸铜阀、铸钢阀、锻钢阀等。最常见的是按阀的结构特征分类，可分为闸门阀、旋塞阀、截止阀、止回阀、安全阀及减压阀等。

（二）阀门的型号

我国阀门产品型号由 7 个单元组成。各单元的代号见表 3 – 5、表 3 – 6。

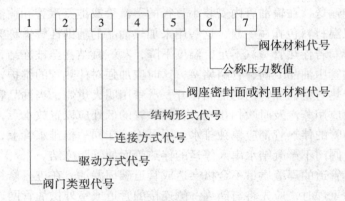

表 3 – 5　阀门结构形式代号

类　型	结　构　形　式				代　号
截止阀和节流阀	直　通　式				1
	角　　式				4
	直　流　式				5
	平衡	直通式			6
		角　式			7
闸阀	明杆	楔式		弹性闸阀	0
			刚性	单闸板	1
				双闸板	2
		平行式		单闸板	3
				双闸板	4
	暗杆楔式			单闸板	5
				双闸板	6
球阀	浮动	直通式			1
		L 形	三通式		4
		T 形			5
	固定	直通式			7

续表

类 型	结 构 形 式				代 号
蝶 阀	杠杆式				0
	垂直板式				1
	斜板式				3
隔 膜 阀	层脊式				1
	截止式				3
	闸板式				7
止 回 阀 和 底 阀	升 降	直通式			1
		立 式			2
	旋 启	单瓣式			4
		多瓣式			5
		双瓣式			6
旋 塞 阀	填 料	直通式			3
		T形三通式			4
		四通式			5
	油 封	直通式			7
		T形三通式			8
安 全 阀	弹 簧	封 闭	带散热片	全启式	0
			微启式		1
			全启式		2
		不 封 闭	带 扳 手	全启式	4
				双弹簧微启式	3
				微启式	7
				全启式	8
			带控制机构	微启式	5
				全启式	6
	脉冲式				9

续表

类　型	结　构　形　式	代　号
减 压 阀	薄冲式	1
	弹簧薄膜式	2
	活塞式	3
	管纹管式	4
	杠杆式	5
疏 水 阀	浮球式	1
	钟形浮子式	5
	脉冲式	8
	热动力式	9

表 3－6　阀门型号中各单元代号

阀门类型	代　号	阀门类型	代　号
闸　阀	Z	球　阀	Q
截止阀	J	蝶　阀	D
节流阀	L	隔膜阀	G
旋塞阀	X	减压阀	Y
止回阀	H	疏水阀	S
安全阀	A		
传动类型	**代　号**	**传动类型**	**代　号**
电磁场	0	锥齿轮	5
电磁－液动	1	气　动	6
电－液动	2	液　动	7
蜗　轮	3	气－液动	8
直齿圆柱齿轮	4	电　动	9
连接形式	**代　号**	**连接形式**	**代　号**
内螺纹	1	对夹	7
外螺纹	2	卡箍	8
法兰	4	卡套	9
焊接	6		

续表

密封面或衬里材料	代　号	密封面或衬里材料	代　号
铜合金	T	渗氮钢	D
橡胶	X	硬质合金	Y
尼龙塑料	N	衬胶	J
氟塑料	F	衬铅	Q
锡基轴承合金（巴氏合金）	B	搪瓷	C
合金钢	H	渗硼钢	P

阀体材料	代　号	阀体材料	代　号
灰铸铁	Z	铬钼合金钢 GrMo	I
可锻铸铁	K	铬镍不锈耐酸钢 1Gr18Ni9Ti	P
球墨铸铁	Q	铬镍钼不锈耐酸钢 Gr18Ni12Mo2Ti	R
铜、铜合金	T	铬钼钒合金钢 12Gr1MoV	V
碳素钢	C		

（三）阀门的标识

为了识别和辨认方便，通常在阀体上铸造、打印出如阀门的名称、型号、公称压力、公称直径、介质流向、开启刻度或表示开启的箭头、制造厂家及出厂时间等文字或符号，并在阀门的非加工面上涂上表示阀体材料的油漆，在手轮或自动阀的阀盖上涂上表示密封面材料的油漆。

在缺少阀门图纸资料的情况下，可根据阀门上的铭牌和标志及涂漆的颜色，识别阀门的类别、结构形式及适用情况等。阀门上标志的含义见表3-7，涂漆颜色规定见表3-8。

二、炼油生产常用阀门介绍

（一）闸阀

闸阀又称闸板阀，其构造如图3-11所示，由阀座、闸板、阀杆、阀盖、凸肩、手轮、填料及压盖等组成。这种阀是利用与流体流动方向垂直且可上、下移动的闸板来控制阀的启闭的。闸板与带有手轮的阀杆相连，阀杆上有螺纹，转动手轮可使阀杆上、下移动，从而调节流体的流量。

表 3 - 7　阀体上标志含义

标志形式	阀门的规格及特性				阀门形式	介质流动方向
	阀门规格					
	公称通径/mm	公称压力/MPa	工作压力/MPa	介质温度/℃		
$\dfrac{PN4.0}{50} \rightarrow$	50	4.0			直通式	介质进口与出口的流动方向在同一或相平行的中心线上
$\dfrac{P_{51}10}{100} \rightarrow$	100		10	510		
$\dfrac{PN40}{50} \rightarrow$	50	4.0			直角式	介质进口与出口的流动方向成90°角
$\dfrac{P_{51}10}{100} \rightarrow$	100		10	510		介质作用在关闭件下
$\dfrac{PN40}{50} \rightarrow$	50	4.0				
$\dfrac{P_{51}10}{100} \rightarrow$	100		10	510		介质作用在关闭件上
$\dfrac{PN16}{50} \leftrightarrow$	50	1.6			三通式	介质具有几个流动方向
$\dfrac{P_{51}10}{100} \leftrightarrow$	100		10	510		

表 3 - 8　阀体材料涂色规定

阀体材料	涂漆颜色	阀体材料	涂漆颜色
灰铸铁、可锻铸铁	红	耐酸钢或不锈钢	浅蓝
球墨铸铁	黄	合金钢	淡紫
碳素钢	铝白		

闸阀按阀杆上螺纹的位置分为暗杆式和明杆式。明杆阀阀杆螺纹露在上部，与之配合的螺母装在手轮中心，旋转手轮就是在

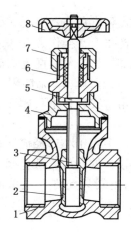

图 3 – 11　暗杆闸阀

1—阀座；2—闸板；3—阀杆；

4—阀盖；5—止推凸肩；6—填料；

7—填料压盖；8—手轮

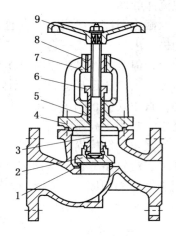

图 3 – 12　直通式截止阀

1—阀座；2—阀盘；3—阀杆；

4—阀盖；5—填料；6—填料压盖；

7—轭；8—螺帽；9—手轮

旋转螺母，从而使阀杆升降，这种阀适用于腐蚀性介质及室内管道，炼油厂最常用；暗杆阀阀杆螺纹在下部，与闸板中心的螺母配合，升降闸板靠旋转阀杆来实现，但阀杆本身并未上、下移动，这种阀适用非腐蚀性介质及安装操作位置受限制的地方。

闸阀密封性能好，流体阻力小，开启和关闭也较省力，适用范围广，一般多用在大口径的管道上；但其结构复杂，外形尺寸较大，密封面易磨损。闸阀主要用于切断而不允许用于节流。

（二）截止阀

截止阀的构造如图 3 – 12 所示，由阀座、阀盘、阀杆、阀盖、螺帽、手轮、填料及压盖等组成。这种阀是利用装在阀杆下

面的阀盘与阀体的突缘部分相配合来控制阀的启闭的。通过旋转手轮改变阀盘与阀座间的距离，即可改变通道截面积的大小，实现流体的调节。

截止阀按流体流向有直通式、直流式和直角式。直通式截止阀进、出口通道成一直线，安装在直线管路上，操作方便，使用广泛，但流体经过阀座时要拐90°的弯，阻力较大；直流式截止阀进、出口通道成直线且流体流过时也是直线，故流体阻力较小；直角式截止阀进、出口通道成一直角，安装在垂直相交的管路中，常用于高压管道。

截止阀结构简单，制造、维护方便，多用于小口径输油管道或水、汽管路上，不适用带颗粒和黏度较大的介质，截止阀主要用于管路的切断，一般不用于节流。截止阀只允许介质单向流动，安装时应注意方向性。

（三）旋塞阀

旋塞阀的构造如图 3 - 13 所示，由阀体、旋塞、阀杆、手轮等组成。这种阀是通过旋转手轮带动与阀杆另一端相连的圆锥形旋塞，旋塞上有孔道，转动旋塞使其开孔转到被阀体挡住一部分时，流体的流量相应减少，如旋塞开孔全部被阀体挡住，流体就被完全阻隔。

旋塞阀结构简单，外形尺寸小，启闭迅速，操作方便，流体阻力也不大，便于制作成三通路或四通路阀门，可作为分配换向用，但密封面易被磨损，开关较费力。这种阀主要用于自来水管和输送温度小于 120℃、压力 0.3 ~ 1.6MPa 范围内的流体管路上，也适用于固体颗粒的流体输送管路；直径大于 80mm 的管路、高温、高压及蒸汽管路

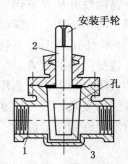

安装手轮

2

孔

1   3

图 3 - 13　旋塞阀
1—阀体；2—阀杆；3—旋塞

均不适于安装旋塞阀。

（四）疏水阀

疏水阀也称阻汽排水阀，安装在饱和蒸汽系统的末端，蒸汽加热设备的下部，蒸汽伴热管的最低处，蒸汽管路系统的减压阀、调节阀前等部位。疏水阀的作用是自动排泄出管路中或设备内的凝结水，而又阻止蒸汽泄漏，避免水击现象的发生和蒸汽的损失。

疏水阀种类很多，有浮球式、脉冲式、浮桶式和热动力式等。应用最多的是热动力式，其构造如图3－14所示，由阀体、阀座、阀片、阀盖、阀帽及过滤网等组成。这种阀是利用凝结水和蒸汽动压、静压的变化来进行排水阻汽的。阀在工作时，当凝结水进入阀片底部时，因压力将阀片顶开，经环形孔流向出口，由于水的密度和黏度较大，流速较小，加之结构上的适当考虑，使阀片保持微开；若蒸汽进入因其密度、黏度较小，流速较大，这样在阀片与阀座间形成负压区，而蒸汽又同时进入了阀片上部空间，使阀片上部压力增大，阀片在重力和上部压力的作用下迅速落下，关闭通路，阻止了蒸汽的外溢。由于向外散热，阀片上部的蒸汽凝结、压力下降，阀片下部凝结水再次顶开阀片而溢出。

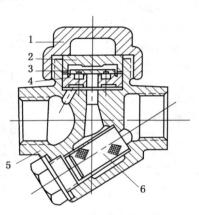

图3－14　热动力式疏水阀
1—阀帽；2—阀盖；3—阀片；
4—阀座；5—阀体；6—过滤网

热动力式疏水阀结构简单，维修方便，动作灵敏可靠，适用于中、高压管道上，不适用于压力低于0.049MPa的蒸汽管道。几种疏水阀的性能比较见表3－9。

表3－9　疏水阀性能比较

项　目	型　号		
	热动力式	脉冲式	钟形浮子式
能否在蒸汽温度下排水	要过冷7~9℃	要过冷约6℃	能
使用条件变动时	不要调整	不要调整	不能自动调整
蒸汽泄漏	<3%	1%~2%	2%~3%
要充水否	不要	不要	要
允许背压为进口压的	不大于50%	不大于25%	不大于95%
动作性能	较可靠	阀芯易卡或堵塞	不易堵塞,稳定可靠
耐久性	较好	较差	阀的销钉尖部的磨损较快
结构大小	小	最小	大
安装方向	各种方向	水平	水平

（五）止回阀

止回阀又称逆止阀或单向阀，这种阀是依靠液体的压力和阀盘的自重达到自动开闭通道，并能阻止液体倒流的一种阀门。通常安装在泵出口管道、锅炉给水管或其他不允许液体或气体倒流的管道上，止回阀的构造如图3－15所示，由阀体、阀座、阀盖、阀盘、密封圈等组成。

止回阀按其阀盘的动作情况有升降式和旋启式两种。升降式止回阀的阀盘垂直于

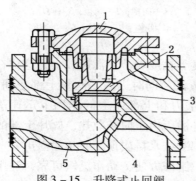

图3－15　升降式止回阀
1—阀盖；2—阀盘；3—密封圈；
4—阀座；5—阀体

阀体通道作升降运动，当介质顺流时阀盘在流体压力作用下升起，通道打开；当介质倒流时阀盘在流体压力作用下自行关闭，防止流体倒流。旋启式止回阀的阀盘围绕密封面（阀盘与阀座接触面）做旋转运动，其开闭原理与升降式相同。

止回阀一般适用于清净介质，对有固体颗粒和黏度较大的介质不适用。升降式止回阀密封性比旋启式止回阀好，但流体阻力较大，适于安装在水平管道上，而旋启式止回阀流阻较小，多用于大口径的管道上，可安装在水平、垂直、倾斜的管道上，如装在垂直管道上应使介质自下而上。

除以上几种阀门外，在炼油厂较常见的阀门还有安全阀、减压阀及自动流量调节阀等。

安全阀是安装在受压容器及管道上的一种压力保护装置。安全阀在工作过程中，当容器或管道在正常压力下工作时，安全阀处于关闭状态；当容器或管道中压力超过正常压力时，安全阀在容器内介质压力作用下立即开启，全量排放，使压力下降，当压力降低到规定的值时，阀片关闭，从而使生产系统在正常压力下安全运行。安全阀按其结构形式和工作原理分为杠杆式、弹簧式和先导式，其中弹簧式安全阀由于体积小、轻便、灵敏度高、安装位置灵活等优点应用较多，其构造如图 3 - 16 所示。

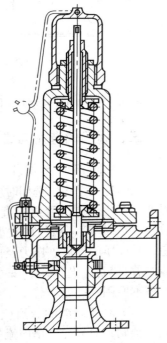

图 3 - 16　弹簧式安全阀

减压阀是能自动将设备或管道内介质压力减小到所需压力的一种阀门。它是依靠其敏感元件（弹簧、膜片）来改变阀片的位置，从而达到降低介质压力的目的，一般情况下减压阀的阀后压力应小于阀前压力的 0.5 倍。减压阀的结构如图 3 – 17 所示。减压阀只适用于蒸汽、空气等清净介质，不能用作液体的减压，更不能用于含有固体颗粒的介质。一般情况下使用时都在减压阀前加过滤器。

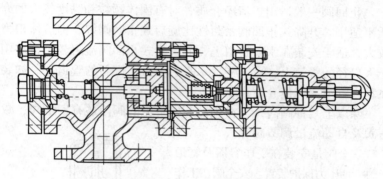

图 3 – 17　减压阀

常用阀门的结构特征及性能汇总于表 3 – 10，供参考。

三、阀门的选用与维护

（一）阀门的选用原则

阀门种类繁多，选用时应考虑介质的性质，工作压力和工作温度及变化范围，管道的直径及工艺上特殊要求（节流、减压、放空、止回等），阀门的安装位置等因素。炼油厂各种工艺管道，其介质的性质、压力及使用环境也都不尽相同，选择阀门时应本着"满足工艺要求、安全可靠、经济合理、操作维护方便"的基本原则，一般应着重注意以下几点。

（1）对双向流的管道应选用无方向性的阀门，如闸阀、球阀、蝶阀；对只允许单向流的管道应选止回阀，对需要调节流量的地方多选截止阀。

表 3 – 10 常用阀门结构特征及性能

阀门名称	结构特征	性能
闸阀	关闭件(楔形、平行式等)沿通路中心的垂直线方向移动	1. 密封性能较截止阀好 2. 流阻小 3. 具有一定的调节性能,并能从阀杆升降的高低识别调节量的大小 4. 适于制成大口径的阀门 5. 除用于蒸汽、油品等介质外,还适用于含有粒状固体及黏度较大的介质,并适于作放空阀及低真空系统的阀门 6. 加工较截止阀复杂 7. 密封面磨损后不便于修理
截止阀	关闭件(盘形、针形等)沿阀座中心线移动	1. 与闸阀比较,调节性能较好,但因阀杆不是从手轮中升降,不易识别调节量大小 2. 密封性一般比闸阀差。对含有机械杂质的介质,关闭阀门时,易损伤密封面 3. 流阻较闸阀、球阀、旋塞阀大 4. 密封面较闸阀少,便于制造和检修 5. 价格比闸阀便宜 6. 适用于蒸汽介质。不宜用于黏度较大,易结焦、易沉淀的介质,也不宜作放空阀及低真空系统的阀门
升降式止回阀	关闭件沿阀座中心线移动	1. 密封性较旋启式止回阀好 2. 流阻较旋启式止回阀大 3. 适于安装在水平管道上
旋启式止回阀	关闭件在阀体内绕固定轴转动	1. 流阻较升降式止回阀小 2. 密封性较升降式止回阀差 3. 不宜制成小口径 4. 可以装在水平、垂直、倾斜的管道上,如装在垂直管道上,介质流向应由下至上
旋塞阀	关闭件为一锥体,绕阀体中心线旋转来达到开关	1. 和球阀一样具有开关迅速、操作方便,旋转90°即可开关及流阻小,零件少,重量轻等特点 2. 便于制作三通路或四通路的阀门 3. 将锥体关闭件出口侧截面改为三角形状,即可作调节用。该种调节旋塞适用于加热炉燃料油管道上 4. 适用于温度较低、黏度较大的介质和要求开关迅速的部位,一般不宜用于蒸汽和温度较高的介质

阀门名称	结 构 特 征	性 能
活塞式减压阀	利用膜片、弹簧、活塞等灵敏元件,改变阀瓣与阀座的间隙达到减压的目的	1. 尺寸小、重量轻,便于调节 2. 适用于空气、蒸汽等介质,不适用于液体。阀体内减压用的通道较小,易堵塞,故用于不洁净气体介质时减压阀前应加过滤器

（2）要求启闭迅速的管道应选球阀或蝶阀；要求密封性好的管道应选闸阀或球阀。

（3）对受压容器及管道,视其具体情况设置安全阀,对各种气瓶应在出口处设置减压阀。

（4）蒸汽加热设备及蒸汽管道上应设置疏水阀。

（5）在油品及石油气体管道上就连接形式而言应多选法兰连接的阀门,在公称直径小于等于25mm的管道中才选丝扣连接的阀门；就阀门的材料而言尽量少选公称压力小于等于1.0MPa的闸阀或公称压力小于等于1.6MPa的截止阀,因为这两种阀材料为铸铁,对安全生产不利。

（二）阀门的使用维护

为了使阀门使用长久、开关灵活,保证安全生产,应正确使用和合理维护。一般应注意以下几点。

（1）新安装的阀门应有产品合格证,外观无砂眼、气孔或裂纹,填料压盖应压平整,开关要灵活；使用阀门的压力、温度等级应与管道工作压力相一致,不可将低压阀门装在高压管道上。

（2）阀门开完应回半圈,以防误开为关；阀门关闭费力时应用特制扳手,尽量避免用管钳,不可用力过猛或用工具将阀门关得过死。

（3）阀门的填料、大盖、法兰、丝扣等连接和密封部位不得有泄漏,若发现问题应及时紧固或更换,更换时不可带压操作,特别是高温、易腐蚀介质,以防伤人。

（4）室外阀门,特别是明杆闸门阀,阀杆上应加保护套,以防风霜雪的侵蚀和尘土锈污；对用于水、蒸汽、重油管道上的阀门，冬天要做好防冻保暖工作，防止阀门冻凝、阀体冻裂。

（5）对减压阀、调节阀、疏水阀等自动阀门在启用时，应先将管道冲洗干净，未装旁路和冲洗管的疏水阀，应将疏水阀拆下，吹净管道再装上使用。

（6）对蒸汽阀，在开启前应先预热并排除凝结水，然后慢慢开启阀门以免汽、水冲击，当阀全开后，应将手轮再倒转半圈，使螺纹之间严密；对长期闭停的水阀、汽阀应注意排除积水。

（7）应经常保持阀门的清洁，不能依靠阀门支持其他重物，更不能在阀门上站人；阀门的阀体与手轮应按工艺设备的管理要求，做好刷漆防腐，系统管道上的阀门应按工艺要求编号，启闭阀门时应对号挂牌，以防误操作。

（三）阀门常见故障及排除

阀门由于受介质特性、使用环境、操作频繁程度、产品质量及使用维护不当等因素的影响，常会发生各种故障，若不及时排除不仅影响生产的正常进行，有时还会带来灾害，因此应加强维护及时排除故障。阀门常见故障及排除方法见表3-11。

表3-11　阀门常见故障及排除方法

阀门名称	常见故障	故障原因	预防和排除方法
闸 阀	开 不 起	T形槽断裂	T形槽应有圆弧过滤，提高铸造和热处理质量，开启时不要超过上死点
		单闸板卡死在阀体内	关闭力适当，不要使用长杠杆
		内阀杆螺母失效	内阀杆螺母不适宜腐蚀性大的介质
		阀杆关闭后受热顶死	阀杆在关闭后，应间歇一定时间，阀杆进行一次卸载，将手轮倒转少许

阀门名称	常见故障	故障原因	预防和排除方法
闸 阀	关 不 严	阀杆的顶心磨损或悬空,使闸板密封时好时坏	阀杆顶丝磨损后应修复,顶心应顶住关闭件,并有一定的活动间隙
		密封面掉线	楔式双闸板间顶心调整垫更换厚垫、平行双闸板加厚或更换顶锥(楔块)、单闸板结构应更换或重新堆焊密封面
		楔式双闸板脱落	正确选用楔式双闸板闸阀。保持架注意定期检查和修理
		阀杆与闸板脱落	正确选用闸阀、操作用力适当
		导轨扭曲、偏斜	注意检查,进行修整
		闸板拆卸后装反	拆卸时应做好标记
		密封面擦伤	不宜在含颗粒介质中使用闸阀;关闭过程中,密封面间反复留有细缝,利用介质冲走颗粒和异物
截 止 阀 、 节 流 阀	密 封 面 泄 漏	介质流向不对,冲蚀密封面	按流向箭头或按结构形式安装,即介质从阀座下引进(除个别设计介质从密封面上引进,阀座下流出外)
		平面密封面易沉积脏物	关闭时留细缝冲刷几次再关闭
		锥面密封副不同心	装配要正确,阀杆、阀瓣或节流锥、阀座三者同一轴线上,阀杆弯曲要矫直
		衬里密封面损坏、老化	定期检查和更换衬里,关闭力要适当,以免压坏密封面

续表

阀门名称	常见故障	故障原因	预防和排除方法
截止阀、节流阀	失效	针形阀堵死	选用不对,不适于黏度大的介质
		小口径阀门被异物堵住	拆卸或解体清除
		阀瓣、节流锥脱落	腐蚀性大的介质应避免选用辗压钢丝连接关闭件的阀门,关闭件脱落后应修复,钢丝应改为不锈钢丝
		内阀杆螺母或阀杆梯形螺纹损坏	选用不当,被介质腐蚀,应正确选用阀门结构形式,操作力要小,特别是小口径的截止阀和节流阀。梯形螺纹损坏后应及时更换
	节流不准	标尺不对零位,标尺丢失	标尺应调准对零,标尺松动或丢失后应修理和补齐
		节流锥冲蚀严重	要正确选材和热处理,流向要对,操作要正确
止回阀	升降式阀瓣升降不灵活	阀瓣轴和导向套上的排泄孔堵死,产生阻尼现象	不宜使用黏度大和含颗粒多的介质,定期修理清洗
		安装和装配不正,使阀瓣歪斜	阀门安装和装配要正确,阀盖螺栓应均匀拧紧,零件加工质量不高,应进行修理纠正
		阀瓣轴与导向套间隙过小	阀瓣轴与导向套间隙适当,应考虑温度变化和颗粒侵入的影响
		阀瓣轴与导向套磨损或卡死	装配要正,定期修理,损坏严重的应更换
		预紧弹簧失效,产生松弛、断裂	预紧弹簧失效应及时更换

续表

阀门名称	常见故障	故 障 原 因	预防和排除方法
止回阀	旋启式插杆机构损坏	阀前阀后压力接近平衡或波动大,使阀瓣反复拍打而损坏阀瓣和其他件	操作压力不稳定的场合,适于选用铸钢阀瓣和钢摇杆
		摇杆机构装配不正,产生阀瓣掉上掉下缺陷	装配和调整要正确,阀瓣关闭后应密合良好
		摇杆与阀瓣和芯轴连接处松动或磨损	连接处松动、磨损后,要及时修理,损坏严重的应更换
		摇杆变形或断裂	摇杆变形要校正,断裂应更换
	介质倒流	除产生阀瓣升降不灵活和摇杆机构磨损的原因外,还有密封面磨损,橡胶密封面老化	正确选用密封面材料,定期更换橡胶密封面,密封面磨损后及时研磨
		密封面间夹有杂质	含杂质的介质,应在阀前设置过滤器或排污管道
旋塞阀	密封面泄漏	阀体与塞子密封面加工精度和粗糙度不符合要求	重新研磨阀体与塞锥密封面,直至着色检查和试压合格为止
		密封面中混入磨粒,擦伤密封面	操作时应利用介质冲洗阀内和密封面上的磨粒等脏物,阀门应处全开或全关位置,擦伤密封面应修复
		油封式油路堵塞或没按时加油	应定期检查和沟通油路,按时加油
		调整不当或调整部件松动损坏;紧定式的压紧螺母松动;填料式调节螺钉顶死了塞子;自封式弹簧顶紧过小或弹簧损坏等	应正确调整旋塞阀调节零件,以旋转轻便和密封不漏为准,紧定式压紧螺母松动后适当拧紧,螺纹损坏应更换;填料式调节螺钉适当调下后并拧紧;自封式弹簧顶紧力应适当,损坏后应及时更换

续表

阀门名称	常见故障	故 障 原 因	预防和排除方法
旋塞阀	密封面泄漏	自封式排泄小孔被脏物堵死,失去自紧密封性能	定期检查和清洗,不宜用于含沉淀物多的介质中
	阀杆旋转不灵活	密封面压的过紧;紧定式螺母拧的过紧;自封式预紧弹簧压的过紧	适当调整密封面的压紧力,适当放松紧定式螺母和自封式预紧弹簧
		密封面擦伤	定期修理,油封式应定时加油
		压盖压的过紧	适当放松些
		润滑条件变坏	填料装配时,适当涂些石墨,油封式旋塞阀定时加油
		扳手位磨坏	操作要正确,扳手位损坏后应进行修复

阀门名称	常见故障	故障原因	预防和排除方法
疏水阀	热动力式		
	不排凝结水	阀前蒸汽管道上的阀门损坏或未打开	阀门损坏要修理,阀门未开应注意打开
		阀前蒸汽管道弯头处堵塞	清理管道内污物,管道弯曲应符合要求
		过滤器被污物堵塞	定期清理过滤器
		疏水阀内充满污物	修理过滤器,清扫阀内污物
		控制室内充满空气和非凝结性气体,使阀片不能开启	打开阀盖,排除非凝结性气体
		旁通管和阀前排污管上阀门泄漏	修理或更换阀门
	排出蒸汽	阀盖不严,不能建立控制室内压力,阀片无法关闭	拧紧阀盖或更换垫片
		阀座密封面与阀片磨损	重新研磨,修理不好者应更换
		阀座与阀片间夹有杂质	打开阀盖清除杂物

阀门名称		常见故障	故障原因	预防和排除方法
疏水阀	热动力式	排水不停	蒸汽管道中排水量剧烈增加	锅炉有时起泡而将大量水送出,应装汽水分离器解决
			选用的疏水阀排水量太小	应调换排水量大的疏水阀或用并联形式解决
	脉冲式	脉冲机构开闭不灵活	阀座孔和控制盘上的排泄孔堵塞以及控制缸间隙中被水垢、污物堵塞	解体清除阀内污物和水垢,应制订定期修理制度
			控制缸安装位置过高或过低	应正确调整控制缸位置
			控制盘因杂质等原因卡死在控制缸某位置	应解体查出原因,排除杂质及其他故障,使控制盘在控制缸内自由活动
		密封面泄漏	控制缸、阀瓣与阀座不同心,致使密封面密合不严	应重新调整三者之间的同轴度
			阀瓣与阀座间夹有杂物	解体清除杂物
			阀瓣与阀座密封面磨损	应研磨密封面,对修复不好的应于更换
			阀座螺纹松动,产生蒸汽泄漏	重新拧紧阀座,对阀座螺纹损坏修复后,固定牢。无法固定牢的,应予更换

第四章 换热设备

第一节 概　　述

一、换热设备在炼油生产中的应用

在炼油、化工生产中，绝大多数的工艺过程都有加热、冷却和冷凝的过程，这些过程总称为传热过程。传热过程的进行需要通过一定的设备来完成，这些使传热过程得以实现的设备称之为换热设备。据统计，在炼油厂中换热设备的投资占全部工艺设备总投资的35%~40%，因为绝大部分的化学反应或传质传热过程都与热量的变化密切相关，如反应过程中，有的要放热，有的要吸热，要维持反应的连续进行，就必须排除多余的热量或补充反应所需的热量；工艺过程中某些废热和余热也需要加以回收利用，以降低成本。另外，生产所得的油品或化工产品，需要将其冷却或冷凝，以便储存和运输。以上这些与热量有关的过程都需要使用换热设备。

使用换热设备是为了达到加热或冷却的目的，如果将那些需要加热的流体与需要冷却的流体，经过换热设备相互换热，既可回收热量，又可降低冷却水的消耗。例如，在原油初馏装置中，蒸馏塔的馏出油品温度较高，在离开塔后需要进行冷却，而进入加热炉之前的原油温度较低需要加热。此时如果使原油和蒸馏塔的馏出油在换热设备中进行换热，既提高了原油的温度，又使馏出油得到冷却，可谓一举两得。

综上所述，换热设备是炼油、化工生产中不可缺少的重要设备。换热设备在动力、原子能、冶金及食品等其他工业部门也有着广泛的应用。

二、换热设备的分类

随着炼油、化工生产工艺的改进，材料科学的发展和制造技术的提高，换热设备的类型也不断扩大。按用途来分有换热器、冷凝器、再沸器、冷却器及加热器，按换热方式来分有混合式、蓄热式及间壁式三大类型，其中间壁式换热设备中又有多种形式，下面分别介绍。

（一）按用途分类

1. 换热器　两种温度不同的流体进行热量交换，使一种流体降温而另一种流体升温，以满足各自的需要，这种换热设备称为换热器。如前面所列举的原油初馏装置中馏出油品与进入加热炉前的原油之间的换热所用设备就是换热器。

2. 冷凝器　两种温度不同的流体在进行热量交换过程中，有一种流体是从气态被冷凝成为液态，但其温度变化并不大，这种换热设备称为冷凝器。如塔顶油气经过冷凝器而变为液体油品，此时冷凝温度并不高，一般多用水作为吸收热量的流体，这部分热量没有被利用而是散放于环境中。

3. 重沸器　重沸器也叫再沸器，其工作过程与冷凝器相反，即有一种流体被加热而蒸发成为气体。如重整、催化裂化等装置中塔底的油品需要提高温度来产生油气以维持塔内正常的分馏条件，就需要用再沸器，一般常用水蒸气或热油作为热源。

4. 冷却器　凡是热量不回收利用，而单纯只是为了使一种流体被冷却的设备称为冷却器。根据其所用冷流体的不同，有水冷却器和空气冷却器，一般都是接在换热器的后面作为最后将油品降温到可以进入油罐的一种手段。

5. 加热器　凡是利用废热单纯只是为了一种流体被加热而

升温的设备称为加热器。如管式加热炉用的空气预热器，就是利用出炉的高温烟气的废热来加热进入炉子燃烧室的空气，这样也回收了废热是很经济的。

以上是从工艺用途区分，若从其工作过程而言，习惯上都称其为换热器。

（二）按换热方式分类

1. 混合式换热设备 这种换热设备是使温度不同的两种流体直接接触与混合（允许完全混合的流体）的作用来进行热量交换的。如凉水塔、蒸汽直接加热的反应器、气流干燥器等，都属于两种流体直接混合换热。图 4-1 所示的搁板式冷却塔就是一种最简单的混合式换热设备。

2. 蓄热式换热设备 这种换热设备是让不同温度的两种流体先后分别流过某一种固定填料（多孔格子砖、卵石等）的表面，首先是让高温流体流过固体填料，把热量传递给填料并蓄积在其中，然后停止高温流体再让低温流体流过固体填料，并将蓄积在填料中的热量带走，这样在填料被反复加热和冷却的过程中，使不同温度的两种流体进行热量交换，如图 4-2 所示。这种换热设备必须成对联合使用，即一台通入高温流体时，另一台则通入低温流体，并靠自动阀进行交替切换，以维持生产的连续进行。蓄热式换热设备结构紧凑、造价低，单位体积传热面积大；但不可避免地出现两种流体的少量混合，造成相互污染。适用于气 - 气间的热量交换。

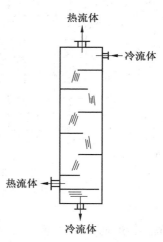

图 4-1 混合式换热设备

3. 间壁式换热设备　　这种换热设备是炼油生产中应用最普遍的一种，其特点是不同温度的两种流体被一固体壁面隔开，热

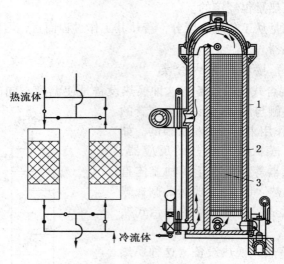

图 4 - 2　蓄热式换热设备
1—外壳；2—耐火炉衬；3—耐火砖格子

量的传递通过固体壁面进行。按传热面（固体壁面）的形状和结构特征又可分为"管式"和"板面式"两类。如套管式、螺旋管式、管壳式都属于管式；板片式、螺旋板式、板壳式等都属于板面式。应用最多的是管壳式换热器。关于间壁式换热设备的具体结构和应用将在本章下两节中介绍。

三、评价比较换热设备的指标

不同类型的换热设备其性能优劣一般可从如下几方面进行比较。

（1）效率要高。效率高就要求其传热系数大，传热系数是指

在单位时间内、单位传热面积上温度每变化一度所传递热量的多少。

（2）结构要紧凑。要使换热设备的结构紧凑就要求其比表面积要大，比表面积是指单位体积的换热设备所具有的传热面积，即传热面积与换热设备体积之比。

（3）节省材料。要做到节省材料就要求其比重量要小，所谓比重量是指单位传热面积所耗用的金属量，即换热设备总金属用量与传热面积之比。

（4）压力降要小。流体在设备中流动阻力小、压力损失就小，节省动力、操作成本低。

（5）要求结构可靠、制造成本低，便于安装、检修、使用周期长。

四、换热设备的工作过程

（一）热量的传递方式

换热设备工作过程的核心就是热量的传递过程。热量传递的基本方式有三种，即传导传热、对流传热和辐射传热。

传导传热是热量从物体的高温部分沿物体本身传至低温部分的一种传热方式。如将一根金属棒的一端放入炉内加热，另一端也逐渐变热，直到整个金属棒的温度完全相同，就是传导传热的典型实例。在传导传热的过程中，物体高温部分的分子因振动而和相邻分子发生碰撞，并将一部分动能传给后者，这样依次进行就使热量由高温部分传至低温部分，但各分子间的相对位置并未发生变化。不同的物质其传递热量的能力不同，如金属就容易传热，称为热的良导体，常被用来制作各种换热元件；而陶瓷、木材、石棉及水泥等就不易传热，称为热的不良导体，常用于制作各种保温材料。物质的传热能力也称导热性，可通过导热系数来反映，导热系数高其导热性就好，同一物质的导热系数是随温度的变化而变化的。常见物质的导热系数见表4－1。

表4－1　常见物质导热系数

名称	温度 $t/℃$	导热系数 $λ/$ $[kcal/(m \cdot h \cdot ℃)]$	温度 $t/℃$	导热系数 $λ/$ $[kcal/(m \cdot h \cdot ℃)]$
金　属				
铜	10	334	100	324
铝	0	174	100	77
钢	18	39	100	38.6
铁		40～80		
非金属				
耐火砖	800～1100	0.9	—	—
保温砖		0.10～0.30	—	—
红　砖	0	0.66	—	—
石　棉	0	0.13	100	0.165
矿渣棉	100	0.06	500	0.09
水　垢		1.1～2.7		
油　垢		～0.5		
石　蜡	20	0.23		
玻璃棉	0	0.032		
氧化镁粉	0～100	0.06		
液　体				
水	0	0.51	94	0.585
苯	30	0.137	60	0.129
油品	$λ = \dfrac{0.1008}{d_{15.6}^{15.6}}(1 - 0.00054t)$			
气　体				
空　气	0	0.021	—	—
氢	0	0.14	—	—
二氧化碳	0	0.0118	—	—

　1kcal/(m·h·℃) = 1.163W/(m·K)

　　对流传热是靠液体或气体的流动，也就是各分子间相对位置的改变来传递热量的。如在一个盛满油品的容器中从底部加热，容器底部靠近热源的部分首先得到热量温度升高，这些具有较高温度的分子上升，而较低温度的分子则向下移动，这样分子间相互混合并转移其所带的热量，最后达到整个容器中油品的温度完全相同时为止。对流传热与传导传热最显著的区别是通过物质分子间的流动改变其位置从而达到传递热量的目的，而传导传热物质并不发生流动，热量是沿物质传递的。故对流传热是流体间特有的传热方式，但在对流传热中也不可避免地伴随有传导传热。对流传热若只是由于温度不同造成分子间相互位置改变而传递热量称为自然对流，若不仅有温差且还有外力作用使流体加速混合传递热量称为强制对流。如上例中对容器中油品加热是自然对流，若在加热的过程中同时搅拌油品则变为强制对流。由于炼油生产中所处理的物料大多为液体或气体，所以对流传热更为重要。

辐射传热是热能不借助任何传递介质，而是以电磁波的形式（称为辐射能）在空间传播，遇到另一物体时，辐射能被部分或全部吸收转变为热能。如太阳发射出辐射能，人在阳光下吸收了辐射能转变为热能，故感到温暖；人在火炉周围感到暖和，也是辐射传热。辐射传热在炼油生产中最直观的体现是管式加热炉的辐射室，这将在管式加热炉一章中进行介绍。

（二）间壁式换热设备的换热过程

在工业生产实际中，三种基本传热方式一般都不是单独存在的，往往是相互伴随、同时出现，只不过是有些情况下某一种或两种传热方式占主要地位，而在另一些情况下则是另外一种或两种传热方式占主要地位。在温度较低时以辐射方式传递的热量很少，只有在高温时才较为明显，如前面提到的加热炉辐射室的传热。

在间壁式换热设备中，主要是传导和对流两种传热方式。如图 4-3 所示，温度不同的两种流体被固定壁隔开，温度为 t_1 的热流体以对流的方式将热量传给固体壁的一侧，壁温为 t_1'，固体壁以传导方式将热量从一侧传向另一侧、壁温为 t_1''，最后固体壁的另一侧(温度 t_1'')又以对流方式将热量传给温度为 t_2 的冷流体。即对流—导热—对流的传热过程。在此传热过程中经理论分析热流体传给冷流体的热量可表示为

$$Q = KF(t_1 - t_2)$$

式中　Q——传热量，W；

　　　F——固体壁的传热面积，m^2；

　　　t_1——热流体的温度，K；

　　　t_2——冷流体的温度，K；

　　　K——换热设备的传热系数，W/($m^2 \cdot$ K)；

$$K = \cfrac{1}{\cfrac{1}{\alpha_1} + \cfrac{1}{\alpha_2} + \cfrac{\delta}{\lambda}}$$

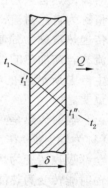

图 4 – 3　经过器
壁的传热

　　　α_1——热流体给热系数，W/($m^2 \cdot$ K)；

　　　α_2——冷流体给热系数，W/($m^2 \cdot$ K)；

　　　λ——固体壁导热系数，W/($m^2 \cdot$ K)；

　　　δ——固体壁厚度，m。

　　由上式可见，传热速率与传热面积、冷热流体的温度差、传热系数均成正比。因此增大传热面积，提高传热系数，增大冷热流体的温度差都可提高传热速率，但在实际应用中温度差是不能随意改变的，增大传热面积又会使设备的结构庞大，制造成本加大，而传热系数又与诸多因素有关，所以在工程实际中应全面考虑各种因素，综合分析，设计出既能满足工艺要求，结构又紧凑，且成本低廉，效率高的换热设备。一般应从如下几方面考虑。

　　(1) 增加流体的流速，以增加流体的湍流程度来提高流体

的传热系数，但增大流速会增加流体流过换热元件时的压力降，使泵的负荷加大，故应将传热系数和压力降综合考虑，采取适宜的流速。就流体本身而言，黏度越小则传热系数越大，液体的传热系数远大于气体的传热系数。另外，在冷凝或汽化时传热系数比一般的加热要高得多，这些都是设计、使用换热器时应注意的。

（2）尽量采用导热性能好的材料作为换热元件，如钢、铜、铝等金属材料且在强度和结构允许的情况下尽量使固体壁薄一些；在使用过程中，固体壁面上往往会沉淀结垢，如水垢、油垢、结焦等，这些污垢的导热系数很低，会大大降低设备的传热系数，所以换热设备要定期进行清扫除垢。

（3）流体的温度是由工艺条件确定的，所以两种流体的温度差是不可随意增大的，但若使两种流体在设备中按逆流（冷热流体流向相反）方式流动，可使其平均温差大于顺流时的平均温差，有利于热量的传递。

（4）可通过在管式换热器中采用翅片管、波纹管和小直径的换热管等方式来增大传热面积，在板片式换热器中由于传热表面是薄板，更易压制成各种形状，以增大传热面积和增加流体的湍流状态，提高传热效率。

五、换热设备的选型

各种类型的换热设备有其自身的特点，选型时需要考虑的因素也很多。如材料、温度、压力，流体的性质、压力降，设备的用途、制造、安装、检修及经济性等。很难有一种换热设备能同时满足对以上诸方面的最佳要求，如有些结构形式在某种情况下使用是很好的，但在另外的情况下却不能适应，甚至根本就不能用。所以选型时应仔细分析具体应用的全部要求和条件，在众多相互制约的因素中，全面考虑、综合分析，找出主要矛盾予以妥善解决。一般应遵循以下原则：

（1）当高温、高压操作，处理量较大时，强度和结构的可靠性很重要，应选管壳式换热器。

（2）对有强腐蚀的流体，如氯碱工业中湿氯气的冷却，应选耐腐蚀材料换热器，如钛金属换热器、聚四氟乙烯（耐温250℃以下）换热器等。

（3）若操作温度和压力都不高，处理量也不太大，但流体具有腐蚀性要求采用贵重金属材料时，可选板面式换热器中的新型换热设备，如板片式、板翅式等，因为这些换热器具有传热效率高、结构紧凑、金属耗量少等突出的优点。

第二节　管壳式换热器

一、管壳式换热器的结构类型及特点

管壳式换热器也称列管式换热器，具有悠久的使用历史，虽然在传热效率、紧凑性及金属耗量等方面不如近年来出现的其他新型换热器；但其具有结构坚固、可承受较高的压力、制造工艺成熟、适应性强及选材范围广等优点，目前，仍是炼油厂中应用最广泛的一种间壁式换热器，按其结构特点有如下几种形式。

（一）固定管板式换热器

管壳式换热器主要是由壳体、管束、管板、管箱及折流板等组成，管束和管板是刚性连接在一起的。所谓"固定管板"是指管板和壳体之间也是刚性连接在一起，相互之间无相对移动，具体结构如图4-4所示。这种换热器结构简单、制造方便、造价较低；在相同直径的壳体内可排列较多的换热管，而且每根换热管都可单独进行更换和管内清洗；但管外壁清洗较困难。当两种流体的温差较大时，会在壳壁和管壁中产生温差应力，一般当温差大于50℃时就应考虑在壳体上设置膨胀节(一种轴向挠度很大的构件)以减小或消除温差应力。

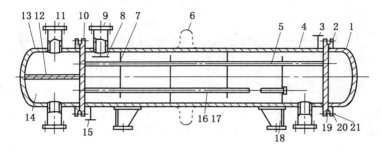

图4－4 固定管板式换热器

1—封头；2—法兰；3—排气口；4—壳体；5—换热管；6—波形膨胀节；

7—折流板(或支持板)；8—防冲板；9—壳程接管；10—管板；

11—管程接管；12—隔板；13—封头；14—管箱；

15—排液口；16—定距管；17—拉杆；18—支座；

19—垫片；20、21—螺栓、螺母

固定管板式换热器适用于壳程流体清洁，不易结垢，管程常要清洗，冷热流体温差不太大的场合。

(二)浮头式换热器

浮头式换热器的一端管板是固定的。与壳体刚性连接，另一端管板是活动的，与壳体之间并不相连，其结构如图4－5所示。活动管板一侧总称为浮头，浮头的具体结构如图4－6所示。浮头式换热器的管束可从壳体中抽出，故管外壁清洗方便，管束可在壳体中自由伸缩，所以无温差应力；但结构复杂、造价高，浮头处若密封不严会造成两种流体混合且不易察觉。

浮头式换热器适用于冷热流体温差较大(一般冷流进口与热流出口温差可达110℃)，介质易结垢常需要清洗的场合。在炼油厂使用的各类管壳式换热器中浮头式最多。

　　浮头式重沸器与浮头式换热器结构类似，见图 4－7。壳体内上部空间是供壳程流体蒸发用的，所以也可将其称为带蒸发空间的浮头式换热器。

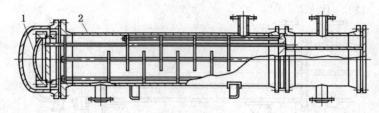

图 4－5　浮头式换热器
1—浮头；2—壳体

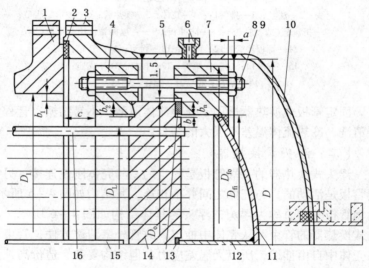

图 4－6　浮头结构
1—外头盖侧法兰；2—外头盖垫片；3—外头盖法兰；4—钩圈；5—短节；
6—排气口或放液口；7—浮头法兰；8—双头螺柱；9—螺母；10—封头；
11—无折边球面封头；12—分程隔板；13—垫片；14—浮头管板；
15—挡管；16—换热管

（三）U形管式换热器

U形管式换热器不同于固定管板式和浮头式，只有一块管板，换热管作成U字形、两端都固定在同一块管板上；管板和壳体之间通过螺栓固定在一起，其结构如图4-8所示。这种换热器结构简单、造价低，管束可在壳体内自由伸缩，无温差应力，也可将管束抽出清洗且还节省了一块管板；但U形管管内清洗困难且管子更换也不方便，由于U形弯管半径不能太小，故与其他管壳式换热器相比布管较少，结构不够紧凑。

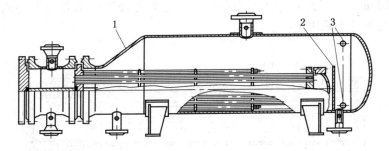

图4-7　浮头式重沸器

1—偏心锥壳；2—堰板；3—液面计接口

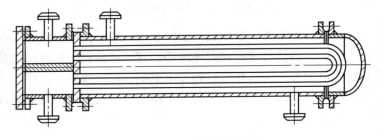

图4-8　U形管式换热器

U形管式换热器适用于冷热流体温差较大、管内走清洁不易结垢的高温、高压、腐蚀性较大的流体的场合。

（四）填料函式换热器

填料函式换热器与浮头式很相似，只是浮动管板一端与壳体之间采用填料函密封，如图4-9所示。这种换热器管束也可自由伸缩、无温差应力，具有浮头式的优点且结构简单、制造方便、易于检修清洗，特别是对腐蚀严重、温差较大而经常要更换管束的冷却器，采用填料函式比浮头式和固定管板式更为优越；但由于填料密封性所限，不适用于壳程流体易挥发、易燃、易爆及有毒的情况。目前所使用的填料函式换热器直径大多在700mm以下，大直径的用得很少，尤其在操作压力及温度较高的条件下采用更少。

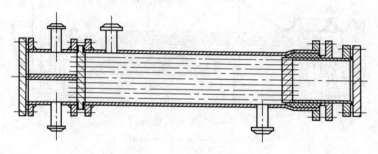

图4-9　填料函式换热器

填料函式还有另一种形式，如图4-10所示，通常称为滑动管板式，它是将填料安置在壳体内部，其性能特点与填料函式基本相同，但这种结构若在填料处发生泄漏，则造成两种流体混合且不易被发现，所以严禁用于两种流体混合后会造成严重事故或损失的场合。

二、管壳式换热器的分程及流体流程

管壳式换热器工作时，一种流体走管内，称为管程，另一种流体走管外（壳体内），称为壳程。管内流体从换热管一端流向

另一端一次称为一程，对 U 形管式换热器管内流体从换热管一端经过 U 形弯曲段流向另一端一次称为两程。两管程以上(包括

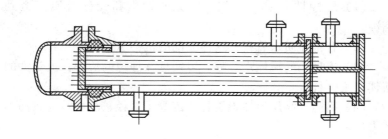

图 4 - 10 滑动管板式换热器

两管程)就需要在管板上设置分程隔板来实现分程，较常用的是单管程、两管程和四管程，分程布置见表 4 - 2。壳程有单壳程和双壳程两种，常用单壳程，壳程分程可通过在壳体中设置纵向挡板来实现。

表 4 - 2　管壳式换热器分程

程　数	1	2	4	4	6	8	8
流动程序		1 2	1 2 3 4	1 2 3 4	2 3 5 4 6	1 4 2 3 8 5 6	2 3 4 1 8 5 7 6
上(前)管板							
下(后)管板							

冷热流体哪一个走管程，哪一个走壳程，需要考虑的因素很多，难以有统一的定则；但总的要求是首先要有利于传热和防

腐，其次是要减少流体流动阻力和结垢，便于清洗等。一般可参考如下原则并结合具体工艺要求确定。

（1）腐蚀性介质走管程，以免使管程和壳程材质都遭到腐蚀。

（2）有毒介质走管程，这样泄漏的机会少一些。

（3）流量小的流体走管程，以便选择理想的流速，流量大的流体宜走壳程。

（4）高温、高压流体走管程，因管子直径较小可承受较高的压力。

（5）容易结垢的流体在固定管板式和浮头式换热器中走管程、在 U 形管式换热器中走壳程，这样便于清洗和除垢；若是在冷却器中，一般是冷却水走管程、被冷却流体走壳程。

（6）黏度大的流体走壳程，因为壳程流通截面和流向在不断变化，在低雷诺准数下利于传热。

（7）流体的流向对传热也有较大的影响，为充分利用同一介质冷热对流的原理，以提高传热效率和减少动力消耗，无论管程还是壳程，当流体被加热或蒸发时，流向应由下向上；当流体被冷却或冷凝时流向应由上向下。

三、管壳式换热器的标准介绍

（一）标准体系

管壳式换热有国家标准，也有行业标准。GB 151—2014《热交换器》是由国家质量监督检验检疫总局和国家标准化管理委员会联合发布的关于管壳式换热器的国家标准。该标准对管壳式换热器各零部件的名称、组合形式、型号表示方法，材料及选用、设计计算的方法；制造、检验及验收标准和要求；安装、试车及维护等都做了详细的说明和规定。是管壳式换热器设计和制造的主要依据。

行业标准是由当时的机械电子工业部、化学工业部、劳动部及中国石化联合发布的其标准代号为 JB/T 4714～4720—92，这批标准对浮头式换热器和冷凝器、固定管板式换热器、立式热虹吸式重沸器及 U 形管式换热器的具体结构形式、基本参数及其组合都作了具体的规定（定型）；还介绍了管壳式换热器所用各种金属垫片的形式、基本参数和技术要求。机械电子工业部兰州石油机械研究所、中石化总公司北京设计院和中石化总公司洛阳石化工程公司还联合制定了浮头式换热器、冷凝器及 U 形管式换热器的系列规格、施工设计原则和细则，并编制了系列施工图计算机绘图软件和施工图。

以上诸项标准形成了较为完善的管壳式换热器的标准体系。

（二）管壳式换热器的基本参数

管壳式换热器的基本参数及组合（摘录）见表 4 - 3～表 4 - 6。

表 4 - 3　浮头式换热器和冷却器基本参数（JB/T 4714—92）

		内导流换热器		冷凝器	外导流换热器	
公称直径 DN/mm	钢管制圆筒	325	426	426		
	卷制圆筒	400　500　600　700　800　900　1000 (1100)　1200　(1300)　1400 (1500)　1600　(1700)　1800			500　600　700 800　900　1000	
公称压力 PN/MPa	换热器：1.0　1.6　2.5　4.0　6.4 冷凝器：1.0　1.6　2.5　4.0					
换热管种类	光管和螺纹管					
管长 L/m	3　　4.5　　6　　9					
换热管规格及排列形式	换热管外径×壁厚（$d \times \delta_t$）			排列形式	管心距	
	碳素钢、低合金钢	不锈耐酸钢				
	19×2	19×2		正三角形 正方形 正方形旋转45°	25	
	25×2.5	25×2			32	

续表

管程数 N	DN	325~500		600~1200		1300~1800
	N	2,4		2,4,6		4,6

折流板（支持板）间距 S/mm	L/m	DN	S							
	3	≤700	100	150	200	—	—	—	—	—
	4.5	≤700	100	150	200	—	—	—	—	—
		800~1200	—	150	200	250	300	—	450（或480）	—
	6	400~1100	—	150	200	250	300	350	450（或480）	—
		1200~1800	—	—	200	250	300	350	450（或480）	—
	9	1200~1800	—	—	—	—	300	350	450	600

表4-4　固定管板式换热器基本参数（JB/J 4715—92）

公称直径 DN/mm	钢管制圆筒	159　219　273　325
	卷制圆筒	400　450　500　600　700　800　900　1000　（1100） 1200　（1300）　1400　（1500）　1600　（1700）　1800

公称压力 PN/MPa	0.25　0.60　1.00　1.60　2.50　4.00　6.40

换热管长度 L/m	1.5　2.0　3.0　4.5　6.0　9.0

换热管规格及排列形式	换热管外径×壁厚（$d \times \delta_t$）		排列形式	管心距
	碳素钢、低合金钢	不锈耐酸钢		
	25×2.5	25×2	正三角形	32
	19×2	19×2		25

管程数 N	DN	159~219	273	325~500	600~1800
	N	1	1,2	1,2,4	1,2,4,6

折流板（支持板）间距 S/mm	公称直径 DN	管　长	折流板间距					
	≤500	≤3000	100	200	300	450	600	—
		4500~6000	—	200	300	450	600	—
	600~800	1500~6000	150	200	300	450	600	—

折流板(支持板)间距 S/mm	公称直径DN	管长	折流板间距					
	900~1300	≤6000	—	200	300	450	600	—
		7500,9000		—	300	450	600	750
	1400~1600	6000	—	—	300	450	600	750
		7500,9000	—	—	—	450	600	750
	1700~1800	6000~9000	—	—	—	450	600	750

表 4-5 固定管板式换热器基本参数组合

公称直径 DN/mm	管程数	公称压力 PN/MPa	换热管长度 L/mm					
			1500	2000	3000	4500	6000	9000
159	1	1.60				—	—	—
219		2.50				—	—	—
273	1 2	4.00						—
325		6.40						—
400	1							—
450	2							—
500	4	0.60	—					—
600		1.00	—					
700		1.60	—	—				
800		2.50	—					—
900	1	4.00	—	—				
1000			—	—				
(1100)	2		—	—	—			
1200								
(1300)	4	0.25	—	—	—	—		
1400	6	0.60	—	—	—			
(1500)		1.00	—	—	—			
1600		1.60	—	—	—			
(1700)		2.50	—	—				
1800			—	—				

表中括号内公称直径不推荐使用。

表 4－6　管壳式换热器结构型式及代号

前端结构型式		壳体型式		后端结构型式	
A	平盖管箱	E	单程壳体	L	固定管板与 A 相似的结构
B	封头管箱	F	带纵向隔板的双程壳体	M	固定管板与 B 相似的结构
		G	分流壳体	N	固定管板与 N 相似的结构
		H	双分流壳体	P	外填料函式浮头

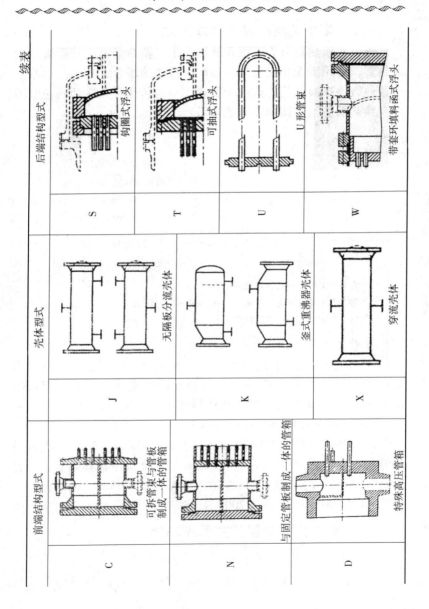

续表

前端结构型式		壳体型式		后端结构型式	
C	可拆管束与管板制成一体的管箱	J	无隔板分流壳体	S	钩圈式浮头
N	与固定管板制成一体的管箱	K	釜式重沸器壳体	T	可抽式浮头
D	特殊高压管箱	X	穿流壳体	U	U 形管束
				W	带套环衬料函式浮头

（三）管壳式换热器型号及标记

管壳式换热器分为 I 级和 II 级。I 级换热器采用较高级冷拔换热管，适用于无相变传热和易产生振动的场合；II 级换热器采用普通级冷拔换热管，适用于重沸、冷凝传热和无振动的一般场合。换热器的型号按如下方式表示：

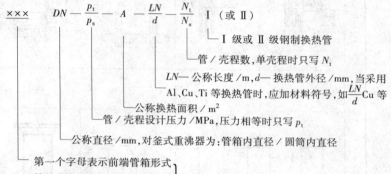

换热器类型标记示例：

平盖管箱，公称直径 500mm，管程和壳程设计压力均为 1.6MPa，公称换热面积 54m²，较高级冷拔换热管，外径 25mm、管长 6m，4 管程单壳程的浮头式换热器，标记为

AES 500 - 1.6 - 54 - 6/25 - 4 I

封头管箱，公称直径 700mm，管程设计压力 2.5MPa，壳程设计压力 1.6MPa，公称换热面积 200m²，较高级冷拔换热管，外径 25mm、管长 9m，4 管程单壳程的固定管板式换热器，标记为

BEM 700 - 2.5/1.6 - 200 - 9/25 - 4 I

四、管壳式换热器的主要零部件

（一）换热管及在管板上的排列形式

换热管是管壳式换热器的传热元件，它直接与两种介质接

触，所以换热管的形状和尺寸对传热有很大的影响。小管径利于承受压力，因而管壁较薄且在相同壳径内可排列较多的管子，使换热器单位体积的传热面积增大、结构紧凑，单位传热面积的金属耗量少，传热效率也稍高一些；但制造较麻烦，且小直径管子易结垢，不易清洗。所以一般对清洁流体用小直径的管子，黏性较大的或污浊的流体采用大直径的管子。我国管壳式换热器常用换热管为：碳钢、低合金钢管有 $\phi 19 \times 2$、$\phi 25 \times 2.5$、$\phi 38 \times 3$、$\phi 57 \times 3.5$；不锈钢管有 $\phi 25 \times 2$、$\phi 38 \times 2.5$。

在相同传热面积的情况下，换热管越长则壳体、封头的直径和壁厚就越小，经济性越好；但换热管过长，经济效果不再显著且清洗、运输、安装都不太方便。换热管的长度规格有 1.5、2.0、3.0、4.5、6.0、7.5、9.0、12.0m，在炼油厂所用的换热器中最常用的是 6m 管长。换热管一般都用光管，为了强化传热，也可用螺纹管、带钉管及翅片管。

换热管在管板上的排列形式有正三角形、转角正三角形、正方形和转角正方形等，如图 4 - 11 所示。三角形排列布管多，结构紧凑，但管外清洗不便；正方形排列便于管外清洗，但布管较少、结构不够紧凑。一般在固定管板式换热器中多用三角形排列，浮头式换热器多用正方形排列。

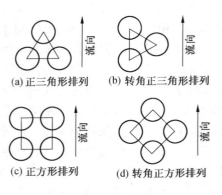

(a) 正三角形排列   (b) 转角正三角形排列

(c) 正方形排列   (d) 转角正方形排列

图 4 - 11　换热管的排列形式

（二）管板及与换热管的连接

管板一般采用圆形平板，在板上开孔并装设换热管，在多管程换热器中管板上还设置分程隔板。管板还起分隔管程和壳程空间，避免冷热流体混合的作用。管板与换热管间可采用胀接、焊接或二者并用的连接方式。

管板与换热管的胀接连接是利用管子与管板材料的硬度差（选材时管板材料硬度要高于管子材料硬度），使管子在管孔中在胀管器的作用下直径扩大并产生塑性变形，而管板只产生弹性变形，在胀管后管板在弹性恢复力的作用下与管子外表面紧紧贴合在一起，达到密封和紧固连接的目的，如图 4 - 12 所示。胀接连接结构简单、便于管子更换与修补，但不宜在高温、高压下工作，随着温度和压力的增高，胀接的密封性和牢固性将逐渐减弱，

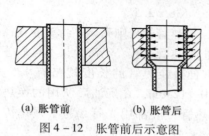

(a) 胀管前　　　　(b) 胀管后

图 4 - 12　　胀管前后示意图

故一般适用于换热管为碳钢，管板为碳钢或低合金钢，设计压力不超过 4MPa、设计温度在 350℃ 以下，且无特殊要求的场合。

焊接连接是将换热管的端部与管板焊在一起，这种连接形式工艺简单、不受管子与管板材料硬度的限制，而且在高温、高压下仍能保持良好的连接密封性和牢固性，所以在高温、高压甚至某些压力并不太高的场合都使用焊接连接，如图 4 - 13 所示。焊接连接的缺点是只在管子端部与管板焊死，而沿管板厚度方向的大部分管段其外壁与管板孔之间存在环形间隙，在这些间隙中流体不流动，极易造成"间隙腐蚀"，为消除间隙可采用胀接和焊接并用的连接方式，目前，炼油化工行业中使用的管壳式换热器管板与换热管的连接大多都采用这种形式。

（三）壳体及与管板的连接

管壳式换热器的壳体都是圆筒形的，直径较小时用无缝钢管制作，直径较大时用钢板卷制焊接而成；壳体所用材料及要求与一般

的压力容器相同。不同类型的管壳式换热器其壳体与管板的连接
方式不同,在固定管板式换热器中,两端管板均与壳体采用焊接连
接,这种连接称为管板与壳体的不可拆连接;根据管板是否兼作法
兰其结构不同,如图4-14、图4-15所示,多数情况下采用管板兼
作法兰的结构。在浮头式、U形管式换热器中固定端的管板与壳体
采用可拆连接,将管板夹持在壳体法兰与管箱法兰之间,这样便于
管束从壳体中抽出进行清洗和维修,如图4-16所示。

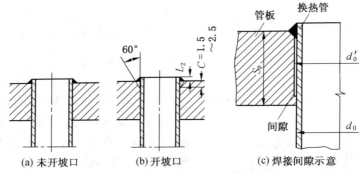

图4-13　管板与换热管焊接连接

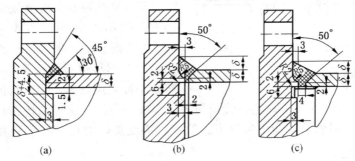

$\delta \geqslant 10\text{mm}, P_g \leqslant 1\text{MPa}$　　$1\text{MPa} < P_g \leqslant 4\text{MPa}$　　$1\text{MPa} < P_g \leqslant 4\text{MPa}$

不宜用于易燃、易爆、易挥发及有毒介质的场合

图4-14　管板兼作法兰时与壳体连接

（四）管箱

管箱的作用是将进入管程的流体均匀分布到各换热管，把

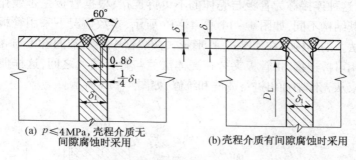

(a) $p \leqslant 4\text{MPa}$，壳程介质无　　　　(b)壳程介质有间隙腐蚀时采用
间隙腐蚀时采用

图 4 – 15　管板不兼作法兰时与壳体连接

管内流体汇集在一起送出换热器。在多管程换热器中，管箱还可通过设置隔板起分隔管程、改变流体方向的作用。管箱结构如图4 – 17所示，其中图4 – 17(a)适用较清洁的介质，因检查管子及清洗时只能将管箱整体拆下，故不太方便；图4 – 17(b)在管箱上装有平盖，只要将平盖拆下即可进行清洗和检查，所以工程应用较多，但材料消耗

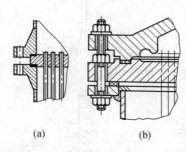

(a)　　　　　　(b)

图 4 – 16　壳体与管板的可拆连接

多；图4 – 17(c)是将管箱与管板焊成一整体，这种结构密封性好，但管箱不能单独拆下，检修、清洗都不方便，实际应用较少。

（五）折流板

折流板是设置在壳体内与管束垂直的弓形或圆盘—圈环形平板，如图4 – 18 ~ 图4 – 20所示。安装折流板迫使壳程流体按规

定的路径多次横向穿过管束，既提高了流速又增加了湍流程度，改善了传热效果，在卧式换热器中折流板还可起到支持管束的作用。但在冷凝器中，由于冷凝传热系数与蒸汽在设备中的流动状态无关，因此不需要设置折流板。

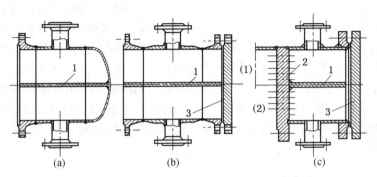

图 4 – 17　管箱结构形式
1—隔板；2—管板；3—箱盖

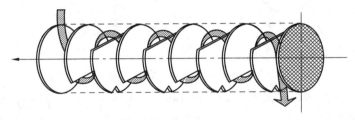

图 4 – 18　弓形折流板介质流动图

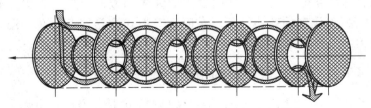

图 4 – 19　圆盘—圆环形折流板介质流动图

折流板一般应等间距布置，管束两端的折流板应尽量靠近壳程进、出口接管。卧式换热器壳程为单相清洁流体时，弓形折流板的缺口（弓形缺口）应水平上下布置，若气体中含有少量液体时应在缺口朝上的折流板的最低处开通液口，如图 4 – 20(a)；若液体中含有少量气体时，则应在缺口朝下的折流板的最高处开通气孔，如图 4 – 20(b)。在卧式换热器、冷凝器及重沸器中壳程介质的气、液共存或液体中含有固体物料时，折流板的缺口应垂直左右布置，并在最低处开通液口，如图 4 – 20(c)所示。从传热学的角度考虑，有些卧式换热器（如冷凝器）并不需要设置折流板，但为了增加管束的刚度，防止管子振动，仍需设置一定数量的支持板，支持板的形状和尺寸与折流板相同。

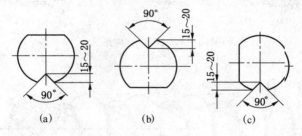

图 4 – 20　弓形折流板结构

管壳式换热器除以上所介绍的主要零部件外，还有为防止壳程流体对换热管外壁的冲蚀而设置的防冲挡板、防冲接管及导流筒；为使壳程分程在壳体内设置的纵向挡板，为防止壳程介质"短路"而设置的旁路挡板；在固定管板式换热器上为减小温差应力而设置的膨胀节等，这里不再细述。

五、管壳式换热器的检修与维护

在炼油、化工生产中，通过换热器的介质，有些含有焦炭及其他沉积物，有些具有腐蚀性，所以换热器使用一段时间后，会在换热管及壳体等过流部位积垢和形成锈蚀物；这一方面降低了传热效率，另一方面使管子流通截面减小而流阻增大，甚至造成堵塞。另外，介质腐蚀也会使管束、壳体及其他零件受损；设备长期运转振动和受热不均匀，使管子胀接口及其他连接处也会发生泄漏。这些都会影响换热器的正常操作，甚至迫使装置停工，因此对换热器必须加强日常维护，定期进行检查、检修，以保证生产的正常进行。

（一）换热器的日常维护

换热设备的运转周期应和生产装置的生产周期一致，为了保证换热设备的正常运转，满足生产装置的要求，除定期进行检查、检验外，日常的维护和修理也是不可缺少的。日常操作应特别注意防止温度、压力的波动，首先应保证压力稳定，绝不允许超压运行。在开停工进行扫线时最易出现泄漏问题，如浮头式换热器浮头处易发生泄漏，维修时应先打开浮头端外（大）封头从管程试压检查，有时会发现浮头螺栓不紧，这是由于螺栓长期受热产生了塑性变形所致。通常采取的措施是当管束水压试验合格后，再用蒸汽试压，当温度上升至 150～170℃ 时，可将螺栓再紧一次，这样浮头处密封性较好。换热器故障大多数是由管子引起的，对于由于腐蚀使管子穿孔应及时更换，若只是个别管子损坏而更换又比较困难时，可用管堵将坏管两端堵死。管堵材料的硬度应不超过管子材料的硬度，堵死的管子总数不得超过该管程总管数的 10%。对易结垢的换热器应及时进行清洗，以免影响传热效率。

（二）换热器的试压及检修顺序

试压是换热器检修的重要内容，不同类型的管壳式换热器，其试压的顺序也不尽相同，现以浮头式为例说明其检修和试压的顺序。

（1）准备吹扫工具→拆除浮头端外封头、管箱及法兰→拆除浮头端内封头→抽管束→检查、清扫。

（2）准备垫片、盲板及试压机具→安装管束→安装管箱、安装假浮头（做临时封头用）、壳体法兰加盲板→向壳程注水→装配试压管线→试压（一）检查胀管口及换热管→拆假浮头、安装浮头端内封头及盲板盖。

（3）管箱法兰加盲板→向管程注水、装配试压管线→试压（二）检查浮头端垫片及管束→安装浮头端外封头→向壳程注水→试压（三）检查壳体密封→拆除盲板、填写检修卡。

试压（一）的目的是检查换热管是否有破裂、胀接口是否有渗漏。如管子有破裂放压后将其堵塞或更换，如胀接口有渗漏放压后进行补胀、但补胀的次数不得超过 3 次，否则应更换新管。各缺陷处理后重新升压试验，直到合格为止。

试压（二）的目的是检查安装质量，主要是检查浮头端内封头垫片及管束，如发现垫片处渗漏应分析原因并妥善处理。试压（三）则是设备整体试压，主要检查浮头端外封头的安装质量。

（三）换热器的清洗

炼油生产装置的换热设备经长时间运转后，由于介质的腐蚀、冲蚀、积垢、结焦等原因，使管子内外表面都有不同程度的结垢，甚至堵塞。所以在停工检修时必须进行彻底清洗，以恢复其传热效果。常用的清洗（扫）方法有风扫、水洗、汽扫、化学清洗和机械清洗等。对一般轻微堵塞和结垢，可用风吹和简单工具穿通（如用 $\phi 8 \sim 12mm$ 螺纹钢筋）即可达到较好的效果。但对严重的结垢和堵塞，如冷凝、冷却器，一般都是由于水质中含有大量的钙、镁离子，在通过管束时水在管子表面蒸发，钙和镁的沉淀物沉积在管壁上形成坚硬的垢层，严重时会将管束中的一程或局部堵死，用一般的方法难以奏效，则必须用化学或机械等清洗方法。

化学清洗是利用清洗剂与垢层起化学反应的方法来除去积

垢，适用于形状较为复杂的构件的清洗，如 U 形管的清洗，管子之间的清洗。这种清洗方法的缺点是对金属有轻微的腐蚀损伤作用。机械清洗最简单的是用刮刀、旋转式钢丝刷除去坚硬的垢层、结焦或其他沉积物。在 20 世纪 70 年代，国外开始采用适应各种垢层的不同硬度的海绵球自动清洗设备，得到了较好的效果，也减轻了检修人员的劳动强度。下面介绍几种常见的清洗方法。

1. 酸洗法　酸洗法常用盐酸作为清洗剂，由于酸对钢材基体会产生腐蚀，所以酸洗溶液中须加入一定数量的缓蚀剂，以抑制酸对金属的腐蚀作用。酸洗法又分浸泡法和循环法两种。浸泡法是将浓度 15% 左右的酸液缓慢灌满容器，经过一段时间（一般为 20h 以上）将酸液连同被清除掉的积垢一起倒出，这种方法简单、酸液耗量少，但效果差、需用的时间也较长。

循环法是利用酸泵使酸液强制通过换热器，并不断进行循环。循环酸洗法的流程如图 4－21 所示，将冷凝、冷却器管程出入口与酸泵和酸槽连接，在酸槽中配制 6% ~ 8% 的酸液，用蒸汽管加热到 50 ~ 60℃，并加入 1% 的缓蚀剂（乌洛托品），即可按图示流程进行循环，一般需要 10 ~ 12h。循环时要经常测定酸的密度以控制其浓度，若浓度下降很快说明结垢严重，应补充新酸保持浓度，如果经循环后酸液浓度下降很慢，还回的酸液中已

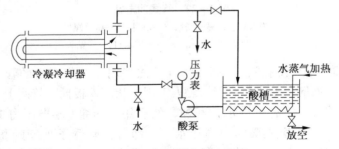

图 4－21　换热器酸洗法流程

不见或很少有悬浮状物时，一般认为清洗合格，然后再用清水冲洗至水呈中性为止。这种方法使酸液不断更新，加速了反应的进行，清洗效果好，但需要酸泵、酸槽及其他配套设施，成本较高。

2. 机械清洗法　对严重的结垢和堵塞，可用钻的方法疏通和清理。如在一般的钻头上焊一根 $\phi12\sim14$mm 的圆钢，圆钢上依钻头的旋向用 10 号镀锌铁丝绕成均匀的螺旋线，每间隔 30 ～ 50mm 处焊在圆钢上，然后将圆钢一端伸入管子内，另一端用手电钻带动旋转，这样即可清除管内结焦和积垢，若管内未被堵死，则可同时从另一端用细胶管向管内通水冲洗，效果更好。若管子全部被堵死，则可用管式冲水钻，如图 4 - 22 所示，用 $\phi12\sim14$mm的钢管作为钻杆，操作时从同一端边钻边通水，使钻下的积垢被水带出，据资料介绍这种方法对较坚硬的结垢效果较为理想。

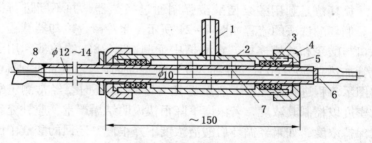

图 4 - 22　管式冲击钻

1—进水管；2—外套管；3—填料；4—压盖螺母；
5—填料压盖；6—钻杆；7—进水口；8—钻头

3. 高压水冲洗法　高压水冲洗法多用于结焦严重的管束的清洗，如催化油浆换热器。先人工用条状薄铁板插入管间上下移动，使管子间有可进水的间隙，然后用高压泵（输出压力 10 ～ 20MPa）向管束侧面喷射高压水流，即可清除管子外壁的积垢。若管间堵塞严重、结垢又较硬时，可在水中渗入细石英砂，可提高喷洗效果。如果条件许可先将管束整体放入油中浸泡，使粘着物松软和溶解，将结垢泡胀，更便于高压水冲洗。

4. 海绵球清洗法 这种方法是将较松软并富有弹性的海绵球塞入管内，使海绵球受到压缩而与管内壁接触，然后用人工或机械法使海绵球沿管壁移动，不断摩擦管壁，达到消除积垢的目的。对不同的垢层可选不同硬度的海绵球，对特殊的硬垢可采用带有"带状"金刚砂的海绵球。据资料介绍我国采用这种方法清洗冷凝器取得了较好的效果。

以上是较常用的几种清洗方法，近年来随着化学工业的发展和技术水平的提高，试验配制出了针对不同垢层和污物的各种新型清洗剂，有的达到了相当高的水平，成立了专业化的清洗公司，为换热器的清洗，特别是化学清洗提供了更为广阔的前景。

第三节 其他类型的间壁式换热设备

一、水浸式、喷淋式冷却器

（一）水浸式冷却器

水浸式冷却器也称箱式冷却器，其结构如图 4 – 23 所示，在长方形水箱中放入一组或几组由回弯头和直管连接而成的蛇形盘管，管径一般为 75～150mm，材料多为铸铁或普通碳钢。蛇管全部浸没在冷却水面以下，管内走高温油蒸气，冷却水由箱底进入，从上方溢出。这种冷却器由于储水量大，当临时停水时水箱内仍有一定量的冷却水，不致使管内高温气引起火灾的危险，使用较为安全；结构也简单，便于清洗和维护；采用铸铁管时有较强的耐腐蚀性。但基本属于自然对流传热，且管外易积垢，故传热效率不高；水箱体积庞大、占地面积多、紧凑性差，所以近年来炼油生产中很少采用，在冷冻和制氧业中用得较多。

（二）喷淋式冷却器

喷淋式冷却器是将蛇管成排固定在钢架上，如图 4 - 24 所示。被冷却的流体在管内流动，冷却水由管排上方喷淋装置均匀淋下，水在管壁上形成薄膜易蒸发且水的汽化潜热较大，冷却效果好。这种冷却器一般都安装在露天，除了水的冷却作用外，还有空气对流传热，所以与水浸式相比传热效率高，水的用量也少，检修和清洗也较方便。但体积较大，紧凑性差，而且管壁长期受风吹水淋，易于腐蚀。

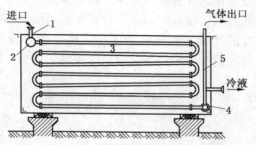

图 4 - 23　水浸式冷却器

1—进口；2、4—集合管；3—蛇管；5—气体出口

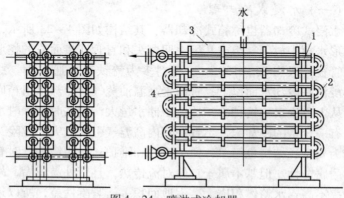

图 4 - 24　喷淋式冷却器

1—直管；2—U 形肘管；3—水槽；4—齿形檐板

二、空气冷却器

空气冷却器简称空冷器，出现于 20 世纪 20 年代末，20 世纪中叶得以广泛应用，是炼油生产中水冷设备的替代产品。具有传热效率高、建造及操作费用低，能节约工业用水等优点，在缺水地区其优越性更为明显。

（一）空冷器的结构及特点

空冷器由带有铝制翅片的管束、风机、构架等组成，如图4 – 25、图 4 – 26 所示。依靠风机连续向管束通风，使管束内流体得以冷却，由于空气传热系数低，故采用翅片管增加管子外壁的传热面积，提高传热效率。管子材料大都用低碳钢，对抗腐蚀性要求较高时用耐酸不锈钢及铝管；管子规格

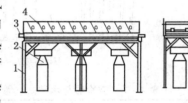

图 4 – 25　卧式空冷器

1—构架；2—风机；3—管束；4—百叶窗

有 $\phi24mm$ 和 $\phi25mm$ 两种，翅片为 0.2 ~ 4.0mm 厚的铝带，翅片高为 16mm，翅片有缠绕式和镶嵌式两种，如图 4 – 27 所示。当温度小于 250℃时采用缠绕式，温度在 250 ~ 350℃时用镶嵌式。

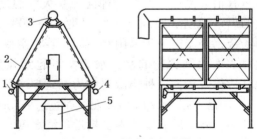

图 4 – 26　斜顶式空冷器

1—构架；2—管束；3—介质入口；4—介质出口；5—风机

空冷与水冷相比不仅可节约大量的冷却水，而且投资和操作费用也较低。某厂使用空冷器与水浸式、管壳式冷却器的经济性能比较见表4-7。

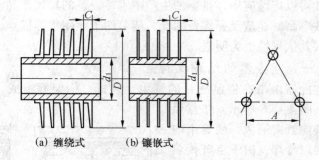

(a) 缠绕式　　(b) 镶嵌式

图4-27　翅片管

表4-7　空冷器与水浸式、管壳式冷却器经济性能比较

	水浸式	管壳式	空冷器
耗水量	1	1	0.052
设备金属耗量	1	0.48	0.42
占地面积	1	—	0.63
基建费用	1	0.84	0.71
操作费用	1	0.795	0.495

（二）湿式空冷器

空冷器虽有很多优点，但其冷却能力受大气温度影响较大，被冷却介质的出口温度一般高于大气温度15~20℃，出口温度70℃以下的场合，仍需进一步采用水冷却。若将空冷器构造稍加改进，在翅片表面喷洒少量的水，水蒸发可起到强化传热的作用，从而提高传热效率，这种空冷器称为湿式空冷器。它具有传热系数高、冷却能力强、冷后温度低等优点，普遍用于70~80℃油品的冷却，冷却后温度基本上接近环境温度，大大扩大了空冷器的使用范围。

湿式空冷器按其工作情况可分为增湿型、喷淋型及联合型三种，如图 4 - 28、图 4 - 29、图 4 - 30 所示。这三种类型的湿式空冷器各有其优点：喷淋型的作用原理是喷水蒸发冷却，将雾状水直接喷到翅片表面，水在翅片表面蒸发；增湿型是在空气入口处喷水（水不喷在翅片上），使水在增湿室中蒸发；联合型是二者兼而有之。喷淋型集中了蒸发冷却和空气冷却的优点，不论从强化传热或对环境温度的适应性上都较增湿型优越，但水在翅片上蒸发有可能引起结垢，所以通常将管内介质温度限制在 80℃ 以内。

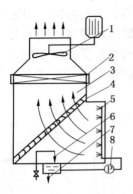

图 4 - 28 增湿型湿式空冷器

1—风机；2—管束；3—增湿室；4—水分离挡板；5—水喷嘴；6—补水管；7—排水管；8—水泵

三、板面式换热器

板面式换热器热量的传递是通过不同形状的板面来实现的，其传热性能比"管式"换热器优越，由于结构上的特点，使流体在较低的流速下能达到湍流状态，从而强化了传热作用。该类换热器由于采用板材制作，故在大批量生产时可降低设备成本，但其耐压能力比管式换热器差。板面式换热器类型较多，下面介绍几种常见的类型。

（一）螺旋板式换热器

螺旋板式换热器是由两张平行的钢板卷制成具有两个螺旋通道的螺旋体，然后在其端部安装圆形盖板并配制流体进、出口接管而组成。如图 4 - 31 所示，螺旋通道的间距靠焊在钢板上的定距撑来保证。两种流体分别在两个螺旋通道内逆向流动，一种由中心螺旋流动到周边，另一种由外周边螺旋流动到中心。这种换热器在结构上对热膨胀可不考虑，通道中流体流动均匀、压降小、两流体可完全呈逆流，允许较高的流速，流体中悬浮物不易沉淀、不易出现堵塞现象，传热效率比管壳式换热器高 40% 左右；结构紧凑、制造简单、材料利用率高、造价低，定距撑对螺旋板起到增加刚度的作用。但耐压能力差且不易清洗和修理。这种换热器适用于处理温度450℃以下，压力不超过2.5MPa，含固体颗粒或纤维的悬浮液以及其他高黏性流体。

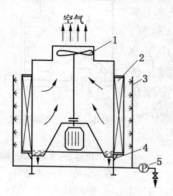

图4-29　喷淋型湿式空冷器
1—风机；2—管束；3—水喷嘴；
4—排水管；5—水泵

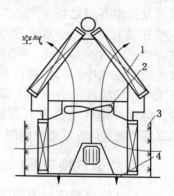

图4-30　联合型湿式空冷器
1—管束；2—风机；
3—水喷嘴；4—排水管

根据通道布置和使用条件不同，螺旋板式换热器有Ⅰ型、Ⅱ型和Ⅲ型之分。Ⅰ型是两螺旋通道两端都焊有定距撑，如图4-32(a)所示；两流体都呈螺旋流动，图4-31所示的流动路径就是Ⅰ型，主要用于液-液流体的传热，还可用来冷却气体和冷凝蒸汽，这种结构不便清洗，使用压力不超过2.5MPa。Ⅱ型是每一个螺旋通道的一端焊有定距撑而另一端敞开，两通道相互交错，如图4-32(b)所

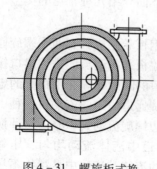

图4-31　螺旋板式换热器示意图

示；主要用于气–液热交换，这种结构两通道都可进行机械清洗，使用压力1.6MPa以下。Ⅲ型是一个螺旋通道两端部都焊有定距撑，另一个螺旋通道两端都敞开，如图4–32(c)所示；一种流体在全焊死的通道内呈螺旋流动，另一种流体在全开式通道中轴向流动，这种结构主要用于蒸汽的冷凝，使用压力1.6MPa以下。

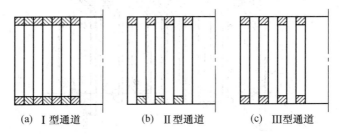

(a)　Ⅰ型通道　　　　(b)　Ⅱ型通道　　　　(c)　Ⅲ型通道

图4–32　螺旋板式换热器通道类型

（二）板片式换热器

板片式换热器是以波纹板作为换热元件，其传热系数比管壳式换热器高2～4倍，结构紧凑、体积小、重量轻、节省材料、操作灵活性大，适用范围广。一般使用压力在1.6MPa以下，使用温度不超过150℃，可用于加热、冷却、冷凝、蒸发等过程。但密封周边较长、泄漏的可能性大，不宜处理易堵塞的物料。这种换热器在炼油厂应用不多，在石油化工厂使用较多。

板片式换热器主要由波纹板片、密封垫片及压紧装置等组成。其一般结构如图4–33所示。波纹板片可用各种材料冲压而成，常用的有不锈钢、碳钢、铜、钛、铝及其合金。由于使用要求不同，波纹板的形式已有很多种，最常用的是水平直波纹板片和人字形板片。很多板片按一定间隔通过压紧装置叠在一起。板片之间装有垫片，一方面起密封作用，防止介质漏出，另一方面

在板片之间造成一定间隙，形成流道。根据操作温度和介质性质不同，垫片可用天然橡胶、丁腈橡胶、聚四氟乙烯、压制石棉纤

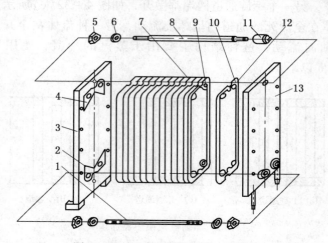

图 4 – 33　板片式换热器的一般结构

1—压紧螺杆；2、4—固定端板垫片(对称)；3—固定端板；5—六角螺母；
6—小垫圈；7—传热板片；8—定位螺杆；9—中间垫片；
10—活动端板垫片；11—定位螺母；12—换向垫片；13—活动端板

维等材料制作。压紧装置的作用是压紧密封垫片，以保证板片之间的密封，一般是用螺栓来压紧，当操作压力在 0.4MPa 以下时压紧板上下设两个大螺栓，当操作压力在 0.4 ~ 1.0MPa 时，用 14 ~ 16 个螺栓拉紧。在紧螺栓时必须对称均匀地进行，才能保证有效的密封。板片式换热器的工作原理如图 4 – 34所示。

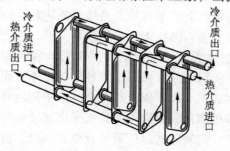

冷介质出口
热介质出口
冷介质出口
热介质进口

图 4 – 34　板片式换热器工作原理示意图

（三）板翅式换热器

板翅式换热器的基本结构是由翅片、隔板及封条三部分组成，如图4-35所示。在相邻两隔板之间放置翅片及封条组成一夹层，称之为通道，也就是板翅式换热器的一个基本单元，将若干个基本单元按流体的不同流向（见图4-36）叠置起来钎焊成整体，即构成板束。一般情况下，板束两侧还各有1~2层不走流体的强度层或称之为假通道，再在板束上配置流体进出口分配段和集流箱就组成了一台完整的板翅式换热器。

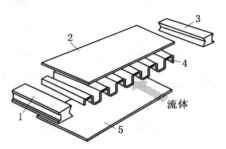

图4-35　板翅式换热器板束单元结构
1、3—封条；2、5—隔板；4—翅片

板翅式换热器由于翅片对流体造成扰动，从而使热边界层不断破裂更新，所以传热系数较高，其与管壳式换热器传热系数比

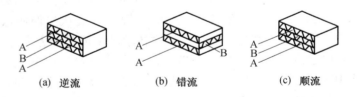

(a)　逆流　　　　　(b)　错流　　　　　(c)　顺流

图4-36　板翅式换热器流体流向

较见表4-8。这种换热器还具有结构紧凑、重量轻等优点，对铝制板翅式换热器，其单位体积的传热面积可达$1500 \sim 2500m^2/m^3$，相当于管壳式换热器的8~20倍，重量仅为具有相同换热面积的管壳式换热器的1/10。可广泛用于气-气、气-液、液-液之间各种不同流体的换热。这种换热器的缺点是制造工艺复杂，

要求严格，容易堵塞，清洗和检修比较困难。

表 4 - 8　板翅式换热器与管壳式换热器传热系数（$W/m^2 \cdot K$）

传热情况	板翅式	管壳式
强制对流空气	35 ~ 350	12 ~ 35
强制对流水	580 ~ 5800	226 ~ 1745
水蒸气冷凝	4650 ~ 17450	290 ~ 4650

四、热管

（一）热管的基本结构及工作原理

　　热管是一种新型高效的传热元件，其导热系数是金属良导体（银、铜、铝等）的 $10^3 \sim 10^4$ 倍，有超导热体或亚超导热之称。适用温度范围从 -200℃ 到 2000℃。热管的基本结构如图 4 - 37 所示，在一根密闭的高度真空的金属管中，在管内壁贴装某种毛细结构、通常称其为吸液芯，再装入某种工作物质（简称为工质），即构成一完整的热管。工作时，管的一端从热源吸收热量，使工质蒸发、汽化，蒸气经过输送段沿温度降的方向流动，在冷凝段遇冷表面冷凝并放出潜热，凝液（工质）通过其在毛细结构中表面张力的作用，返回蒸发段，如此往复循环使热量连续不断地从热端被传送到冷端。由于热量是靠工质的饱和蒸气流来传输的，从热管一端到另一端蒸气压降很小，因此温差也很小，所以热管是近似于等温过程工作的，在极小的温差下具有极高的输热能力。

　　热管除具有高的导热性和等温性外，还具有结构简单，工作可靠，无噪声，不需特别维护，效率高（可达 90% 以上），寿命长，适用温度范围宽等优点。

从热管的结构和工作原理看，其核心是管壳、吸液芯及工质。在这三者之间，必须化学相容，不允许有任何化学反应、彼此腐蚀或相互溶解的问题存在。管壳的材料应具有耐温、耐压，良好的导热性和化学稳定性，一般都采用金属材料，特殊

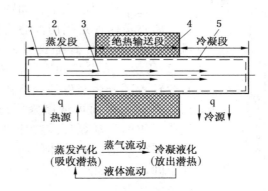

图4-37 热管构造及工作循环

1—热管壳体；2—吸液芯；3—蒸气流；4—绝热层；5—液流

需要时可采用如玻璃、陶瓷等非金属材料。吸液芯的作用是作为毛细"泵"，将冷凝段液体泵送回蒸发段，要求其与液体间的毛细压力足以克服管内的全部黏滞压降和其他压降，而能维持工质的自动循环；要有一定的机械强度、化学稳定性好，便于加工装配等。吸液芯的基本结构是由金属丝网卷制成多层圆筒形，紧贴于管子内壁，形成多孔性毛细结构。关于热管的工质根据研究和使用经验，当工作温度较高时用液态金属，中低温时用水、酒精等。

按冷凝液的回流方式可将热管分为吸液芯式、重力式和离心式。图4-37所示就是吸液芯式热管，以上对热管的结构和工作原理的叙述也就是针对这种热管而言的。它是热管的基本形式，通常所说的热管也是指这类热管，由于冷凝液的回流是靠吸液芯

的毛细作用而不依赖重力，故在失重情况下也能工作，这也是这类热管的一大特点。

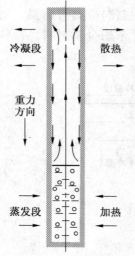

图 4-38　重力式热管

重力式热管没有吸液芯，凝液靠重力回流到蒸发段，所以必须竖直安放且冷凝段处于蒸发段之上，如图 4-38 所示。离心式热管是利用离心力使凝液回流到蒸发段，也不需要吸液芯，如图 4-39 所示。蒸发段和冷凝段内径不同，直径较大部分为蒸发段，液体在此受到离心力最大因而可使凝液沿管壁回流，完成工质的自动循环。这种热管往往是用一根空心轴或回转体的内腔作为其工作空间，将其抽真空加入工质密封即成，既方便又紧凑。

（二）热管换热器

热管可作为换热元件单独使用，也可将很多根热管组装在一箱体中构成热管换热器。可用于液-液、液-气、气-气间换热，常用在工业生产上的废热回收、空气调节等方面。热管换热器与其他换热器的性能比较见表 4-9。表中 R_N 称为各项特性相对评比数，其值从 0~5，最佳特性为 5，最差为 0。

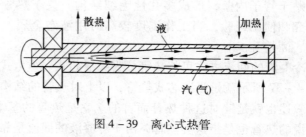

图 4-39　离心式热管

表 4−9 热管换热器与其他换热器性能比较

类型	压降	传热系数	维修	价格	辅助动力	交错污染	单位体积传热面积	总计
	R_N	R_N	R_N	R_N	R_N	R_N	R_N	R_N
管壳式	2	4	3	3	5	5	2	24
板翅式	4	3	3	2	5	5	5	27
热管式	4	4	5	3	5	5	4	30

第五章 塔 设 备

第一节 概 述

一、塔设备在炼油生产中的作用

在炼油、化工及轻工等工业生产中,气、液两相直接接触进行传质传热的过程是很多的,如精馏、吸收、解吸、萃取等。这些过程都是在一定的压力、温度、流量等工艺条件下,在一定的设备内完成的。由于其过程中两种介质主要发生的是质的交换,所以也将实现这些过程的设备叫传质设备;从外形上看这些设备都是竖直安装的圆筒形容器,且长径比较大,形如"塔",故习惯上称其为塔设备。

塔设备能够为气、液或液、液两相进行充分接触提供适宜的条件,即充分的接触时间、分离空间和传质传热的面积,从而达到相际间质量和热量交换的目的,实现工艺所要求的生产过程,生产出合格的产品。所以塔设备的性能对整个装置的产品产量、质量、生产能力和消耗定额,以及三废处理和环境保护等方面都有着重大的影响。

塔设备的投资费用及钢材耗量仅次于换热设备。据统计,在化工和石油化工生产装置中,塔设备的投资费用占全部工艺设备总投资的 25.39%,在炼油和煤化生产装置中占 34.85%;其所消耗的钢材重量在各类工艺设备中所占比例也是比较高的,如年产 250 万吨常减压蒸馏装置中,塔设备耗用钢材重量占 45.5%,年产 120 万吨催化裂化装置中占 48.9%,年产 30 万吨乙烯装置

中占 25% ~28.3%。可见塔设备是炼油、化工生产中最重要的
工艺设备之一，它的研究、设计、使用等对化工、炼油等工艺的
发展起着重大的作用。

二、塔设备的分类及一般构造

随着炼油、化工生产工艺的不断改进和发展，与之相适应的
塔设备也形成了形式繁多的结构和类型，以满足各种特定的工艺
要求。为了便于研究和比较，可从不同的角度对塔设备进行分
类。如按工艺用途分类，按操作压力分类，也可按其内部结构进
行分类。

（一）按用途分类

1. 精馏塔　利用液体混合物中各组分挥发度的不同来分离
其各液体组分的操作称为蒸馏，反复多次蒸馏的过程称为精馏，
实现精馏操作的塔设备称为精馏塔。如常减压装置中的常压塔、
减压塔，可将原油分离为汽油、煤油、柴油及润滑油等；铂重整
装置中的各种精馏塔，可以分离出苯、甲苯、二甲苯等。

2. 吸收塔、解吸塔　利用混合气中各组分在溶液中溶解度
的不同，通过吸收液体来分离气体的工艺操作称为吸收；将吸收
液通过加热等方法使溶解于其中的气体释放出来的过程称为解
吸。实现吸收和解吸操作过程的塔设备称为吸收塔、解吸塔。如
催化裂化装置中的吸收、解吸塔，从炼厂气中回收汽油、从裂解
气中回收乙烯和丙烯，以及气体净化等都需要吸收、解吸塔。

3. 萃取塔　对于各组分间沸点相差很小的液体混合物，利
用一般的分馏方法难以奏效，这时可在液体混合物中加入某种沸
点较高的溶剂(称为萃取剂)；利用混合液中各组分在萃取剂中
溶解度的不同，将它们分离，这种方法称为萃取(也称为抽提)。
实现萃取操作的塔设备称为萃取塔。如丙烷脱沥青装置中的抽提
塔等。

4. 洗涤塔　用水除去气体中无用的成分或固体尘粒的过程称为水洗，所用的塔设备称为洗涤塔。

这里需要说明一点，有些设备就其外形而言属塔式设备，但其工作实质不是分离而是换热或反应。如凉水塔属冷却器，合成氨装置中的合成塔属反应器。这些不是本章讨论的内容。

（二）按操作压力分类

塔设备根据其完成的工艺操作不同，其压力和温度也不相同。但当达到相平衡时，压力、温度、气相组成和液相组成之间存在着一定的函数关系。在实际生产中，原料和产品的成分和要求是工艺确定的，不能随意改变，压力和温度有选择的余地，但二者之间是相互关联的，如一项先确定了，另一项则只能由相平衡关系求出。从操作方便和设备简单的角度来说，选常压操作最好，从冷却剂的来源角度看，一般宜将塔顶冷凝温度控制在 $30 \sim 40℃$，以便采用廉价的水或空气作为冷却剂。所以塔设备根据具体工艺要求，设备及操作成本综合考虑，有时可在常压下操作、有时则需要在加压下操作，有时还需要减压操作。相应的塔设备分别称为常压塔、加压塔和减压塔。

（三）按结构形式分类

塔设备尽管其用途各异，操作条件也各不相同，但就其构造而言都大同小异，主要由塔体、支座、内部构件及附件组成。根据塔内部构件的结构可将其分为板式塔和填料塔两大类。具体结构如图 5-1、图 5-2 所示。塔体是塔设备的外壳，由圆筒和两封头组成，封头可是半球形、椭圆形、碟形等。支座是将塔体安装在基础上的连接部分，一般采用裙式支座，有圆筒形和圆锥形两种，常用的是圆筒形，在高径比较大的塔中用圆锥形。裙座与塔体采用对接焊接或搭接焊接连接，裙座的高度由工艺要求的附属设备（如再沸器、泵）及管线的布置情况而定。

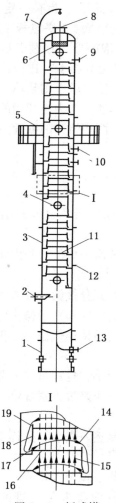

图 5-1　板式塔

1—裙座；2—蒸气入口管；3—壳体；4—人孔；
5—扶梯平台；6—除沫器；7—吊柱；8—蒸气出
口；9—回流管；10—进料管；11—塔盘；12—保
温圈；13—出料管；14—液流；15—蒸气；16—塔
盘板；17—受液盘；18—降液管；19—溢流堰

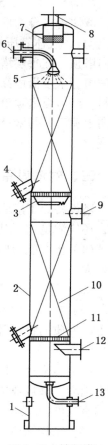

图 5-2　填料塔

1—裙座；2—筒体；
3—液体再分布装置；
4—卸料口；5—喷淋装置；
6—液体进口；7—除沫器；
8—气体出口；9—人孔；
10—填料；11—填料支承；
12—气体进口；13—液体出口

从图 5 - 1、图 5 - 2 可见，在板式塔中装有一定数量的塔盘，液体借自身的重量自上而下流向塔底（在塔盘板上沿塔径横向流动），气体靠压差自下而上以鼓泡的形式穿过塔盘上的液层升向塔顶。在每层塔盘上气、液两相密切接触，进行传质，使两相的组分浓度沿塔高呈阶梯式变化。填料塔中则装填一定高度的填料，液体自塔顶沿填料表面向下流动，作为连续相的气体自塔底向上流动，与液体进行逆流传质，两相组分的浓度沿塔高呈连续变化。

三、对塔设备的基本要求

塔设备除了应满足工艺条件，如压力、温度及耐腐蚀性等外，还应满足如下基本要求：

（1）生产能力要大。即单位塔截面上单位时间内物料的处理量要大。

（2）分离效率高。即气、液相能充分接触且分离效果好。

（3）操作弹性大。即有较强的适应性和宽的操作范围。能适应不同性质的物料且在负荷波动时能维持操作稳定，仍有较高的分离效率。

（4）压降小。即流体通过时阻力小，这样可大大节约生产的动力消耗，降低成本。在减压塔中若压降过大系统将难以维持必要的真空度。

（5）结构简单、耗材少，易于制造及安装，这样可减少基建投资，降低成本。

（6）耐腐蚀不易堵塞，便于操作、调节及检修。

一个塔设备要同时满足以上各项要求是困难的，而且实际生产中各项指标的重要性因具体情况而异，不可一概而论。所以应从生产需要及经济合理性考虑，正确处理以上各项要求。

四、塔设备的工作过程

（一）几个有关的工艺概念

1. **溶液的沸腾**　不同性质的液体在同一压力下其沸点是不同的，所以两种以上相互溶解的液体组成的溶液，在同一压力下各组分的沸点自然也是不相同的。沸点低的组分由于其挥发度高，因此同一压力和温度下，其在溶液所形成的蒸气中的分子比例大于它在溶液中的分子比例，而沸点高的组分由于挥发度低，故在溶液蒸气中的比例小于其在溶液中的比例。利用溶液的这一特性，通过在一定压力下加热的方式，可将溶液中各组分相互分离。

2. **溶液的相平衡**　在气、液系统中，单位时间内液相汽化的分子数与气相冷凝的分子数相等时，气、液两相达到一种动态平衡，这种状态称为气、液的相平衡状态。这时其系统内各状态参数，如温度、压力及组成等都是一定的，不随时间的改变而改变。液相中各组分的蒸气分压等于气相中同组分的分压，液相的温度等于气相的温度，当任一相的温度变化时，势必引起其他组分量的变化。

3. **传质**　在炼油、化工生产中，将物质借助于分子扩散的作用从一相转移到另一相的过程称为传质过程。液体混合物的蒸馏分离；利用液体溶剂的选择作用吸收气体混合物中的某一组分；利用萃取方法分离液体混合物的过程等，都属于传质过程。

4. **蒸馏**　通过加热、汽化、冷凝、冷却的过程使液体混合物中不同沸点的组分相互分离的方法称为蒸馏。若液体混合物中各组分沸点相差较大，加热时低沸点的组分优先于高沸点的组分而大量汽化，因此易于分离。但若液体混合物中各组分沸点相差不大或分馏精度要求较高，采用一般的蒸馏方法效果不好，这时应采用精馏的方法。精馏就是多次汽化与冷凝的一种复杂的蒸馏过程，也可以看作是蒸馏的串联使用。因为通过蒸馏（精馏）可以将不同组分相互分离，所以这种方法也叫做分馏。

5. 原油的馏程　　原油是烃类和非烃类组成的复杂混合物，每一种成分都有其自身的特性，但许多成分其沸点、密度等物理特性都很相近，若要将其逐一分离出来是很困难的，也是没有必要的。在实际生产中是将原油分为几个不同的沸点范围，加以利用。如原油中沸点在 40 ～ 205℃ 之间的组分称为汽油；180 ～ 300℃ 之间的组分称为煤油；250 ～ 350℃ 之间的组分称为柴油；350 ～ 520℃ 之间的组分称为润滑油；520℃ 以上的组分为重质燃料油。这样一些温度范围称为馏程，在同一馏程内的馏出物称为馏分。

（二）分馏塔的工作过程

在炼油生产中，无论是精馏还是吸收、解吸或萃取，其目的都是为了使混合液中不同馏程的组分得以分离。故这些过程都称为分馏过程，所以在炼油厂中使用最多的也就是各种分馏塔，其结构形式以板式塔居多。现以常压分馏塔为例说明塔设备的工作过程。

原油是由许多相对分子量不同的碳氢化合物组成的混合物，各组分沸点不同，可用精馏的方法将其分为若干个馏分，如汽油、煤油、柴油等。先将原油加热至 350℃ 左右（因柴油终馏点为 350℃），送入常压塔中，使汽、煤、柴油都蒸发出来成为油气，余下的液体主要是重质油。高温油气混合物上升经过一层层塔盘，在每层塔盘上和上层塔盘上流下来的温度较低的液体相接触，油气被冷却、温度稍降一些，其中较重（沸点较高）的组分就会被冷凝成液体从油气中分离出来；同时塔盘上的液体被加热温度稍增高一些，其中较轻（沸点较低）的组分就会蒸发成气体从液体中分离出去。这样每经过一层塔盘，油气中较重组分减少一些、较轻组分增加一些；而液体中较重组分增加一些、较轻组分减少一些。

油气不断上升，每经一层塔盘都有这样的变化，于是油气越往上其轻组分越多、重组分越少，直至塔顶，油气的成分就是汽油组分。出塔后经冷凝冷却便可得汽油。液体不断下流，每经一层塔盘也都会有相反的变化，于是液体越往下其重组分越多、轻组分越少。液体来自塔顶回流，即将冷凝下来的汽油抽出一部分再打回到塔顶的塔盘上，其不断下流，不断变重，到某一层塔盘时成为煤油组分，一部分抽出来经冷却得煤油产品，其余的继续下流到更下面的某一层塔盘时成为柴油组分，一部分抽出经冷却得柴油产品，剩余的继续下流至塔底流出，称为常压重油。

第二节 板 式 塔

一、塔盘的形式及特点

板式塔的塔盘常用的有泡罩形、浮阀形、筛板形、舌形及浮动舌形等。各种塔盘都有其自身的特点和适用场合，现分述如下。

（一）泡罩塔盘

泡罩塔盘是工业上应用最早的一种塔盘，它是在塔盘板上开许多圆孔，每个孔上焊接一个短管，称为升气管，管上再罩一个"帽子"，称为泡罩，泡罩周围开有许多条形孔，其结构如图 5-3 所示。工作时，液体由上层塔盘经降液管流入下层塔盘，然后横向流过塔盘板，流入再下一层塔盘；气体从下层塔盘上升进入升气管，通过环形通道再经泡罩的条形孔流散到泡罩间的液层中。气、液接触状况如图 5-4 所示。

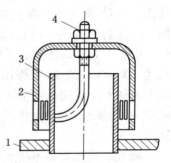

图 5-3 圆形泡罩结构
1—塔盘板；2—圆形泡罩；
3—升气管；4—连接螺栓、螺母

泡罩塔盘具有如下优点：

（1）气、液两相接触充分，传质面积大，因此塔盘效率高。

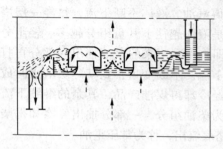

图5-4　泡罩塔盘上气液接触状况

（2）操作弹性大，在负荷变动范围较大时，仍能保持较高的效率。

（3）具有较高的生产能力，适用于大型生产。

（4）不易堵塞，介质适应范围广，操作稳定可靠。

泡罩塔盘的不足之处是结构复杂、造价高，安装维护麻烦；气相压降较大，但在常压或加压下操作时并不是主要问题。

（二）筛板塔盘

筛板塔盘是在塔盘板上钻许多小孔，工作时液体从上层塔盘经降液管流下，横向流过塔盘进入本层塔盘降液管流入下一层塔盘；气体则自下而上穿过筛孔，分散成气泡，穿过筛板上的液层，在此过程中进行相际间传质、传热。由于上升的气体具有一定的压力和流速，对液体有"支撑"作用，故一般情况下液体不会从筛孔中漏下。筛孔塔盘的结构及气、液接触状况如图5-5所示。

筛板塔盘具有如下优点。

（1）结构简单、制造维护方便。

（2）生产能力大，比泡罩塔盘高

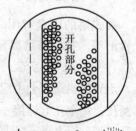

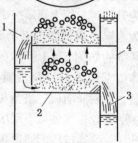

图5-5　筛板塔盘
1、3—降液管；
2—塔盘板；4—塔壁

20% ~ 40%。

（3）压降小，适用于减压操作。

（4）比泡罩塔盘效率高，但不及浮阀塔盘。

（5）若设计合理其操作弹性也较高，但不如泡罩塔盘。

筛孔塔盘的缺点是筛孔直径较小时易堵塞，故不宜处理脏、黏性大及带固体颗粒的料液。

（三）浮阀塔盘

浮阀塔盘是在塔盘板上开许多圆孔，（对常用的 F 型浮阀孔径为 39mm），每一孔上都装有一带三条腿的可上下浮动的阀。浮阀的结构形式很多，有 F 型、V 型、十字架型及 A 型等，最常用的是 F - 1 型，其结构如图 5 - 6 所示。工作时，气、液流程与泡罩塔盘类似。气体通过阀孔将浮阀向上顶起，穿过环形间隙以水平方向吹入液层，气、液两相呈泡沫状进行传质传热。浮阀可随气速的增减在较宽的气速范围内自由调节升降，以保持稳定操作。浮阀塔盘上气、液两相接触状况如图 5 - 7 所示。

浮阀塔盘具有如下优点：

（1）生产能力大，因浮阀在塔盘板上排列比泡罩更紧凑，故生产能力比泡罩塔盘提高 20% ~ 40%，与筛板塔盘差不多。

（2）操作弹性大，因浮阀可在一定范围内自由升降以适应气量的变化，所以能在较宽的气流范围内保持高的效率。浮阀塔

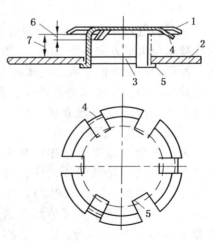

图 5 - 6 F - 1 型浮阀

1—门件；2—塔盘板；3—阀孔；4—起始定距片；

5—阀腿；6—最小开度；7—最大开度

盘操作弹性比泡罩和筛板都要大得多。

（3）效率高。由于气液接触充分，且蒸气以水平方向吹入液层，故雾沫夹带较少，因此分离效果好，一般效率比泡罩塔盘高15%左右。

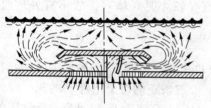

图 5-7 浮阀塔盘上气、液接触状况

（4）压降小。气流通过浮阀时只有一次收缩、扩大及转弯，故压降比泡罩塔盘低。

（5）与泡罩塔盘相比，结构简单、制造安装也较方便，制造费用仅为泡罩的60%~80%，但比筛板塔盘高20%~130%。

浮阀塔盘由于其性能优良，又无特别明显的不足，因而在炼油、化工生产的塔设备中得到了广泛的应用。

（四）舌形及浮动舌形塔盘

舌形塔盘是在塔盘板上冲制许多舌形孔，如图 5-8 所示，舌片翘起与水平方向夹角20°。工作时，液体在塔盘上的流动方向与舌孔的倾斜方向一致，气体从舌孔中喷射而出，由于气、液两相并流流动，故雾沫夹带较少，当舌孔气速达到一定数值时，将塔盘上的液体喷射成滴状，从而加大了气、液接触面积。

舌形塔盘与泡罩塔盘相比具有塔盘上液层薄，持液量少，压力降小（约为泡罩的33%~50%），生产能力大，结构简单，可节约金属用量12%~45%，制造、安装、维修方便等优点。但因舌孔开度是固定的，在低负荷下操作易产生漏液

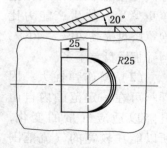

图 5-8 舌形塔盘的舌孔

现象,故其操作弹性较小,塔盘效率较低,因而使用受到一定限制。

　　浮动舌形塔盘是综合了舌形和浮阀的优点而研制出的一种塔盘,其结构如图 5 - 9 所示。浮动舌形塔盘既有舌形塔盘生产能力大、压降小、雾沫夹带少的优点,又有浮阀塔盘的操作弹性大、塔盘效率高、稳定性好等优点,其缺点是舌片易损坏。

　　除以上常用塔盘外,还有网孔塔盘、穿流式栅板塔盘、旋流塔盘、角钢塔盘等,可参阅有关资料,这里不再细述。常用几种塔盘的性能比较见表 5 - 1。

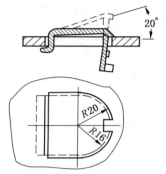

图 5 - 9　浮动舌形塔盘舌片结构

表 5 - 1　常用塔盘性能比较

塔盘形式	相对处理能力	相对效率	相对造价	操作特性	塔板阻力	结构特性
圆形泡罩	1	1	1	操作稳定,液体不易泄漏,操作弹性大。但液面落差大,雾沫夹带较大	气体拐弯多,阻力大	结构复杂,安装检修不便
筛板	1.2 ~ 1.3	1	1/2	操作弹性较泡罩小,在蒸气负荷小时,液体易泄漏	阻力小	结构简单,但处理脏物料时容易堵塞

塔盘形式	相对处理能力	相对效率	相对造价	操作特性	塔板阻力	结构特性
舌形	1.2~1.4	0.8~0.9	1/2	操作弹性小,在低气速下,液体易泄漏	阻力小	结构简单
浮阀	1.2	1~1.1	2/3	气体水平吹出,气体接触时间长,雾沫夹带比泡罩少。操作弹性大,但在低气速下,效率不如泡罩	阻力较泡罩小,较舌型大	结构简单,但阀片易被卡住、粘住或锈住,不能自由活动
浮动舌形(包括浮动喷射形)	1.2~1.4	0.8~0.9	—	操作弹性较大。但操作易波动,液量太小时,板上易"干吹";液量大时出现水浪式脉动。效率较低	阻力小	结构简单,但也容易被卡住,不能自由活动

二、板式塔的适宜工作区

各种结构形式的塔盘都有一个最适宜的工作区域,可用操作负荷性能图来表示。浮阀塔的操作负荷性能图见图 5-10。图中各曲线所包围的区域即为最适宜工作区,若塔盘上气、液负荷配合得恰当,落在图上几条曲线包围的范围内,塔就可以正常良好的操作,否则就属于不正常操作,塔的效率下降,甚至完全不能工作。操作负荷图中各曲线的形状和相对位置与塔盘形式、具体构造及操作条件等有关。

（一）雾沫夹带

气、液两相在塔盘上以鼓泡形式接触后，气体穿出液层时总不免带有许多细微的液滴，有的来不及分离出来就被带到了上一层塔盘的液体中，这种现象称为"雾沫夹带"。被带上去的少量液滴所含的重组分比上一层塔盘上液体所含的重组分要多，降低了塔盘的分馏效率。极少量的雾沫夹带是避免不了的，也是允许的，但当气相负荷增加，塔内气速增大，雾沫夹带量就增加。一般认为当气体中夹带液体的质量超过上升气体的 10% 时为严重雾沫夹带，此时的气相负荷定为塔的气相负荷上限，在操作负荷性能图上对应的曲线称为雾沫夹带线。产生严重雾沫夹带，破

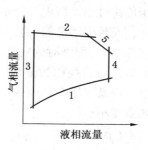

图 5－10　塔盘操作
负荷性能图
1—漏液线；2—雾沫夹带线；
3—液相下线；4—气泡夹带线；
5—液泛线

坏了塔的正常操作，塔盘效率大大降低，这是不允许的。减少雾沫夹带的主要措施是控制气相负荷，使其在允许范围内，另外，增大塔盘间距(一般须在 300mm 以上)，改进塔盘结构也可起到一定的效果。

（二）气泡夹带

液体横流过塔盘，与气体接触后由降液管流到下层塔盘。液体流入降液管时常带有大量的气泡，在降液管中停留足够的时间，使泡沫分离成气体与清液，气体上升回到上层塔盘。如果液相负荷增加，液体在降液管中流速增加，停留时间很短，液体中夹带的气泡来不及分离就被带入下一层塔盘，这种现象称为"气泡夹带"。此时的液体负荷定为液相上限，在操作负荷性能图上对应的曲线称为气泡夹带线。严重气泡夹带同样会降低塔盘的分离效率，所以也是不允许的。防止气泡夹带的主要措施是控制回

流量。

（三）漏液

液体在塔盘上横向流动并经降液管流入下一层塔盘。如果气相负荷过小，塔内气速很低，大量的液体由于重力的作用，从阀孔，或舌形塔盘的舌孔直接漏到下一层塔盘，这种现象称为"漏液"。产生漏液时的气体负荷定为气相下限，在操作负荷性能图上对应的曲线称为漏液线。由于漏液使气、液两相没有充分接触，降低了塔盘的效率，所以处理量应控制在允许范围内，不可随意减小。

（四）液泛

在实际操作时，若气、液负荷都过大，降液管面积不够用，而气速又大使液体也不能从阀孔或舌孔中漏下，致使液体流动发生堵塞，使几层塔盘上的液体连成一体，这种现象称为"液泛"，也叫"淹塔"。发生液泛时气、液相流速的关系线称为液泛线。液泛严重时，流体会从塔顶冒出。可通过加大降液管的截面积（但这使塔盘上排列的浮阀或舌孔、泡罩的数量减少，减小了气体的通过能力），控制回流量，改进塔盘结构等方法来防止液泛的发生。

三、板式塔的主要零部件

（一）塔盘的构造

板式塔的塔盘形式虽多种多样，但就其整体构造而言，基本上都是由塔盘板、传质元件（浮阀、泡罩、舌片等）、溢流装置、连接件等构成。塔盘若只有一块塔盘板，称为整块式塔盘；若是由两块以上塔盘板组成则称为分块式塔盘。一般在塔径300～900mm 时，采用整块式塔盘，塔径大于等于800mm 时，就可在塔内进行装拆作业，这时可选分块式塔盘，所以当塔径

800～900mm 时，可根据具体情况来选整块式或分块式塔盘。采用整块式塔盘时塔体只能设计成带法兰的塔节，这样不仅钢材耗量多且制造安装也很麻烦，工业上一般不是迫不得已时，塔径都在 800mm 以上，以便安装分块式塔盘，使塔体也可以焊接成整体。

1. 整块式塔盘 整块式塔盘的构造如图 5 - 11 所示（还有其他结构，但大同小异）。这类塔盘与塔壁间存在间隙，故每

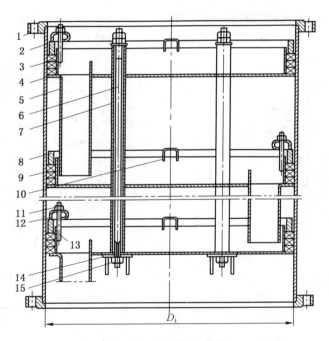

图 5 - 11 定距管式塔盘

1—法兰；2—塔体；3—塔盘圈；4—塔盘板；5—降液管；6—拉杆；
7—定距管；8—压圈；9—填料；10—吊环；11—螺母；12—压板；
13—螺柱；14—支座（焊在塔体内壁上）；15—螺母

层塔盘都需要用填料来密封，其密封结构如图 5 - 12 所示，在塔盘板上焊一塔盘圈，螺柱焊在塔盘圈上，拧紧螺母，压板压向压圈，压圈压缩填料使之变形以达到密封的目的。定距管对塔盘板起支承作用并保证相邻两塔盘的间距。定距管内有一拉杆穿过各层塔盘板上的拉杆孔，拧紧拉杆上下两端的螺母，就可以把各层塔盘板紧固成一个整体，并固定在塔节内壁的支座上。塔盘板的厚度，对碳钢为 3 ~ 4mm，不锈钢为 2 ~ 3mm。降液管有弓形和圆形两种，较常用的是弓形降液管，其结构如图 5 - 13所示。

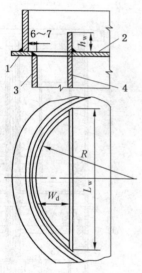

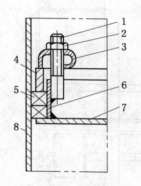

图 5 - 12　整块式塔盘的密封

1—螺柱；2—螺母；3—压板；

4—压圈；5—填料；6—塔盘圈；

7—塔盘板；8—塔壁

图 5 - 13　弓形降液管

1—塔板圈；2—塔盘板；3—降液管弓形板；4—降液管矩形板

2. 分块式塔盘　分块式塔盘是把若干块塔盘板通过紧固件连接在一起，组成一个完整的塔盘板。按液体在塔盘上的流动情况，有单溢流、双溢流、U 形流和三溢流等。最常见的是单溢流和双溢流塔盘，其结构如图 5 - 14、图 5 - 15 所示。对于直径小于 2000mm 的塔，通常采用图 5 - 14 的支承结构，即在塔壁上焊支持圈，支持圈可用扁钢、角钢或钢板制成，对直径大于 2000 ～

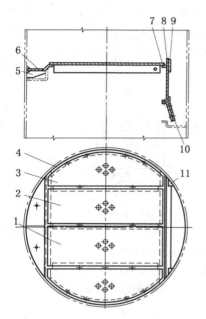

图 5 - 14 单溢流支持圈支承塔盘

1—通道板；2—矩形板；3—弓形板；
4—支持圈；5—筋板；6—受液盘；
7—支持板；8—固定降液板；9—可调
堰板；10—可拆降液板；11—连接板

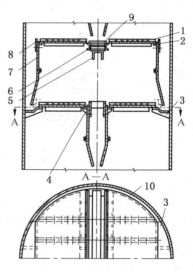

图 5 - 15 双溢流具有
支持主梁的塔盘

1—塔盘板；2—支持板；3—筋板；
4—压板；5—支座；6—主梁；7—两
侧降液板；8—可调节的溢流堰板；
9—中心降液板；10—支持圈

3000mm 的塔，为避免塔盘板跨度过大引起刚度不足，在采用支持圈支承的同时还采用图 5 - 16 所示的支承主梁（图 5 - 15 中的主梁）结构。小块塔盘板一端支承在支持圈（或支持板）上，另一端支在支承梁上。

3. 塔盘的连接　分块式塔盘各塔盘板之间、塔盘板与支持圈(或支持板)之间的连接和紧固形式很多。按连接是否可拆,有可拆连接和不可拆连接。其中可拆连接又有上可拆、下可拆和上下均可拆连接;按连接结构的形式有螺纹连接、长板连接和楔形连接等。几种常见的连接紧固形式和结构如图5-17~图5-20所示。

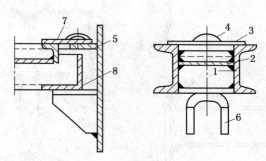

图5-16　双溢流塔盘支持主梁

1—槽钢;2—槽钢连接板;3—压板;4—椭圆垫板;

5—支持圈;6—主梁支座;7—受液槽侧板;8—托板

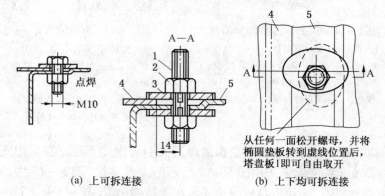

(a) 上可拆连接　　　　　　(b) 上下均可拆连接

图5-17　螺纹连接

1—螺柱;2—螺母;3—椭圆垫板;4—塔盘板Ⅰ;5—塔盘板Ⅱ

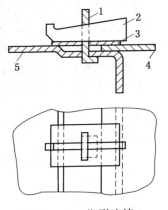

图 5 – 18　楔形连接

1—龙门铁；2—楔子；

3—垫板；4、5—塔盘板

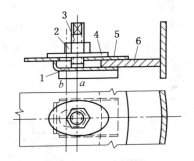

图 5 – 19　螺纹卡板连接

1—卡板；2—螺母；3—螺柱；

4—椭圆垫圈；5—塔盘板；6—支持圈

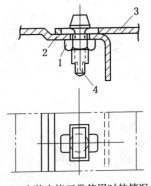

(a) 安装完毕正常使用时的情况

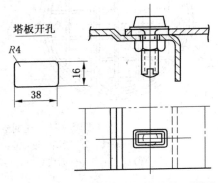

(b) 拆卸时只需将T形螺栓旋转90°即可

图 5 – 20　T 形螺栓连接

1—螺母；2—塔盘板Ⅰ；3—塔盘板Ⅱ；4—T 形螺栓

（二）除沫器

除沫器安装在塔顶，其作用是分离塔顶气体中夹带的液滴，保证塔顶馏出产品的质量。目前使用的除沫器有折板形、丝网形和旋流式，其中以丝网除沫器应用最为广泛，其结构如图5－21所示。将许多层丝网用栅板夹住，并用螺栓固定在支持圈上，大直径的塔，丝网也可做成分块式。丝网用圆丝或扁丝编织而成，材料多用不锈钢、磷青铜、镀锌铁丝、聚四氟乙烯、尼龙等。

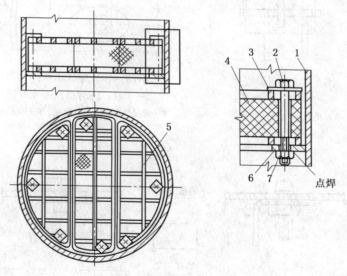

图5－21　丝网除沫器

1—塔体；2—紧固螺栓；3—垫片；4—丝网；

5—栅板（上下各一件做成分块的）；6—支持圈；7—螺母

丝网除沫器具有比表面积大、重量轻、空隙大以及使用方便、除沫效率高、压降小等优点。适用于清洁的气体，不宜用在液滴中含有固体物质或易析出固体物质的场合，如碱液、碳酸氢铵溶液等，以免液体蒸发后留下固体堵塞丝网。当雾沫中含有少量悬浮物时，应经常对其进行冲洗。丝网除沫器在安装时，为了达到预期的除沫效果，在其上下方都应留有适当的分离空间。

（三）防涡器和滤焦器

塔底液体流出时，若带有漩涡则会将油气卷带入泵内，使泵容易发生抽空现象，为此许多塔底都装有防涡器，其结构如图 5-22 所示。图中(b)所示排液管口与塔底平齐，用于干净的物料；(a)所示排液管伸入塔底内一定高度，一般为 50mm以上，适用于稍有沉淀的物料，以防沉淀被吸入泵内。当排液管直径小于 150mm 时就用一块钢板插焊在管口，排液管直径大于 150mm 时，可用十字形板插焊于管口，如图 5-22(c)、(d)所示。

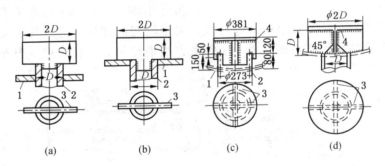

图 5-22 塔底防涡器
1—塔底；2—出料管；3—立板；4—顶板

对减压塔、催化裂化分馏塔等，为防止焦块进入塔底出口管被带入泵内，影响正常工作，都装有塔底滤焦器。常用滤焦器的结构如图 5-23 所示，就是一个带圆锥帽的圆筒，筒壁上开有直径 10mm 的滤孔，孔间距 25mm。

（四）塔设备的进出口接管

塔设备上由于工艺、检测和安装检修的需要，安装各种接管。如物料进出口接管、人孔，测压、测温、取样及安装液面计等都需要接管。几种常见的物料进出口接管结构如图 5 - 24 ~ 图 5 - 27 所示。其他接管形式可参见有关资料。

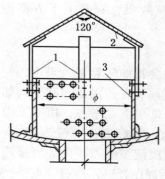

图 5 - 23　塔底滤焦器
1—支承；2—圆锥形顶；3—圆筒壁

对液体进料当塔径大于等于 800mm，且物料较清洁时可用图 5 - 24（a）的结构；当塔径小于 800mm 时，或物料较脏、需经常清洗时宜采用图 5 - 24（b）的结构。对气体分布要求不高，直径较小的塔，可采用图 5 - 25（a）的简单进气管；为了避免进塔气体冲溅、夹带塔底的储液，进气管应安装在塔内最高液面之上一定距离；当塔径较大、要求进气分布

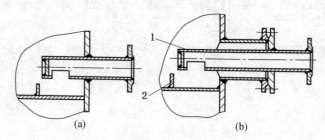

(a)　　　　　　　　　　(b)

图 5 - 24　液体进料（包括回流）管
1—进料管；2—进口堰

均匀时，宜采用图 5 - 25（b）的横管结构，管上有三排出气小孔、孔径由工艺决定。若为气、液混合进料，为使物料经气、液分离后再参加化工过程，除应将加料处塔盘板间距适当加大

外，还应采用图 5 - 26 所示的切向进料管。

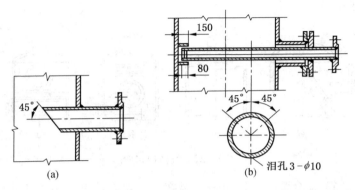

图 5 - 25 气体进料管

对液体出料接管可直接从塔底引出裙座外（见图 5 - 1、图 5 - 2）。对气体出料管为减少雾沫夹带在未设置除沫器的塔中可采用图 5 - 27 所示的气体出口结构。

四、塔设备的检修

（一）运行中检查

为确保塔设备安全稳定运行，必须做好日常检查，并记录检查结果，以作为定期停车检查、检修的历史资料。日常检查项目如下。

（1）原料、成品及回流液的流量、温度、纯度，公用工程流体，如水蒸气、冷却水、压缩空气等的流量、温度及压力。

（2）塔顶、塔底等处的压力及塔的压力降。

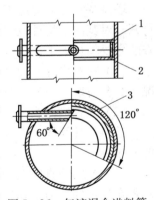

图 5 - 26 气液混合进料管
（也称切向进料管）
1—上挡板；2—下挡板；
3—导向挡板

（3）塔底的温度。如果温度低于正常温度，应及时排水、并彻底排净。

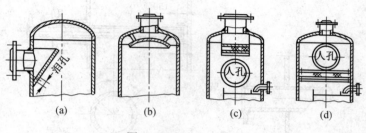

(a)　　　　　(b)　　　　　(c)　　　　　(d)

图 5-27　气体出口管

（4）安全装置、压力表、温度计、液面计等仪表是否正常，动作是否灵敏可靠。

（5）保温、保冷材料是否完整，并根据具体情况及时进行修复。

（二）停车检查

塔设备在一般情况下，每年定期停车检修 1~2 次，将设备打开，对其内部构件及壳体上大的损坏进行检查、检修。停车检查的主要项目如下。

（1）检查塔盘水平度，支持件、连接件的腐蚀、松动等情况，必要时取出塔外进行清洗或更换。

（2）检查塔体腐蚀、变形及各部位焊缝的情况，对塔壁、封头、进料口处筒体、出入口接管等处进行超声波测原，判断设备的使用寿命。

（3）全面检查安全阀、压力表、液面计有无发生堵塞现象，是否在规定的压力下动作，必要时重新进行调整和校验。

（4）如在运行中发现异常振动现象，停车检查时一定要查明原因、并妥善处理。

（三）塔体裂缝的修补

1. 不穿透的裂缝　对深度不超过塔体壁厚 40% 的裂缝，应先在裂缝两端各钻一个小孔，阻止裂缝继续延伸，再从裂缝两侧铲出坡口、深度以能铲掉裂缝为准，然后采用分段倒退法进行焊接，以减少焊接应力和变形。

2. 穿透的窄裂缝　对宽度小于 15mm 的穿透裂缝，应先在裂缝两端各钻一个直径稍大于裂缝宽度的孔，并沿裂缝两侧铲出坡口；当厚度小于 15mm 时可采用单面坡口，厚度大于 15mm 时采用双面坡口。裂缝长度小于 100mm 时可一次性焊完，否则应采用分段倒退法进行焊接，以减少焊接应力，施焊时应从裂缝两端向中间施焊、并采用多层焊。

3. 穿透的宽裂缝　对宽度大于 15mm 的穿透裂缝，应将带有整个裂缝的钢板切除，在切口边缘加工出坡口，再补焊上一块和被切除钢板尺寸和材料完全一样的钢板；被切除钢板的宽度应不小于 250mm、长度比裂缝长度大 50~100mm，以避免焊接补板的两条平行焊缝间彼此影响。焊接补板时应从板中心向两端对称分段焊接，以使补板四周间隙均匀，保证焊接质量。

塔设备的其他常见故障及排除方法见表 5-2。

表 5-2　塔的常见故障及排除方法

序号	故障	故 障 原 因	消 除 措 施
1	污染	（1）灰尘、锈、污垢（氧化皮、高沸点烃类）沉积，引起塔内堵塞 （2）反应生成物、腐蚀生成物（污垢）积存于塔内	（1）进料塔板堰和溢流管之间要留有一定的间隙，以防积垢 （2）停工时彻底清理塔板，若锈蚀严重时，可改用高级材质取代原有材质
2	腐蚀	（1）高温腐蚀 （2）磨损严重 （3）高温、腐蚀性介质引起设备焊缝处产生裂纹和腐蚀	（1）严格控制操作温度 （2）定期进行腐蚀检查和测定壁厚 （3）流体内加入防腐剂，器壁包括衬里涂防腐层

续表

序号	故障	故 障 原 因	消 除 措 施
3	泄漏	（1）人孔和管口等连接处焊缝裂纹、腐蚀、松动，引起泄漏 （2）气体密封圈不牢固或腐蚀	（1）保证焊缝质量，采取防腐措施，重新拧紧固定 （2）拧紧、修复或更换
4	压力降	（1）液相或气相负荷增大 （2）设备缺陷	（1）减少回流比，加大塔顶或塔底的抽出量；降低进料量或进料温度 （2）查明设备缺陷处，采取相应措施

第三节　填　料　塔

　　填料塔也是炼油化工生产中较常用的一种气、液传质设备。与板式塔相比，填料塔具有结构简单、压降小、填料易用耐腐蚀材料制造等优点。填料塔常用于吸收、真空蒸馏等操作，特别是当处理量小、采用小塔径对板式塔在结构上有困难时，或处理的是在板式塔中难以操作的高黏度或易发泡物料时，常采用填料塔。但填料塔清洗、检修都较麻烦，对含固体杂质、易结焦、易聚合的物料适应能力较差。填料塔的总体结构前面已有介绍（见图5-2），从传质方式看，填料塔是一种连续式传质设备。工作时，液体自塔上部进入，通过液体分布装置均匀淋洒在填料层上，继而沿填料表面缓慢下流；气体自塔下部进入，穿过栅板沿填料间隙上升。这样气、液两相沿着塔高在填料表面及填料自由空间连续逆流接触，进行传质传热。

　　从结构上看，填料塔的壳体、支座、塔顶除沫器、塔底滤焦器或防涡器、进出料接管等与板式塔差不多，有些甚至是完全相同的；主要区别是内部的传质元件不同，板式塔是以塔盘作为传质元件，而填料塔则是以填料作为传质元件，所以其内部构件主要是围绕填料及其工作情况设置，如填料及支承结构、填料压板、喷淋装置、液体再分布装置等。下面就填料塔中不同于板式塔的主要构件的结构特点、作用原理作一简要介绍。

一、填料及支承结构

（一）对填料的基本要求

填料是一种固体填充物，其作用是为气、液两相提供充分的接触面，并为强化其湍流程度创造条件，以利于传质。所以填料塔效率的高低与其所使用的填料密切相关，一般对填料有如下几方面的要求。

（1）空隙率（也称自由体积）要大。即单位体积填料层中的空隙体积要大。

（2）比表面要大。即单位体积填料层的表面积要大。

（3）填料的表面润湿性能要好，并在结构上要有利于两相密切接触，促进湍动。

（4）对所处理的物料具有良好的耐腐蚀性。

（5）填料本身的密度（包括材料和结构两方面）要小，且有足够的机械强度。

（6）取材容易、制造方便、价格便宜。

（二）填料的种类

填料的种类很多，按其堆砌方式大体可分为颗粒填料和规整填料两大类。颗粒填料由于其结构上的特点，不能按某种规律安放而只能随机（自由）堆砌，因此也称为"乱堆"填料。常见的颗粒填料有拉西环、鲍尔环、θ环、十字环、弧形鞍、矩鞍形等，这种填料气、液两相分布不够均匀，故塔的分离效果不够理想。为此产生了规整填料，这种填料分离效果好、压降低，适用于在较高的气速或较小的回流比下操作，目前使用的主要是波纹网填料和波纹板填料。填料塔常用填料如图 5 - 28 所示。

(a)拉西环　(b)实体θ环　(c)十字环　(d)鲍尔环　(e)矩鞍形

(f)鞍形网　(g)θ网环　(h)螺线圈　(i)三角线圈　(j)波纹填料

图 5 - 28　填料种类

（三）填料支承结构

填料支承结构对填料塔的操作性能影响很大，要求其有足够大的自由截面(应大于填料的空隙截面)，有足够的强度和刚度，以支承填料的重量，要利于液体再分布且便于制造、安装和拆卸。常用的填料支承结构是栅板，如图 5 - 29、图 5 - 30 所示。为了限定填料在塔中的相对位置，不至于在气、液冲击下发生移动、跳跃或撞击，填料塔还应安装填料压板或床层限制板，一般是对陶瓷填料安装填料压板，对金属或塑料填料安装床层限制板。

二、液体分布装置

为了使液体能均匀分布在填料上，以利于气、液两相的充分接触，所以在最上层填料的上部设置液体分布装置。由于气体沿

填料层上升其速度在塔截面上分布是不均匀的，中央气速大，靠近塔壁气速小，这就使得液体流经填料层时有向塔壁倾斜流动的

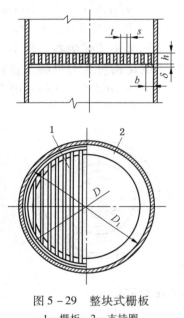

图5-29 整块式栅板
1—栅板；2—支持圈

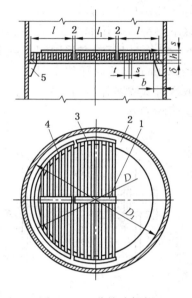

图5-30 分块式栅板
1—连接板；2—支持圈；3—栅板Ⅰ；
4—栅板Ⅱ；5—支持板($100 \times 50 \times 10$)

现象，这种现象称为"壁流"，这样在一定高度的填料层内，中心部分填料便不能被润湿，形成了所谓的"干锥"，使气、液两相不能充分接触，降低了塔的效率。为了减少和消除壁流，避免干锥现象的发生，所以在经一定高度填料层时，还应设置液体分布装置，使液体再一次被均匀分布在整个塔截面的填料上。以上不同部位设置的液体分布装置作用相同、结构不同，为区别将最上层填料上部的液体分布装置称为喷淋装置，而将填料层之间设置的分布装置称为液体再分布装置。

（一）喷淋装置

喷淋装置的类型很多，常用的有喷洒型、溢流型、冲击型等。喷洒型中又有管式和喷头式两种。原则上讲在塔径 1200mm 以下时都可采用如图 5－31 所示的环管多孔式喷洒器，但当塔径在 600mm 以下时多采用图 5－32 所示的喷头式喷洒器，其中塔径 300mm 以下时往往用图 5－33 所示的结构更为简单的直管式或弯管式喷洒器。对于较大直径的塔则可采用图 5－34 所示的多支管喷洒器。

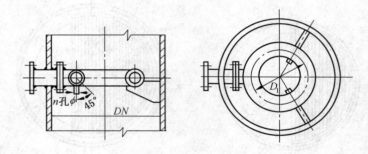

图 5－31　环管多孔喷洒器

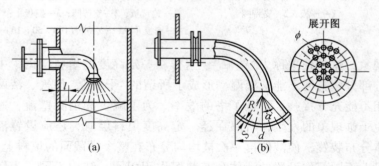

图 5－32　喷头式喷洒器

溢流型喷淋装置用在大型填料塔中，其结构如图 5 – 35 所示，这种喷淋装置的优点是适应性强，不易堵塞、操作可靠。冲

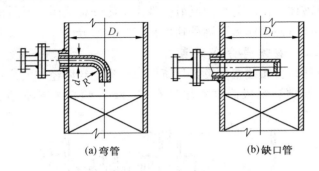

(a) 弯管　　　　　　　　(b) 缺口管

图 5 – 33　管式喷洒器

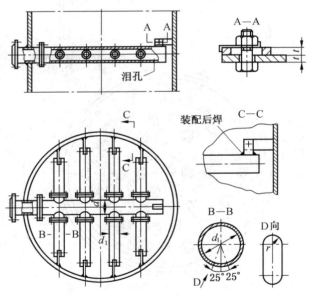

图 5 – 34　多支管喷洒器

击型喷洒器的结构如图 5 - 36 所示，它是由中心管和反射板组成。反射板可是平板、凸形板或锥形板。操作时液体沿中心管流下，靠液体冲击反射板的反射飞溅作用而分布液体，反射板中央钻有小孔以使液体流下淋洒到填料层中心部分。

（二）液体再分布装置

液体再分布装置的设置与所用填料类型和塔径有关，一般来说，金属填料每段高度不超过 6 ~ 7.5m，塑料填料不超过 3 ~

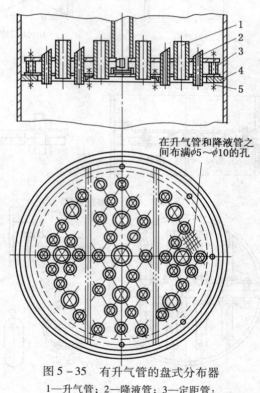

图 5 - 35　有升气管的盘式分布器

1—升气管；2—降液管；3—定距管；

4—支持圈；5—螺栓、螺母

4.5m；拉西环有助长液体不良分布的倾向，所以取 $H/D \leqslant 2.5 \sim 3$，对较大的塔取 $H/D \leqslant 2 \sim 3$，但不宜小于 $1.5 \sim 2$（H 为每段填料的高度，D 为塔的内径），否则会影响气体沿塔截面的均匀分布。

　　液体再分布装置应有足够的自由截面，一定的强度和耐久性，能承受气、液流体的冲击，且结构简单可靠，便于装拆。常见的液体再分布装置有分配锥、槽形再分布器和盘式分布器等。最常用的几种液体再分布器如图 5 - 37 所示。分配锥结构简单，适用于直径小于 1000mm 的塔，锥壳下端直径为 0.7 ~ 0.8 倍的塔径；槽形分布器是在塔壁上焊

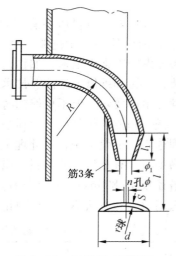

图 5 - 36 反射板式喷洒器

制环形槽，槽上带有 3 ~ 4 根管子，沿塔壁流下的液体通过管子流到塔的中央；带通气孔的分配锥是在锥壳上设置 4 个气体通道管，这样增加了气体的通过能力，避免了中心气体流速过大的

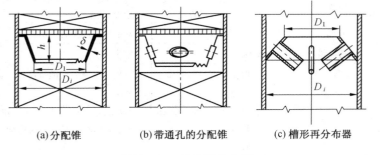

(a)分配锥　　　　　(b)带通孔的分配锥　　　　(c)槽形再分布器

图 5 - 37 液体再分布器

现象。

三、板式塔与填料塔的比较

　　板式塔和填料塔各有其自身的特点，其主要性能对比见表 5 - 3。在实际应用中选哪一种很难有一个绝对的标准，选用时需要考虑的因素也很多，如物料的性质、操作条件，塔的制造、安装、运转和维修等经济、技术方面的因素。往往是两种塔型都能满足生产要求，但不可能同时满足所有的要求。所以应在了解生产任务和要求的基础上，抓主要矛盾，依具体条件综合考虑，合理选用。一般来说，对处理量不大且易起泡的物系、黏性较大的物系、含有悬浮物的物料、腐蚀性较大的物料、气相负荷较大及塔径较小（800mm 以下）时宜选填料塔，否则应选板式塔。具体选用原则和方法不在本书讨论的范围之内，故不再详细介绍。

表 5 - 3　板式塔和填料塔的性能比较

项　　目	塔　　型	
	板　式　塔	填　料　塔
压力降	压力降一般比填料塔大	压力降小，较适于要求压力降小的场合
空塔气速（生产能力）	空塔气速大	空塔气速小
塔效率	效率较稳定，大塔板效率比小塔板有所提高	塔径 $\phi 1.5m$ 以下效率高，塔径增大，效率常会下降
液气比	适应范围较大	对液体喷淋量有一定要求
持液量	较大	较小
材质要求	一般用金属材料制作	可用非金属耐腐蚀材料
安装维修	较容易	较困难
造价	直径大时一般比填料塔造价低	$\phi 800mm$ 以下，一般比板式塔便宜，直径增大，造价显著增加
重量	较轻	重

第六章 反应设备

第一节 概 述

石油化工生产过程主要由物理加工过程和化学加工过程所组成。物理加工过程可通过精馏、吸收、萃取、过滤、干燥等化工单元操作来完成。化学加工过程则是在反应设备内，通过一定的反应条件来实现的。化学加工过程是许多石化生产装置的核心工艺过程，所用的反应设备（反应器），是许多生产装置的关键设备。

一、反应设备的作用

反应设备的主要作用是提供反应场所，并维持一定的反应条件，使化学反应过程按预定的方向进行，得到合格的反应产物。

一个设计合理、性能良好的反应设备，应能满足如下要求：

（1）应满足化学动力学和传递过程的要求，做到反应速度快、选择性好、转化率高、目的产物多、副产物少；

（2）应能及时有效地输入或输出热量，维持系统的热量平衡，使反应过程在适宜的温度下进行；

（3）应有足够的机械强度和抗腐蚀能力，满足反应过程对压力的要求，保证设备经久耐用，生产安全可靠；

（4）应做到制造容易，安装检修方便，操作调节灵活，生产周期长。

二、反应设备的分类

反应设备一般可根据用途、操作方式、结构等不同方法进行分类。例如根据用途可把反应设备分为催化裂化反应器、加氢裂化反应器、催化重整反应器、氨合成塔、管式反应炉、氯乙烯聚合釜等类型。根据操作方式又可把反应设备分为连续式操作反应设备、间歇式操作反应设备和半间歇式操作反应设备等类型。

最常见的是按反应设备的结构来分类，可分为釜式反应器、管式反应器、塔式反应器、固定床反应器、流化床反应器等类型。

（一）釜式反应器

釜式反应器也称搅拌釜式、槽式、锅式反应器。主要由壳体、密封、搅拌器和传热部件等组成。釜式反应器具有投资少、投产快、操作灵活方便等特点。

（二）管式反应器

管式反应器一般是由多根细管串联或并联而构成的一种反应器。其结构特点是反应器的长度和直径之比较大，一般可达50～100。常用的有直管式、U形管式、盘管式和多管式等几种形式。管式反应器的主要特点是反应物浓度和反应速度只与管长有关，而不随时间变化。反应物的反应速度快，在管内的流速高，适用于大型化、连续化的生产过程，生产效率高。

（三）塔式反应器

塔式反应器的高径比介于釜式和管式反应器之间，约为8～30。主要用于气－液反应，常用的有鼓泡塔、填料塔和板式塔。

鼓泡塔为圆筒体，直径一般不超过3m，底部装有气体分布器，顶部装有气液分离器。在塔体外部或内部可安装各种传热装置或部件。还有一种带升气管的鼓泡塔，是在塔内装有一根或几根升气管，使塔内液体在升气管内外作循环流动，所以称为气升管式鼓泡塔。

　　填料塔是在圆筒体塔内装有一定厚度的填料层及液体喷淋、液体再分布及填料支承等装置。其特点是气液返混少，溶液不易起泡，耐腐蚀和压降小。

　　板式塔是在圆筒体塔内装有多层塔板和溢流装置。在各层塔板上维持一定的液体量，气体通过塔板时，气液相在塔板上进行反应。其特点是气、液逆向流动接触面大、返混小，传热传质效果好，液相转化率高。

　　（四）固定床反应器

　　固定床反应器是指流体通过静止不动的固体物料所形成的床层而进行化学反应的设备。以气－固反应的固定床反应器最常见。固定床反应器根据床层数的多少又可分为单段式和多段式两种类型。单段式一般为高径比不大的圆筒体，在圆筒体下部装有栅板等板件，其上为催化剂床层，均匀地堆置一定厚度的催化剂（能改变化学反应速度，而其自身的数量和组成在反应前后保持不变的物质）固体颗粒。单段式固定床反应器结构简单、造价便宜、反应器体积利用率高。多段式是在圆筒体反应器内设有多个催化剂床层，在各床层之间可采用多种方式进行反应物料的换热。其特点是便于控制调节反应温度，防止反应温度超出允许范围，但结构较单段式复杂。

　　（五）流化床反应器

　　细小的固体颗粒被运动着的流体携带，具有像流体一样能自由流动的性质，称为固体的流态化。一般，把反应器和在其中呈流态化的固体催化剂颗粒合在一起，称为流化床反应器。

　　流化床反应器多用于气－固反应过程。当原料气通过反应器催化剂床层时，催化剂颗粒受气流作用而悬浮起来呈翻滚沸腾状，原料气在处于流态化的催化剂颗粒表面进行化学反应，此时的催化剂床层即为流化床，也叫沸腾床。

流化床反应器的形式很多，但一般都由壳体、内部构件、固体颗粒装卸设备及气体分布、传热、气固分离装置等构成。流化床反应器也可根据床层结构分为圆筒式、圆锥式和多管式等类型。

圆筒式的床层为圆筒形，结构简单、制造方便，设备容积利用率高，使用较广泛。圆锥式的结构特点是床层横截面从气体分布板向上逐渐扩大，使上升气体的气速逐渐降低，固体颗粒的流态化较好。特别适用于粒径分布不均的催化剂和反应时气体体积增大的反应过程。多管式的结构是在大直径圆筒形反应器床层中竖直安装一些内换热管。其特点是气固返混小，床层温度较均匀和转化率高。

流化床反应器气固湍动、混合剧烈，传热效率高，床层内温度较均匀，避免了局部过热，反应速度快。流态化可使催化剂作为载热体使用，便于生产过程实现连续化、大型化和自动控制。但流化床使催化剂的磨损较大，对设备内壁的磨损也较严重。另外，也易产生气固的返混，使反应转化率受到一定的影响。

三、反应设备的工作过程

石油化工生产时，在反应设备中进行的不仅仅是单纯的化学反应过程，同时还存在着流体流动、物料传热、传质、混合等物理传递过程。在反应设备中，化学反应的机理、步骤和速率是根据化学动力学的规律进行的。如对于气-液反应，反应速度除与温度和浓度有关外，还与相界面的大小和相间的扩散速度有关。对于气-固反应，不论在什么条件下进行，气相组分都必须先扩散到固体催化剂的表面上，再在催化剂表面进行化学反应。化学反应过程是反应设备工作的本质过程。

由于化学反应时原料的种类很多，反应过程也很复杂，对反应产物的要求也各不相同。为满足不同的反应要求，反应设备的结构类型和尺寸大小也多种多样、大小不一，操作方式和操作条件也各不相同。如间歇式操作的反应设备，原料是一次性加入的；而连续式操作的反应设备，原料是连续加入的。不同结构形式和尺寸的反应设备及不同的操作条件和方式，必将影响流体的流动状态和物料的传热、传质及混合等传递过程。而传递过程是实现反应过程的必要条件。因此反应设备的工作过程就是以化学动力学为基础的反应过程和以热量传递、质量传递、动量传递为基本内容的传递过程同时进行、相互作用、相互影响的复杂过程。

第二节 搅拌釜式反应器

一、搅拌釜式反应器的特点

搅拌釜式反应器是各类反应器中结构较为简单，应用最为广泛的一种反应设备。其特点是操作灵活、弹性大，温度、压力范围广，适用性较强。主要用于均一液相的均相反应过程和气–液、液–固、液–液等非均相的反应过程。均相反应指物系内部各处物料性质均匀，也不存在相界面的反应。非均相反应指物系内部存在明显界面的反应。

搅拌釜式反应器可单釜使用，也可多釜串联使用。既可进行间歇式操作，也可用于连续式操作。在进行连续式操作时，反应温度和物料浓度较易控制，停工时的内部清洗处理也较方便。缺点是体积较大，生产能力较低。适用于生产规模小、产量低、品种互换性大，温度、压力等操作条件比较缓和的反应过程。对处理量大、反应时间极短、转化率要求很高的反应过程，一般不适于使用搅拌釜式反应器。

二、搅拌釜式反应器的结构

搅拌釜式反应器主要由壳体、搅拌器、密封装置、换热装置等部件构成，高径比一般不大，约在 1～3 之间。其结构如图6-1所示。

（一）壳体结构

壳体的作用主要是提供反应所需的反应空间和工艺要求达到的转化率。壳体结构主要包括筒体、封头、工艺接管口、手孔或人孔、视镜等构件。

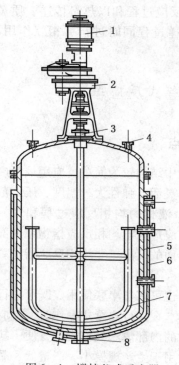

图6-1　搅拌釜式反应器
1—电动机；2—变速器；3—密封装置；
4—加料管口；5—壳体；6—夹套；
7—搅拌器；8—出料管口

筒体为圆筒形，上、下封头（顶盖、底盖）可根据不同的操作压力和要求制成平面形、碟形、椭圆形和半球形等不同形状。釜底盖还可根据需要制成锥形。平面形封头结构简单，制造容易。当筒体直径较小，操作压力为常压或低压时，常采用平底平盖。若反应后液体物料不互溶出现分层，为便于液、液分离，可采用锥形底盖。

当采用加压操作时，多采用碟形或椭圆形封头。半球形封头耐压能力最强，多用于高压操作的反应器。

工艺接管口主要用于进、出物料及安装温度计、压力计等测量元件。进料管或加料管的位置和形状，应能使料液稳定进入反应器内，避免液沫溅到内壁上，造成局部腐蚀。为观察反应器内部物料的反应和搅拌情况，顶盖上还设有视镜。为检查设备内部空间及安装、拆卸内部构件，顶盖上设有手孔或人孔。手孔的结构一般是在顶盖上接一短管，并加盖盲板。手孔的直径一般为 150～200mm。当釜体直径较大时，可开设人孔，人孔的形状有圆形和椭圆形两种。圆形人孔的直径一般为 400mm，椭圆形人孔的最小直径一般为 400mm × 300mm。

反应器的进料或加料管口，测温或测压孔、手孔、人孔、视镜等，一般都安装在顶盖上。出料管口一般都安装在釜底或底盖上。上述构件的安装位置和尺寸大小，也可根据具体的工艺和结构要求来确定。

搅拌釜式反应器的壳体及搅拌器所用的材料，一般为碳钢或低合金钢。物料若有强腐蚀性，也可用不锈钢制造，但成本高、价格贵。为降低材料的成本，可采用衬里结构，即在碳钢筒体内侧用不锈钢做一层衬里。衬里也可用银、铜等贵金属或橡胶、树脂、瓷砖、搪瓷、玻璃钢等材料制造，以满足不同生产工艺的防腐要求。

反应器壳体的直径和高度，一般根据反应器的体积、机械结构和强度以及工艺要求来确定。对体积一定的反应器，若直径过大，将使水平搅拌效果受影响；若高度过大，将使垂直方向上的搅拌效果受影响。另外，也会使搅拌轴的工作负荷增大。因此，反应器的高径比应在适宜的范围之内。

（二）搅拌器类型

搅拌器的作用是加强物料的均匀混合，强化釜内物料的传热、传质过程。搅拌器安装在反应器中心的搅拌轴上，在电动机带动下经变速器变速后与搅拌轴一起旋转，把机械能传递给液体，推动液体运动均匀混合。搅拌釜式反应器的性能及搅拌器的功率消耗与搅拌器的形状、大小、转速以及液体的物性，反应器的形状、大小和反应器内有无挡板等因素有关。为适应不同工艺条件的要求，搅拌器的种类很多，尺寸大小也差异很大，常用的主要有桨式、框式、锚式、旋桨式、涡轮式、螺带式等，其结构如图 6-2 所示。

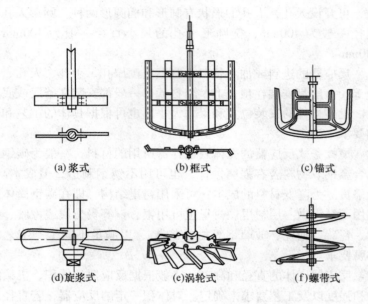

(a) 桨式　　　　　(b) 框式　　　　　(c) 锚式

(d) 旋桨式　　　　(e) 涡轮式　　　　(f) 螺带式

图 6-2　几种常用搅拌器的结构

　　桨式搅拌器的结构最简单，制造也最方便。其桨叶由金属板条制成并固定在搅拌轴上。桨叶总长一般为反应器筒体内径的 1/3~2/3，转速一般为 15~80r/min。因桨叶水平安装，转速也较慢，物料搅动不剧烈，只能产生水平液流。当反应器内物料液层较深时，可在搅拌轴上安装多层桨叶，以使液层上下各处的物料都能均匀混合。桨式搅拌器适用于物料不需要剧烈搅动混合的反应过程。

框式搅拌器是桨式搅拌器的变形，在水平桨之外又增设了垂直或倾斜的桨叶，构成框形。框的宽度为一般反应器筒体内径的2/3，转速一般为15~80r/min。框式搅拌器的结构强度较高，搅拌效果优于桨式，适用于液体粒度较大、对搅动要求不高的反应过程。

锚式搅拌器的外形与反应器下半部分的内壁形状接近，像船上用的锚。搅拌器外缘与反应器内壁面的空隙很小，约为5mm左右。搅拌器转动时，除搅拌物料之外，还能及时刮去反应器内壁上的沉积物，以利于传热。转速一般为15~80r/min。锚式搅拌器适用于物料黏度大、易产生沉积物，对搅拌要求不高的反应过程。

桨式、框式、锚式搅拌器，均为低速搅拌器，都具有结构简单、制造方便、转速较慢、搅动较平缓的特点。

旋桨式搅拌器也称推进式或螺旋桨式。是由2~3片推进式螺旋桨叶固定在搅拌轴上而构成，螺旋桨叶的直径约为反应器筒体内径的1/4~1/3。搅拌器高速旋转时，由于螺旋桨叶的推动作用，使液体作螺旋线运动。其中的轴向分速度使液体在反应器中心附近向下运动，流至反应器底部后，再沿反应器侧壁向上运动，并返回反应器的中心附近，形成液体的上下循环流动。若将螺旋桨搅拌器安装在圆形导流筒内，则可强化液体的上下循环流动，使混合效果更好。导流筒为一圆筒形结构，其作用主要是控制流体的流动形态，使用时安装在搅拌釜式反应器的中心部位。

旋桨式搅拌器能在较小的搅拌功率下获得良好的搅拌效果，循环流量大，混合效果好，广泛应用于较低粒度的物料搅拌、制备乳浊液的搅拌及含10%以下固体微粒悬浮液的搅拌。旋桨式搅拌器的转速一般为400~800r/min，有的转速可达3000r/min。

当液体黏度大于 0.5Pa·s 时，其转速应控制在 400r/min 以下，当搅拌含有悬浮物或易起泡的液体时，其转速应控制在 150～400r/min 范围内。当液层较深或液体黏度大于 10Pa·s 时，可安装双层或多层螺旋桨叶，以保证液流上下翻动剧烈，并能冲刷到反应器的底部。

涡轮式搅拌器的涡轮一般由 6～16 片轮叶构成，涡轮直径为反应器筒体内径的 1/5～1/2，多为 1/3。工作原理与离心泵类似，当涡轮旋转时，液体由轮心吸入，在离心力的作用下经轮叶间的通道被甩向涡轮外缘，再由切线方向被高速甩出，使液体被剧烈地搅拌。

涡轮搅拌器最适用于大量液体的连续搅拌，并能将含 60% 以上固体沉淀物的物料搅拌起来，必要时可在搅拌轴上安装多个涡轮。涡轮搅拌器的转速很高，一般为 300～1000r/min，多用于液体相对密度大，并要求迅速溶解或高度分散的场合。主要缺点是制造成本较高，不适于搅拌黏稠状的浆糊体。

旋桨式、涡轮式为高速搅拌器，具有转速快、搅动剧烈、混合效果好的特点。但旋桨式主要是轴向混合效果好，涡轮式主要是径向混合效果好。

各种搅拌器都有其自身的特点和适用的场合，工程应用中可根据生产经验或通过实验来选取；也可根据原料的性质、要求混合的程度、功率消耗的大小、设备价格的高低等因素来选取。

对需要剧烈搅拌混合的物料，除选用适宜的搅拌器外，还可在反应器内安装横向或竖向挡板。挡板的数目与反应器筒体的直径大小有关，一般为 2～4 块。安装挡板可有效地防止液流"打旋"现象，提高混合效果。

另外，也可在反应器内安装导流筒，以增强搅拌混合的剧烈程度。导流筒为上下开口的圆筒体，旋桨式搅拌器一般安装在导流筒内效果较好；而涡轮式搅拌器的涡轮，安装在导流筒的下方效果较好。

搅拌釜式反应器大多数是立式安装，搅拌轴和反应器的圆筒体都是直立的。但个别也有卧式安装的，搅拌轴和反应器的圆筒体都是水平的。具体安装方式可根据生产工艺的要求灵活选用。

（三）密封装置

搅拌器的转动轴要从反应器的顶盖处伸出，与变速器和电动机相连接。为防止反应器内液体从此处泄漏，或空气由此处漏入反应器内，在顶盖和转动轴之间必须安装密封装置。密封装置主要有填料箱密封和机械密封两种形式。

填料箱密封装置主要由箱体、填料、衬套或油环、压盖、压紧螺栓等构件组成，其结构如图 6 - 3 所示。

填料一般为石棉织物，并含有石墨粉或润滑脂作润滑剂。当上紧螺栓时压盖压紧填料，使填料与轴和填料箱紧密接触，堵塞了物料泄漏的通道，起到了密封作用。填料箱密封结构简单，填料装卸方便，但使用寿命较短，有时会出现微量泄漏。另外，也因摩擦增大了搅拌器的功率损耗。

机械密封也称端面密封，主要由装在搅拌轴上的动环和固定在顶盖座架上的静环及弹簧、弹簧座、弹簧压板、密封圈、静环座等零件组成。动环和静环的端面利用弹簧的弹力压紧在一起，紧密接触，起到密封的作用。当轴旋转时，弹

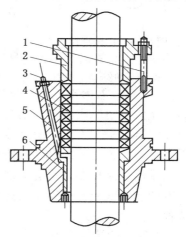

图 6 - 3　填料箱密封结构

1—螺栓；2—压盖；3—油环；
4—填料；5—箱体；6—衬套

簧座、弹簧、弹簧压板、动环等随轴一起旋转，静环静止不动。机械密封装置如图 6 - 4 所示。机械密封结构较复杂，零件加工精度要求高。但密封性能优良，使用寿命长，功率消耗较小，适用范围广泛。

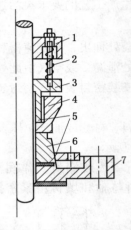

图 6 - 4　机械密封结构

1—弹簧座；2—弹簧；3—弹簧

压板；4—动环；5—密封圈；

6—静环；7—静环座

（四）传热装置

化学反应过程是在生产工艺要求的温度条件下进行的，但在反应过程中，一般有热效应产生，不是吸热就是放热。为保证反应过程稳定及产品质量和收率的稳定，需要从反应系统中取出热量或供给热量。传热装置的作用就是加热或冷却物料，达到取热或供热的目的。搅拌釜式反应器所用的传热装置种类很多，常用的有夹套式、蛇管式、列管式、回流冷凝式、外部循环式、直接加热式等，如图 6 - 5 所示。

夹套式结构最为简单，它是在反应器外壁安装一夹套而构成。夹套与器壁之间形成的空间为加热介质或冷却介质的流动通道。当反应器容积不太大、所需传热面积较小、加热或冷却介质的压力不高时，宜采用夹套式传热装置。另外，当反应器内装有框式或锚式搅拌器，不能安装蛇管或列管，或物料黏稠易粘着在器壁、管壁上，或物料腐蚀性较大时，也宜采用夹套式传热装置。

蛇管式的结构是用金属管弯制而成，根据反应器的要求可制成各种形状。

列管式是用多根直管串联或并联而成。一般，当反应器夹套的传热面积不够用，或反应器内壁有非金属衬里，或加热介质、冷却介质压力较高时，可选用蛇管式或列管式传热装置。

外部循环式和回流冷凝式都是另外使用一台列管式换热器或冷凝器来供热或取热。外部循环式多用于反应过程需要较大的传

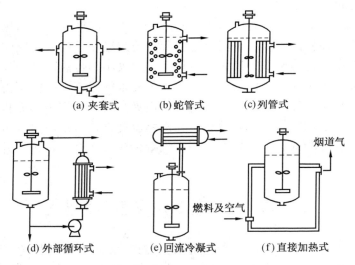

(a) 夹套式　　(b) 蛇管式　　(c) 列管式

(d) 外部循环式　　(e) 回流冷凝式　　(f) 直接加热式

图 6 - 5　搅拌釜式反应器的传热装置

热面积，而反应器内又不宜安装传热装置的情况。反应物料经泵被送至换热器，与加热或冷却介质换热后再返回反应器。回流冷凝式用于物料在沸腾状态下进行反应的情况，汽化后的物料经外部冷凝器冷凝，放出热量后再自流返回反应器内。

直接加热式是在反应器外设置一燃烧室，将燃料和空气送入燃烧室进行燃烧，用高温火焰和烟气直接加热反应器内的物料，多用于反应温度要求很高的反应过程。缺点是温度不易控制，热效率低。常用的燃料有煤气、天然气、炼厂气、燃料油等。根据反应条件和要求，也可采用电加热法，其特点是加热温度高、热

效率较高、操作方便、便于实现自动化控制。常用的电加热方法有电阻加热、感应电流加热、短路电流加热等几种。

　　搅拌釜式反应器传热装置常用的加热介质主要有高压、低压水蒸气、高压热水以及常压沸点高、熔点低、热稳定性好、热容量大的有机载热体。

　　搅拌釜式反应器传热装置的结构形式、传热方式及加热介质的选择，主要取决于反应过程所需控制温度的高低、反应热的大小、传热速率的快慢、传热面积的大小、传热面是否易被污染、传热介质的压力、温度及工艺要求等因素。一般所需传热面积小，传热介质压力低的可选用夹套式；所需传热面积大时，可选用蛇管式、列管式；在沸点温度下进行反应时，可选用回流冷凝式；反应器内部不宜设置传热装置时，可选用外循环式。

第三节　　催化裂化反应器和再生器

　　催化裂化生产装置是炼油厂为了提高原油加工深度，生产高辛烷值汽油、轻柴油和液化气的重要二次加工生产装置。其生产过程一般由原料预处理、反应－再生、产品分馏及吸收－稳定等四部分组成，核心部分是反应－再生系统。反应－再生系统主要由反应器和再生器所构成。

　　工业生产中，催化裂化反应－再生装置的类型很多，如图6－6所示。

　　固定床和移动床生产装置，设备笨重、结构复杂、钢材耗量大、操作不便、能耗大、效率低，生产中已很少使用。目前技术较成熟，发展较快的是流化床式和提升管式催化裂化反应－再生装置。

　　流化床装置使用微球催化剂，由于采用了先进的流化技术，大大简化了设备结构，具有处理量大、操作灵活方便、产品性质稳定等特点。但也存在床层返混较严重，易产生二次反应的问题。

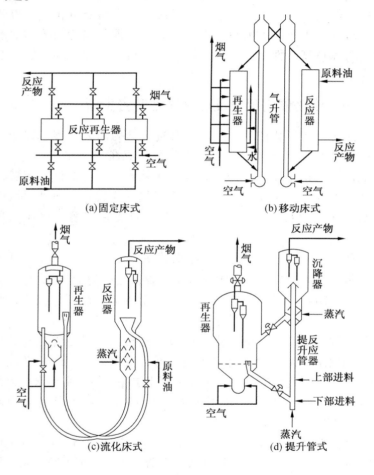

(a)固定床式　　　　(b)移动床式

(c)流化床式　　　　(d)提升管式

图 6-6　催化裂化反应-再生装置

目前使用最广泛、最有代表性的是提升管催化裂化装置。提升管装置使用分子筛催化剂，分子筛催化剂具有很高的活性、选择性和耐热性。它的出现使催化裂化由床层反应发展成为提升管反应，大大减少了二次反应，使产品质量和收率得到显著改善，生产能力大幅提高。但分子筛催化剂对积碳非常敏感，为保持高活性就必须强化催化剂的再生过程，降低催化剂的含碳量。

一、流化催化裂化反应－再生装置类型

流化催化裂化的反应－再生装置可分为两大类型，即床层裂化装置和提升管裂化装置。由于分子筛催化剂的突出特点，新建的装置都采用分子筛提升管裂化装置。原有的许多床层裂化反应装置，也逐步改建成提升管裂化反应装置。另外，因渣油裂化装置使用日益广泛，故对常用的装置类型，也作简单介绍。

（一）床层裂化反应－再生装置

常见的为同高并列式床层裂化装置，也称为 IV 型催化裂化装置，如图 6－7 所示。反应器和再生器的总高度非常接近，两者的框架标高相等。装置的总高度较低，约为 32～36m。反应器的总高度约为 26～33m，由稀相段、密相段、汽提段三部分组成。因使用的无定型催化剂活性较低，稀相提升管的长度也较短，大部分裂化反应是在反应器密相床层完成的。密相床层根据线速可分为高速湍流床（线速约为 0.8～1.2m/s）和低速鼓泡床（线速约 0.3～0.6m/s）。

结焦的待生剂经汽提段汽提后，通过待生 U 形管、待生单动滑阀到再生器密相提升管进入再生器密相床。再生器内用较长的内溢流管来维持密相床催化剂的料面。由主风机提供烧焦所需的空气，经辅助燃烧室和再生器分布板送入密相床层。待生剂在

密相床流化烧焦。

再生剂由密相床经溢流管、立管、再生 U 形管、再生单动滑阀、稀相提升管到反应器密相床层循环使用。

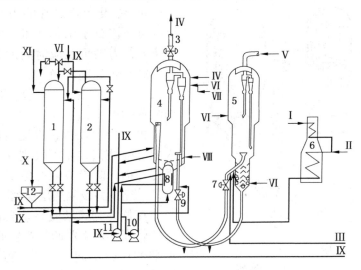

图 6-7　同高并列式床层裂化装置

1—热催化剂罐；2—冷催化剂罐；3—双动滑阀；4—再生器；5—反应器；
6—加热炉；7—再生单动滑阀；8—辅助燃烧室；9—待生单动滑阀；
10—增压机；11—主风机；12—催化剂料斗

Ⅰ—新鲜原料；Ⅱ—回炼油；Ⅲ—回炼油浆；Ⅳ—再生烟气；
Ⅴ—反应油气；Ⅵ—蒸汽；Ⅶ—水；Ⅷ—燃烧油；
Ⅸ—空气或压缩风；Ⅹ—催化剂

（二）提升管裂化反应－再生装置

提升管裂化反应－再生装置常用的主要有高低并列式、同高并列式和同轴式。

1. 同高并列式　同高并列式提升管裂化装置一般都是由同高并列式床层裂化装置改造而成，如图 6-8 所示。根据原有装置的不同情况，可采用外提升管、内提升管、折叠式、直管式等不同形式、改造后可提高装置对原料的适应能力，提高原料的转化率和产品的选择性。

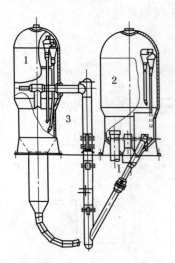

图 6 - 8　同高并列式
提升管裂化装置
1—沉降器；2—再生器；
3—提升管反应器

2. 高低并列式　高低并列式提升管裂化装置如图 6 - 9 所示。因使用分子筛催化剂，线速较大，为满足反应时间的要求，提升管的高度较大，一般多采用直立式提升管反应器，如图 6 - 10 所示。

提升管上段通过汽提段伸入到沉降器内；而下段则在沉降器外面，除设有耐热耐磨衬里外，还应另设隔热层保温。

高低并列式装置反应器的位置较高，再生器的位置较低，两器的压力不同。一般，再生器的压力比反应器的压力高 20 ~ 40kPa。两器不在同一轴线上，催化剂在两器间用斜管输送，循环量用安装在斜管上的单动滑阀进行控制。因裂化反应是在提升管内完成的，反应器内不再设置床层，只作为沉降催化剂和设置旋风分离器的沉降器使用。为避免产品发生二次裂化，在提升管出口处设置有快速分离器。

3. 同轴式提升管裂化反应 – 再生装置　同轴式提升管裂化反应 – 再生装置就是把沉降器、再生器设置在同一条轴线上，沉降器在上、再生器在下，采用提升管反应器，如图 6 - 11 所示。由于两器同轴布置，可省去反应器的框架，布局紧凑、占地面积少，钢材消耗和投资相对也少。同轴式装置采用折叠式提升管。

提升管从沉降器顶部或中部插入，既降低了装置总高度，又保证了原料油和催化剂的接触时间。提升管出口一般设置倒 L 形快速分离器。适当增大再生斜管与垂直线的夹角（多为 45°），尽量使提升管靠近再生器。提升管和立管中的催化剂流量，都用塞阀控制调节。为降低装置的总高度，辅助燃烧室不设置在再生器的底部，而是独立设置。再生器多采用两段再生方式，以强化再生过程。

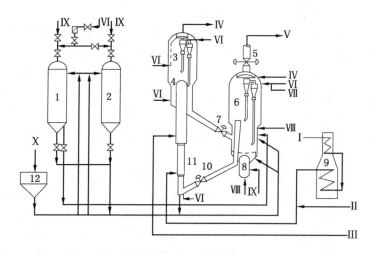

图 6-9 高低并列式提升管裂化装置
1—冷催化剂罐；2—热催化剂罐；3—沉降器；4—汽提段；
5—双动滑阀；6—再生器；7—待生单动滑阀；8—辅助
燃烧室；9—加热炉；10—再生单动滑阀；11—提升管
反应器；12—催化剂料斗
Ⅰ—新鲜原料油；Ⅱ—回炼油；Ⅲ—回炼油浆；Ⅳ—反应
油气；Ⅴ—再生烟气；Ⅵ—蒸汽；Ⅶ—水；Ⅷ—燃烧油；
Ⅸ—空气；Ⅹ—催化剂

（三）渣油催化裂化反应－再生装置

渣油催化裂化就是以常压渣油、减压渣油、脱沥青油等原油中的重组分为原料进行的深加工。

渣油催化裂化焦炭产率高，再生烧焦时产生的热量多，根据取热方式的不同，渣油催化裂化装置可分为内取热式和外取热式两种基本类型。其中内取热式又分为单段再生和两段再生两种形式；外取热式又分为下流式和上流式两种形式。

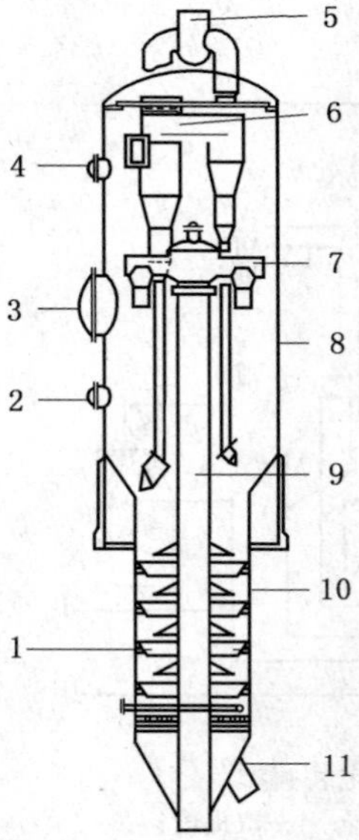

1. 内取热单段再生渣油裂化装置

内取热单段再生渣油裂化装置如图6－12所示。内取热器安装在再生器的密相床层内，与床层中的催化剂接触，以对流和辐射的方式将热量传递给管壁，盘管内流动的水吸收管壁的热量后转化为蒸汽。

内取热器的结构形式，根据取热盘管在再生器内的安装形式，又可分为水平式和垂直式两种，如图6－13所示。垂直布管取热均匀，管束作为流化床内部构件，可起到限制和破碎气泡的作用，改善流化质量。管子可以垂直伸缩，热补偿简便。但施工安装不方便，排管支承吊梁跨度大，承受高温易变形。若热负荷允许，取热管也可沿器壁布置，支承较方便。垂直管有蒸发管和过热管两类，管长根据料面高度而定，一般为7m左右。管束底部与空气分布管的距离不应小于1m，以防高速气流的冲刷。蒸发

图6－10　直立式提升
管反应器及沉降器
1—环形挡板；2—人孔；
3—装卸孔；4—人孔；
5—外集气管；6—旋风
分离器；7—快速分离器；
8—沉降器；9—提升管
反应器；10—汽提段；
11—待生斜管

管和过热管都均匀地混合在密相床中，可使床层水平方向取热均匀。

水平布管每层管排分内、外两组，各由两环串联组成，每组管排在圆周方向留有60°圆缺，预防管排膨胀。各层圆缺应依次错开排列，防止局部形成纵向通道。过热盘管集中布置在上部，蒸发盘管集中布置在下部，便于与进出口集合管连接。盘管与器壁应保留不小于300mm的间隙，防止沿器壁形成死区，影响周边流化质量。水平布管施工方便，盘管靠近器壁，支吊容易。但取热管与烟气及催化剂的流动方向互相垂直，冲刷较严重。另外，为防止管内蒸汽和水分层，管内应保持较大的质量流速。

内取热器投资少，操作简便，但维修困难，取热管使用中破裂，只能切断停用，无法抢修。对原料变化的适应性差，调节范围小。

2. 内取热两段再生渣油裂化装置 内取热两段再生渣油裂化装置如图6-14所示。两段再生的特点是在第一段再生器内设有内取热器。第二段再生器的操作温度较高，约720℃，再生剂含碳量较低，约

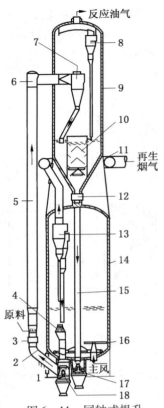

图6-11 同轴式提升管裂化装置

1—框架；2—斜管；3—提升管膨胀节；4—再生催化剂立管；5—提升管反应器；6—提升管90°弯头；7—提升管粗旋风分离器；8—旋风分离器；9—沉降槽；10—汽提段；11—外集气室；12—立管膨胀节；13—两级再生器旋风分离器；14—再生器；15—待生催化剂立管；16—主风分布管；17—待生催化剂阀；18—再生催化剂塞阀

0.05%，有利于提高转化率。

3. 下流式外取热渣油裂化装置　下流式外取热渣油裂化装置如图6-15所示。为了提高再生效率，采用两段式烧焦。第一段为带预混合管的前置烧焦罐式再生器。预混合管可以使待生催化剂与从外取热器及循环管流下来的再生催化剂很好地混合，以保证进入烧焦罐的催化剂温度及焦炭分布均匀，并与空气接触良好，以强化再生过程。为移出再生器的过剩热，设置了下流式的外取热器。

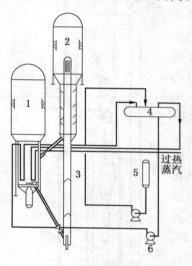

图6-12　内取热单段再生
渣油裂化装置

1—再生器；2—沉降器；3—提升管；
4—汽包；5—水罐；6—循环水泵

外取热器的结构形式是一种立式管壳式的蒸汽发生器。根据催化剂的流向，可分为上流式和下流式两种类型。每一类型又分为水、汽混合物走管程或催化剂走管程两种形式。

催化剂走管程的外取热器结构复杂，需采取措施使催化剂尽量均匀分布到管束内，并要防止涡流对管端的磨蚀，所以这种形式使用的较少。

蒸汽、水走管程的下流式外取热器，如图6-16所示。从再生器密相床上部或二段再生器(后置烧焦罐式)引出一部分700℃左右的高温再生催化剂，进入取热器，在列管间隙中自上而下流动，列管内通入水，催化剂和水进行热量交换。取热器底部通入少量的空气，就能维持催化剂床层的良好流化，动力消耗小。换

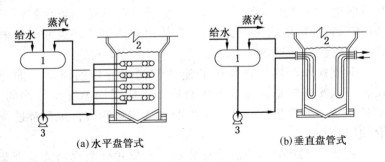

(a) 水平盘管式　　　　　　　(b) 垂直盘管式

图 6 – 13　内取热器的两种类型

1—汽包；2—再生器；3—循环泵

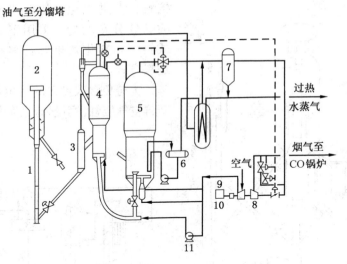

图 6 – 14　内取热两段再生渣油裂化装置

1—提升管；2—沉降器；3—脱气罐；4—第二再生器；5—第一
再生器；6—汽包；7—三级旋风分离器；8—烟机；9—主风机；
10—电动机，发电机；11—增压鼓风机

热后催化剂降温约 100 ~ 150℃，然后通过斜管返回再生器的下部(或前置烧焦罐的预混合管)。气体由取热器顶部返回再生器密相段(或后置烧焦罐)。

下流式外取热器催化剂的流动方向与气体的流动方向相反，所以流速较小，对管束的磨损小，床层的温度也较均匀。而且，这种外取热器与常规再生器和烧焦罐两段再生器都能配合使用。

4. 上流式外取热渣油裂化装置　上流式外取热器渣油裂化装置如图 6 – 17 所示。为强化再生过程，降低焦炭产率，两器结构采用同轴式。为改善油、剂接触，促进汽化，使催化剂在喷嘴处分布均匀，采用了上流式斜管和雾化效果好得多喷嘴进料方式。

为避免含碳量大的待生剂与新鲜空气接触，引起催化剂内、

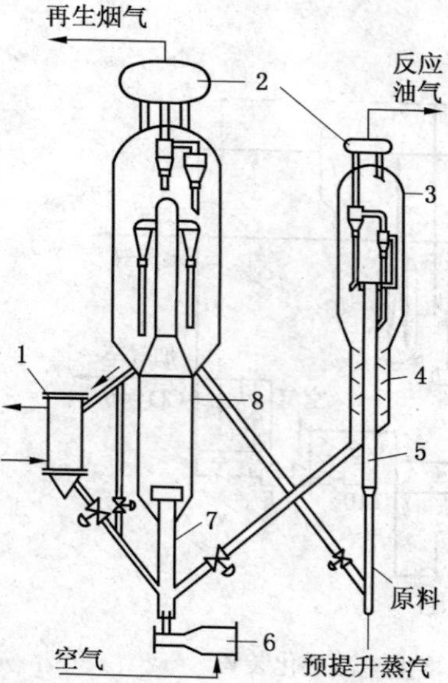

图 6 – 15　下流式外取热渣油裂化装置

1—外取热器；2—外集气室；3—沉降器；4—汽提段；5—提升管；6—辅助燃烧室；7—预混合管；8—烧焦罐

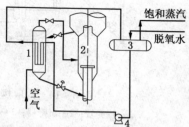

图 6 – 16　下流式外取热器示意图

1—外取热器；2—烧焦罐；3—汽包；4—热水泵

外表面温度过高，造成高温失活，在待生立管下部设有外套筒，以使待生剂在再生器内保持上进下出与空气逆向流动的烧焦方式。为取出过剩热量，采用上流式外取热器。蒸汽、水走管程的上流式外取热器如图6-18所示。

从再生器密相床底部引出部分700℃左右的高温再生剂，送入上流式外取热器的下部，用增压风使其沿列管间隙自下而上流动，催化剂入口管线避免水平布置，并通入松动风以适应催化剂

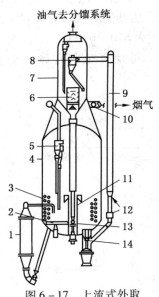

图6-17 上流式外取
热渣油裂化装置

1—外取热器；2—空气分布管；
3—内取热盘管；4—再生器；
5—旋风分离器；6—汽提段；
7—沉降器；8—快速分离器；
9—提升管；10—外集气管；
11—套筒；12—进料喷嘴；
13—待生塞阀；14—再生塞阀

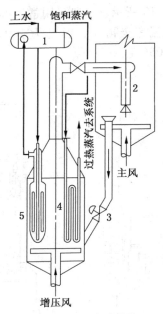

图6-18 上流式外取
热器示意图

1—汽包；2—再生器；3—单动
滑阀；4—外取热器；
5—取热管束

的输送要求。气体在管间的流速为1.0～1.6m/s,对列管磨损不严重。催化剂与气体一起自上流式外取热器的顶部流出,返回再生器密相床,催化剂循环量由滑阀调节。水在管内循环,受热后部分汽化进入汽包,水、汽分离后得到饱和汽,再送入外取热器换热成过热蒸汽,送入系统使用。

外取热器的突出特点是取热负荷大,操作调节灵活,安装检修方便。

5. 无取热器双器两段再生渣油裂化装置　除装有内、外取热器的渣油裂化装置外,还有一种无取热器的渣油裂化装置如图6－19所示。一段采用常规再生,温度为670～690℃;二段采用高温完全再生,温度为760～870℃。可使再生剂含碳量降到0.05%以下。

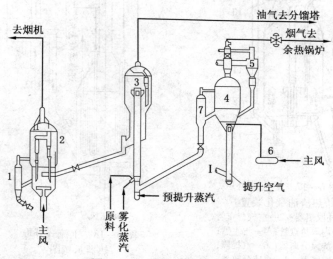

图6－19　无取热器渣油裂化装置

1—脱气罐;2—第一再生器;3—沉降器;4—第二再生器;
5—外旋风分离器;6—辅助燃烧炉;7—脱气罐

二、催化裂化反应器的结构

（一）床层反应器

催化裂化反应器是为原料油和催化剂提供一定的反应温度和反应时间及空间，使其充分接触并反应的场所。床层反应器使用无定型硅酸铝催化剂，除提供必要反应空间外，还起到回收反应油气所携带的催化剂及催化剂上所吸附的油气的作用。Ⅳ型装置床层反应器的结构如图 6 – 20 所示。床层反应器由壳体、进料弯管、油气分布板、旋风分离器、内集气室和汽提段等组成。

壳体分密相段、稀相段和汽提段三部分，总高度约26～33m，为圆筒形焊制设备。密相段和稀相段用碳钢钢板焊制而成。内部衬以 74mm 厚的隔热层衬里和 26mm 厚的龟甲网耐热耐磨层衬里。

反应器的稀相空间一般装有两级多组旋风分离器，油气经二级旋分器出口进入集气室。集气室位于反应器顶部，主要由集气室筒节和顶盖组成。集气室的直径根据旋分器布置的尺寸确定，其球面曲率半径一般与壳体封

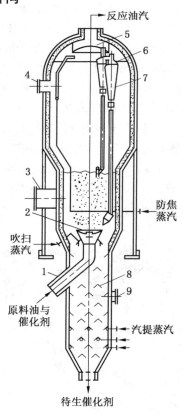

图 6 – 20　床层反应器
1—稀相段提升管；2—分布板；3—装卸孔；4—人孔；5—集气室；6—防焦板；7—旋风分离器；8—人字挡板；9—人孔

头一样。在集气室的下面装有一块防焦板，以减少蒸汽冷凝和结焦。在防焦板的上部沿集气室装有一圈蒸汽管，用经过密相段的过热蒸汽反吹防焦板以上的空间。防焦板的位置稍高于一级旋分器的入口，在靠近圆形防焦板的外侧均匀分布一圈直径为12mm 的小孔，以放出吹扫蒸汽至稀相段，并使防焦板的上、下压力平衡。在防焦板的两侧设有防爆门，防止反应器床层或防焦板顶部发生爆炸时损坏防焦板。

汽提段用锅炉钢板焊制而成，由于内部构件复杂，一般不采用耐热耐磨衬里，而是从外部进行保温。为便于催化剂与蒸汽充分接触，提高汽提效率，在汽提段设有人字形挡板。人字形挡板一般都焊在汽提段的壳体上，为便于检修，在汽提段的中部设有人孔。人字形挡板与水平面的夹角为30°，投影宽度为300~600mm，上、下两层人字形挡板的板间距为450~600mm，挡板层数为15~20层。人字形挡板各区域的流通面积为汽提段横截面的50%左右。底部三层人字形挡板下面设有汽提蒸汽管，蒸汽管上设有与水平成30°的喷孔，孔径为10~20mm。为防止喷孔堵塞和磨损，在喷孔外焊有25mm 长的套管。汽提段位于床层反应器的下部，高度一般为7~8m。

再生催化剂和原料通过进料弯管进入反应器分布板的下方，进料弯管设计成135°的肘管，进料弯管和分布板的结构如图6-21 所示。

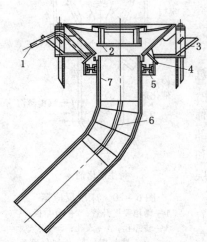

图6-21　进料弯管和分布板
1—吹蒸汽管；2—盘形挡板；
3—锥形挡板；4—滑盘式密封
圈锥体；5—滑盘；6—分配
挡板；7—耐磨衬里

大直径的进料弯管内部常衬以厚 20mm 的龟甲网耐磨衬里，以防止管壁的磨损。在肘管的转弯处加一分配挡板，使催化剂在弯管内均匀分布和减轻磨损。进料弯管的上方为一锥形体，锥形体的上部为反应器的分布板。锥体和分布板焊接在一起，分布板一般用锅炉钢板制成，厚度约为 20mm，利用螺栓连接在固定支架上。

分布板由两块曲率半径相同的向下凹的球面板组成，中心为一凸出的内分布板，直径约为外分布板直径的 1/2，凸出的高度约为外分布板弓形高度的 1/2。分布板上的开孔直径一般为 25～50mm，在整个板面上均匀分布，开孔率一般为 6%～10%。内分布板与外分布板用一短筒连接起来，检修时可将此短筒割掉，移开内分布板作为人孔使用。

在内分布板的下方，装有一块盘形挡板，以保证油气和催化剂均匀地通过内、外分布板，不致集中于内分布板，盘形挡板的位置应尽量靠下，用角钢支柱焊于内分布板的背面。盘形挡板的直径根据油气经过盘形挡板和分配锥体间的速度来确定，速度要求为 4.5～6m/s。一般情况下，盘形挡板直径比内分布板直径稍小，盘形挡板与分配锥体间的环隙面积为进料弯管面积的 1.5 倍。

进料弯管焊接在汽提段的筒体上，分布板固定在过渡段的支架上，因此，进料弯管和分配锥体间的连接必须考虑热膨胀问题。一般是把进料弯管的上口伸到分配锥体的下口中，并留有一定的间隙，两者之间用滑盘式膨胀节密封，滑盘式膨胀节主要是一块 2～5mm 厚的奥氏体不锈钢圆环，水平套在进料弯管上，用四圈角钢夹紧固定。里面两圈角钢焊在进料弯管上，外面两圈角钢焊在和分配锥体连成一体的圆筒圈上。当进料弯管受热膨胀时，内圈角钢随之上升，靠滑盘产生弹性变形保持密封。进料弯管与分配锥体间的横向移动，靠圆环在其滑动支承上的移动来解决。因安装精度有限，滑盘式密封达不到完全地密封，操作时需向密封圈内不断吹入蒸汽，防止油气或催化剂从滑盘漏出。

（二）提升管反应器

提升管反应器主要由反应器和沉降器组成，因使用分子筛催化剂，全部反应都在提升管内完成，沉降器只起沉降催化剂的作用，因催化裂化装置的两器布置形式不同，提升管反应器的形式也不相同。主要有用于高低并列式装置的直立式提升管反应器和用于同轴式装置的折叠式提升管反应器。

折叠式提升管从侧面进入沉降器，如图 6－11 所示。在满足反应器总长度的要求下，可降低装置总高度。但反应器有水平管段，在转弯的地方磨损冲蚀较严重。

因折叠式提升管从侧面进入沉降器，顶端需固定在沉降器的器壁上，其伸缩性受到限制。因此，提升管设有波形补偿器，用以吸收受热时的热膨胀。

直立式提升管结构如图6－10所示。汽提段一般采用圆环形挡板结构，挡板与水平夹角为 30°～35°，挡板间距为 700～800mm，挡板数为8～10 层，每层挡板的最小流通截面积为汽提段截面积的43%～50%。在最底层挡板下面设有环形汽提蒸汽分布管，喷嘴采用双直径喷嘴，可大大降低喷嘴及催化剂的磨损。圆环形挡板与人字形挡板相比，不仅结构简单，安装工作量小，而且调节灵敏，操作方便。

提升管反应器形式虽有不同，但基本结构是相同的，都是由预提升段、反应段、进料喷嘴、快速分离器及辅助管线等组成，如图 6－22 所示。提升管下部为预提升段，再生催化剂经再生斜管进入预提升段，由预提升蒸汽使之加速向上运动，进入反应段。对直径较大的提升管反应器，预提升段可以缩径，以保持较大气速，以利催化剂的输送。预提升段的线速要求≥1.5m/s。

为避免油气和催化剂偏流，一般采用多嘴进料，使喷嘴沿提升管圆周同一水平面均匀对称布置。喷嘴与提升管中心线的夹角为30°，喷嘴出口伸入到提升管内或与内壁平齐。各喷嘴的接管也应对称布置。为实现选择性裂化，在提升管的不同高度设有两个进料口，一般下进料口设在预提升段的上方，进新鲜原料；上进料口设在反应段中下部，进回炼油和回炼油浆，以免影响新鲜原料的裂化活性和选择性。原料进入反应器后随着反应深度的增加油气体积逐渐增大，为防止提升管上部气速过高，提升管也可作成上、下异径，甚至可作成三段不同的直径。

提升管的直径是根据提升管中物流的线速确定的。提升管的长度按油气所需的反应时间来确定。现在，常用提升管反应器的内径为 200～1400mm，长度为 25～41m。

对喷嘴的要求主要是要有良好的雾化效果，特别是渣油裂化，原料的雾化状况更为重要，常用的喉管式高效雾化喷嘴如图 6-23 所示。原料油由径向喷入，先碰撞到对面的棒子上溅成小液滴，再由喷嘴轴向喷入的高速蒸汽雾化成微小的雾滴，喷嘴的顶端为圆头扁口，压降约为 140kPa。

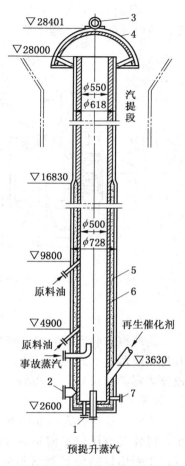

图 6-22　提升管结构
1—排污口；2—手孔；3—吊挂；4—球形盖；5—保温层；6—耐磨衬里；7—卸料口

除喷嘴外，沿提升管的上下还装有人孔、小直径的可设手孔，热电偶测温管、测压管、采样口等。

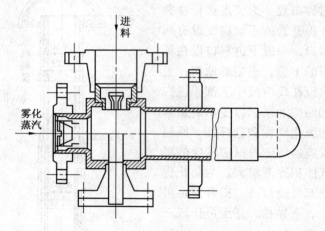

图 6 – 23　喉管式高效雾化喷嘴

（三）快速分离器

为严格控制反应时间，减少不必要的二次反应，使油气出提升管反应器后立即终止反应，提升管出口均设有快速分离器。快速分离器类型很多，分离效率一般为 70% ~ 90%，常用的如图 6 – 24 所示。

伞帽式快速分离器如图 6 – 24（a）所示。其结构简单、压降小，可使气流比较平滑地向下翻转，为保持一定的向下出口速度，伞帽出口的环形截面不应过大，与提升管截面之比一般为 3. 35。伞帽式的构件较大，支承较困难，对旋分器料腿的布置有一定影响，分离效果也较低，约为 75%。

倒 L 形弯头式快速分离器如图 6 – 24（b）所示。其侧面开有若干条长方形槽口，下端设有锥形防冲板，但并不封死，因气流要向下排出，所以出口不能离催化剂料面过近，一般应控制在

2~3m 以上。当提升管从侧面进入沉降器时，多采用这种形式，主要用于折叠式提升管反应器的出口，使油气和催化剂进入沉降器后经过两次 90°转向后折向下面，以减少催化剂随油气的带出量。其分离效率约为 85%。缺点是压降较大，磨损也较严重。

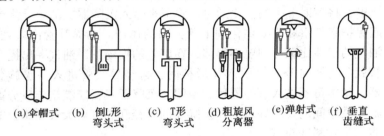

(a)伞帽式　(b)倒L形弯头式　(c)T形弯头式　(d)粗旋风分离器　(e)弹射式　(f)垂直齿缝式

图 6 – 24　几种快速分离器示意图

为减小提升管在转弯处受气流的严重冲蚀，折叠式提升管都采用气垫式弯头。即在弯头上方留有一定的气相空间，当高速气流到达提升管顶端突然改变方向时，由于催化剂颗粒质量较大，所产生的惯性滞后作用，在弯头上方高度集中而形成一个催化剂垫层，可保护弯头内壁不受冲刷。

T形弯头式快速分离器如图 6 – 24(c)所示。弯头的两端有向下的开口，气、固分离原理与倒 L 形相同，气流经过两次 90°转向后向下排出，使催化剂和油气迅速分离。另外，在 T 形弯头的顶部和两端都留有气垫空间，以防止改变流向造成冲蚀。T形弯头多用于直立式提升管的出口。

粗旋风分离器式如图 6 – 24(d)所示。常见的有两种形式。一种是将粗旋分器的入口设置在 T 形弯头的出口附近；另一种是将沉降器一级旋分器的入口直接与提升管的出口相连接。一级旋分器的出口则与二级旋分器的入口断开。粗旋分器结构较复杂，但分离效果好。

弹射式如图 6 – 24(e)所示。弹射式快速分离器安装在提升管的顶端，主要结构是一个环形杯。环形杯用导气管与一级旋分器相连接，导气管的尺寸按管内气速为 18m/s 来设计。提升管的末端是开口的，利用催化剂颗粒在高速下的惯性，在提升管出口快速向上喷射出去，经设在沉降器顶集气室下方 120°角的导流锥，将喷射上去的催化剂再反弹下来落入沉降器底部。导流锥起保护集气室和改变催化剂下落方向的作用。在提升管出口处，油气的惯性比催化剂要小得多，在压差的推动下，油气一出提升管就急速转向 180°被引入环形杯内，再经导气管进入一级旋分器，基本可不进入沉降器稀相空间。沉降器只要能满足旋风分离器安装空间的要求即可，使沉降器的直径和高度可大大缩小，节省大量材料和投资。

　　为了防止从提升管喷出的催化剂下降时落入到环形杯内，在杯口上方设有一圈与水平面夹角为 30°的倾斜挡板。提升管和导气管在生产中会产生热膨胀，因此弹射式快速分离器与提升管外壁之间留有膨胀滑动缝。弹射式是一种高效气、固分离设备，其结构简单、维修方便、分离效率高，可达 90% 以上，因此，沉降器可只设一级旋风分离器，即可满足分离要求。

　　垂直齿缝式快速分离器如图 6 - 24(f) 所示。其结构简单，设置在提升管顶端的出口，周边开有垂直齿缝。分离效果也较好，沉降器采用单级旋分器即可满足分离要求。

　　（四）沉降器

　　提升管反应器的沉降器，与床层反应器基本相似，如图 6 - 10、图 6 - 11 所示。上段为沉降段，内设旋风分离器；下段为汽提段，顶部设有内集气室和防焦板。有的装置则采用外集气室和集气管。因全部反应都在提升管内完成，沉降器不再设置密相床层进行反应，沉降器多采用直筒式结构。快速分离器分离效率较高，使一级旋分器入口处的催化剂浓度大大降低，沉降段高度只要能满足旋风分离器的安装高度即可。为避免旋分器回收的催化剂又被提升管反应器出口的油气带走，旋分器一、二级料腿最好延伸到提升管出口的下方，以减少催化剂的带出量。

（五）旋风分离器

在床层反应器的沉降段和提升管反应器的沉降器以及再生器中，虽经沉降分离，部分催化剂被回收回来，但烟气或油气中还携带有相当数量的催化剂。因此，需在设备内安装旋风分离器，以分离回收烟气或油气中所携带的这部分催化剂。

1. 旋风分离器的结构　旋风分离器的类型很多，但基本结构都是由筒体、升气管、圆锥体、灰斗等组成。灰斗下端与料腿相连，料腿的出口设有翼阀。旋风分离器的结构如图 6-25 所示。

旋风分离器的壳体用 6mm 厚的钢板制成，用于反应器、沉降器的旋风分离器一般用碳钢制作。用于再生器的旋风分离器一般用奥氏体不锈钢制作。壳体内部敷有 20mm 厚的龟甲网耐磨衬里。其筒体直径有 1260mm 和 1404mm 两种规格。从旋分器结构看，直径小分离效果好，所以，当气体负荷较大时，常采用几组并联。但直径过小时，敷设耐磨衬里较困难，安装和检修也不方便。

圆锥体是气固分离的主要设施，一般锥角为 25°～30°，由于圆锥体的直径不断缩小，虽因已除尘气体不断被排出，流量不断减少，但因固体颗粒的旋转速度仍不断增大，对提高分离效果有利。

灰斗起膨胀室脱气的作用，使

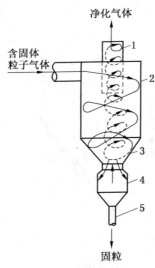

图 6-25　旋风分离器
结构示意图
1—升气管；2—筒体；
3—锥体；4—灰斗；
5—料腿

催化剂从圆锥体流出后旋转速度减慢，将夹带的大部分气体分出，重新返回锥体。灰斗中的催化剂经料腿连续排出，灰斗的长度应超过锥体延线的交点并应有一定的余量。

　　料腿的作用是使回收的催化剂顺利地从灰斗流至床层。料腿紧接于灰斗之下，为一直立的长管。因气流通过旋分器时产生压降，因此，灰斗处的压力低于外部的压力。料腿底部必须采取密封措施，使料腿内保持一定的料位高度，既能使催化剂从料腿中顺利排出，又能满足旋风分离系统压力平衡的要求，防止气流从料腿倒窜进旋风分离器。料腿的密封常采用在料腿的末端装一小段斜管和翼阀来进行密封。翼阀的结构如图6－26所示。

　　翼阀有全覆盖型和半覆盖型两种。全覆盖型是将位于料腿下

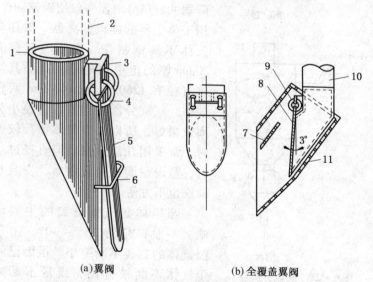

(a)翼阀　　　　　　　　　　　　(b)全覆盖翼阀

图6－26　翼阀结构

1—阀体；2—旋风分离器料腿；3—支架；4—吊环；5—阀板；
6—挡杆；7—挡板，开φ20孔，孔面积占25%；8—阀板；
9—吊环；10—料腿；11—覆盖罩，φ20孔，开孔面积占25%

端的整个斜管和翼阀都用覆盖罩包起来，以防气流和催化剂颗粒冲刷，影响阀板的严密性。全覆盖翼阀用于防护伸入到密相床层中的料腿。半覆盖翼阀只是在斜管下面加一块防护板，以减缓气流直接冲刷阀板和斜管。防护板为一平板，与水平面夹角为30°~40°。半覆盖翼阀用于防护不伸入密相床层的料腿。

翼阀的密封作用是依靠阀板本身的重量。当料腿内的催化剂积累至一定高度时，阀板受压力作用被打开，催化剂流出后阀板又依靠本身的重力被关上。翼阀动作灵活，阻力很小，阀板的最大开度为22°，利用翼阀上的挡杆来限制开度。阀板的关闭位置接近垂直，一般向前倾斜3°~8°，以保证关闭严密。

2. 旋风分离器的工作原理 旋风分离器工作时，含催化剂颗粒的气体以约15~25m/s的入口线速由切线方向进入筒体，在升气管与筒体之间形成高速旋转的外涡流，由上而下流过锥体底部。在离心力的作用下，悬浮在气流中的颗粒被甩向器壁，并随气流旋转至下方后落入灰斗内，经料腿、翼阀返回反应器、沉降器或再生器的密相床层。由于离心力的作用，在外涡流的中心形成低压区，净化后的气体受中心低压区的吸引，形成向上旋转的内涡流，最后通过升气管排出，达到气固分离的目的。影响旋风分离器分离效率的因素主要有入口气速、旋转半径、催化剂颗粒直径、气体黏度、催化剂入口浓度等。操作良好的两级旋分器的回收率可达99.99%以上。

3. 旋风分离器的类型 常用的旋风分离器主要有杜康型、布埃尔型和多管式三级旋风分离器。杜

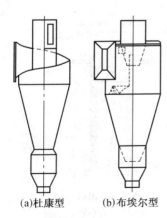

(a)杜康型 (b)布埃尔型

图6-27 两种常用旋风分离器

康型和布埃尔型，如图6－27所示。这两种旋分器除了结构尺寸略有不同外，主要的差别是布埃尔型在筒体的上部有一个涡流的导向部分，气流进入旋分器后，主要部分向下旋转，但同时有一小部分向上旋转，在筒体上部形成另一个涡流，其中夹带的催化剂会从升气管逸出。布埃尔型旋分器内装有隔板，将此涡流导向下面，使其中夹带的固体颗粒进入下部锥体被分离出来，提高了分离效率。

　　对催化裂化使用的旋风分离器的主要要求是处理能力大，分离效率高，压降小，耐高温，耐冲刷磨损，结构简单，体积紧凑，便于衬里和检修。

　　再生器使用的三级旋风分离器，主要有多管式、旋流式和布埃尔式三种。其中多管式高效三级外旋风分离器使用较多，其结构如图6－28所示。含催化剂粉尘的烟气从中心管进入，经过筛网到达两块管板之间，然后顺轴向分别流入数十个并联的分离单管。气流在单管内经螺旋翼片导流，产生旋转运动，使催化剂粉尘受离心力作用，被甩向外管的内壁，并通过泄料盘排出。净化

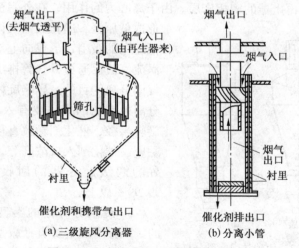

(a) 三级旋风分离器　　　　(b) 分离小管

图6－28　多管式第三级外旋风分离器

后的烟气向上流动，经过内管汇集在顶部，从旋风分离器排气管引出送至烟气轮机。

4. 旋风分离器的安装方式 反应器、沉降器一般采用多组并联两级串联的安装方式，一级旋风分离器的出口与二级的入口相联。在一级的出口处装有一根冷却用蒸汽管，以便在出现二次燃烧时吹入蒸汽。在二级旋分器入口处装有窗格式整流器，使来自一级旋风分离器的气流克服旋转运动的惯性后，进入二级旋风分离器，可使气流不串入二级旋风分离器中心的低效区，提高分离效率。旋风分离器是对称安装的，所有的一级旋风分离器都靠近反应器、沉降器或再生器的器壁，并都朝着相同的半径方向。一级旋风分离器的入口常作成喇叭形，以减少入口处的涡流和阻力。对提升管反应器，当采用高效快速分离器时，沉降器内也有使用单级旋风分离器的。

再生器一般也采用多组并联两级串联的安装方式。但当装置使用烟气轮机回收烟气的能量时，还要设置第三级旋风分离器，使进入烟机的再生烟气中的含尘量降到 $0.08 \sim 0.2 g/m^3$，以减轻对烟机透平叶片的磨损，延长烟机的使用寿命。

对常规再生器，一级旋风分离器的料腿应埋入密相床层，料腿出口可不加翼阀。当采用分布板时，料腿底部距分布板的距离为 $400 \sim 800mm$。料腿底部被催化剂密封，在料腿投影区直径为 $800mm$ 范围内分布板上不开孔。当采用分布管时，一级旋风分离器的料腿底部距分布管顶的距离应在 $1.5m$ 左右。因距离较大，料腿投影区内仍照常开孔，但需在料腿出口安装防倒锥。防倒锥的直径应为料腿直径的 1.5 倍左右，锥顶至料腿的距离等于料腿的直径，锥角为 $120° \sim 150°$。燃料油喷嘴不能设在一级料腿的底部。二级旋风分离器料腿的截面积，一般为一级旋风分离器料腿截面积的 $1/2$，料腿底部翼阀应埋入密相床 $1 \sim 2m$。

三、催化裂化再生器的结构

（一）常用再生器的结构

催化裂化再生器的结构主要与再生方式和再生条件有关，常用的再生器主要有大筒再生器、大小筒再生器及烧焦罐式再生器等。

1. 大筒再生器　大筒再生器结构较简单，密相段和稀相段的直径相等。主要由辅助燃烧室、密相段、稀相段等构成，如图6－29所示。大筒再生器主要用于密相段线速为0.3～0.8m/s的低速床常规再生。

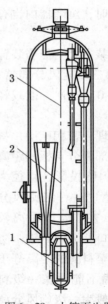

图6－29　大筒再生器
1—辅助燃烧室；2—密相段；3—稀相段

2. 大小筒再生器　大小筒再生器的结构如图6－30所示。再生器稀相段直径大于密相段直径，主要用于密相段线速为0.8～1.2m/s的高速床常规再生。

大小筒再生器除密相段、稀相段（沉降段）直径不同外，其他结构与大筒再生器基本相同。在再生器密相段的底部装有凹球面的分布板或树枝状的分布管，最下部也设有辅助燃烧室。

烧焦用空气（主风）经辅助燃烧室通过分布板或分布管进入密相床层，待生剂由待生斜管经再生器侧壁进入密相床层，经再生后由淹流管送出再生器。淹流管设在密相床层内，管上部不开槽口，管顶截面按最大速度不超过0.24m/s的要求来设计。淹流管的特点是蓄压好，输送推动力大，催化剂不易倒流。常规再生器在密相段的下部设有燃油喷嘴，当烧焦热量不足时进行补充。

对Ⅳ型装置，催化剂用 U 形管输送，所以密相段无待生斜管，待生剂由密相提升管从再生器底部送入密相床层。密相提升管长度一般大于 10.5m，最高点在分布板以上 0.6m 处。再生剂的出口不用淹流管而用溢流管，其结构如图 6-31 所示。溢流管是一个漏斗形的立管，在顶部以下约 50～100mm 的地方开有宽 40～60mm，长 400～600mm 的长方形槽口，槽口面积为管顶截面积的 30%～50%，溢流管的上口与密相床面平齐，其高度一般为 6.1m 左右。再生剂由溢流管侧壁的槽口流入溢流管内，再经下部立管流出。

在稀相段主要设有多组并联两级串联的旋风分离器和集气室，烟气经分离后由集气室排出。催化剂

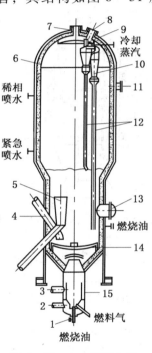

图 6-30 大小筒再生器
1—看火窗；2—一次风入口；
3—二次风入口；4—待生斜管；
5—淹流管；6—衬里；7—烟气
出口；8—人孔；9—集气室；
10—旋风分离器；11—人孔；
12—料腿；13—装卸孔；
14—分布板；15—辅助燃烧室

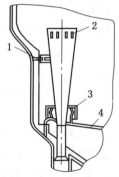

图 6-31 再生器溢流管
1—拉杆；2—槽口；3—波形
膨胀节；4—分布板

经旋分器料腿返回密相床层。另外在稀相段还设有防止二次燃烧的喷水嘴，在一、二级旋分器间设有冷却蒸汽喷嘴。

在再生器的一定部位还有测温、测压的管嘴。在再生器上部筒体设有检修平台和人孔，下部筒体设有检修孔和催化剂装卸口等。

3. 烧焦罐式高效再生器。烧焦罐式再生器的种类较多，常用的前置烧焦罐式再生器结构如图 6 - 32 所示。前置烧焦罐式再生器主要由烧焦罐、稀相管、第二密相床及稀相段等构成。在稀相管的出口装有快速分离装置，对烟气和催化剂进行分离，大部分催化剂落入第二密相床，烟气经旋分器分离后经集气室排出，回收的催化剂经料腿返回第二密相床。第二密相床补充少量空气，以维持流化并烧去残余的大部分焦炭。

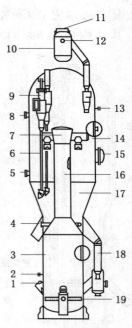

图 6 - 32　烧焦罐式
高效再生器

1—待生催化剂入口；2—燃烧油喷嘴；3—烧焦罐；4—二段主风入口；5—人孔；6—料腿；7—快速分离器；8—人孔；9—旋风分离器；10—外集气室；11—烟气出口；12—人孔；13—稀相喷水口；14—稀相段；15—装卸孔；16—稀相烧焦管；17—第二密相床；18—催化剂循环管；19—主风分布管

再生后的催化剂，一路经再生斜管进入提升管反应器，另一路经外循环返回烧焦罐下部，以提高烧焦罐的起始再生温度和维持烧焦罐催化剂的循环强度。

（二）再生器的主要构件

1. 再生器圆筒体　常规再生器密相段的高度与密相段的截面积、催化剂的藏量和床层密度有关，可用下式来计算，即：

$$H = \frac{W}{F\rho} \qquad (6-1)$$

式中 H——密相段的高度，m；

W——密相段催化剂藏量，kg；

F——密相段截面积，m^2；

ρ——密相段床层平均密度，kg/m^3。

密相段从分布管到正常料面的高度一般为 $6\sim7m$。密相段的直径与温度、压力、烟气流量和线速等操作参数有关，可用下式来计算，即：

$$D = \sqrt{\frac{4V_{烟}}{\pi u}} \qquad (6-2)$$

式中 D——密相段直径，m；

$V_{烟}$——烟气通过床层中部的体积流量，m^3/s；

u——床层气流线速，m/s；

π——圆周率，取 $\pi = 3.14$。

对常规再生器，床层线速一般控制在 $0.9m/s$ 左右。对烧焦罐式再生器第一密相床的线速较高，一般为 $1.5m/s$ 左右，以使全部烟气和催化剂都能经稀相管送至稀相段。

稀相段直径的计算与密相段相同。旋风分离器周围的空间气速应控制在 $0.6\sim0.7m/s$，以利于催化剂的沉降。稀相段由密相床料面至一级旋风分离器入口的高度，应不低于催化剂的理论沉降高度，一般为 $9\sim11m$。另外，还需考虑旋分器料腿长度对净空高度的要求。

当密相段为低速床(床层平均线速为 $0.6\sim0.7m/s$)时，稀相段、密相段直径一般都相等。当密相段为高速床(床层平均线速为 $1.0\sim1.2m/s$)时，稀相段直径应大于密相段直径。两段之间用锥体连接,锥体斜面与水平面夹角一般取60°。

常规再生器由裙座至烟气出口的总高度,一般为20~24m。几种常用再生器的主要结构尺寸见表6-1。

表6-1 再生器主要尺寸

装置形式	处理能力/（万吨/年）	密 相 段		稀 相 段	
		直径/m	高度/m	直径/m	高度/m
Ⅳ 型	3	1.35	4	1.65	
高低并列	12	2.60	7.941	3.8/4.2	18.264
高低并列	60	5.23	8.975	7.2	11
烧焦罐	120	4.90	8.00	7.70	10.58

再生器的圆筒体是用厚度为18~20mm的低碳钢板焊接而成,为隔热和防止磨损在圆筒体的内壁敷设有100mm厚的龟甲网隔热耐磨衬里,使圆筒壁的温度不超过170℃。一般,隔热层厚74mm,耐热耐磨层厚26mm,如图6-33所示。施工时先在圆筒壁上均匀地焊上许多间距为250mm的保温钉,再敷设由矾土水泥、轻质耐火黏土及蛭石配制而成的隔热层,再

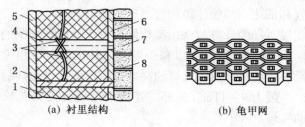

(a) 衬里结构　　　　　(b) 龟甲网

图6-33 再生器衬里示意图
1—隔热衬里；2—油气阻挡圈；3—铁丝网；4—保温钉；
5—壳体；6—端板；7—耐磨衬里；8—龟甲网

在保温钉顶部焊上 50×50mm 的方形端板，并在端板上设置 20×1.75mm 的扁钢带冲制而成的六角形格网（龟甲网），然后在龟甲网内填充由矾土水泥、矾土细粉及矾土熟料配制而成的耐热耐磨层。由于耐热耐磨衬里被龟甲网分成许多六角形小块，每块之间通过其边缘上的小孔联系在一起，所以这种衬里不必设膨胀缝，在轻微震动和严重冲刷下也不会剥落。

2. 空气分布器　空气分布器的作用是使整个床层截面积上的空气分布均匀，促进气、固接触，创造良好的起始流化条件。空气分布器有分布板和分布管两种形式，空气分布板的结构如图 6-34 所示。

空气分布板为圆形向下凹的球面板，一般用 20 号锅炉钢板制作，厚度大于 20mm。分布板上开孔直径为 15~25mm，开孔率一般都小于 1%。这种结构使气流通过中心部位的阻力增大，使气流在整个截面分布均匀。但

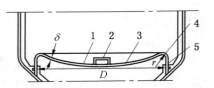

图 6-34　再生器空气分布板
1—球面；2—人孔；3—分布板；
4—弧形翻边；5—裙板

分布板的球面曲率不能过大，中心下凹最大深度不超过 83（mm/m 直径），以避免气体在外边缘形成短路。

分布板通过半径为 r 的圆弧形翻边与圆筒形裙板上端焊接在一起，裙板的下端焊接在再生器下部锥体上。这种结构使分布板具有一定的挠性，可部分消除因温度应力引起的分布板变形和焊缝开裂等现象，但并不能完全防止变形和开裂。分布板中央开有一个直径为 450mm 的人孔，供检修时使用，平时用平盖板封死。分布板结构存在的主要问题是压降较大，制作检修困难，大直径分布板易变形。再生器分布板主要结构尺寸见表 6-2。

表 6 – 2　再生器分布板主要结构尺寸

装置规模/ (万吨/年)	密相床直径/ mm	分布板直径/ mm	孔径/ mm	孔数/ 个	开孔率/ %	球 R/ mm	板厚 δ/ mm	弧形翻边 r/ mm
3	1800	1624	15	99	0.84	2400	16	70
12	3800	3624	15	151	0.329	5600	20	70
60	5030	4830	25	153	0.408	7150	22	70
120	8000	7700	25	440	0.463	11000	28	160

为解决分布板易变形问题，可采用空气分布管结构的空气分布器。分布管结构简单、制作检修方便、可现场制作安装，节省钢材、压降小、不易变形、主风分布均匀，其特点较突出，已逐渐取代分布板。常用的分布管有同心圆式和树枝式两种类型，其结构如图 6 – 35 所示。

同心圆式分布管是在主管上端焊接数根支管，支管间焊有环向分支管。树枝式分布管也是在主管上端焊接数根支管，在支管两侧焊有垂直于支管的分支管。主管的下端与辅助燃烧室的出口管连接，在主管的顶部设有人孔，以备检修时使用。主管、支管及分支管一般用碳钢管或 Cr5Mo 合金钢管制成。

对较大直径的再生器，常在主管顶部人孔盖板上装设曲管喷嘴，以避免在盖板上形成死区。有的装置在支管的上方也装有曲管喷嘴，如图 6 – 35(c) 所示。在每根分支管的下方焊有许多向下倾斜 45°的厚壁短管(喷嘴)，如图 6 – 35(d) 所示。

主风通过喷嘴以 60m/s 左右的高速向斜下方喷出，然后折返向上经管排间的缝隙进入床层。主风通过缝隙的速度控制在 0.6 ~ 1m/s 范围内较适宜，过大时床层难以维持；过小时催化剂将泄漏到分布管的下方，使催化剂和分布管被磨损。

主风从喷嘴高速喷出时，对设备和催化剂有冲蚀磨损。为减少冲蚀磨损，常采用异径喷嘴，其结构如图 6 – 36 所示。异径喷嘴的优点是出口的线速较低(约30m/s),可大大减少对设备和催化剂的冲蚀磨损。

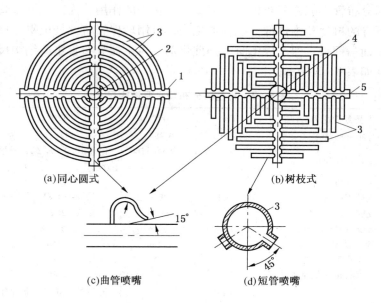

(a)同心圆式　　　　　　　　(b)树枝式

(c)曲管喷嘴　　　　　　　　(d)短管喷嘴

图6-35　再生器空气分布管

1—支管；2—主管；3—分支管；4—主管；5—支管

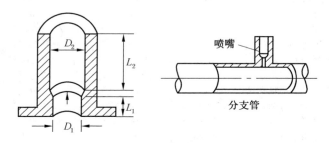

图6-36　异径喷嘴

因分布管边缘与再生器壳体内壁之间有一环形缝隙，为避免主风沿器壁上升，一般可用齿形或环形挡板将缝隙堵死。另外，因分布管不能像分布板一样起支承催化剂的作用，为防止分布管下方的再生器锥体部分积存催化剂，可用珍珠岩将此处填平，顶上铺一钢板，便于停工时清扫催化剂。再生器分布管主要结构尺寸如表6-3所示。

表6-3　再生器分布管主要结构尺寸

装置处理能力/万吨	60	120	120
分布管形状	树枝状	树枝状	树枝状
主管直径/mm	内径 600, 衬里 100	内径 1160, 厚 18, 衬里 20	内径 1000, 厚 12, 衬里 100
主管材质	—	20g	20g
支管直径/mm	$\phi324 \times 12$	$\phi529 \times 12$	$\phi530 \times 12$
支管材质	—	ST 45	20g
分支管直径/mm	$\phi114 \times 8$	$\phi159 \times 10$	$\phi159 \times 8$
分支管材质	—	Cr5Mo	Cr5Mo
分支管排数	8	15	14
分支管排间距/mm	—	240	250
喷嘴形状	向下斜 45°, 最外两排向里	垂直向下, 迎气流方向有 45°角	除最外两排外, 每排第 3 个喷嘴垂直向下, 其余斜 45°角
喷管直径/mm	$\phi22 \times 3$	$\phi32 \times 6$	$\phi28 \times 5$
喷管长度/mm	30	80	60
喷管材质	—	10 号钢	20g
喷管数量	665	958	1074
喷管开孔面积/m²	0.1335	0.3	0.293
曲管喷嘴直径/mm	$\phi22 \times 3$	$\phi25 \times 2.5$	$\phi27 \times 6.5$
曲管喷嘴材质	—	10 号钢	20 号钢
主管顶部曲管喷嘴数量	24	12	34
支管上曲管喷嘴数量	$2 \times 17 + 2 \times 24$	4×18	4×16
曲管喷嘴总数	106	84	90
曲管喷嘴开孔面积/m²	0.0225	0.0264	0.0139
分布管总开孔面积/m²	0.156	0.3264	0.3069

续表

装置处理能力/万吨	60	120	120
分布管金属总质量/kg	—	14410	11800
一级料腿底部距分布管中心距离/mm	1200	1505	—
一级料腿防倒锥锥形状	双锥	双锥	—
防倒锥角/°	150	120	—

3. 辅助燃烧室 辅助燃烧室的作用是用于开工时加热主风，提供再生器升温时所需要的热量。在正常生产两器热量平衡时，辅助燃烧室只作为主风的通道。辅助燃烧室有立式和卧式两种类型，常用的为立式，其结构如图 6 - 37 所示，为夹套式燃烧炉。直接安装于再生器分布板或分布管的下面，与再生器连成一个整体，使设备非常紧凑。

辅助燃烧室由带夹套的筒体组成，内筒是燃烧室，燃料在燃烧室燃烧。主风分两路进入，一路称一次风直接进入燃烧室，另一路称二次风直接进入夹套，在夹套出口与燃烧室的高温烟气混合。这样既可冷却燃烧室的器壁，又便于控制出口的温度。

辅助燃烧室烟气的出口形式与再生器底部的结构有关。当使用分布板时，烟气出口上方设有球形顶盖，防止燃烧室的辐射热和高温烟气直接辐射

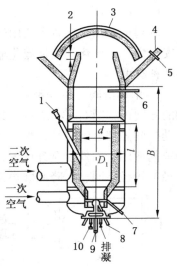

图 6 - 37　辅助燃烧室
1、10—看火孔；2—料封；3—顶盖；
4—再生器锥体底部；5—高温警报器；
6—热电偶；7—气体燃烧器；
8—电点火器；9—油燃烧器

和冲击分布板及催化剂流下来时掉入辅助燃烧室。球形顶盖和再生器分布板之间的最小距离为760mm，安装在再生器锥形底的四个支座上。球形顶盖里面衬有100mm厚、带有龟甲网的耐热耐磨水泥衬里。

当再生器底部使用分布管时，烟气出口管可与分布管的主管直接相连。有的在烟气出口加装筛网，以防脱落的衬里阻塞分布管的支管。

辅助燃烧室的大小，由所需热负荷和规定的炉膛体积热强度来确定。

四、滑阀和塞阀

（一）滑阀

滑阀是催化裂化装置使用的特殊阀门，是保证反应器和再生器安全生产及催化剂正常流化输送的关键设备。滑阀有单动和双动两种类型。

1. 单动滑阀　单动滑阀安装在催化剂的循环管路上，其结构的侧剖视如图6-38所示，其结构主要由阀体、滑板和传动及自动控制等部分组成。在Ⅳ型装置正常操作时，单动滑阀不作为调节阀使用，而处于全开位置，由两器自动保护系统控制。滑阀直径与管径相同，压降和磨损都较小。当发生事故时，单动滑阀

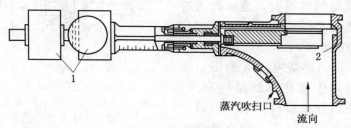

蒸汽吹扫口　　　流向

图6-38　单动滑阀

1—传动及自动控制部分；2—阀体部分

才自动关闭，切断两器之间的联系，以保障设备的安全。

在提升管装置中，单动滑阀作为调节阀使用，通过待生滑阀和再生滑阀的开度，来控制调节待生剂和再生剂的循环量。所以，压降和磨损都较大，正常操作时单动滑阀的开度控制在40%～60%。

2. 双动滑阀 双动滑阀安装在再生器集气室出口的烟气管线上，并尽可能靠近再生器。其结构的上视图如图6－39所示。双动滑阀主要由阀体、两块顶端各有一弓形缺口的滑板、两套传动及自动控制等部分组成。工作时两块滑板分别由两套传动机构自动控制，同时作相对滑动。当阀杆行程走到完全关闭位置时，两块阀板靠拢，而中间仍留有缺口，并不完全关死，起安全阀的作用。缺口面积为全开面积的15%，以保证再生器工作时不超压，避免憋坏主风机。

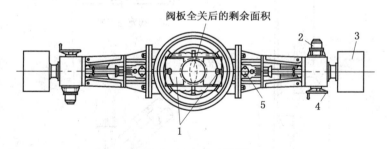

图6－39 双动滑阀
1—阀板；2—风动马达；3—控制箱；4—手轮；5—蒸汽吹扫口

正常操作时，通过双动滑阀的开度来控制再生器的压力和调节两器的压差。双动滑阀的特点是操作灵敏，调节精度高、速度快，控制准确、误差小。

（二）塞阀

塞阀是同轴式催化裂化装置中使用的一种特殊阀门，用于控制调节催化剂的循环量。一般垂直安装在再生器或沉降器的底部，有空心塞阀和实心塞阀两种类型。常用塞阀的结构如图6-40所示。塞阀的阀座为一光滑的锥形过渡段，与阀塞同轴安装，

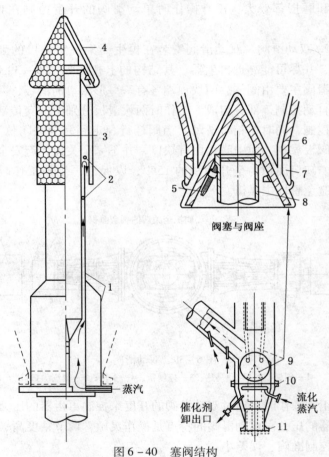

图6-40　塞阀结构
1—固定部件；2—吹扫冷却蒸汽系统；3—杆管保护层；4—阀塞；
5—固定螺栓；6—龟甲网保护层；7—可换阀座；8—杆管；
9—塞阀组合件；10—维修法兰；11—安装法兰

可使催化剂均匀地流经阀塞360°范围的表面。塞阀表面磨损均匀，可通过杆管和阀塞垂直行程的加长来补偿因磨损增加的间隙，延长操作周期。

塞阀的长度一般为4300～7000mm，塞阀喉管的直径一般为150～970mm，塞阀的质量一般为2000～6000kg。阀塞的外面和杆管保护罩的外面敷设有龟甲网耐磨层。塞阀的执行和调节机构与滑阀相同。

塞阀的特点是磨损较均匀，可自动补偿磨损的间隙，使用寿命较长。塞阀工作时承受高温和强磨损的部件少，安装位置较低，操作维修方便。塞阀的适应性不如滑阀，使用范围受到一定限制。

五、催化裂化反应器、再生器的检修

催化裂化反应器和再生器，设备复杂庞大，构件、部件繁多，又是在高温和催化剂流态化条件下工作的，操作条件苛刻、易损件多，磨蚀也较严重。因此要认真提高设备的检修质量，以保证装置长周期安全正常运转。设备的检修质量要求，按国家或行业制定的有关标准执行。

（一）反应器、再生器主要构件的检修

（1）检查集气室各部位焊缝有无裂纹和磨损，进行修理和补焊。

（2）检查旋风分离器各部位及料腿、翼阀等构件有无焊缝开裂、筒体磨损变形，吊杆、吊挂是否正常等情况，进行修补或更换；检查翼阀开、闭是否灵活，接触面是否严密有无磨损，角度是否符合要求，进行维修和处理。

（3）检查再生器、反应器分布板或分布管各部位的焊缝、磨损、变形等情况，进行修补或更换；检查滑盘、膨胀节等部位的磨损情况，进行修补或更换。

（4）检查反应器汽提段各部位及人字形或圆盘形挡板的焊缝

和磨损情况，进行修补或更换。

（5）检查辅助燃烧室各部件及耐火砖、衬里、燃烧器等损坏情况，进行修补或更换。

（6）对密相提升管、催化剂加料管、分布板上下卸料管、反应器顶油气管线、稀相提升管溢流管、淹流管等部件进行测厚、修补或更换；检查各部件耐热耐磨衬里磨损、开裂、脱落等情况，进行修补或更换。

（7）检查反应器、沉降器及再生器的器壁及衬里磨损、裂缝、变形、脱落等情况，进行修补或更换；各开孔部位处的衬板变形及衬里磨损情况，进行修补或更换。

（二）反应器的主要易损部位及检修

反应器的易损部位主要有分布板、进料弯管、滑盘密封、汽提段等。有些易损部位如集气室、旋分器等与再生器的类似，按有关要求检修即可。

（1）反应器分布板管孔的内侧磨损较严重，设计孔径一般为 25～50mm，磨损后孔径可达 60～65mm，虽孔上嵌有耐磨衬管，磨损仍较严重，需检修更换。

（2）进料弯管主要是衬里易磨损，需检修；滑盘的磨损一般也较严重，特别是蒸汽吹扫处，需检修。

（3）汽提段汽提蒸汽喷嘴开孔处的保护短节损坏一般也较严重，需检修或更换，人字形挡板与器壁的焊缝易产生开裂现象，需检修补焊。

（三）再生器的主要易损部位及检修

再生器的易损部位主要有集气室、旋风分离器、分布板或分布管、溢流管、膨胀节及辅助燃烧室等。

（1）集气室与再生器封头之间，当发生二次燃烧时，会产生较大的温差应力，加之烟气的冲刷振动，焊缝较易开裂，需检修补焊。

（2）旋风分离器因受高温应力及含催化剂气流的冲刷，极易损坏。一级旋分器入口喇叭口的内侧转弯处、出气管的焊缝、锥体的下端、灰斗焊缝、筒体的衬里部分等各部位，极易出现被冲蚀成沟槽、磨蚀穿孔、焊口开裂、鼓包变形、衬里脱落、灰斗被堵塞等现象，需检查修理。

二级旋分器因入口速度比一级旋分器要高，磨损更加严重，入口整流器及上下衬板、锥体下端的延长部分等位置最易产生焊缝开裂和磨损，需检修；其出口管与集气室顶盖的焊缝易开裂和变形，需补焊和整修。

料腿易产生高温变形向外弯曲，管壁易磨损变薄，翼阀环孔处易结焦，使阀板关闭不严，阀板还易磨蚀变形，阀体的斜管端面也易冲蚀磨损，这些部位都需检查修理。

（3）再生器分布板的主要问题是高温变形，特别是大直径分布板变形较严重。主要是分布板中心部位及提升管、溢流管、卸料管等及焊缝处易向上凸起；一级旋分器料腿下方分布板及个别地方易向下凹陷；分布板裙座筒体易变形，裙座与再生器锥体部分的焊缝易开裂，这些部位需检修。

（4）溢流管的刚性较差，管口易发生变形，可加装内部支撑圈；溢流管和待生剂提升管的波纹形膨胀节因直径大，多采用拼焊制造，易发生变形、磨损及焊缝开裂，需修补。

（5）辅助燃烧室球形顶盖内表面的衬里，因气流冲刷易脱落，筒体上部的耐火砖也易损坏脱落，炉体的耐热衬里也易脱落，夹套易变形，这些部位需修补；燃烧器火嘴易烧坏，需修理、更换。

（四）反应器、再生器衬里的检修

衬里是反应器、再生器的关键构件，要求既要隔热，又要耐磨，常用的有单层耐磨衬里和双层耐热耐磨衬里两种类型。

单层耐磨衬里厚26mm，在龟甲网格中填充耐磨混凝土，用于旋分器、反应器分布板入口锥体及进料弯管等处。

双层耐热耐磨衬里由 74mm 厚的隔热层和 26mm 厚的耐磨层组成，常用的有矾土衬里、磷酸铝－矾土衬里及磷酸铝－钢玉衬里三种类型。前一种多用于反应器、再生器的筒体及 U 形输送管和烟囱等处，检修时可用机械喷涂或手工涂抹。后两种衬里多用于反应器进料弯管、分布板入口锥体、旋分器锥体、灰斗等磨损较严重的高温部位。

衬里在生产过程中因高温烟气及催化剂的冲刷，常产生磨蚀、裂缝、脱落、龟甲网翘曲、鼓胀、崩开等现象，必须进行修补。修衬龟甲网时应先把损坏的地方修整成正方形或长方形，将器壁清除干净。保温钉尽量焊密一些，在磨损严重的地方如大弯头、集气室顶盖等处更应焊密一些，然后再焊上端板。在连接龟甲网时可沿接缝焊一不锈钢条，并与龟甲网牢固地点焊在一起。

修补衬里时，应凿掉损坏的松散部分，吹扫干净后涂以少量胶结剂，再填上衬里湿料捣实压平，使新老衬里紧密结合牢固可靠。在衬里修补前，应检查保温钉、端板、龟甲网的焊接质量使其符合要求。衬里修补后应进行烘干养护。

第四节　催化重整反应器和加氢裂化反应器

催化重整和加氢裂化都是炼厂的重要生产装置。因生产过程中都有化学反应，所以装置的核心设备是反应器。

催化重整是以直馏汽油馏分为原料，在重整催化剂的作用和氢气存在的条件下，某些烃类分子发生化学反应，重新排列成新的分子结构，生产高辛烷值汽油组分或苯、甲苯、二甲苯等石油化工产品的加工过程。催化重整按所用催化剂含贵金属元素的种类来分类。催化剂中含有铂元素的，称为铂重整；含有铂、铼两种元素的，称为铂铼重整；除铂以外还含有其他两种或两种以上金属元素如铼、钯、铱、锗等，则称为多金属重整。

加氢裂化是以重质油为原料，在加氢催化剂的作用和氢气存在的条件下，以较高的压力和温度进行操作，使重质原料油和氢气混合，进行加氢、异构化、裂化等反应，生产各种优良的轻质燃料油的加工过程。

一、催化重整反应器的类型和结构

重整反应器主要有固定床轴向、径向反应器和移动床径向反应器。铂重整反应器因操作压力较高，一般约为 2.5MPa，多采用固定床轴向反应器。双金属和多金属重整反应器操作压力和压降都比铂重整反应器小，一般采用固定床径向反应器。连续重整多采用移动床径向反应器。

（一）固定床轴向反应器

固定床轴向反应器如图 6 - 41 所示。反应器为圆筒形，一般用 40mm 厚的碳钢板卷焊而成。内衬 100 厚的耐热水泥层，具有保温和降低外壳壁温的作用。最里面再衬一层 3mm 厚的用 0Cr18Ni10Ti 制成的合金钢衬里，以防止碳钢筒体受高温氢气的腐蚀。头盖和底盖也要加内衬。

为使原料气在床层截面上分配均匀，在反应器上端的油气入口处装有进料分配头，分配头的下端被封死，在边缘处开有一些 38mm × 100mm 的矩形槽。在反应器下端的出口处装有钢丝网，防止油气将催化剂粉末带出。

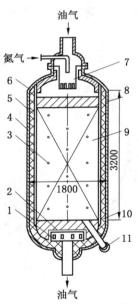

图 6 - 41 轴向反应器
1—油气出口集合管；2—钢丝网；3—测温点；4—碳钢壳体；5—耐火水泥层；6—合金钢衬里；7—分配头；8—惰性小球；9—催化剂；10—惰性小球；11—催化剂卸出口

钢丝网下方为油气出口集合管。

油气上进下出,以轴向通过催化剂床层。反应器底部装有一层瓷球,其上装填催化剂,在催化剂上方再铺一层瓷球,以防止床层催化剂受油气冲击碰撞跳动而破碎。催化剂床层中设有若干测温点,以了解床层温度分布和变化。反应器外壁不保温,涂有一层蓝色变色漆,当反应器壁温超过246℃时,变色漆将由蓝色变为白色。为防止壳体过热使金属脆化,应经常检查壳体温度变化情况。

反应器的直径和高度可根据催化剂的装入量和油气通过床层的压降来确定,其高度和直径的比值称为高径比。当处理量一定时,高径比越小,床层截面积就越大,油气通过床层的压降就小。但当高径比<3时,反应器造价随高径比的下降而增加。

轴向反应器的特点是结构简单、制造方便、合金材料消耗少、价格相对较低。缺点是催化剂床层太厚、油气通过时压降较大,原料和催化剂接触不太均匀,催化剂易发生局部结焦。

（二）固定床径向反应器

径向反应器有筒体用碳钢制造,内部衬里的冷壁式和筒体用合金钢制造、外部保温的热壁式两种类型。使用较多的热壁式固定床径向反应器如图6-42所示。反应器

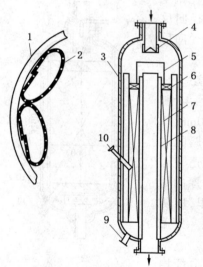

图6-42　径向反应器
1—器壁;2—扇形筒,20个均布;
3—扇形筒;4—分配器;5—中心
管罩帽;6—瓷球;7—催化剂;
8—中心管;9—催化剂卸料口;
10—催化剂取样口

为圆筒形,由壳体、中心管、扇形筒、罩帽等部件构成。

　　原料经进料分配器,受罩帽阻碍而进入沿器壁均匀分布的扇形筒。扇形筒上开有矩形小孔,油气通过小孔从径向流入催化剂床层,然后进入中心管。中心管由内、外两层套管组成,外中心管管壁上开有许多 $1m \times 12mm$ 的矩形小槽;内中心管管壁上开有许多直径为 6mm 的小孔,反应产物通过管壁上的小槽和小孔进入中心管,然后从下部出口导出。

　　径向反应器的特点是床层压降小,约为轴向反应器的 1/4。特别适用于双金属和多金属催化剂的重整操作。缺点是结构复杂,特别是对于小直径的径向反应器,制造、安装、检修都较困难。

(三)移动床径向反应器

　　移动床径向反应器的结构如图 6 - 43 所示。其主要部件如中心管、扇形筒等与固

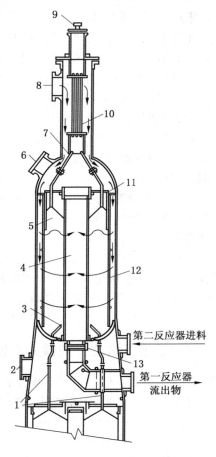

图 6 - 43　移动床径向反应器
1—催化剂输送管;2—人孔;
3—催化剂输送管勺形入口;
4—中心管;5—催化剂料面;
6—人孔;7—催化剂输送管;
8—原料入口;9—催化剂和 H_2
入口;10—还原区;11—挡板;
12—扇形管;13—膨胀节

定床径向反应器完全相同。但在移动床径向反应器中,要求催化剂在自重的作用下能向下流动,因此反应器的上部和下部均设有催化剂输送管。在下部输送管上设有勺形入口,将中心管附近催化剂引出,防止催化剂堵塞而无法向下流动。

在反应器催化剂床层的顶部不能放置瓷球,中心管上部也不能安装罩帽,以使催化剂能向下流动。为防止床层催化剂因油气喷射而发生流化,在催化剂床层上部设有密封区,即在中心管和扇形筒上部 1~2m 的高度范围内不开孔,使催化剂床层顶部设有径向气流通过。

反应器顶部的还原区,实际上是一台换热器,起还原催化剂的作用。即将氢气和催化剂一起送入换热器管程,被管外油气加热而得到还原。

反应器出口管的膨胀节主要用于补偿管线的安装误差,而热补偿是次要的,因上一段反应器的出口温度与下一段反应器的入口温度的温差最大不超过 70℃。膨胀节轴向和径向的补偿量均在 12mm 以内。

二、加氢裂化反应器的类型和结构

加氢裂化反应器根据介质是否直接与金属器壁接触,可分成热壁式和冷壁式两种;根据工艺特点又可分成固定床和沸腾床两种。加氢裂化反应器是在高温(约 370~450℃)、高压(约 14~16MPa)及催化剂、氢气和硫化氢气体存在的条件下工作的,工作条件十分苛刻。对反应器的材质、设计、制造和操作等要求都极其严格。固定床反应器主要由筒体和内部构件组成。

(一) 加氢裂化反应器筒体的制作方式

加氢裂化反应器属于高压容器,壁厚很大,筒体制作有板焊和锻焊两种结构类型。

1. 板焊结构　板焊结构有三种形式。

（1）单层厚板卷焊式,将厚钢板加热后在卷板机上卷圆,焊接纵缝构成筒节,再焊接环缝,将各段筒节与封头组成一个整体的筒身。单层卷焊制造工序少,制作简单,时间短,自动化程度高。但要求有大型卷板机和热处理设备,还要有优质的厚钢板。

（2）热套式,即将壁厚分成两层,用中厚钢板分别卷焊成内外筒,使外筒内径稍小于内筒的外径,然后将外筒加热至一定温度套到内筒上,冷却后就紧箍在内筒上形成一个整体。热套好的筒节再用深环焊缝组装成整体筒身。热套式成本低,材料利用率高,制造周期短,安全可靠。

（3）多层板包扎式,一般是用厚 13～32mm,耐氢腐蚀的合金钢板卷焊成一内筒。再将卷成半圆形或瓦片形厚度为 4～12mm 的高强度薄钢板包扎在内筒上,焊纵缝使其紧箍在内筒上,逐层包扎,直到所需的厚度为止,最后将包扎好的筒节用深环焊缝焊成整体筒身。

多层板包扎式筒壁的内应力沿壁厚分布较均匀,焊缝影响也较小,材料来源容易,制造条件要求不高,还能在筒壁上开排气孔和采用特殊的集气层,将内筒壁上渗透过来的氢气集中起来,从排气孔排出,减轻高温高压下氢气对层板的腐蚀。不足之处是环焊缝质量一般不如单层卷焊式,板层间的贴合也不太均匀。板焊结构受钢板厚度和卷焊制造能力的限制,直径不能过大。

2. 锻焊结构　锻焊结构是用整块钢锭穿孔后在大型水压机上锻造而成,最后进行整体机械加工及热处理。锻造反应器材质内部致密、无纵缝、环缝错口小、内件支持圈可整体锻出、强度高、安全可靠。缺点是金属耗量大、成本高、生产周期长。大型和厚壁反应器锻焊结构使用较多。

反应器的直径和高度一般是根据试验、生产经验和工艺要求来确定的,主要考虑反应热的排除,混相进料的分配及床层压降。对反应热不大的加氢反应,不需注入冷氢取热,催化剂不必分层放置,可采用 4 ~ 9 的低长径比,催化剂床层深度一般为 4 ~ 6m。对反应热较大的加氢反应,需注入冷氢调节反应温度,催化剂也需分层放置,反应器的长径比也较大,一般为 5 ~ 17。催化剂各床层深度约为 2.5m。

目前使用的大多数反应器,直径为 1200 ~ 4000mm,壁厚为 110 ~ 270mm,质量为 150 ~ 600t。常用的材质为 12CrMo9、$2\frac{1}{4}$Cr – 1Mo。目前在用的较大反应器尺寸为 ϕ4500mm、壁厚 297mm、长度 22500mm(切线 ~ 切线)、质量 850t。

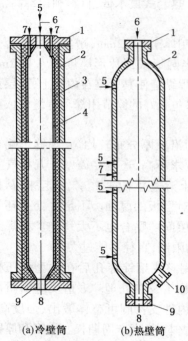

（二）冷壁筒体和热壁筒体

冷壁筒体和热壁筒体的结构如图 6 – 44 所示。为了防止反应器主体材料的氢腐蚀和硫化氢腐蚀,冷壁筒体内壁衬有一定厚度的隔热衬里,衬里的热膨胀系数应与器壁钢材的接近。在衬里的内侧用抗氢腐蚀的不锈钢制成内套筒。冷壁筒体的壁温保持在 200℃ 左右,可有效防止氢腐蚀。因各种钢材在 200℃ 以下的温度时,几乎都不会发生氢腐蚀。

冷壁筒体设计制造简单、价格较低,但因设置隔热衬里,大大降低了反应器容积的利用率,容积利用系数(催化剂装入体积量与反应器容积之比)一

(a)冷壁筒　　　(b)热壁筒
图 6 – 44　冷壁筒体和热壁筒体
1—上端盖;2—筒体;3—内保温层;4—内衬筒;5—热电偶管入口;6—反应物料入口;7—冷氢管入口;8—反应产物出口;9—下端盖;10—催化剂卸料口

般只有 50% ~ 60%。因此,单位体积催化剂平均用钢量较高。另外,筒体外壁虽然涂有示温漆监视,但因衬里损坏导致器壁局部过热超温影响生产的事故仍有发生。随着反应器大型化的发展,冷壁筒体的使用受到了限制。

目前使用较多的是热壁筒体。热壁筒体内不装隔热衬里,反应器容积利用率大,容积利用系数可达 80% ~ 90%。但筒体器壁直接与高温高压含有氢气和硫化氢的反应物料直接接触,器壁温度高达 460℃ 左右,为减少氢气和硫化氢对器壁的腐蚀,在反应器内壁上堆焊耐氢腐蚀的不锈钢衬里。热壁筒体的侧壁开有热电偶口、冷氢管口和催化剂卸料口。

热壁筒体和冷壁筒体都是由带大法兰的上端盖、筒体和下端盖组成。上端盖多使用八角垫密封,为了减少垫片槽产生裂纹,垫片槽圆角的半径较大。

热壁筒体施工周期较短,生产中维修较方便,器壁不易产生局部过热,使用安全性较高。随着冶金技术和焊接制造技术的发展,热壁筒已逐渐取代冷壁筒。

(三) 冷壁固定床加氢裂化反应器

冷壁固定床加氢反应器的典型结构如图 6 - 45 所示。为调控催化剂床层温度,催化剂需分层设置,各层间注入冷氢,可从侧壁或顶盖上开孔注入。反应器顶部设有结构比较简单的溢流管式物料分配器或盘式分配器。

反应器采用斜式塔板结构来支承分层放置的催化剂。斜式塔板结构为一圈圈挡环形成锥体空间,填装时先填充瓷环或瓷球,再装入催化剂。卸催化剂时,当下层催化剂卸空后,上层催化剂自动从中心管处下流而卸出,解决了各层催化剂装卸劳动强度大,所用时间长的问题。

斜式塔板下面设有冷氢盘管,通入冷氢用于调控床层温度。为使液体下流时在床层中分布均匀,还设有液流齿形堰板。斜式

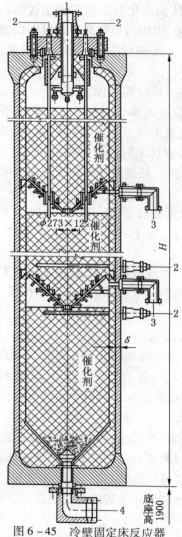

图 6 - 45　冷壁固定床反应器

1—原料入口;2—热电偶;
3—冷氢入口;4—产品出口

塔板还可使各床层反应物分布均匀,提高反应效果,其缺点是结构复杂,安装质量要求高。

生产中还使用一种不用隔热衬里的冷壁固定床加氢裂化反应器,其结构如图 6 - 46 所示。这种反应器的内部有一个盛催化剂的合金钢内衬筒,在内衬筒和反应器筒体之间形成一个环形空间,使冷新氢在环形空间流过。因冷新氢是在低温下进入环形空间的,起到了冷却反应器壁的作用。由于安装了内衬筒,可防止有腐蚀的油气与壳体直接接触。因内衬筒要承受内部构件和催化剂的重量及反应压力,因此内衬筒的壁厚由顶部的 12.7mm 变化至底部的 32mm。

（四）热壁固定床加氢裂化反应器

热壁固定床加氢反应器的典型结构如图 6 - 47 所示。在反应器顶部原料入口处设有入口扩散器,起到预分配的作用,也防止物流直接冲击气液分配盘液面。入口扩散器上有两个长方形开口,物料在这两个开口及水平缓冲板孔的两个环形空间中分配。在入口扩散器下方装有泡帽分配盘使物料分布均匀,其结构如图6-48所示。

分配盘上装有带齿缝的圆形泡帽,气体从齿缝中通过时,把盘上的液体从环形空间带上去进入降液管,泡帽齿缝的高度和宽度对盘上液层

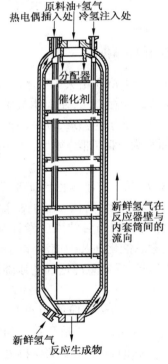

图 6-46 无衬里冷壁
固定床反应器

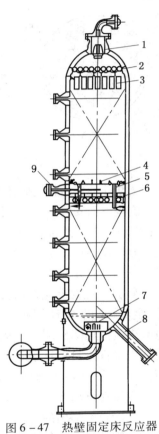

图 6-47 热壁固定床反应器

1—入口扩散器;2—气液分配盘;
3—去垢篮管;4—催化剂支承盘;
5—催化剂连通管;6—急冷氢箱
及再分配盘;7—出口收集器;
8—卸催化剂口;9—急冷氢管

的均匀分布影响很大。降液管开孔率一般为 15%,分配盘安装水平度允许误差为 ±5mm。为便于装卸催化剂,分配盘由几部分组合而成,升气管与盘板滚压嵌接成一体,达到基本密封。

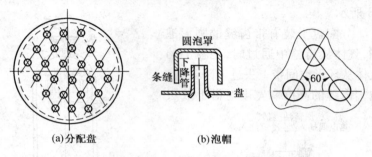

(a)分配盘　　　　　　(b)泡帽

图 6-48　　泡帽分配盘结构

　　为防止原料携带的固体杂质在床层上沉积增大床层压降,在每三个泡帽下面安装一个金属网编织成的去垢篮筐,使固体杂质沉积在篮筐内。篮筐外部均匀装填粒度上大下小的瓷球,篮筐用铁链固定在分配盘梁上。由于篮筐的表面积大,即使部分被堵,物料仍可得到较均匀的分配。

　　分层放置的催化剂由支承盘来承托。支承盘由倒 T 形梁、格栅、金属筛网及瓷球等构成。倒 T 形梁横跨筒体,结构设计要尽量减少流体压降。倒 T 形梁及筒体支持圈凸台的强度设计载荷,除考虑构件本身的重量之外,还应考虑催化剂及内储液体的重量、流体净压降、床层上部结垢增加的压降、反向急冷增加的压降及紧急放空流速剧增产生的压降。

　　由冷氢管喷出的冷氢与上面床层来的热反应物初步混合后,从两个圆孔进入冷氢箱内均匀混合,冷氢箱底部是开孔均匀的喷液塔盘,气液混合物均匀地喷射到下层的再分配盘上。再分配盘结构与进料分配盘相同,起均匀分布流体的作用。

　　冷氢箱与再分配盘置于两个固定床层之间,其结构如图 6-

49 所示。在冷氢箱中打入急冷用冷氢,是为了取走加氢反应热,
控制反应温度。

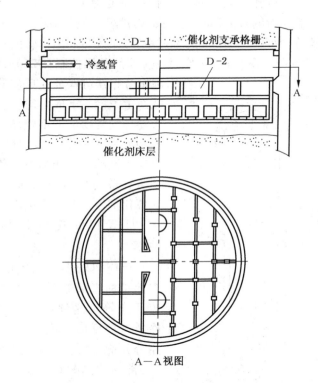

图 6 – 49　冷氢箱与再分配盘结构

　　为卸催化剂方便,在支持盘与再分配盘之间设有多个催化剂
连通管,管内填充瓷球。卸出催化剂时,只要打开底封头上的卸料
口,就可卸出整个反应器内的催化剂。也可不设连通管,而是在每
个床层的侧壁都开卸料口。

（五）沸腾床加氢裂化反应器

沸腾床加氢裂化反应器结构如图 6－50 所示。反应器结构较复杂，为多层包扎式高压容器。有效高度为 16.5m，有效容积为 173m^3。器壁内侧有 153mm 厚的隔热衬里，衬里内侧为合金钢衬筒。循环管为直径 457mm 的不锈钢管，泵入口和出口管的直径分别为 300mm 和 200mm。工作时反应器的壁温控制在 260℃ 以下。

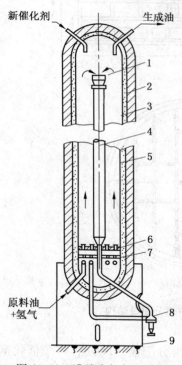

图 6－50　沸腾床加氢反应器
1—喇叭口；2—壳体；3—内保温；
4—循环管；5—内衬筒；6—泡帽
分布器；7—分配板；8—循环
泵；9—底座

泡帽分布器可保证在反应器整个截面上气、液分布均匀。装在分布器升气管顶部的泡帽使上升液体倒流来至分配极，经分配均匀再向上流动。分布器升气管顶部还装有单向止回球阀，防止液体和催化剂停工时向下倒流。

（六）低反应热加氢反应器

反应热较小的加氢反应，大多数是加氢精制反应，如加氢脱硫反应等。这种反应不需注入冷氢调控反应温度，催化剂也不用分层放置，内部结构比较简单，常用的如图 6－51 所示。在生产中催化剂床层上部易被设备和管线的腐蚀产物如硫化铁、固体杂质等堵塞，有的反应器中设置用不锈钢制成的篮筐（过滤筐）及固形物捕集器等，以防床层堵塞。为防止氢腐蚀，这一类反应器大都采用加隔热衬里的冷壁筒体。

另外,在催化重整中使用的径向反应器,在能满足使用要求时,也可用于加氢精制的反应过程。

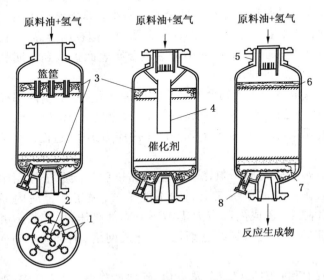

图 6-51 加氢精制反应器

1—篮筐;2—环;3、6、7—陶瓷球;4—固形物
捕集器;5—分散器;8—卸催化剂用出口

三、重整和加氢反应器的腐蚀

腐蚀是重整和加氢反应器的一个较为突出的问题,其主要腐蚀介质是氢气和硫化氢气体。重整和加氢反应器是在高温和高压条件下工作的,在此条件下氢和硫化氢对钢有强烈的氢脆化腐蚀作用,极易造成反应器被破坏的事故。因此,重整和加氢反应器除满足对机械强度的要求外,还必须高度重视反应器的腐蚀问题。

（一）氢腐蚀

在常温常压下氢对金属无腐蚀作用，在高温高压下氢对金属会产生氢渗透、氢鼓泡、氢脆化、金属脱碳等氢腐蚀现象。

氢渗透就是原子氢扩散到金属晶格里。常温常压下氢气以分子态存在，因直径大不可能渗入到金属中。但在高温高压下，氢分子可转变为氢原子，直径变小可穿透金属表面扩散到金属晶格内或穿过金属向外排出。

氢鼓泡就是渗入到金属晶格内的原子氢，在金属内部存留和聚集，在一定条件下又转化成氢分子，放出热量，体积增大，从而出现鼓泡现象，使金属强度下降并产生内应力集中，进而产生裂纹和断裂。

金属脱碳为原子氢渗入到金属晶格后与碳原子作用生成甲烷。脱碳生成的甲烷在金属中不能扩散，聚集在金属内原有的微小孔隙中，造成内部应力集中形成局部高压，引起鼓泡并发展成内部裂纹。这些裂纹逐渐增多，连成网络，钢材就变脆而突然断裂。

鼓泡和脱碳都将使金属脆化、延展性降低、裂纹增多，严重时发生断裂。无论何种钢材，在高压氢气中保持一定温度，均存在发生脆化的潜伏期。在潜伏期内钢材的机械性能变化并不明显，一般还可安全使用。因此，钢材潜伏期的长短非常重要，它决定钢材在高温高压氢气中安全使用的期限。

影响氢腐蚀的因素主要有：

（1）操作条件，如温度和氢分压，在200℃以下时各种钢几乎都没有氢腐蚀；

（2）钢材化学组成，如铬、钼加入能与碳形成稳定的碳化物。另外，钢材的碳含量越高，越容易发生氢腐蚀；

（3）加工条件的影响，如经淬火、焊后进行热处理，都可提高钢材的抗氢腐蚀能力；

（4）应力的影响,应力集中可使内部裂纹扩展,在设备设计制造中应尽力减少应力集中的现象发生。

为防止反应器的氢腐蚀,采取的主要措施有:

（1）采用隔热衬里,使反应器的壁温降至200℃左右;

（2）采用抗氢腐蚀的合金钢衬筒,常用的有 0Cr13 和 0Cr18Ni10Ti 不锈钢;

（3）在热壁反应器内壁堆焊耐氢腐蚀的合金钢材料;

（4）采用多层板包扎式结构,采用特殊的集气层,将内筒壁渗透过来的氢气集中起来,通过筒壁上开的排气孔将其排出。

（二）硫化氢腐蚀

在加氢裂化的过程中,氢气和硫化氢同时存在。这是因为裂化原料中含有硫,另外,为使催化剂保持一定的活性,循环氢气中要求维持一定的硫化氢浓度,因此会产生硫化氢腐蚀。

影响硫化氢腐蚀的主要因素是硫化氢浓度和操作温度。浓度越大腐蚀越严重。当温度在250℃以下时,硫化氢对钢不产生腐蚀或腐蚀甚微;当温度大于260℃时腐蚀加快,与铁作用生成硫化铁。这是一种具有脆性、易剥落、不起保护作用的锈皮,会堵塞反应器催化剂床层及其他设备和管线。在氢气存在的条件下,会加快硫化氢对钢材的腐蚀。

防止和减轻硫化氢腐蚀的主要措施有:

（1）控制好循环氢中硫化氢的浓度,使硫化氢浓度在要求的范围之内;

（2）采用隔热衬里,使壁温降至260℃以下;

（3）采用保护钢材表面的渗铝新工艺,渗铝钢材具有良好的抗硫化氢腐蚀的性能;

（4）采用抗硫化氢腐蚀的新钢种,主要有 Cr－Mo 合金钢和 Cr－Ni 不锈钢;

（5）内壁堆焊耐腐蚀材料。

　　加氢裂化反应器常用的材料是 $2\frac{1}{4}$Cr – Mo,它具有良好的抗氢腐蚀性能和较高的抗蠕变强度,具有很高的淬硬性,可使大于500mm 的厚截面通过水淬即可完全硬化。经淬火和回火处理后,既增大了钢材的强度,又改善了钢材的韧性。具有良好的可焊性,只要适当预热,就不会出现焊接裂纹。

　　以 $2\frac{1}{4}$Cr – 1Mo 合金钢作热壁反应器的筒体时,其内壁堆焊层的材料,一般选用奥氏体不锈钢,分单层堆焊和双层堆焊两种。一般的筒体部分多采用耐腐蚀的奥氏体 E347 材料的单层堆焊,厚度约为 3 ~ 4mm。对耐腐蚀、抗裂性要求较高的反应器的特殊部位,如反应器支持圈凸台、八角垫密封槽等处,可采用过渡层加耐腐蚀层的双层堆焊。

　　一般,过渡层使用含较高铬镍的奥氏体 E309 不锈钢,以弥补母材与堆焊层之间的稀释;耐腐蚀层仍使用稳定性好的不锈钢E347。双层堆焊的总厚度为 6 ~ 8mm。

　　另外,应注意装置停工时冷却速度不能过快,以使钢中所含氢能较彻底地释放出去。

第七章 管式加热炉

第一节 概 述

管式加热炉是一种火力加热设备。它利用燃料在炉膛内燃烧时所产生的高温火焰和烟气，来加热在炉管内流动的原料油，使其达到生产工艺所要求的温度。

管式加热炉的主要特点是加热温度高、传热能力大、操作调节方便，可使炼油生产过程实现大型化、连续化和自动化控制。

管式加热炉在炼厂中被广泛使用，其投资比例约占装置总投资的 10% ~ 14%，钢材用量约占装置钢材总用量的 20%，燃料的消耗量也很可观。设计合理、操作水平较高的管式加热炉，热效率可达 90% 以上，高的可达到 94% 左右。

管式加热炉的设计、制造、安装及操作是否先进合理，对生产装置的原料处理量、产品的质量和收率、能耗及生产周期等指标都有重要影响。

一、管式加热炉的一般结构

管式加热炉一般由辐射室、对流室燃烧器及烟囱等组成。炼厂常用的圆筒炉，其结构如图 7 - 1 所示，主要由圆筒形的辐

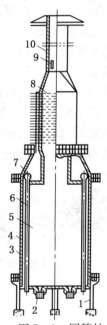

图 7 - 1　圆筒炉
的一般结构

1—支柱;2—油气联合燃
烧器;3—炉墙;4—壳体;
5—炉膛;6—辐射管;
7—回弯头;8—对流管;
9—烟道挡板;10—烟囱

射室(炉膛)、矩形的对流室及烟囱等构成。

辐射室和对流室内分别装有辐射炉管和对流炉管。在钢制圆筒形辐射室的内壁，衬有耐火砖和绝热砖。辐射炉管在炉膛圆周方向上排成一圈垂直安装，用回弯头相连接。炉底装有油—气联合燃烧器，燃料通过燃烧器喷入炉膛燃烧并放出热量，被炉管内的原料所吸收。

圆筒炉的辐射室又被称为炉膛或燃烧室，它是通过火焰和高温烟气进行辐射传热的主要场所，直接受到火焰和高温烟气的冲刷，温度很高，必须充分考虑所用材料的强度和耐热性。

矩形的对流室安装在圆筒体辐射室的上方。对流炉管采用多层水平安装，用回弯头相互连接。工作时从辐射室进入对流室的高温烟气以较大的流速冲刷对流炉管，与管内原料进行有效的对流传热。为了提高对流传热效率，对流炉管常采用钉头管或翅片管，其结构如图7-2所示。对流室最下一层的炉管称遮蔽管，它最先受到辐射室烟气的冲刷，温度很高，当对流炉管采用钉头管或翅片管时，遮蔽管仍用光管，避免吸热过多烧坏炉管。

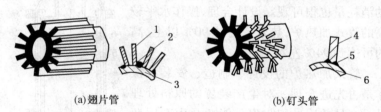

(a)翅片管　　　　　　　　　　(b)钉头管

图7-2　翅片管与钉头管

1—翅片；2—焊缝；3—管子；4—钉头；5—焊缝；6—管子

烟囱的作用是将炉膛内的烟气排入大气。烟囱安装在对流室的上部，在钢制筒体内用耐火材料和保温材料进行衬里，避免烟囱散热和烟气对筒体的腐蚀。

加热炉采用自然通风时，烟囱产生的抽力将外部空气吸入炉内，提供燃料燃烧时所需的氧气。为调节烟囱的抽力，烟囱上装有烟道挡板。

二、管式加热炉的工作过程

加热炉工作时，燃料油和燃料气经安装在加热炉底部的油－气联合燃烧器被雾化后喷入炉内，与空气均匀混合后在炉膛内基本完全燃烧。产生的火焰及高温烟气温度约 1000 ~ 1500℃，主要以辐射传热的形式将大部分热量传递给辐射炉管内流动的原料油。烟气温度降至 800℃左右后由下而上经辐射室进入对流室。在对流室，高温烟气主要以对流传热的方式将热量传递给对流炉管内流动的原料油。烟气温度降至 200 ~ 300℃后经烟囱被排出。

被加热的原料油由上而下，先进入对流炉管，再进入辐射炉管。管内原料油与管外高温烟气逆向流动，通过炉管壁不断吸收热量，至炉出口处，达到生产工艺所要求的温度。

燃料燃烧产生的火焰不允许舔到炉管上，以防炉管被烧坏。所以，辐射室应有足够的体积。由于炉墙有良好的隔热性能，热量散失得很少，炉墙吸收烟气、火焰放出的热量后温度升高，再把热量反射回来，其中的一部分被炉管所吸收，提高了炉管的吸热能力。炉墙反射热量的现象，称为炉墙的再辐射。因炉墙的温度远低于火焰的温度，再辐射的热量在加热炉总热量中所占比例并不大。

燃料燃烧的好坏与燃料种类、空气量及二者的混合状况等因素有关。当燃料种类一定时，燃料与空气混合的好坏，主要取决于燃烧器的结构及性能。燃料燃烧产生的火焰形状和大小也主要与燃烧器的结构及性能有关。

为提高管式炉的传热效率，在使用钉头管或翅片管的对流室，还装有吹灰器，用蒸汽吹掉炉管表面的灰垢，保持炉管表面的洁净，提高传热效果。常用的吹灰器主要有电动固定旋转式和长伸缩式两种类型。

为减少烟气带走的热量损失，可采用余热回收的方法，从离开对流室的烟气中回收一部分热量。一般，排烟温度每降低17～20℃，加热炉热效率可提高1％左右。余热回收常用的方法是利用空气预热器加热燃料燃烧时所用的空气。或利用废热锅炉加热水来回收烟气的热量。

加热炉工作时，必须不断地将燃烧产生的烟气排到炉外，同时将新鲜空气引入炉内。当炉内烟气流动阻力不大时，一般采用自然通风方式。当炉子结构复杂或装有空气预热器废热锅炉，烟气流动阻力较大时，则使用风机进行强制通风。

第二节　管式加热炉的主要部件

管式加热炉主要由炉体、炉管系统及燃烧器、空气预热器等主要部件所构成。

一、管式加热炉的炉体及炉管

（一）炉体

加热炉的炉体主要由钢架和炉墙等组成。

1. 钢架　钢架用以保持炉形及支承炉墙、炉管、顶盖、吊架、扶梯、平台等各部件的重量。钢架是根据各种不同的炉型，用不同的型钢焊接而成。辐射室的钢架主要由桁架或梁柱及钢板等组成。炉底有落地式和架空式两种。落地式在炉底与基座之间留有自然通风的孔洞用以散热。架空式下部空间的净高度应大于1.8m，便于操作和检修。加热炉辐射室分矩形和圆形两大类。矩形辐射室的侧壁由炉壁钢板和梁柱组成。圆筒形辐射室由立柱、环梁及壁板组成。对流室的钢结构一般均为长方形截面，由桁架结构或梁柱结构及表面钢板组成。立式炉对流室的长度与辐射室的长度基本相同，所以对流室的形状长而窄。圆筒炉的对流室有两种类型。一种是对流炉管长度短，对流室横截面接近正方形。优点是对流炉管不用中间的合金管架，辐射管可从上直接抽出，装卸方便；缺点是弯头使用多，管内流体流动阻力大。另一种是对流室长度接近辐射室直径，对流室长宽比大，辐射管可从对流室两侧辐射室顶部的检修孔中吊出。优点是弯头少、施工方便，管内流体流动阻力小。加热炉对流室大多采用这一种类型。对钢架的主要要求是强度大、坚固耐用，防火、防爆、防漏、防腐蚀及防止使用中的热胀冷缩。

2. 炉墙　炉墙主要有砖结构、轻质耐热混凝土结构及耐火纤维毡结构三种类型。砖结构的炉墙主要由耐火层、保温层及钢板保护层组成。耐火层常用的材料是耐火砖，要求必须能耐一定的高温。保温层常用的材料主要是保温砖，要求具有良好的保温性能。保护层用钢壳制成，要求具有一定的强度和良好的保护作用。轻质耐热混凝土炉墙（简称衬里），具有一定的耐热和隔热性能，用保温钉固定在表面钢板上，厚度随使用部位的温度不同而不同。主要优点是可塑性强、施工简便、有较强的抗冲刷能力。耐火纤维毡炉墙一般用以甲基纤维素为黏接剂的软毡，其耐热性和保温性都很好，但因价格较贵，一般只用于耐火层。保温层则选用价格较低的岩棉板或矿渣棉板。用保温钉、垫片和螺母将毡片固定在表面钢板上。其厚度随使用部位的温度而定。耐火纤维毡还有良好的吸收噪音的特性，可降低炉子工作时的噪音。其结构也很简单，施工方便。主要缺点是抗冲刷性能较差，因此，设有吹灰器的对流室及烟气流速较高的烟囱等部位不宜采用。

（二）炉管及配件

1. 炉管　炉管是炉子的重要部件，其金属耗量占炉子金属总耗量的 40% ~50%,投资占炉子总投资的 60% 以上。因此,炉管的设计与选用是否合理,对炉子的基建投资和操作费用有很大影响。炉管是在具有一定腐蚀的原料及高温高压条件下长期工作的,所以,应选择适宜的管材。选择管材时要求管材的持久强度要高,抗氧化性和耐腐蚀性要好,热稳定性和热加工性特别是可焊接性要好。另外,管子还要满足供应方便、价格经济合理等条件。管子的管径可根据管内油品的流量和推荐的适宜流速,计算出所需管径后,再参照国产炉管标准规格进行选用。常用国产炉管的外径有 60mm、102mm、114mm、127mm、152mm、168mm、219mm 等几种规格。炉管的壁厚可根据操作温度、压力、材质、腐蚀状况、使用年限等具体情况来确定。因炉管内是原料油在流动,管外是明火高温加热,温度不均匀,容易引起局部过热,一旦发生事故,后果严重。所以,炉管的厚度要慎重地合理选择。但炉管价格昂贵,管壁厚度选择过大,必将使投资增大。常用的炉管壁厚有 6mm、8mm、10mm、12mm、14mm、16mm 等几种规格。

炉管的长度与管子在炉膛中的排列方式有关。如圆筒炉辐射管为立式安装,与火焰并行,炉管越长沿长度方向受热越不均匀。炉管太短,则对流室遮蔽管局部过热的可能性将增大。因此,确定炉管长度对应考虑火焰的高度。对圆筒炉,可通过炉子的高径比来确定管长。高径比即炉管长度与节圆(辐射炉管管中心点所形成的圆周)直径之比。国内辐射 – 对流型的圆筒炉采用的高径比为 1.7 ~ 2.5。常用的炉管长度有 2000mm、2500mm、3000mm、3500mm、4000mm、4500mm、6000mm、8000mm、9000mm、10000mm、12000mm、14000mm、15000mm、16000mm、18000mm 等几种规格。近年来炉管长度趋向采用 15000 ~ 18000mm 的长管,以减少炉管的连接件,并有利于炉子的大型化。炼厂加热炉炉管常用材料及适用条件见表 7 – 1。

对流室炉管工作时,管内为原料油,管外为高温烟气,进行

对流传热时，传热阻力主要在管外烟气一侧。为了提高管外烟气

表7-1 炼油厂加热炉炉管常用材料及适用条件

钢　种	最高使用温度/℃	适　用　装　置
碳　钢	450	低含硫油的常、减压装置
$2\frac{1}{4}$Cr-1Mo	600	
1Cr5Mo	600	高含硫油的常、减压装置，焦化、热裂化、重整装置；低硫的加氢精制装置
0Cr18Ni10Ti	700	高温、高压、抗硫化氢腐蚀的装置
1Cr25Ni20	1000	制氢转化炉及裂解炉管可耐高硫油腐蚀，常、减压、焦化、裂化装置

一侧的传热效果，对流炉管常采用钉头管或翅片管。钉头管的传热面积相当于光管面积的 2～3 倍，传热强度相当于光管的1.5～2倍。翅片管的传热面积相当于光管传热面积的 4～9 倍，传热强度相当于光管的2～4 倍。使用钉头管时烟气温度不能低于380℃，对流室必须装吹灰器，钉头管不能用于烧污油或高黏度渣油的加热炉。使用翅片管时烟气温度也不能低于380℃，对流室也必须装吹灰器，加热炉一般只能烧燃料气。钉头管钉头的焊后高度有 25mm 和 38mm 两种规格。钉头的间距不小于16mm，钉头的直径一般为 12mm。翅片管的形式有连续式缠绕翅片管和开口式 L 形缠绕翅片管两种。根据管子内外侧的不同操作条件，钉头或翅片可采用与炉管不同的材质。

2. 炉管配件　炉管配件主要有炉管连接件和炉管支承件。把一根根炉管连接成串联的一组盘管的连接件叫炉管弯头或弯管。常见的有90°、180°的 U 形弯头，箱式弯头，180°的急弯弯管及拔制的集合管等多种炉管连接件。箱式回弯头带有可拆卸的堵头，采用胀接或焊接的方法与炉管连接。回弯箱装在炉膛外部不与高温烟气直接接触，适用于结焦严重需要经常检修与机械清

焦的炉管连接。U形铸造弯头简单轻巧，在炉膛内与炉管焊接连接。急弯弯管一般是用炉管直接冲压而成，也可用特制的心棒，使管子在加热和推挤的联合作用下制成，以保证急弯弯管的壁厚均匀一致。90°的急弯弯头和180°的急弯弯管是目前炼厂使用较多的炉管连接件。箱式回弯头及急弯弯管结构如图7－3所示。

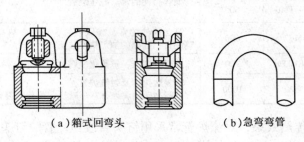

（a）箱式回弯头　　　　（b）急弯弯管

图7－3　炉管弯头

集合管是在一个主管上可并联安装一排支管的炉管连接件，用于多路并联管路的连接，可使各支管的流量均匀分布。如加热炉对流室过热蒸汽炉管的连接即可用集合管。

　　为了防止炉管在炉内受热弯曲变形，炉管需用支承件支承。常用的支承件有管板、管架、托架、拉钩等。一般，水平安装的辐射炉管的中间支承用管架，两端的支承用管板；对流炉管的支承构件均用管板。对立管式加热炉，位于两根炉管顶部弯头上的承重构件称为托架；不承受垂直重量，而仅是限制炉管水平位移，使炉管保持稳定的支承件则称为拉钩。

二、管式加热炉的燃烧器

　　燃烧器是管式加热炉的重要组成部分，燃料通过燃烧器燃烧放出热量。燃烧器主要由燃料喷嘴、调风器、燃烧道三部分组成。喷嘴喷入燃料并利用蒸汽使其雾化，以利于与空气良好地混合。调风器也称风门，主要是引入并调节燃烧所需的空气，使空气与燃料迅速并良好地混合，形成稳定的并符合要求的火焰形状。燃烧道给火焰的根部提供热源，促使燃料迅速燃烧。燃烧道的形状能约束空气与雾化油气更好地混合并保持理想的流型进行稳定的燃烧。

根据所用燃料种类的不同，燃烧器可分为气体（燃料气）燃烧器、液体（燃料油）燃烧器和油 – 气联合燃烧器。燃烧器的供风方式有利用烟囱抽力排出烟气，吸入空气的自然通风和利用烟囱排烟、利用通风机送入空气的强制通风两种方式。

（一）气体燃烧器

气体燃烧器按燃料与空气混合的情况，可分为预混式、半预混式和外混式三种类型。

1. 预混式气体燃烧器　燃料气和空气在喷嘴内已预先混合均匀，燃烧过程在燃烧道内完成，炉膛内无火焰，所以也称为无焰燃烧器。板式无焰燃烧器就属于这种类型，其结构如图 7 – 4 所示。

2. 外混式气体燃烧器　燃料气与空气是在喷嘴之外一边混

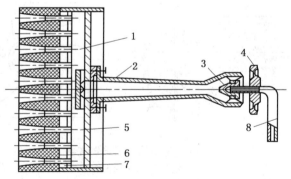

图 7 – 4　板式无焰燃烧器

1—分配室；2—喷射室；3—气体喷头；4—空气调节器；
5—燃烧道；6—陶瓷砖；7—隔热层；8—燃料气入口管

合一边燃烧，常用的如双火道气体燃烧器，其结构如图7-5所示。双火道气体燃烧器采用二次调风。第一火道是发火区，燃料气与一次空气在此混合燃烧。第二火道进入二次空气，与燃烧的气体再次混合使燃料燃烧完全。在总空气量不变的情况下，加大一次风量，火焰将缩短；加大二次风量，火焰将伸长。

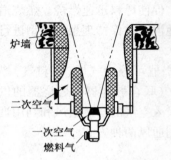

图7-5　双火道气体燃烧器

3. 半预混式气体燃烧器　燃料气在喷嘴内同一部分空气(一次风)预先混合，另一部分空气(二次风)靠外部供给。常用的类型有辐射墙式无焰燃烧器，其结构如图7-6所示。它设有一个引射器，燃料气从喷孔高速喷出，经引射器将一次风吸入，在引射器混合段与燃料气预先混合。二次风利用炉膛内的微负压被自然吸

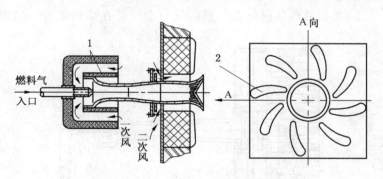

图7-6　辐射墙式无焰燃烧器
1—消声罩；2—稳火瓣

入。燃料气与空气形成的混合物由一组槽形孔沿炉墙内壁喷出，炉墙内壁靠火孔周围的耐火砖上有一组梅花瓣形凸起，气流通过

它时产生涡流，使燃烧更完全。当炉壁耐火砖被烧到炽热状态时，火焰与炉墙浑然一体，成为无焰燃烧状态，使炉管受热较为均匀。

炼厂还使用一种低压气体燃烧器也是半预混式的。它专门用来燃烧炼厂各装置的低压放空气体，以降低炉子的燃料消耗。低压气体燃烧器工作时利用蒸汽高速流动所形成的真空，将低压燃料气吸入，同时也吸入一部分空气与燃料气混合，形成半预混，其他所需空气由风门进入，其结构如图 7 - 7 所示。操作时蒸汽

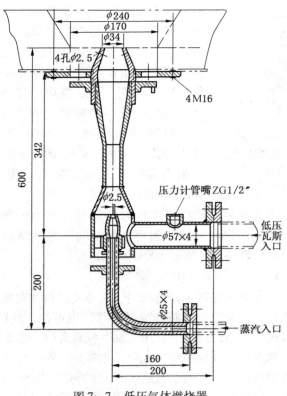

图 7 - 7　低压气体燃烧器

的表压力约为 588kPa，温度约为 200℃，流量一般小于 30kg/h。燃料气的压力一般小于 9.81kPa，流量约为 50～65kg/h。

（二）液体燃烧器

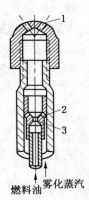

图 7-8　内混式蒸汽雾化油喷嘴的喷头
1—混合室出口孔；
2—汽孔；3—油孔

液体燃料燃烧时，需先经喷嘴雾化成细小微粒，进入燃烧器火道和炉膛，在高温辐射下被加热汽化，然后才着火燃烧。燃料油雾化方式有机械雾化和蒸汽雾化两种方式。锅炉用燃料多采用机械雾化，炼油厂管式炉因使用的燃料油多为黏度较高的重质油，几乎都采用内混式蒸汽雾化油喷嘴，其喷头如图 7-8 所示。燃料油走内管经中心油孔射入混合室，蒸汽走外套管经油孔周围的一组小孔（汽孔）喷入混合室，并以一定角度（目前炼厂油喷嘴使用最多的是油、汽孔 30°斜交，因 30°斜交时油、汽的调节性能最好）冲击油流，在混合室形成乳浊液，并高速从混合室喷孔喷出。喷孔流速一般高于 200m/s 时，雾化效果良好。

内混式蒸汽雾化油喷嘴工作时的燃料油压力一般为 200～900kPa（表）。为避免喷孔堵塞时燃料油向蒸汽管倒流，操作时蒸汽压力应比燃料油压力高 100kPa。

（三）油-气联合燃烧器

油-气联合燃烧器主要由风门、火道及燃料油喷嘴和燃料气喷嘴等组成。可单独烧燃料油或燃料气，也可油、气同时混烧，在炼厂管式炉上应用最广。常用的油-气联合燃烧器如图7-9所示。蒸汽和燃料油在油喷嘴内混合，由排成一圈的喷头小孔中喷出，形成中空的圆锥形的油雾层，夹角约 40°，这样的分布有利于油雾与空气的混合。燃料气经外混式气喷嘴上排成一圈的多个喷头小孔向内成一角度喷出，夹角约70°，有利于与空气混合。火道为流线形，有利于燃料燃烧。燃烧器设有一次风门和二次风门，一般只烧油时多用二次风门，只烧气时多用一次风门。

为了适应管式炉环保消除噪音和采用节能措施进行空气预热，将热空气引入炉内的需要，可将上述油 – 气联合燃烧器改造成另一种Ⅵ型油 – 气联合燃烧器，如图7 – 10所示。

Ⅵ型燃烧器的特点是与炉子连接安装方便，整个燃烧器由填有超细玻璃棉的底盘与风箱连接，密封性好，可降低噪音和有效防止冷风漏入。为便于点火和保证安全运行，设置了便于拆装的长明灯。为了观察油喷嘴的工作情况和放出漏入风箱内的燃料油。设置了专门带有便开式孔盖的观察孔和放油孔。

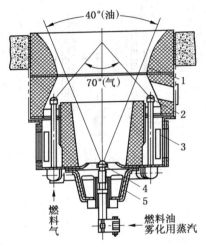

图7 – 9　油 – 气联合燃烧器
1—火道；2—气嘴；3—二次风门；
4—油嘴；5— 一次风门

圆筒炉的油 – 气联合燃烧器常装在炉子的底部。安装时应注意喷油嘴应垂直向上不偏斜，喷油嘴下方油、气连接口的位置不能接反。气体燃烧器每个喷头的喷孔中心应对准燃烧器的中心。调风器要转动灵活、密封性好。

三、管式加热炉的空气预热器

在加热炉对流室或烟道内安装空气预热器回收烟气的余热，可有效地提高加热炉的热效率和降低能耗。空气预热器的种类很多，从最初使用的碳钢管式预热器到铸铁管、玻璃管空气预热

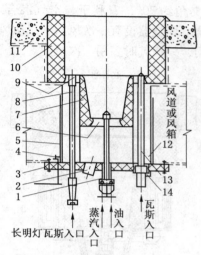

图 7 – 10　Ⅵ型油 – 气联合燃烧器
1—油枪；2—观察孔；3—底盘；4—风门
调节机构；5—风门；6—一次风口；7—
一次火道砖；8—长明灯；9—二次风口；
10—二次火道砖；11—炉底；12—接油
盆；13—瓦斯枪；14—漏油孔

合结构如图 7 – 12 所示。一
般，在立式空气预热器中烟
气走管程，空气走壳程；而
在卧式空气预热器中烟气走
壳程，空气走管程。

　　钢管式空气预热器的特
点是结构简单，主要由管束、
管板和壳体所组成，制造容
易、价格便宜，无转动部件。
缺点是所占地面或空间较大，
钢管的低温露点腐蚀和积灰

器，提高了管子防腐防堵的能
力。目前我国还可自行设计、
制造回转式空气预热器，其特
点是体积小、效率高、抗低
温耐腐蚀性好。为了更好地
回收低温烟气余热，还使用
了热管式空气预热器。

　　（一）钢管式空气预
热器

　　钢管式空气预热器是炼
厂使用较早的一种空气预热
器，根据换热管是水平安置
还是垂直安置分为卧式和立
式两种类型。卧式和立式空
气预热器均由几个单体组成，
单体的结构如图 7 – 11 所示。
卧式和立式空气预热器的组

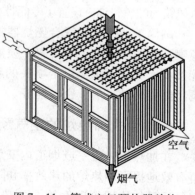

图 7 – 11　管式空气预热器单体

堵塞较严重，使加热炉热效率的进一步提高受到限制。

钢管式空气预热器安装时可根据需要直接放在对流室顶部，称为上置式。这种安装方式的优点是占地面积小、结构较简单，

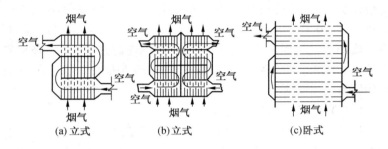

图7-12　立式、卧式空气预热器组合图

利用烟囱的抽力克服空气预热器及炉子各部位的阻力，不用设置引风机，没有能耗，操作费用低。缺点是空气预热器的重量由炉子本体承受，必要时需对炉架强度进行计算或加固。另外，因预热器装在炉顶，更换和检修较困难。

管式空气预热器也可单独安置在炉侧地面的基础上或钢架上，将出对流室的烟气引下来，通过空气预热器和引风机后，再将烟气送回烟囱排出，这种安装方式称为下置式。其优点是空气预热器更换和检修较方便，操作灵活。缺点是占地面积、钢材消耗及投资较大，使用引风机也要消耗电能。

（二）玻璃管式空气预热器

当加热炉排烟温度较低时，若采用钢管式空气预热器，就会产生较严重的低温腐蚀。此时可考虑采用玻璃管空气预热器，它具有较强的抗腐蚀性能，但不能承受高温，适宜在烟气的露点温度下工作。一般应和其他类型的空气预热器联合使用，安装在余热回收系统的低温部位。

玻璃管空气预热器的结构与钢管式基本相同，但玻璃管与两

端管板是通过软密封结构连接的。在管箱中装有若干支撑钢管，起到固定管板和增强预热器刚性的作用。

玻璃管采用耐热性能高、线膨胀系数小、化学性能较稳定、能耐硫酸冷凝液腐蚀的硼硅酸盐玻璃管。其长度一般不超过 3m，外径有 $\phi(40\pm1)$ mm、$\phi(37.5\pm1)$ mm、$\phi(25\pm1)$ mm 等三种规格。玻璃管空气预热器的使用温度一般不应超过 250℃，玻璃管内外侧的温差应控制在玻璃管耐热性的 80% 左右，超过 90% 时玻璃管易发生破裂。

（三）热管式空气预热器

热管是利用封闭在管内的工作物质，反复进行汽化、冷凝等相变过程用以高效传热的一种设备。其特点是传热量大、温度均匀、结构简单、工作可靠、没有运动部件、传热效率高。利用热管式空气预热器回收加热炉低温烟气的余热，效果非常显著。

热管安装时可根据需要垂直、水平或倾斜放置都可以。单根热管的直径为 $\phi25\sim51$ mm，长度一般不超过 5m。热管式空气预热器体积小、重量轻，一般可直接装在对流室顶部，也可放在地面，用引风机将烟气引入预热器进行工作。

热管式空气预热器工作时管外冷、热流体为空气和烟气，传热效果差，可采用翅片管来强化管外的传热过程，如图 7-13 所示。

（四）热油式空气预热器

热油式空气预热器是利用装置轻质热油预热空气的设备。热油走管内，空气走管外，一般可将空气预热到 210～260℃。其外形结构如图 7-14 所示。主要由多个单元管束、密封罩、上下放空口、支座等部件组成。每个单元管束由四排翅片管和管箱组成，各单元管束之

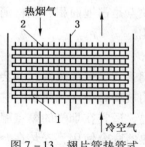

图 7-13　翅片管热管式
空气预热器

1—热管；2—翅片；3—隔板

间由密封罩外的弯头相连通。为保证热油进出口都在同一侧，常采用 2、4、6、8 管程数。用热油加热空气是气、液传热，传热效果较好。

（五）回转式空气预热器

回转式空气预热器根据转动形式可分为蓄热体转动和烟风道转动两种类型，炼厂管式炉多为蓄热体转动类型。

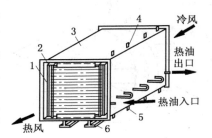

图 7-14　热油式空气预热器

1—填玻璃棉；2—管束；3—密封罩；
4—上放空口；5—下放空口；6—支座

蓄热体转动根据安装方式又可分为立式和卧式两种形式。立式预热器转子的轴垂直安装，烟气和空气的接口位于预热器的上、下方；卧式预热器转子的轴水平安装，烟气和空气的接口位于预热器的两侧。

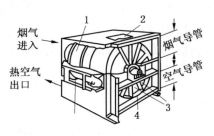

图 7-15　卧式回转式空气预热器

1—转筒；2—冷端元件检修口；
3—分隔的加热表面；4—密封

蓄热体转动型空气预热器主要由换热元件、转子（转筒）、转轴、烟气和空气导管等构成，卧式回转式空气预热器的结构如图 7-15 所示。换热元件（蓄热体）是由 0.5~1.2mm 厚的波纹钢板层叠而成，安装在转筒内。转子的转速一般为 1~3r/min。

回转式空气预热器的工作过程如图 7-16 所示。换热元件由转子带动旋转，烟气和空气分别由预热器的上、下部逆向流过。烟气流过时将热量传递给换热元件，降温后的烟气经引风机引入烟囱后排空；冷空气流过时从换热元件中吸收热量，温度升高后被送入燃烧器。由于转子不

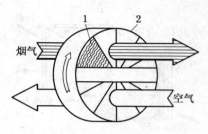

图 7 – 16　回转式空气预热
器工作示意图
1—换热元件(蓄热板)；2—转子

停地旋转，换热元件不断地在两种温度不同的介质内通过，进行吸热或放热，达到烟气和空气进行热量交换的目的。

回转式空气预热器的特点是积灰少、腐蚀轻、换热元件易于更换、单位体积的换热面积大。缺点是有转动部件、能耗大，漏风较多，制造要求高，价格贵，不适于小型炉使用。

第三节　管式加热炉的类型

管式加热炉的类型可根据用途或外形进行分类。从用途上可分为常压炉、减压炉、裂化炉、焦化炉等。从外形上可分为箱式炉、斜顶炉、立式炉、圆筒炉等。目前炼厂常用的主要是圆筒炉和立式炉。

一、圆筒炉

圆筒炉的典型结构在第一节已叙述，为满足生产中各种不同的使用要求，圆筒炉的炉型较多，如图 7 – 17 所示。其中图(a)、图(b)都是纯辐射炉，结构最简单，只有辐射室，没有对流室。火嘴设在炉底部，向上燃烧。图(a)的炉管盘绕成螺旋状，管内压降小，物料能完全排空。图(b)的炉管沿炉墙直立排成一圈。这两种炉型加热温度不高、热负荷小、热效率也很低。

图(c)是在纯辐射型圆筒炉顶部加了一个用耐热合金钢制成的辐射锥，可提高炉管上部的受热强度。但辐射锥价格昂贵，受火焰和高温烟气的冲刷，易腐蚀损坏。

图(d)是辐射－对流型圆筒炉，是目前使用最广泛的一种炉型。它的结构简单、制造施工方便、价格也较低。但当炉子热负

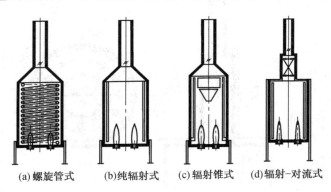

(a)螺旋管式　　(b)纯辐射式　　(c)辐射锥式　　(d)辐射-对流式

图7－17　圆筒炉炉型示意图

荷很大，炉膛尺寸也较大时，炉膛内的空间利用率较低，影响加热炉的经济效益。因此，在大型圆筒炉的炉膛内，一般采用增加炉管的办法来解决这一问题，如图7－18所示。

在炉膛内除沿炉墙排一圈炉管外，在炉膛中间还布置了一圈双面辐射炉管。双辐射炉管也可布置成十字形或其他形式。这种方法可大大提高炉管的受热强度和炉子的热负荷。

二、立式炉

立式炉的炉膛为长方形的箱体，其上为长方形的对流室，烟囱装在对流室的上部，其典型结构如图7－19所示。根据炉管的安装形式，立式炉主要可分为卧管立式炉和立管立式炉两大类，此外，还有阶梯式和环形管等形式的立式炉。

（一）卧管立式炉

常用的卧管立式炉的炉型如图7－20所示。其中图(a)的辐

射管沿炉墙水平布置在两侧壁,炉底装有两列(或一列)向上烧的燃烧器,燃烧火焰形成的放热面,提高了传热的效果。

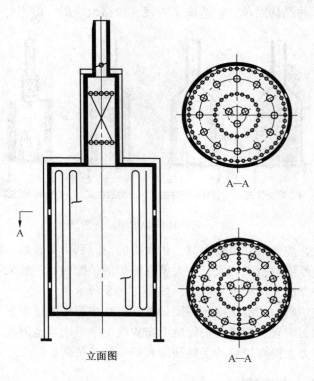

立面图　　　　　A—A

图 7-18　双辐射炉管大型圆筒炉示意图

　　图(b)的特点是在炉膛内加一火墙,火焰附墙而上,火墙成为良好的热辐射体,传热均匀,提高了炉管的热强度。另外,火墙将辐射室分成两室,可各走一路原料,分别进行控制。

　　图(c)的火嘴水平放置,操作方便,炉底也不用悬空建立,降低了炉膛高度,可减少投资。

　　图(d)是在炉侧壁均匀地装有许多气体无焰燃烧器,形成无焰燃烧（也称无焰燃烧炉），使炉侧壁成为温度均匀的辐射面，不但传热均匀，炉管的表面热强度也较大。另外，辐射室还可分区调控加热温度。缺点是无焰燃烧器只能使用气体燃料，燃烧器和炉墙的结构复杂，造价高。应合理选用。

（二）立管立式炉

常用的立管立式炉的炉型如图 7 – 21 所示。其中图（a）的炉管沿墙直立排列，可省去大量价格昂贵的合金钢管架，使造价降低。炉膛窄而长，并可设置多室。炉子的高度取决于炉管的长度，但炉管不宜过长，以免沿管长方向受热不均匀。炉体的长度一般不受限制，因此，炉子的处理能力大，有利于向大型化发展。

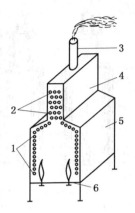

图 7 – 19 立式炉典型结构示意图

1—辐射管；2—对流管；
3—烟囱；4—对流室；
5—辐射室；6—燃烧器

图（b）主要用于大型炉，因炉膛较大，其中间也安装有炉

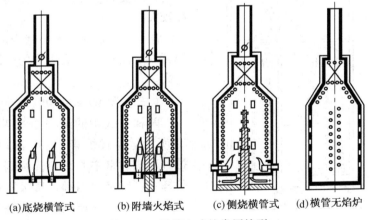

(a)底烧横管式　　(b)附墙火焰式　　(c)侧烧横管式　　(d)横管无焰炉

图 7 – 20 卧管立式炉常用炉型

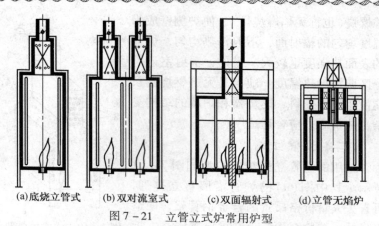

(a)底烧立管式   (b)双对流室式   (c)双面辐射式   (d)立管无焰炉

图 7－21   立管立式炉常用炉型

管，为解决中间炉管的吊挂问题，将对流室分成两个，因此使钢架结构变复杂。

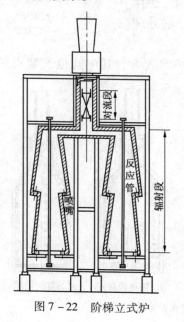

图 7－22   阶梯立式炉

图(c)主要用于对温度要求很高的裂解炉，炉管的两侧都有火嘴，使炉管受到双面辐射，受热均匀温度高，热强度和传热量都较大。

图(d)是立管式无焰燃烧炉，炉管受双面辐射，受热均匀，温度高。

（三）阶梯立式炉

阶梯立式炉的结构如图 7－22 所示。立式炉管（反应管）单排置于辐射室中心，炉管两侧的阶梯式侧壁略向内倾，每级阶梯的底部装有一排燃烧器，使整个侧壁成为温度均匀的辐射面，较长管段的受热仍比较均匀。另外，也可分区调节温度。管架设置在炉子的低温部位，减少了耐热合金钢管架的用量，但炉子的结构较复杂。

（四）环形管立式炉

环形管立式炉的结构如图7－23所示。由多根弯成 U 形的炉管把火焰包围起来，适用于原料多路加热，要求管内压降小的生产过程。当炉子热负荷较大时，U 形弯管可增至三个，炉管的连接非常简单。

三、其他炉型

除前面介绍的主要炉型外，还有箱式炉、斜顶炉、全对流炉等几种炉型。这些炉子

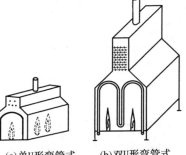

(a)单U形弯管式　　(b)双U形弯管式

图 7 – 23　环形管立式炉示意图

结构笨重、体积大、占地多、金属耗量大、炉管受热不均匀、热效率低，在一般炼厂已很少使用，但在一些老炼厂还有使用。

（一）箱式炉

箱式炉结构如图 7 – 24 所示。辐射室、对流室用隔墙隔开，燃烧器水平安装在辐射室炉侧壁，烟气经对流室由烟囱排出，烟囱需单独设置。

（二）斜顶炉

斜顶炉结构如图 7 – 25 所示。炉子中间是窄小的对流室，对流室、辐射室被火墙隔开，燃烧器水平安置在辐射室侧壁，辐射炉管也水平安置在炉侧壁、炉底和斜顶，对流炉管水平安置在对流室。烟气由上往下流过对流室经地下通道进入独立设置的烟囱排出。斜顶炉克服了箱式炉烟气流动的死角。

（三）全对流炉

全对流炉结构如图 7－26 所示。在炉子的燃烧室不设炉管，炉体积较小，燃烧完全。为使高温烟气均匀地进入对流室，炉子

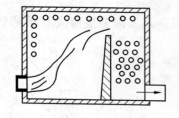

图 7－24　箱式炉示意图

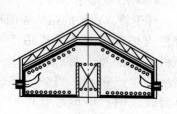

图 7－25　斜顶炉示意图

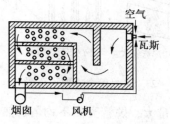

图 7－26　全对流炉示意图

设有分配室，沿烟气流动方向，分配室上开有一些由小到大的烟气出口。

为降低烟气进入对流室时的温度，防止炉管局部过热和增大烟气的流速，以提高传热效果，在燃烧室后装有混合室，将大量出炉的低温烟气循环回来，与燃烧所得高温

烟气混合后，再进入分配室。全对流炉炉管受热均匀，可防止炉管局部过热。

四、管式炉炉型比较及发展趋势

（一）管式炉炉型比较

对炉型的评价，主要从热效率、钢材用量、占地面积、造价和施工等方面综合考虑。如钢材消耗，主要为炉体钢架、炉管及管板、管架的消耗。立式炉管省去了支承炉管的管板、管架，可节省耐热合金钢的用量；炉子结构设计简单合理，可节省钢架结

构的钢材用量，因此，圆筒炉的钢材耗量较小。

再如占地面积，圆筒炉和立式炉的对流室、烟囱都在辐射室之上，所以占地面积最小。

常见炉型主要参数的相对比较值如表7-2所示。

表7-2　常见炉型主要参数比较表

项　目	炉　型　单　位	圆筒炉	方箱炉	立式炉	无焰炉
钢材耗量比	%	100	168	144	140
占地面积	%	100	279	154	154
造价比	%	100	129	135	140

(二) 管式炉的发展趋势

管式炉今后发展的方向是大型化、高效化，利用余热回收系统提高炉子的热效率，注意环保，防治噪声和空气污染，采用大能量燃烧器及加热炉长周期运转等。

为实现加热炉的大型化和高效化，辐射炉管多采用立式管双面辐射，辐射室按高度分层加热，强制通风；对流炉管多采用钉头管或翅片管，并在对流室设置吹灰装置。

加热炉的大型化，要求燃烧器也要向大能量、高热强度、计算机控制方向发展，以减少大型炉燃烧器的数量，便于操作、维修和控制。大能量燃烧器的特点是强制通风和设置预燃室，以强化空气与燃料的混合，形成短焰或无焰燃烧。图7-27所示的坛形燃烧器，即为一种大能量高热强度的燃烧器。

燃烧器工作时，喷油嘴将由蒸汽雾化的燃油喷入燃烧室，与从坛

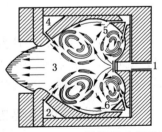

图7-27　坛形燃烧器示意图
1—雾化；2—空气室；3—燃烧室；
4、5、6—进风口

壁风口处进入的空气混合并蒸发燃烧。空气沿坛壁向里吹，在冷却坛壁的同时，自身也被加热到1000℃左右，经风口进入燃烧室。因空气温度很高，燃料在燃烧室的燃烧速度很快，可完成60%~80%的燃烧。

热烟气高速喷入炉膛，使炉内烟气搅动剧烈，增强了传热效果。因大部分燃料是在燃烧室内燃烧的，因此炉内的火焰就很短，避免了火焰舔炉管的危险，延长了炉管的使用寿命和开工周期。

为提高加热炉热效率，使用各种形式的空气预热器回收烟气废热；使用碳化硅辐射涂料，可提高炉内壁的辐射效果；用陶瓷纤维代替普通耐火砖，可降低炉墙的热损失；用计算机对烟气含氧量和一氧化碳含量进行监控，可有效降低过剩空气系数并保证燃料完全燃烧。

为加强环保，必须对烟气中的硫含量、氧化氮含量及噪音进行严格控制。经过改进的燃烧器，采用风道及进风口隔音等措施，可使噪声下降到80dB以下。用适宜的烟气净化装置来降低烟气中的硫含量，特别是氧化氮的含量，都是管式炉今后继续发展所必须解决的问题。

第四节　管式加热炉的操作与维修

管式加热炉在工作时为保证将原料加热至工艺所要求的温度，就必须严格按加热炉的工艺指标和操作参数来操作。设备各部件也应完好无损，能正常地运转和工作。

一、加热炉的主要工艺参数

（一）炉出口温度 t_2

炉出口温度指原料出炉时被加热的温度。原料在加热炉内吸收热量的多少，最终反应在炉出口温度的高低上。不同的石油加工过程，对炉出口温度有不同的要求，操作时应按工艺要求严格控制炉出口温度。

（二）加热炉有效热负荷 Q

加热炉的有效热负荷即加热炉的总热负荷，是指单位时间内原料通过炉管所吸收的总热量。无论吸收的热量用于升温、汽化或化学反应，均为有效热负荷。

（三）加热炉的热效率 η

加热炉热效率表示炉子提供的热量被有效利用的程度。是衡量加热炉燃料消耗及加热炉设计、操作水平高低的主要指标。一般用加热炉有效热负荷与入炉总热量的比值来表示，即：

$$\eta = \frac{Q}{Q_n} = \frac{Q}{BQ_1} \qquad (7-1)$$

式中　Q_n——入炉总热量，kJ/h；

　　　B——燃料消耗量，kg/h；

　　　Q_1——燃料低发热值，kJ/kg。

将式(7-1)整理可得：

$$B = \frac{Q}{\eta Q_1}, \quad kg/h \qquad (7-2)$$

由式(7-2)可知，当加热炉有效热负荷、燃料低发热值一定时，热效率越高，燃料的消耗就越小，因此，提高加热炉热效率，是减少燃料消耗，节约能源的重要措施。

（四）过剩空气系数 α

加热炉燃料燃烧时，实际空气用量与理论空气用量之比，称为过剩空气系数，即：

$$\alpha = \frac{L}{L_0} = \frac{V}{V_0} \qquad (7-3)$$

式中　L、V——实际空气用量，kg 空气/kg 燃料，Nm³ 空气/kg

燃料（Nm³——标准立方米）；

L_0、V_0——理论空气用量，kg 空气/kg 燃料，Nm³ 空气/kg 燃料。

燃料燃烧时必须维持一定的温度和足够的空气，否则，就会燃烧不好。为保证燃料与空气充分混合并完全燃烧，实际入炉的空气量应比理论计算的空气量要多，即 α 一般应 >1。但应注意，在保证燃料完全燃烧的情况下，α 越小越好。

（五）辐射室烟气平均温度 t_g

燃料在加热炉辐射室完全燃烧后，放出大量的热，炉膛内烟气的温度可高达 700~850℃。但由于炉膛内各点烟气的流动情况及各处炉管的吸热情况不相同，辐射室内各点的温度是不一样的。对高径比 <3 的圆筒炉和立式炉，一般都是以辐射室出口的烟气温度 t_g 作为辐射室烟气的平均温度。辐射室烟气平均温度的高低对辐射室的传热效果、炉管表面热强度等影响很大。

（六）炉膛体积热强度 q_V

燃料燃烧放出的总热量与辐射室体积之比，称为炉膛体积热强度，即：

$$q_V = \frac{Q_n}{V}, \quad kJ/(m^3 \cdot h) \qquad (7-4)$$

式中　V——炉膛（辐射室）体积，m^3。

炉膛体积热强度反映炉膛体积大小对燃料燃烧的影响。当燃料放热量一定时，q_V 值若过大，则说明炉膛体积偏小，燃烧空间不够，火焰易舔到炉管，影响炉管使用寿命。q_V 值若过小，炉膛体积大、温度低，对燃烧及传热也不利，q_V 值一般控制在 $2.1 \times 10^5 \sim 4.2 \times 10^5 kJ/(m^3 \cdot h)$。

（七）炉管表面热强度

1. 辐射炉管表面热强度 q_R　指在单位时间内，通过辐射炉管单位表面积所传递的热量，即：

$$q_R = \frac{Q_R}{A_R}, \quad kW/m^2 \qquad (7-5)$$

式中 A_R——辐射炉管表面积，m^2。

2. 对流炉管表面热强度 q_c 指在单位时间内，通过对流炉管单位表面积所传递的热量，即：

$$q_c = \frac{Q_c}{A_c}, \quad kW/m^2 \qquad (7-6)$$

式中 A_c——对流炉管表面积，m^2。

由式(7-5)、式(7-6)可知，当热负荷一定时，炉管表面热强度越大，所需传热面积就越小，可降低炉管钢材耗量和设备投资。当传热面积一定时，炉管表面热强度越大，热负荷就越大，可提高炉子的加工能力。所以，炉管表面热强度的大小，对加热炉的设计和操作都有很大影响。

炉管表面热强度的提高，主要受炉管材质、工作时受热不均匀、原料油可能结焦等因素的影响，需综合考虑。

不同材质的炉管，使用范围及价格差别很大，应合理选用。炼厂主要装置加热炉炉管材料的选用可参考表7-3和表7-1。

表7-3 炉管材质的应用范围

材 质	操作条件		耐腐蚀性	相对价格/%
	温度/℃	压力/MPa		
10号，20号碳钢	<450	<5.880	微腐蚀	100
铬钼合金钢 1Cr5Mo	<600	<5.880	硫腐蚀	265
铬镍不锈钢 0Cr18Ni10Ti	<700	<5.880	氧腐蚀	1500

由于炉管在炉内所处的位置不同，受热也不均匀，式(7-5)、式(7-6)所计算出的为炉管的平均热强度。为防止炉管出现局部过热而结焦，炉管表面热强度应适宜，炼厂常用辐射炉管

表面热强度的推荐值见表 7 – 4。

表 7 – 4　单排辐射炉管、单面辐射的炉管表面热强度推荐值

序　号	加热炉名称	辐射管平均表面热强度/（W/m²）	
		立管加热炉	立式炉或卧管箱式炉
1	常压蒸馏炉	30000～37000	36000～44000
2	减压蒸馏炉	24000～31000	29000～37000
3	催化裂化炉	24000～31000	29000～37000
4	焦化炉	—	29000～32000
5	催化重整炉	25000～32000	29000～37000
6	预加氢炉	24000～35000	—
7	减粘加热炉	23000～26000	28000～31000
8	加氢精制炉	23000～31000	—
9	脱蜡油炉	23000～31000	—
10	丙烷脱沥青炉	18000～23000	—
11	氧化沥青炉	16000～19800	—
12	酚精制炉	17000～23000	—
13	糠醛精制炉	17000～23000	—
14	蒸汽过热炉	28000～35000	—

对流炉管因传热温度低，q_c 比 q_R 低许多，必要时可选用与辐射炉管不同的材质，以降低造价，但遮蔽管材质应和辐射管相同。

（八）炉管内原料的质量流速 G_F

原料在炉管内的质量流速可按下式计算：

$$G_F = \frac{W}{3600 \times 0.785 \times d_i^2 \times N}, \quad kg/(m^2 \cdot s) \quad (7 - 7)$$

式中　W——原料在炉管内的质量流量，kg/h；

　　　d_i——炉管内径，m；

　　　N——炉管并联管程数。

原料在炉管内的质量流速大一些对传热较有利，但也会使炉管压降增大，动力消耗增加。质量流速过小对传热不利，原料易沉积结焦，炉管易烧坏。加热炉辐射炉管原料质量流速的经验值见表7-5。

表7-5 辐射炉管原料质量流速经验值

用 途	管内流体质量流速/ [kg/(m² · s)]	压力降/ MPa	备 注
常压蒸馏加热炉	1220~1710		箱式炉
	1220~1710		立式炉
	980~1470	0.7~1.5	圆筒炉
减压蒸馏加热炉	1220~1710		箱式炉
	1220~1710		立式炉
	980~1470	0.3~0.6	圆筒炉
催化重整气体预热炉	171~214		立式圆筒炉
催化重整粗汽油预热炉	488~980		立式圆筒炉
催化气体及粗汽油预热炉	196~488		立式圆筒炉
富油加热炉	1220~1710	0.2~0.4	圆筒炉
	1220~1710		立式炉
沥青加热炉	1220~1470		圆筒炉
脱蜡溶剂加热炉	1220~1470		圆筒炉
减粘焦化加热炉	>1500	1.8~2.5	圆筒炉
催化裂化加热炉	>1000	0.6~0.9	圆筒炉

（九）炉管压降 Δp

炉管压降为原料进出炉管的压差。在设计加热炉时通过对炉管压降的计算，可判断炉管的管径和管程数选择是否合理，泵的扬程是否满足要求。正常操作时，炉管压降的变化是判断炉管内原料是否结焦的重要标志。

炉管在不结焦的正常情况下，炼厂常压炉的压降一般为 0.5~0.7MPa；减压炉的压降为 0.3~0.6MPa。压降若过大，炉管则有可能结焦。

（十）烟气出炉温度 t_s

烟气出炉温度指烟气出对流室的温度。为保证对流室传热效果，烟气与被加热原料的温差不能过小，一般控制在 100~150℃ 范围内。当采用钉头管或翅片管时温差可减小到 50℃。烟气温度也不能过高，否则烟气带走的热量增加，炉子热效率下降。

当采用空气预热器回收烟气余热时，最低排烟温度应根据低温腐蚀条件来确定。防止温度过低，烟气中的酸性气体和水蒸气凝结成含硫酸的液体，对炉管和设备构成腐蚀。根据我国燃料的含硫量，露点温度一般在 105~130℃ 范围内。

二、管式加热炉的操作

加热炉操作的水平高低，对燃料消耗量、炉子热效率、设备使用寿命、烟气对空气的污染程度等，都有很大影响。因此，加热炉操作时必须细心观察，认真分析，准确调节，确保加热炉高效、平稳、长周期安全运行。

（一）加热炉开工操作要点

1. 烘炉　烘炉的目的是为了缓慢地除去炉墙在砌筑过程中所积存的水分，并使耐火胶泥充分烧结。烘炉前应先打开全部人孔、防爆门，并开启烟囱挡板自然通风 5 天以上。然后将各门、孔关闭，把烟囱挡板开启约 $\frac{1}{3}$，给炉管内通入蒸汽进行暖炉。当炉膛温度升至 130℃ 左右，即可点着燃烧器。烘炉时应尽量使用气体燃料，以便于控制升温速度。

烘炉过程中炉管内应始终通入水蒸气，以保护炉管不被干烧。蒸汽出口温度应严格控制，碳钢炉管不超过 400℃、合金钢炉管不超过500℃。烘炉升温速度应按烘炉升温曲线要求进行，如图7-28所示。防止温度突升突降。

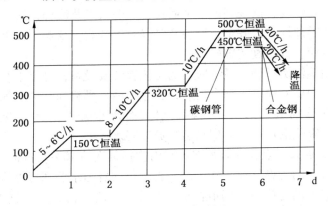

图7-28 烘炉曲线图

图中150℃恒温是为了除去炉墙中的自然水，320℃恒温是为了除去炉墙中的结晶水，500℃或450℃恒温是为了使炉墙中的耐火泥充分烧结。恒温后，炉膛以20℃/h的速度降温，降至250℃时熄火焖炉；降至100℃时进行自然通风。烘炉结束后应对炉子全面检查，发现问题及时处理。

2. 试压 加热炉炉管安装后，应按设计规定进行系统试压，目的是检查炉管及所属设备安装施工质量。试压的压力为操作压力的1.5~2倍，试压过程分3~4次逐步提高到要求的压力，每次提压后应稳定5min。

对炉管系统的所有接口，如回弯头、堵头、法兰胀口、焊口等地方仔细检查有无泄漏。达到要求的压力后，稳定10~15min，然后将压力降至操作压力的1.2倍，恒压10h以上无渗漏，则为合格。合格后按规定对炉管进行吹扫。

试压可用不含盐的自来水进行水压试验，也可用空气或惰性气体进行气压试验。开炉前的试压多用水蒸气进行，达到要求压力后稳定 10～15min 即为合格。

3. 开炉前检查　开炉前应对炉子的炉管、零部件、附属设备、工艺管线、仪表等进行全面检查，确认工艺流程无误，所有设备及零部件完好齐全，设备及管线内无杂物，仪器、仪表操作灵活方便，数据真实准确。

用蒸汽贯通炉子系统所属的工艺管线及设备，确保工艺流程畅通。当所有检查全部合格后，将原料油、燃料油和燃料气及雾化蒸汽分别引入炉内。燃料气引入时注意管内空气氧含量要<1%，雾化蒸汽引入时应注意排放冷凝水。

4. 点火　点火前必须向炉膛内吹扫蒸汽约 10～15min，将残留在炉内的可燃气体清除干净，直至烟囱冒出水蒸气后再停止吹汽。点火前还应检查烟道挡板、防爆门、看火门，燃烧器油阀、汽阀、风门调节等是否灵活好用，炉膛灭火蒸汽管线及其他消防设施等是否齐全完备。一切正常后，即可点火。

点火时应根据油－气联合燃烧器使用的燃料情况进行操作。如烧油时，应将气体燃料的喷嘴内通入适量蒸汽，防止喷嘴被油或其他异物堵塞(若烧气时则应将油喷嘴内通入蒸汽进行保护)。将燃烧器的风门调至 $\frac{1}{3}$ 的开度，若开度太大则不易点火。

将已点燃的浸透柴油的点火棒放在燃烧器的喷嘴前，把雾化蒸汽阀门稍开一点，然后将油阀打开，点燃后慢慢调整油、汽比例，使燃料油充分雾化，完全燃烧，根据燃烧情况将燃烧器风门、油阀、汽阀调节合适。

(二) 加热炉正常操作要点

1. 进料量和进料温度应稳定　原料量和进料温度变化时，炉子的热平衡关系被打破，使炉子的操作参数随之波动。如其他条件不变，进料量增大，则会使炉膛温度和炉出口温度降低，原料的质量流速和炉管的压降增大。多路进料时，若各路流量分配不均匀，也会使炉膛温度发生波动。

当操作条件不变，进料温度升高，则炉出口温度也随之升高；若进料温度过低，炉出口温度将达不到工艺要求的温度。适当降低原料的入炉温度，可使排烟温度降低，对提高炉子的热效率有利。

2. 控制好炉膛温度保持炉出口温度不变 生产中要求原料的炉出口温度保持恒定。炉膛温度的变化对炉出口温度的影响最大和最直接。如炉膛温度增高，辐射室的传热能力将增大，炉出口温度就会升高；反之，则炉出口温度就会降低。

炉膛温度不可过高，否则炉管表面热强度过大，使炉管壁温度升高，易产生局部过热和结焦，影响炉管使用寿命。同时炉膛温度过高使进入对流室的烟气温度也增高，对流炉管也易被烧坏。

加热炉正常操作时，应保持炉膛内各处温度均匀，防止局部过热。对碳钢炉管，炉膛温度控制在 800~820℃；对合金钢炉管，炉膛温度控制在 820~850℃。

炉膛温度主要由入炉燃料量来控制，还与燃料的性质、雾化状况、燃烧状况等有关。雾化状况主要取决于雾化蒸汽用量和压力。燃烧状况主要与燃料与空气的混合状况有关。入炉空气量主要通过风门和烟道挡板的开度来调节。

3. 过剩空气系数 α 要适宜 正常操作时，在自然通风条件下，烧油时辐射室 $\alpha = 1.25$，对流室出口 $\alpha = 1.3$；烧气时辐射室 $\alpha = 1.15$，对流室出口 $\alpha = 1.2$。在强制通风条件下，烧油时辐射室 $\alpha = 1.15$，对流室出口 $\alpha = 1.2$；烧气时辐射室 $\alpha = 1.1$，对流室出口 $\alpha = 1.15$。

若 α 过大，入炉的过剩空气量增多，烟气量增大，烟气带走的热量就越多，则使炉子的热效率降低。α 过大，炉膛中过剩氧含量增大，除会对炉管产生氧化腐蚀，降低炉管使用寿命，还

会使烟气中的 SO_2 转化成 SO_3 的数量增多，使烟气的露点温度升高，烟气中的水蒸气更易凝结成水，与 SO_3 结合生成硫酸溶液，使烟气的露点腐蚀更严重。为防止露点腐蚀，就要提高排烟温度，则使热效率降低。

若 α 过小，入炉空气量少，易造成燃料因缺氧而燃烧不完全，增大燃料的消耗量，也会使炉子热效率降低，所以操作时 α 要适宜，要全面堵漏，将不使用的燃烧器的风门、炉子的人孔门、看火门、防爆门等都关闭严密，尽量减少漏入炉内的空气量。

操作时严格控制好烟囱挡板的开度，使炉膛在微负压下操作。一般，在辐射室燃烧器处的真空度约为98Pa；在对流室入口处的真空度约为 $19.6 \sim 39Pa$。

4. 注意观察炉膛火焰状况　　燃料燃烧形成的火焰，其形状和颜色可反映燃料与空气的混合及燃烧状况。操作中若燃料量、空气量及雾化蒸汽量等调节不当，都会使火焰颜色发黑变暗，火焰不稳定甚至熄火。常见的几种不正常火焰状况及原因见表7－6。

表7－6　不正常火焰状况及原因

火　焰　情　况	原　　　因
火焰发飘，软而无力，火焰根部发黑，烟囱冒黑烟	雾化剂量过小，雾化不好
火焰四散，乱飘、软而无力，呈黑红色或冒烟	雾化剂量、空气量过少，燃烧不完全
火焰容易熄灭炉膛时明时暗	燃料油黏度过大，燃料油带水或蒸汽量过大并带水
火焰发白、硬；火焰跳起	蒸汽量、空气量过大

若燃烧器性能良好，操作合理，燃料与空气所能充分混合和

完全燃烧，则炉膛明亮，火焰强劲有力。烧油时火焰为黄白色，烧气时火焰为蓝白色。

圆筒炉一般采用底烧式燃烧器，要求辐射室火焰长度为立管长度的 50% ~ 60%，以使炉管受热均匀。因此，一些炉管较长、炉膛较高的圆筒炉、立式炉的火焰形状多为细长形。

5. 控制好排烟温度　排烟温度应根据原料入炉的温度来确定。排烟温度与入炉原料温度的温差一般控制在 100℃ 以上。使用钉头管或翅片管时温差控制在 50℃ 以上，当采用余热回收系统时，可根据烟气露点腐蚀温度来确定排烟温度。

露点温度与燃料的含硫量、过剩空气系数、烟气中二氧化硫生成量等因素有关，一般在 105 ~ 130℃。为防止露点腐蚀，冷油进料的入炉温度应在 100℃ 以上。空气预热器的空气入口温度应在 60℃ 以上。

6. 注意炉管压降的变化　炉管压降的变化可用来判断炉管是否结焦。若原料在炉管内的质量流速基本无变化，而炉管压降却急剧增大，则有可能是炉管结焦。结焦严重时，必须停炉清焦。

（三）加热炉停工操作要点

加热炉停工有正常停工和紧急停工两种情况。

1. 正常停工　正常停工时，根据装置降量降温的要求，逐渐关闭燃烧器火嘴，到剩下 1 ~ 2 个燃烧器时，打开燃料油循环阀，此时燃烧器前的燃料油压力不能过低。全部熄火后，燃烧器通入蒸汽清扫火嘴，炉膛内也通入蒸汽，使炉膛温度尽快降低。烟囱挡板也应全开。

当装置进行循环时，过热蒸汽可排空。当使用的燃烧器是油—气联合燃烧器时，应先停燃料气，并对燃料气管线进行蒸汽吹扫处理，蒸后再停燃料油。若炉管不烧焦，可将燃料油全部送入油罐，停止燃料油循环，然后对燃料油管线用蒸汽吹扫处理。

当炉膛温度降至150℃左右时，将人孔和看火门全部打开，使炉子逐渐冷却。

2. 紧急停工 加热炉在操作中出现严重故障，如进料突然中断，炉管严重结焦，炉管烧穿等，则应紧急停工。此时应立即关闭燃烧器，使炉子熄火。并停止炉子的进料，向炉膛内和炉管内吹入大量水蒸气。关小风门，开大烟囱挡板，将炉膛和炉管内的水蒸气放空。并应及时和消防队联系，以确保安全。

三、管式加热炉的检修

管式加热炉的工作条件比较苛刻，设备长期在高温、高压及腐蚀性介质的作用下连续工作。为保证生产安全，加热炉工作一段时间后，必须停工检修。检修周期分中修和大修，中修周期一般为1~1.5年，大修周期一般为2~3年。另外，加热炉因故障紧急停工时，需对损坏设备和部件进行抢修。

（一）检修的主要项目

1. 中修的主要检修项目 中修主要包括如下几项：

（1）检查炉管的结焦情况及炉管、回弯头的腐蚀和壁厚的变化情况，氧化爆皮、鼓泡、弯曲变形等情况。对结焦炉管进行清焦，对有损坏的炉管、弯头等进行修理或更换。

（2）检查回弯头的堵头、顶紧螺杆、元宝螺母及回弯头其他位置有无裂纹及损坏，进行研磨修理或更换。

（3）检查炉墙、烟囱等处的衬里，看火门、防爆门、回弯头箱等处的密封，对损坏处或不严密处进行修补处理；检查炉管的管架、吊钩、定位管、导向管等部件，对损坏的进行修理或更换。

（4）检查燃烧器及油、汽管线及阀门等处，对漏油、漏汽处进行修理或更换阀门、垫片；检查空气预热器，吹灰器等设备是否完好，烟囱挡板和风道挡板等转动是否灵活，对有问题的部件进行修理或更换。

（5）检查辐射室、对流室、烟道、空气预热器等处有无积灰，如有积灰，应进行吹灰清扫。检查消防蒸汽线及紧急放空装置是否正常好用。

2. 大修的主要检修项目　除包括所有中修的主要检修项目外，还应对炉体的钢架及烟囱的钢筒体厚度及腐蚀情况进行检查修理。对加热炉的基础及烟囱检查修理，对炉体钢架、烟囱、平台、梯子及管线进行刷漆防腐处理。

（二）炉管清焦

炉管结焦是炉管内原料油超温，发生裂化反应，生成游离碳堆积在管内壁上所造成。炉管结焦后，因焦炭的导热性很差，使炉管壁温急剧上升，加剧了炉管的腐蚀和氧化，引起炉管的脱皮、鼓包和破裂，严重时会把炉管烧穿，引起事故。另外，结焦也使炉管内原料油流动困难，压降增大。因此，检修时应对结焦炉管进行彻底清焦。炉管清焦主要有两种方法，一种是用清焦器进行机械清焦，另一种是用空气–蒸汽烧焦法清焦。

1. 机械清焦　用清焦器清焦，只能用于回弯头连接的炉管。因回弯头具有可拆卸的堵头，便于机械清焦。常用的清焦器由风动小透平、万向接头和冲击头三部分组成。工作时清焦器以3000～6000r/min的速度旋转，在离心力的作用下使冲击头做锥形运动，以很大的冲击力破碎和刮削坚硬的焦炭层，并被风动小透平用空气将破碎后的焦炭吹出管外。

用清焦器清焦时，应先把清焦器放入炉管内再启动，停止时应先关闭压缩空气，使风动小透平停转后，再将清焦器从管内取出。清焦器工作时，应在管内不停移动，保持钝重的声音。若冲击头碰击到管内壁时就会发出尖锐的声音，应立即移开清焦器。

最后一次清焦时，应使用铣刀式清焦头清焦。对炉管与回弯头连接的胀口处及回弯头内，只能用手工清焦，不能用清焦器。

2. 烧焦法清焦　对用急弯弯管连接的炉管，多采用空气 - 蒸汽烧焦法清焦。烧焦前应停炉扫线，检查炉管、弯头等结焦情况，将炉出口转油线切换至烧焦罐。烧焦时炉管内的焦炭在一定的温度下，受到高温蒸汽和空气的冲击而破碎和燃烧，燃烧后的产物与未燃烧的焦炭粉末一起被气流带入烧焦罐。

烧焦时先从加热炉入口处通入压力不大于 980kPa 的蒸汽吹扫炉管 20～30min，将炉管内的残油和碎焦炭吹扫干净。当烧焦罐有蒸汽排出时，烧焦罐应通入压力不小于 340kPa 的冷却水进行冷却。此时，炉膛可点火升温。

炉膛升温速度控制在 50℃/h，升温至 450℃ 时，保持恒温。在升温过程中，应不断加大烧焦罐的冷却水量。如果烧焦罐出口排焦量过大和有许多存油时，应减慢升温速度，炉出口温度应控制在 400℃ 以下。

炉管烧焦应分路给风给汽，交替进行。准备烧焦的一路炉管，将蒸汽量减少，先通入少量空气，空气压力要求不小于 390kPa，再逐渐适当加大，保持 1～2min 后，停止通入空气，立即通入大量蒸汽。炉出口温度根据炉管材质一般不超过 450℃，超过时可减少空气量、加大蒸汽量来调节，以免烧坏炉管。每一路的炉管都如此进行烧焦，直到焦炭烧尽为止。

烧焦时应严格掌握每次通入空气的时间，开始几次时间要短，以后可逐渐适当延长。烧焦时应注意炉管颜色，正常时为暗红色，若为桃红色时说明温度偏高，应调节蒸汽、空气比例，适当减小空气量、增大蒸汽量。炉管烧焦是否干净，可根据炉膛温度和水的颜色来判断。常压炉烧焦上限的炉膛温度为 490℃，减压炉烧焦上限为 590℃。若炉管通入空气后，烧焦罐排出的冷却水的颜色不发黑，为铁锈色时，烧焦基本干净。可停止通入空气，进行降温。

炉膛降温不能过快，在 400℃ 以上时为 30℃/h，降到 400℃ 以下时为 40℃/h。当炉温降到 350℃ 时应熄火，降到 300℃ 时炉管停止通入蒸汽。有堵头的炉管可拆卸堵头，检查烧焦效果。当炉温降至 250℃ 时，打开烟囱挡板、人孔及看火门，进行自然通风。

（三）炉管更换

炉管使用一定时间后，存在以下问题时应更换：

（1）炉管由于腐蚀严重、冲蚀或爆皮，管壁厚度小于计算允许值；有鼓包、裂缝或网状裂纹；

（2）水平炉管相邻两支架间的弯曲度大于炉管外径的 2 倍；炉管外径大于原来外径的 4% ~5%；

（3）胀口在使用中反复多次胀接，超过规定胀大值；胀口腐蚀、脱落，胀口露头低于 2 ~3mm。

更换炉管时，需将旧炉管切除，切除时应注意防止损伤回弯头。加热炉紧急停工，对炉管进行抢修时，为争取时间，一般只作简单处理，可对炉管进行局部更换、补焊或整根更换。

局部更换时，将被烧坏的部分从两端割掉，中间更换新炉管。焊接时先焊上口，再焊下口。为焊接方便，可将炉管底部的导向短管先切除，或把炉管拉钩先拉开，使炉管离开炉墙 200 ~300mm，焊好炉管后，再将导向管焊上，将拉钩装好。

整根炉管更换时，先从弯头的下端将炉管割掉，修好坡口，炉管从顶部弯头箱盖板处穿入，先对好下口，再在弯头箱外部对好上口，然后焊接。炉管的抢修焊接或更换，应严格保证质量，避免开工后再次出现问题。

（四）炉管与弯头的连接

炉管与弯头的连接，有胀接、焊接及丝扣连接三种形式。炉管与急弯弯管连接时，全部采用焊接。炉管与回弯头连接时，若采用胀接，在胀接前管子外径与回弯头上的管孔之间有一定的间隙，以便炉管安装。

胀接时，在胀管器滚柱压力的作用下，管子向外扩大产生一定的塑性变形，并贴紧在回弯头的管孔内壁上。同时，也使回弯头管孔产生弹性变形与管子一起扩大。当胀管器退出后，它们都产生弹性回复。但由于管子有塑性变形，在管子与管孔间保持一定的残余应力，使管子牢牢地固定在回弯头上，而严密不漏。

炉管与回弯头或急弯弯管焊接时，管端坡口应采用机械加工的方法来切割。坡口表面及 20mm 以内管端应清除油污及锈斑。坡口角度常用 $60° \sim 70° \pm 5°$，钝边尺寸及对口间隙应控制在 $1mm \pm_{0.5}^{0} mm$。

在炉管焊接组对时，允许内径错边 <1mm。炉管与急弯弯管组对焊接时，同心度误差不应大于 1mm，且不得强行对中。圆筒炉辐射管组对焊接后，其节圆直径误差不应大于 0.2%，并不得超过 12mm。

炉管焊接时，所用焊条应根据炉管材质及焊接要求选用。炉管最好为整根，因长度不够需焊接时，每根炉管只允许有一个焊缝。炉管焊缝应配置在低温区域或炉墙外侧，应避免把焊缝配置在炉管中央或胀口附近。

（五）炉管清灰

燃料油中因含有金属元素及碳元素燃烧不完全等原因，在加热炉中燃烧时会产生灰垢。特别是重质燃料油如减压渣油在燃烧时，产生的灰垢量较大。而气体燃料燃烧时，则基本无灰垢。灰垢易沉积在对流室炉管的外表面，特别是对流室的一些死角区，因烟气流速很小，积灰较严重。钉头管或翅片管表面更易积灰。

正常生产时，对流室中装有吹灰器，利用蒸汽进行吹灰，效果较好。但吹灰器只是安装在对流室的一定位置上，对不同位置上的炉管，吹灰作用差别很大。就是对同一根炉管，不同部位的吹扫作用也不相同。因此，检修时应对炉管进行清灰处理。

　　清灰时可用钢丝刷进行手工清除，也可用高压蒸汽吹扫或用高压水冲洗。用水冲洗时应注意用塑料板或防水布等保护对流室的侧壁炉墙。在对流室下方安装漏斗以接收冲洗水，漏斗用管子与炉外的水槽连接。水洗时将水槽中的水加热至 40～60℃，经泵及管线将水送至对流室上部，经喷嘴喷射，清除炉管上的灰垢。对辐射室局部有积灰的炉管，一般可用钢丝刷手工清除。

第八章 储 罐

第一节 概 述

一、炼油生产用罐类设备的类型

储罐指用以储运液体或气体的密闭容器，是炼油厂的主要设备之一，主要集中在油品储运系统，如原油的储存，半成品油中转，产品的调合及成品油的储存，液化石油气及各种炼厂气的储存等。储罐在化工、冶金、制氧、航空及其他行业中也有广泛的应用。

储罐按制作材料可分为金属储罐，如钢、铅等，非金属储罐，如砖砌、预应力混凝土、塑料等；按建造位置可分为地上储罐、地下储罐和半地下储罐；按形状和结构可分为立式、卧式、球形、扁平椭球形和液滴形储罐等。常见的储罐如图 8－1 所示。

立式储罐使用最多，主要用于储存数量较大的原油、轻质油和润滑油；卧式储罐用于储存小量的油品、氨、酸、碱、液化石油气等；球形储罐主要用于储存液化石油气、丙烷、丁烷、丙烯

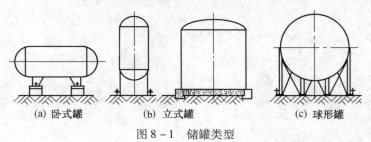

(a) 卧式罐   (b) 立式罐   (c) 球形罐

图 8－1 储罐类型

等；液滴形储罐适用于储存易挥发的油品，但其结构复杂，制作困难、成本高，故用得很少。

地上储罐一般用金属材料制作，罐内最低液面略高于附近地坪，这类罐投资少、施工快、日常管理和维护方便，但罐内温度受环境温度的影响大，不利于易挥发性油品降低蒸发损耗和重质油品的加热传温。地下储罐罐内最高液面低于附近地坪 200mm 左右，这类罐多用非金属材料建造，内壁涂敷防渗层或粘贴薄钢板衬里，顶板上覆土 500～1000mm，这种罐隔热效果好、受环境温度的影响小，减少了蒸发损耗且对需要加热的油品也降低热能消耗，但造价高、施工周期长、操作管理不便，目前已很少使用。半地下储罐罐底埋深不小于罐壁高的一半，罐内最高液面不高于附近地坪 3000mm，这类罐实际上是地下罐的改型，以便解决地下水位对罐高的限制。

本章只介绍目前在炼油厂应用最多的几类地上金属储罐。常见金属储罐应用见表 8－1。

表 8－1　常用金属储罐应用范围

类型		罐容系列/m³	结构特点	适宜储存油品	备　注
常压储罐	固定顶	100,200,300,400,500,700,1000,2000,3000,5000,10000	拱顶或锥顶	1. 闪点 ≥60℃的各种馏分油及重油、燃料油2. 灯用煤油	适用条件：温度 ≤200℃ 正压 1.96kPa（200mmH₂O）负压0.49kPa（50mmH₂O）储存氢气、重整原料油时，需配备氮封系统
		20000,30000	网架结构罐顶		
	内浮顶	100,200,300,400,500,700,1000,2000,3000,5000,10000	钢制内浮顶、铝制内浮盘	1. 航空汽油、喷气燃料、芳烃2. 车用汽油、溶剂油、重整原料油3. 灯用煤油等	
	浮顶	1000,2000,3000,5000,10000,20000,30000,50000,70000,100000	双盘式浮顶单盘式浮顶	1. 原油2. 车用汽油、溶剂油及性质相似的轻质油	

续表

类型		罐容系列/m³	结构特点	适宜储存油品	备　注
压力储罐	球形	50,120,200,400,650,1000,2000,3000,4000,5000	三带 五带 七带	液化气、丙烷、丁烷、丙烯橡胶原料等	
	卧式	按需要设计,一般不大于120		液化气、液氨、轻质油品、石油气体、化学药剂、回流油等	

二、储罐的材质及制造

各种金属储罐虽然结构和用途都不尽相同,但总体而言都是能够承受一定压力(大多为常压或低压)的密闭容器,所充装的介质基本上都是易燃、易爆、有腐蚀和一定的毒害作用,这些介质都具有一定的压力和温度,从储罐的受力状况看都相当于一般的压力容器,其壳体可按一般压力容器进行选材和分析计算。金属储罐常用的材料为碳钢和低合金钢钢板,如Q235-A、Q245、Q345、15MnVR等,厚度大都在4～16mm之间,罐壁最大不超过32mm,对罐壁材料,其强度、焊接性、冲击韧性是三项基本要求;对公称容量小于10000m³的储罐可选Q235-A,公称容量在10000～50000m³的储罐,其由强度决定的罐体及罐底边板采用Q345,公称容量大于50000m³的储罐,其由强度决定的罐体及罐底边板选15MnVR、由刚度决定的罐体可采用Q235-A。

无论哪种储罐,都是以钢板卷制、冲压焊接而成,小型立式罐和卧式罐壳体筒节间采用对接结构,两端通常用椭圆形封头或平封头连接;大型立式圆筒形储罐的罐体也是采用钢板卷制焊接而成筒节，筒节之间可采用对接焊接，也可采用搭接焊接；球形罐是用钢板冲压成若干片，再组对焊接而成。

三、储罐容量

储罐的容量与其几何尺寸、主要是直径和高(长)度有关，按钢材耗量最小的原则，对大型立式储罐，当其公称容量 $1000 \sim 2000 m^3$ 时，取高度约等于直径；对 $3000 m^3$ 以上的储罐，取高度等于 $3/8 \sim 3/4$ 的直径较为合理。储罐的公称容量是指按几何尺寸计算所得的容积，向上或向下圆整后以整数表示的容量。由于罐内介质的温度、压务变化等原因，储罐不能完全装满，应留有一定的空间，而且液体储罐工作时液面允许有一个上下波动的范围。这一上下波动范围内的容量称为工作容量，储罐实际上可以储存的最大容量称为储存容量。所以，储罐的公称容量最大，工作容量最小，储存容量居中。液体储罐正常工作时，其实际存量不得大于储存容量，也不能小于储存容量减去工作容量之差。

第二节 立式油罐

一、立式油罐的总体构造及类型特点

立式油罐由基础、罐底、罐壁、罐顶及附件等组成。按罐顶结构不同分为拱顶罐，外浮顶、内浮顶罐，锥顶罐及无力矩罐，其中锥顶罐和无力矩罐由于制造困难、易损坏等原因，目前已不再采用。

拱顶油罐的罐顶为球面的一部分，由 $4 \sim 6mm$ 厚的钢板和加强筋组成。这种罐顶可承受较高的压力，采用气顶法制造，施工容易、造价低。外浮顶油罐的罐顶直接放在油面上，随油品的进出而上下浮动，在浮顶与罐体内壁的环隙间有随浮顶上下移动的密封装置。这种罐几乎全部消除了气体空间，故油品蒸发损耗大大减少。内浮顶罐是拱顶与浮顶的结合，外部为拱顶，内部为浮顶，内部浮顶可减少油耗，外部拱顶可避免雨水、尘土等异物进入罐，这种罐主要用于储存航空煤油等油品。

无论哪种类型的立式油罐，其基础、罐底和罐壁的构造和制作是基本相同的。

（一）油罐基础

油罐的基础是油罐本身和其所储存油品重量的直接承载体，并将其传递给地基土壤。油罐装载后，在自重和所装油品重力作用下，地基土壤被压实并产生少量的均匀沉陷，这是必然的也是允许的，油罐基础起到补偿这种自然沉陷的作用，从而保证沉陷稳定后基础仍能高出附近地坪 200～400mm，一般要求基础要高出附近地坪 500mm 左右；油罐基础的另一作用是保证油罐安装精度和隔绝地下水，保持罐底干燥、防止底板被腐蚀。所以，油罐基础质量的好坏直接影响到油罐能否正常投入生产，如油罐基础出现过大的不均匀沉陷，对浮顶油罐往往会出现罐壁圆度改变，呈椭圆形，影响浮顶的升降；对拱顶罐则造成罐壁局部失稳，使罐壁产生翘曲将直接威胁油罐的安全。

油罐基础施工的质量要求可查阅 GBJ 128—90《立式圆筒形钢制焊接油罐施工及验收规范》，油罐基础的构造因建造地区土壤结构不同而差别很大，但一般来说，油罐基础的构造自下而上依次为素土层、灰土层、沙垫层、沥青沙层。各层制作与作用见表 8-2。

表8-2　油罐基础构造及作用

构造层	材料及制作	作用
第4层（最上）沥青沙层	用杂质含量低于4%的中沙或细沙与30乙号石油沥青经加热、搅拌而成，依照沙垫层的形状铺成厚80～100mm的锥形，沥青与干沙的比例为1m³干沙配150kg沥青	隔水、防止油罐底板被腐蚀
第三层　沙垫层	用含泥量不大于5%的粗沙或中沙铺成锥度1/60、50000m³以上的油罐取1/120的中心高，四周低锥形，厚度200～300mm	防止地下水浸润，保证罐底干燥，将罐底传来的压力均匀地分布在地基土壤上，且保证沉陷稳定后基础保持水平，不致出现锅底状妨碍罐底水的排放
第2层　灰土层	用3:7的石灰和沙质土或碎石、细砾石、粗沙混合后夯实而成	提高基础承载能力，增加基础稳定性
第1层（最底）素土层	把开挖好的基槽底面上的素土夯实即成	

（二）罐底

　　油罐的罐底是由若干块钢板焊接而成，直接铺在基础上，其直径略大于罐壁底圈直径，伸出底圈壁板外缘的宽度一般为罐底边板厚度的6倍且不小于40mm。罐底排板如图8-2所示，中幅板与中幅板之间、中幅板与边缘板之间采用搭接焊接，边缘板与边缘板之间采用对接焊接。中幅板一般采用Q235A、边缘板材料应与壁板材料一致。

　　因为油罐的底板直接铺放在基础上，罐内液体重量是通过罐底传到基础上，所以底板基本上不受液体静压力的影响，但考虑到腐蚀问题、焊接工艺及底板不易检修等因素，底板不宜太薄，一般中幅板厚度 4～6mm，大型油罐底板厚度达 8mm；对边缘板由于罐壁钢板重量直接坐落在上面，选成较大的压力，故边缘板应加厚一些，一般不小于罐壁最底圈壁板厚的60%。

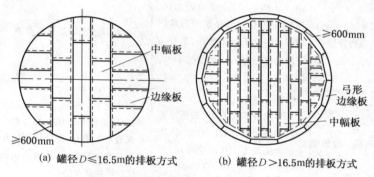

(a) 罐径 D≤16.5m的排板方式 (b) 罐径 D>16.5m的排板方式

图 8－2 油罐底板排列

（三）罐壁

罐壁是油罐的主要受力部件，在罐内压力（主要是液体静压力）作用下，承受环向拉力，液体静压力随液面高度的变化而成线性变化，故下部壁板所受环向拉力大于上部。在工程上一般是按变壁厚等强度的原则确定壁板的厚度，自下而上壁板厚度依次减小，但若完全按等强度则靠近顶部的壁板就太薄而不能满足刚度和焊接的要求，所以壁板的最小厚度依照油罐容量不同有相应的限制，3000m³ 以下罐，最小壁厚 4～5mm，5000～10000m³ 的罐，最小壁厚为 6～7mm，20000～50000m³ 罐，最小壁厚 8～10mm。考虑到油罐钢板焊后热处理比较困难，我国有关规范规定油罐最大壁厚不得超过32mm。

罐壁板的各纵焊缝采用对接焊，环焊缝则采用套筒搭接式或直线对接式，也有采用搭接、对接混合式连接的，如图 8－3

所示。

（四）拱顶油罐罐顶

拱顶油罐的罐顶近似于球面，按截面形状分为准球形拱顶和球形拱顶两种，如图8-4所示。准球形拱顶截面呈光滑连接的

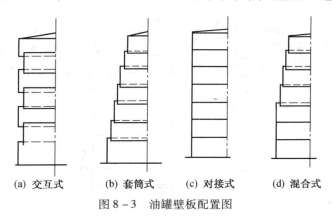

    (a) 交互式   (b) 套筒式   (c) 对接式   (d) 混合式

图8-3　油罐壁板配置图

三圆弧拱，整个拱顶由一块中心盖板、若干块大圆弧条板和若干块小圆弧的小块弧板组成。中心盖板与大圆弧条板之间、大圆弧条板之间、大圆弧条板与小块弧板之间、小块弧形板之间均采用搭接焊接。这种拱顶与罐壁连接处是相切的，受力状况较好，能承受较高的压力，但制造和施工比较困难，在工程实际中采用很少。

球形拱顶截面为单圆弧形，整个拱顶由一块中心盖板和若干块弧形条板及包边角钢组成，各板之间都采用搭接焊接，为增加罐顶的刚度常在顶板内

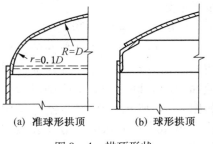

    (a) 准球形拱顶   (b) 球形拱顶

图8-4　拱顶形状

部焊加强筋。这种拱顶与罐壁连接处没有公切线，受力状况不如准球形拱顶，但由于其制造施工方便，实际采用较多。我国建造的拱顶油罐绝大多数都是球形拱顶结构，如图 8-5 所示。

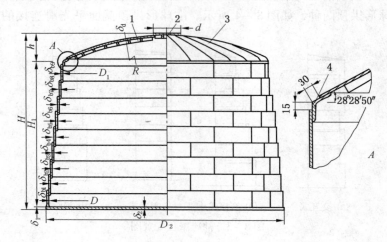

图 8-5 球形拱顶油罐

1—加强筋；2—罐顶中心板；3—扇形顶板；4—角钢环

我国定型设计的拱顶油罐最大容量为 $10000m^3$，如容量过大则不仅钢板耗量大且罐顶的气相空间过大，油品蒸发损耗也较大，所以拱顶罐不宜充装轻质油品和原油，适宜储存低挥发性及重质油品。

（五）外浮顶油罐

外浮顶油罐上部是敞开的，所谓的罐顶只是漂浮在油罐内油面上随油面的升降而升降的圆形浮盘，如图 8-6 所示。浮船外径比罐壁内径小 400～600mm，用以装设密封装置，以防止这一环状间隙的油

图 8-6 浮盘结构示意图

1—单层钢板（5mm 以上）；
2—截面为梯形的圆环形浮船

面产生蒸发损耗，同时还具有防止风沙雨雪对油品污染的作用。密封装置的形式很多，目前我国除一些老式浮顶罐采用机械密封外，一般都使用弹性填料密封或管式密封装置，如图8-7、图8-8所示。弹性填料密封是采用涂有耐油橡胶的尼龙袋作为与罐壁接触的滑行部件，其下端浸没在油中，上端高于浮船顶板，从而消除了密封装置下面的环状空间，减少了油品蒸发损耗，而且浮顶上下移动灵活，但是弹性填料随浮顶上下移动时常受到挤压，长时间使用材料老化失去弹性而影响密封效果。为解决这一问题，在一些大型浮顶油罐中采用管式密封装置，这种装置是用由耐油尼龙橡胶布制成的与浮船和罐壁之间的环状间隙尺寸相同的环状圆管作为滑行部件，圆管内充以水或轻柴油作为填充物，当浮顶沿罐壁上下移动时挤压环状圆管，管内液体可自由流动以适应环状空间发生的不规则变化。

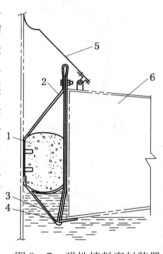

图8-7　弹性填料密封装置

1—软泡沫塑料（弹性填料）；2—密封胶袋；3—固定带；4—固定环；5—保护板；6—浮船

外浮顶油罐当罐顶随油面下降至罐底时，油罐就变为上端敞开的立式圆筒形容器，若此时遇大风罐内易形成真空，如真空度过大罐壁有可能被压瘪，为此在罐壁靠近顶部的外侧设置一道抗风圈，如图8-9所示。由于浮顶沿罐内壁上下浮动，故罐壁板不能搭接焊接而只能采用对接焊接，并且罐内壁一定要取平。

外浮顶油罐由于罐顶与油面之间基本上没有气相空间，油品没有蒸发的条件，因而没有因环境温度变化而产生的油

品损耗，也基本上消除了因收、发油而产生的损耗，能保证
轻质油品的质量，避免油气对环境的污染，减少了发生火灾

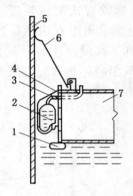

图 8 - 8　管式密封装置

1—限位板；2—密封管；3—充溢管；4—吊
带；5—油罐壁；6—防护板；7—浮船

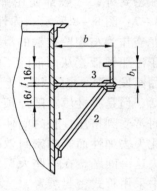

图 8 - 9　抗风圈断面结构

1—罐壁；2—支托；
3—抗风圈（由槽钢和钢板组成）

的危险性。所以尽管这种油罐钢材耗量和安装费用比拱顶油
罐大得多，但对收发油次
数频繁的炼油厂原油区、
油库区等仍优先选用，用
其储存原油、汽油及其他
挥发性油品。外浮顶油罐
的总体结构见图 8 - 10
所示。

（六）内浮顶油罐
罐顶

　　内浮顶油罐是在拱顶
罐内增加了一个浮顶。这
种油罐有两层顶，外层为

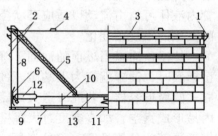

图 8 - 10　外浮顶油罐

1—抗风圈；2—加强圈；3—包边角钢；
4—泡沫消防挡板；5—转动扶梯；
6—密封装置；7—加热器；8—量油管；
9—底板；10—浮顶立柱；11—排水折管；
12—浮船；13—单盘板

与罐壁焊接连接的拱顶，内层为能沿罐壁上下浮动的浮顶。其结构如图8-11所示。内浮顶油罐的拱顶和浮顶与拱顶油罐的拱顶和外浮顶油罐的浮顶在结构上基本一致，只是在个别部位和附件的配置上有所不同。如以罐顶中心通气孔代替了拱顶罐罐顶的机械呼吸阀和液压安全阀，以量油管取代拱顶罐的量油孔；不需要在浮顶上设置中央排水管、紧急排水口，也不需要在罐壁上设置转动扶梯和抗风圈；为使检修人员能进入浮盘上部空间增设了不同于一般人孔的带芯人孔（这种人孔不妨碍浮盘的升降）。内浮顶罐与外浮顶罐的结构比较见表8-3。

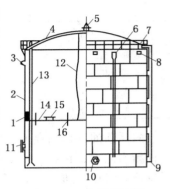

图8-11　内浮顶油罐
1—密封装置；2—罐壁；3—高液位报警器；4—固定罐顶；5—罐顶通气孔；6—泡沫消防装置；7—罐顶人孔；8—罐壁通气孔；9—液面计；10—罐壁人孔；11—高位带芯人孔；12—静电导出线；13—量油管；14—浮盘；15—浮盘人孔；16—浮盘立柱

表8-3　内浮顶油罐与外浮顶油罐比较

结构名称	外浮顶油罐	内浮顶油罐
油罐拱顶	无	有
浮顶	有	有
抗风卷	有	无
活动扶梯	有	无
密封装置	有	有
量油管	有	有
浮顶立柱	有	有
泡沫消防装置	有	有
浮顶排水折管	有	无

结构名称	外浮顶油罐	内浮顶油罐
罐顶通气孔	无	有
罐壁通气孔	无	有
罐顶人孔	无	有
罐体加强环	有	无

内浮顶油罐是综合了拱顶罐和外浮顶罐的优点而发展起来的一种新型储罐，它既有拱顶罐的优点也有外浮顶罐的优点；解决了拱顶罐气相空间大，油品蒸发耗量大且污染环境又不安全的缺点，又避免了外浮顶罐承压能力差、易受雨水、风沙等的影响，使浮顶过载而沉没和罐内可能形成真空的现象。内浮顶可用轻型钢材或铝合金板制作，特别是铝制内浮顶，重量轻、浮力大、抗腐蚀、省钢材，成本相对较低；需要注意的是铝制浮顶的内浮顶罐不宜储存含碱性大的汽油半成品，国内已有因碱严重腐蚀浮顶而发生沉船的事例。另据介绍，一台 $5000m^3$ 的内浮顶油罐，储存汽油，一年可减少油品蒸发损耗达 188t，节约 40 余万元，半年左右即可收回全部投资。近年来一些老式拱顶油罐改造成内浮顶罐，取得了投资少、见效快的效果。

二、立式油罐的主要附件

油罐附件种类较多，每一台具体的油罐需要配置哪些附件及其数量、规格等，要根据油罐的类型、功能、油品特性对作业的工艺要求等来确定。油罐附件的作用各不相同，有的是完成正常收发作业，有的是保障油罐的安全，有的是为节能降耗，有的则是用于油罐的清理和检修，有些附件兼有两种功能。下面按各附件的主要作用归类介绍。

（一）正常作业及节能附件

1. 进出油接合管　进出油接合管是焊在最底圈罐壁上直径

与油罐进出支管相同的短管，其管壁下缘距罐底一般不小于200mm，以防罐底的积水和杂质随油品排出；接合管外侧用法兰与进出油罐的支管相连，并用阀门控制油罐与管网的联系，其内侧与保险活门相连（有时也可不连接其他附件），接合管结构如图8-12所示。

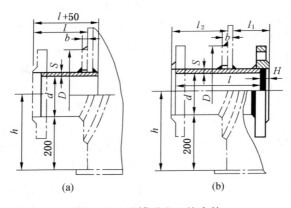

(a)   (b)

图8-12 油罐进出口接合管

2. 量油孔、量油管 量油孔是为人工检尺时测量油面高度、取样、测温而设置的。每一台拱顶油罐设置一个量油孔，安装在罐顶平台附近，量油孔直径150mm，孔中心线距罐壁一般不小于1000mm。量油孔的结构如图8-13所示，为防止关闭孔盖时撞击出火花，也为了增强孔盖的严密性，在孔盖内侧密封槽内镶嵌软金属（铜、铝、铅）、塑料或耐油橡胶制成的垫圈。量油孔内壁

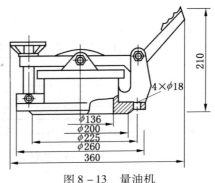

图8-13 量油机

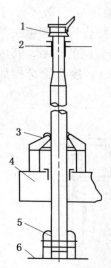

图8－14　量油管
1—量油孔；2—罐顶操作平台；3—导向轮；4—浮盘；5—固定肋板；6—罐底

的一侧装有铝或钢制的导向槽，以便人工检尺时由导向槽下尺，既可减少测量误差，又可防止下尺时钢卷尺与孔壁摩擦产生火花。量油孔盖平时是关闭的，计量和取样时轻轻打开，以防油品蒸发损耗。

在浮顶油罐上则安装量油管，其作用与量油孔类同，同时还起防止浮盘水平扭转的限位作用。量油管的结构如图8－14所示。

3. 加热器　原油及重质油品黏度较大，常需要加热降低黏度，为此在这类油罐上需设置加热器。油罐加热常用蒸汽作为热载体，采用间接式加热方式；常用的加热器是用公称直径15～50mm和50～100mm的无缝钢管作为传热管和汇总管焊接成梳状加热元件，如图8－15所示；若干组加热元件再经过串、并联的方式在罐内组成完整的加热器。加热器距罐底的高度为200～600mm，为便于冷凝水的排出，冷凝水管要有1/50～1/150的坡度。

4. 呼吸阀挡板　呼吸阀挡板是为了减少油品蒸发损耗而设

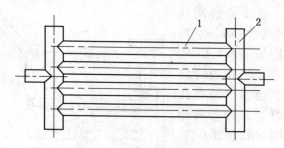

图8－15　梳状管束加热器元件
1—加热管；2—汇总管

置的一种节能装置，其结构如图 8 - 16 所示，安装在防火器的下面并伸入罐内，它的作用是改变气流方向，削弱气流对罐内油气浓度的冲击和对流，使罐内油气产生分层现象。当新鲜空气被吸入罐内时，挡板可将气流挡住并折向与挡板成水平方向扩散，使空气均匀分布在罐内顶层空间；当罐内油气向外排放时，首先是顶层的低浓度油气向外排放，这样就降低了油品的蒸发损耗。据测试，在相同条件下，安装呼吸阀挡板的油罐比不安装挡板的油罐可减少油品蒸发损耗 20% ~ 30%，所以近年来在已投资的拱顶油罐上大多增设呼吸阀挡板，以减少损耗，提高效益。

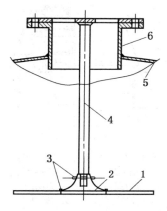

图 8 - 16 折叠式呼吸阀挡板
1—翼板；2—中心板；3—铰接销；
4—吊杆；5—罐顶；
6—防火器接合管

（二）安全附件

1. 机械呼吸阀 机械呼吸阀是原油、汽油等易挥发性油品储罐的专用附件，安装在拱顶油罐顶部，其作用是自动控制油罐气体通道的启闭，对油罐起到超压保护作用，同时也可减少油品蒸发损耗。机械呼吸阀就其工作原理而言是压力控制阀和真空控制阀的组合体，当油罐由于进油或罐内油品受热蒸发，使罐内气体空间压力升到油罐设计压力时，压力阀盘被打开，油罐呼出气体，卸压后阀盘靠自重回落至阀座；当油罐由于发油或油温下降，罐内气体空间油气压力降低到油罐设计真空度时，真空阀盘被打开，油罐从罐外吸入空气。

机械呼吸阀按其结构和压力控制方式有重力式和弹簧式两种，立式油罐以前都使用重力式呼吸阀，但这种阀在寒冷地区使

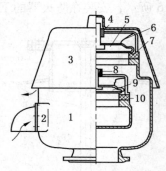

图 8 – 17　全天候机械呼吸阀
1—阀体；2—空气吸入口；3—阀罩；
4—压力阀导架；5—压力阀盘；
6—接地导线；7—压力阀阀座；
8—真空阀导架；9—真空阀盘；
10—真空阀阀座

用时，有时会发生阀盘被冻结的现象，而且密封性不够理想，体积也较庞大。为克服以上缺点近年来一种新型的全天候机械呼吸阀被广泛采用，其结构如图 8 – 17 所示。这种阀采用重叠式结构，体积小、重量轻。在阀盘与阀座之间采用空气垫的软接触，因而气密性好，不易结霜、冻结。试验表明，将该阀置于空气湿度 70%、温度 – 40℃ 条件下，经 24 小时仍无冻结现象，因此这种阀不仅适用一般地区，且也适用于寒冷地区，故称为全天候机械呼吸阀。

　　机械呼吸阀的配置数目与规格与油罐的收发作业量有关，可参照表 8 – 4 选配。机械呼吸阀还必须与直径相同的防火器配套使用。

表 8 – 4　机械呼吸阀选用标准

油罐最大进(出)油流量/(m³/h)	个数×公称直径/mm	油罐最大进(出)油流量/(m³/h)	个数×公称直径/mm
<50	1×80	251~300	1×250
51~100	1×100	301~500	2×200
101~150	1×150	>500	2×250
151~250	1×200		

　　2. 液压安全阀　　液压安全阀是利用阀中的密封液体的静压力来控制油罐内的压力，从而保证油罐安全的附件。密封液一般为沸点高、黏度小、不易挥发、凝固点低的液体，如 –10 号柴油、–20 号柴油或 20 号变压器油等。液压安全阀与机械呼吸阀是配套使用的，安装在机械呼吸阀的旁边，平时是不动作的只有当机械呼吸阀由于

锈蚀、冻结而失灵时才工作，所以液压安全阀压力和真空度的控制都高于机械呼吸阀10%。若机械呼吸阀有可靠的防冻措施时也可以不安装液压安全阀。液压安全阀的结构如图8-18所示。

对液压安全阀应定期进行清洗，盛液槽内的液封油的高度要经常检查，不足时应及时补充，液封油每年应更换一次。液压安全阀的选配方法与机械呼吸阀相同，见表8-4。

液压安全阀的工作原理如图8-19所示，当罐内外压力相等时，阀内外环中液面持平；当罐内气体空间处正压状态时，气体将密封液从内环空间(D_1-d)压入外环空间(D_2-D_1)，且随压力升高内环液面随之降低直至与悬式隔板的下缘持平时，罐内气体经悬式隔板下缘进入外环空间，并穿过密封液逸向大气，从而使罐内压力保持恒定。当罐内气体空间处于负压时，罐外大气把外环密封液压入内环空间，随罐内负压的增大外环液面随之降

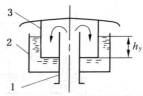

(a) 液压安全阀处于控制压力状态

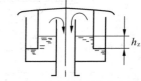

(b) 液压安全阀处于控制真空度状态

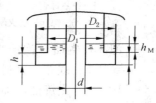

(c) 油罐气体空间压力与大气压力相等

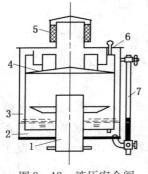

图8-18　液压安全阀
1—接合管；2—盛液槽；3—悬式隔板；4—罩盖；5—带钢网的通风短管；6—装液管；7—液面指示器

图8-19　液压安全阀工作原理
1—接合管；2—盛液槽；3—悬式隔板

低直到与悬式隔板下缘持平时，空气进入罐内使罐内负压维持恒定。

3. 防火器　防火器是防止罐外明火向罐内传播的附件，串联安装在机械呼吸阀或液压安全阀的下面。防火器的结构如图8-20所示，主要由壳体和滤芯两部分组成。壳体应具有足够的强度，以承受爆炸时产生的冲击压力；滤芯是防止火焰传播的主要元件，用材质为不锈钢或铜-镍合金，厚度0.05~0.07mm、宽10mm的平滑薄金属带和波纹薄金属带相间绕制而成，外形为方形或圆形。当外来火焰或火星通过呼吸阀进入防火器时，金属滤芯迅速吸收燃烧物质的热量，使火焰熄灭，达到防火的目的。

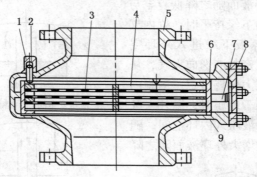

图8-20　防火器

1—密封螺帽；2—紧固螺钉；3—隔环；4—滤芯元件；

5—壳体；6—防火匣；7—手柄；8—盖板；9—软垫

4. 泡沫发生器　泡沫发生器是固定在油罐上的灭火装置，其一端与泡沫管线相连，另一端在油罐顶层壁板上与罐内连通。图8-21所示，是炼油厂油品储运系统常用的一种泡沫发生器，主要由发生器、泡沫室及导板等组成。泡沫混合液（一般压力不低于0.5MPa，但也不宜过高）通过孔板节流，使发生器本体室内形成负压吸入大量空气，混合成空气泡沫并冲破隔离玻璃经喷射管段进入罐内，隔绝空气窒息火焰，达到灭火的目的。

5. 通气孔、自动通气阀

通气孔是设置在内浮顶油罐上的专用附件。内浮顶油罐由于内浮盘盖住了油面，基本消除了油气空间，因此油品蒸发损耗很少，所以罐顶不设机械呼吸阀和液压安全阀，但在实用中由于浮顶与罐壁的环隙或其他附件接合处微小的泄漏等原因，使浮顶与拱顶间仍有少量油气，为避免其积聚达到危险程度，在拱顶和罐壁上部设置通气孔。罐顶通气孔安装在拱顶中心，直径不小于 250mm，上部有防雨罩，在防雨罩与

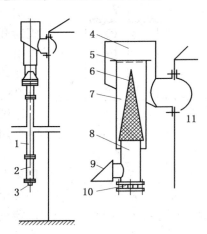

图 8－21　立式空气泡沫发生器
1—混合液输入管；2—短管；3—闷盖；
4—泡沫室盖；5—玻璃盖；6—滤网；
7—泡沫室本体；8—发生器本体；
9—空气吸入口；10—孔板；11—导板

通气孔短管的环形空间中安装金属网，通气孔短管通过法兰和与拱顶焊接连接的短管相连；罐壁通气孔安装在最上一层罐壁四周，距罐顶边沿 700mm 处，每个油罐开孔总数不少于 4 个，并应对称布置，孔口为长方形，孔口上也设有金属网。

自动通气阀是外浮顶油罐的专用附件，安装在浮盘上，其作用是当浮盘在距罐底较低处于支撑位置（被浮盘立柱支承）而不能继续下浮时，罐内浮盘以下进出油料时仍能正常呼吸，防止浮盘以下部分出现抽空导致浮盘破坏。自动通气阀的结构如图8－22所示，当浮盘正常升降时，靠阀盖和阀杆自身的重量使阀盖紧贴阀体，这时阀杆的绝大部分（大于浮盘处于被浮盘立柱支撑位置时距罐底的距离）在浮盘下油层中，在浮盘下降到立柱的

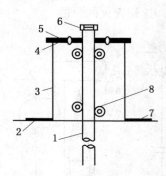

图 8 - 22　自动通气阀
1—阀杆；2—浮盘板；3—阀体；
4—密封圈、压紧圈；5—阀盖；
6—定位管销；7—补强圈；8—滑轮

支承高度之前，阀杆首先触及罐底，使阀盖脱离阀体，随着油面的下降阀的开启度逐渐增大，直到浮盘完全由浮盘立柱支承时达到全开状态，使浮盘上下气压保持平衡；当浮盘上升时，阀体随之上移自动通气阀被逐渐关闭，直至阀杆离开罐底时达全闭状态。

6. 液位报警器　液位报警器是用来防止罐内液面超高或超低的一种安全报警装置，以便操作人员在规定的时间内完成切换油罐操作，避免发生溢油或抽空事故。一般来说，任何油罐都应安装高液位（防止液面超高）报警器，低液位报警器（防止液面超低）一般只安装在炼油装置的原料罐上，以保证装置的连续运行。

图 8 - 23 所示是气动高液位报警器，它是靠浮子升降启闭气源，再通过气电转换元件发出报警信号。液位报警器的安装高度应满足从报警开始 10～15min 内油品不会从油罐内溢出，或者 10～20min 内输油泵不会抽空。

7. 保险活门　保险活门是安装在油罐进出油接合管罐内一侧的备用安全装置，其作用是防止进出油接合管或阀门损坏时，罐内油品外流，保险活门的结构如图 8 -24 所示，平时活门在自重和罐内油品静压力作用下处于

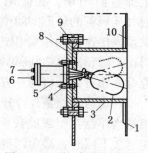

图 8 -23　气动液位报警器
1—罐壁；2—浮子；3—按管；
4—密封垫圈；5—气动液位讯
号器；6—出气管；7—进气管；
8—法兰盘；9—密封垫圈；
10—补强圈

关闭状态，发油时通过罐壁外面的操纵机构打开活门，为防止操作机构失灵无法打开活门，在活门上引出一根钢索接到透光孔处，必要时打开透光孔盖利用此钢索人工开启活门。油罐较深时；作用在活门上的液体静压力很大，为开启方便设置旁通管，打开旁通管上的阀门使活门两侧压力相通，便于开启。进油时油品可以自动顶开活门而不需专门开启保险活门。在收发油频繁时段，若能确保进出油管阀门完好的情况下，为减少进油阻力和发油时开启活门麻烦，活门可用钢丝绳吊起，使其处于全开状态，一旦进出油管阀门毁坏，松开钢丝，活门自动落下关闭。

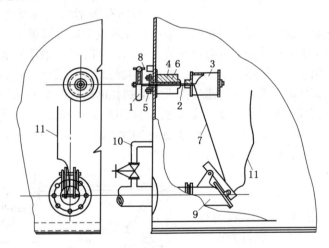

图 8 – 24　保险活门
1—操纵盘；2—升降机轴；3—鼓筒；4—填料函；5—填料函盖；
6—填料；7—钢丝绳；8—制动器；9—保险活门；10—旁通管；
11—接在透光孔盖上的备用钢丝绳

（三）清罐及检修附件

1. 放水管与排污、清扫孔　放水管是为了排放油罐底水，保证原料油的加工要求或产品质量而设置的。放水管可以单独设

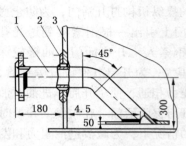

图 8 - 25 单独设置的放水管

1—放水管；2—加强圈；3—罐壁

置，也可附设在排污孔或清扫孔的封堵盖板上。单独设置的放水管主要用于轻质油罐，其结构如图 8 - 25 所示，放水管的直径视油罐的容积确定，当公称容量小于 2000m³ 时多采用公称直径 50mm 或 80mm 的放水管，公称容量 3000 ~ 10000m³ 时宜采用公称直径 100mm 的放水管。

排污孔和清扫孔都是为了清除罐底的淤渣、污泥而设置的，多用在原油及重质油品罐上，安装在罐底下面，在孔盖上装有放水管及阀门，平时可用来排放油罐底水，如图 8 - 26 所示。清扫孔主要用于大型原油罐或燃料油罐，设置在罐壁底部，其下缘与罐底持平。清扫孔的形状有圆形和门形两种，在盖板上有时也可设置放水管，清扫孔的结构如图 8 - 27 所示。

2. 人孔、透光孔 人孔是每种油罐都不可缺少的，是为检修人员、材料、安装工具进出油罐而设置的，一般设置在最底圈壁板上，人孔中心距罐底 750mm，人孔直径 600mm，每台油罐设置人孔数量及周向安装位置视罐的容量界定，公称容量 3000m³ 以下时，设一个人孔，装在进出油管的对面。公称容量 3000 ~ 10000m³ 时，设两个人孔，其中一个仍装在进出油管对面，另一

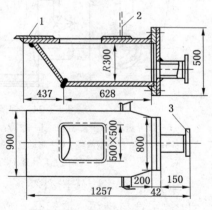

图 8 - 26 带放水管的排污孔

1—罐底；2—罐壁；3—法兰

个与第一个错开圆心角90°以上。公称容量大于10000m³ 时，设三个人孔，其中一个装在进出油管对面，另两个对称并与第一个圆心角错开90°以上，人孔的结构如图8-28所示。

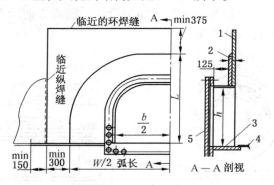

图8-27 清扫孔

1—罐壁；2—加强板；3—清扫孔；4—底板；5—盖板

对内浮顶油罐在浮盘上下浮动范围内罐壁上设置人孔时，为防止人孔接合管伸入罐内影响浮盘的升降，则应采用带芯人孔（也称隔舱人孔），这种人孔与罐壁连接的短管未伸入罐内，而是在人孔盖内加设一层与罐壁弧度相等的芯板，并与罐壁平齐，如图8-29所示。

透光孔是为油罐安装、检修、清洗时采光和通风而设置的，透光孔直径500mm；若配置一个透光孔可设在罐顶，其外缘距罐壁800～1000mm，若配置数个透光孔则安装位置与人孔相同，但周向应设在人孔的对面。透光孔的结构如图8-30所示。

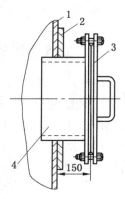

图8-28 人孔

1—罐壁；2—人孔补强圈；
3—人孔盖；4—人孔接合管

　　以上介绍了油罐的主要附件。油罐附件还有：供操作用的扶梯、栏杆，起落管；为调合和搅拌油品用的调气喷嘴、搅拌器；为保障安全的防雷击、防静电装置；浮顶罐的浮盘立柱、中央排水管及紧急排出口等。可参阅油罐设计、制造方面的专门资料，这里就不再逐一介绍了。

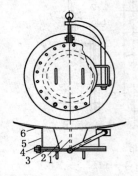 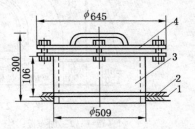

图 8 – 29　带芯人孔

1—立板；2—筋板；3—盖；
4—密封垫圈；5—筒体；6—补强圈

图 8 – 30　透光孔

1—油罐顶板；2—补强板；3—透光
孔接气管；4—透光孔盖

三、立式油罐的检修与维护

（一）油罐的使用

　　1. 油罐的操作　　油罐操作是储运过程的重要环节，只有精心操作，才能有效地防止跑油、串油甚至爆罐等事故的发生。油罐操作包括收发油、检尺测量计量、油品调合、加温、脱水、输转等。正确操作最重要的是严格遵守操作规程，认真执行有关工艺、设备、安全等方面的规章制度。操作前应对作业管线、油罐号、罐内存油量、油位高度、油温、油品密度及垫水层、最大装油高度和最低存油高度等，做到心中有数。开关阀门或切换流程时应认真执行"对号挂牌操作法"，防止开错阀门；换罐时应先开后关，防止跑油、憋泵等事故发生。在收发油时要控制好流速，装油初速度一般不得超过 1m/s，因为进油速度过快易产生静电，若静电积聚过多，有引起爆炸的危险，但若进油速度太慢、特别是在冬季易造成粘油冻凝管道；发油时速度过快易造成油罐吸瘪现象。收发油作业应在安全作业高度范围内操作，收油不超过安全高度（最大装油高度），发油不低于最低存油高度。

油品加热时，应先开冷凝水阀，然后逐渐打开进汽阀，以防水力冲击而损坏加热器的焊口、垫片或管子附件。对长期停用装有凝油的罐，应先采用临时加热器从上至下进行加热，防止在上部油品凝结的情况下利用底部加热器加热，使底部油品膨胀而引起油罐破裂。油罐操作还应考虑油品，特别是轻质油品的蒸发损耗问题，蒸发损耗与大气温度变化是密切相关的，为了使油罐内油品及气体空间的温度不受大气温度变化的影响，在炎热的夏天需要对油罐进行降温，一般的作法是在每天日出之前开始至日落以后的一段时间内在油罐顶部连续进行喷水冷却。

2. 油罐的维护 为了使油罐能长期安全的使用，应加强日常保养和维护，定期、定项目、定内容进行检查和维修，使油罐始终处于完好状态运行作业。油罐维护主要应注意防腐、清罐及安全附件定期检查等方面。

腐蚀是影响油罐寿命的主要因素之一，地上油罐大多都处于露天建造，长时间使用其外壁会受到雨、雪及大气中化学气体的侵蚀；罐顶和罐壁内表面与油气接触，罐底与水和杂质接触，这些都会使油罐发生电化学腐蚀，使钢板变薄甚至发生穿孔造成泄漏。因此油罐表面应定期涂刷防腐漆，对淋水罐每3～4年涂刷一次，非淋水罐每4～6年一次，若发现有腐蚀穿孔或泄漏现象，应及时清罐进行修补。对轻微的渗漏可采用带压堵漏法进行修补。

油罐长时间使用，罐底总会积存一些水分、杂质、锈渣等污物，特别是原油、渣油、蜡油罐，罐底有时积存的水、油沙、胶质、沥青质、蜡及催化剂等沉积物是很多的，如不及时清除会影响油品的质量和加热效果，同时也减少了油罐的有效容积。因此应定期进行清洗，一般规定，轻质油罐和润滑油罐每3年一次，原油罐每年一次，重油罐每2年一次，军用油罐每年一次。清罐后应经有关部门检查验收，合格后封罐且及时进油。

油罐的安全附件应定期进行检查，一般应做到日巡回检查，季全面检查，年拆除、清洗及校验。

3. 油罐的防腐措施　油罐的防腐主要是采用涂刷防腐涂料的方法。涂料的性质应符合油罐所处的环境特点，露天油罐外壁涂料应具有良好的耐候性，且反光隔热性能要好，以利于降低油品的蒸发损耗；油罐内壁涂料除具有耐蚀性外，还应具有耐油、耐水、耐水击、表面光滑、易冲洗、不影响油品的质量等性能。油罐涂料底漆和面漆应搭配使用，常用涂料性能及用法见表8-5。

4. 油罐的清洗作业　油罐清洗根据其清洗目的不同其清洗的要求也不尽相同。对用于储存高级润滑油罐、同一油罐更换储存性质相差较大的油品时，清洗后要求无明显的铁锈、杂质、水分、油垢、用洁布擦拭时应不呈现显著的脏污油泥和铁锈痕迹；新建或改建的油罐，只要除去罐内的浮锈和污杂即可；定期清洗的油罐不改变储油品种时，应清除罐壁、罐底及内部附件表面的沉渣和油垢，达到无明显油渣及油污；对于检修或是内部防腐需清洗的油罐，应彻底清除油污、铁锈，并用洁布擦拭无脏污油泥、铁锈痕迹且应露出金属本色。

表8-5　油罐常用防腐涂料

	名称	红丹油性防锈漆	红丹酚醛防锈漆	环氧富锌底漆	铁红纯酚醛底漆	红丹环氧防锈漆
涂层底漆	牌号	Y53-1	F53-1	H06-4	F06-9	H53-3
	特性及用途	防锈性能强,用于涂刷钢铁结构打底之用,是油罐、管线等主要防锈底漆。红丹与铝起电化学作用,不能用于铝、锌金属上	防锈力特强,具有阴极保护作用,能渗入焊缝处,能耐大部分溶剂,是水下金属设计备优异底漆	防锈性能好,附着力强,除环氧底漆外,是防锈性最优的一种底漆,用于油罐、管线底漆	防锈性能好,具有一定的耐化学药品及溶剂腐蚀的能力,能常温干燥,但红丹有一定毒性,适用于油罐内壁打底	
	施工方法	刷涂性好,一般刷两道,表面应涂其配套面漆:F04-1,C04-2,C04-42	刷涂、喷涂均可,甲:乙=9:1　本漆不能与磷化底漆配套用	刷涂法	刷涂为主　配套面漆为:H04-5白环氧磁漆及聚氨酯油罐漆	
外壁防腐涂层面漆	名称	各色醇酸磁漆	各色环氧硝基磁漆	铝粉漆	氯磺化聚乙烯涂料	各色油性调合漆
	牌号	C04-42 C04-2	H04-2		J52-1 J52-2	1/03-1
	特性及用途	良好户外耐候性和较好的附着力和机械性能,是良好外用磁漆,适用露天管、罐	漆膜坚硬,较一般硝基外用磁漆的耐候性好,在潮湿的海洋性及湿热带气候下更能显示其优点。用于沿海和湿热地区地上及地下罐	漆膜平滑、坚韧,具有金属光泽。用于地上油罐,对阳光有反射作用,吸热少、减少损耗,涂于地下罐便于采光	有卓越的耐候、耐臭氧老化性能,柔韧性好,具有耐热、耐寒、抗离子辐射等性能	颜色鲜,涂刷性好、干性适中,有良好耐候性,附着力好,防腐强、对地上管、罐有保护色作用
	施工方法	喷、刷均可,用X-6醇酸漆或二甲苯稀释	刷涂法	刷涂法	刷涂、喷涂、滚涂均可	刷涂法,以200号溶剂汽油或松节油稀释

名称		各色线型环氧磁漆	白环氧磁漆	耐油防腐涂料	重型玻璃鳞片	白聚氨酯耐油漆	无机富锌涂料
牌号		H04－4	H04－5	036－1 036－2		S54－1	
内壁防腐涂料	性能及用途	漆膜光滑平整，柔韧性好，耐高温，耐汽油。适用于地上储罐内防腐	漆膜坚硬，附着力好，适用于油罐内壁防腐	漆膜坚硬，耐磨，抗冲击，耐油，耐水，耐油水混杂液。适用于油罐、水罐内壁防腐	具有优异的耐水性及抗化学药品性，附着力强，坚硬，耐磨，抗震性好，机械强度高，防腐有效期长，可用于地下设施或设备内壁防腐	具有优良的耐油抗腐蚀性和良好的物理机械性能，可单独使用作油罐车、油罐内壁防腐蚀涂层	耐水、耐油、耐盐雾干湿交替及大气腐蚀，在涂层破坏处有阴极保护作用。广泛用于油罐内外壁、桥梁、船舶等
	施工方法	被涂件喷砂（Sa2.5级），将此漆调入石英粉等打底，然后再涂此漆二道以上。可喷涂或刷涂	喷砂达Sa2.5级，涂H53－3防锈漆，再涂此漆三道以上。喷涂刷涂均可	喷砂达Sa2.5级，先涂两道036－1作底漆，再涂两道036－2作面漆。刷涂、喷涂均可	喷砂处理，Sa2.5级。先涂环氧富锌底漆，再涂鳞片底漆，涂玻璃鳞片面漆，最后涂环氧面漆。刷涂、滚涂	喷砂处理，Sa2.5级。用环己酮：甲苯＝1:1稀料稀释。一道底漆二道面漆	配料时，先用水把水玻璃调稀，再倒锌粉和一氧化铅搅匀，用稀磷酸作固化剂

　　油罐的清洗按顺序分为准备、排底油、排除油蒸气、检测气体浓度、入罐作业及检查验收等几个阶段。准备工作主要包括计划编制、人员安排、安全预防和工具仪器检查等。排出底油前先按正常输转方法把罐内剩余油放至液面低于进出油接合管管口，再用垫水法或机械抽吸法把底油排出。垫水法是利用水与油的不相溶性，用带静电导出线的胶管伸入罐底，向罐内注水，以提高油位逐步输出浮在水面上的油；机械抽吸法是利用泵和管线直接

从罐内抽吸底油，抽吸时应打开人孔，卸下进出油管阀门，切断与其他输油管线或油罐的连接通路，并将背向油罐的一端用盲板封死，胶管的另一端插入罐底。排出底油后在入罐作业前还应排除罐内油蒸气以防人员入罐作业时中毒，油蒸气的排除可采用自然通风、机械强制通风、通入低压蒸汽（压力 0.25MPa 左右）等方法驱除罐内油气。

排除罐内油气后应用两台以上型号完全相同，并经计量部门有效检定的防爆型可燃气体测试仪，由专业人员操作检测罐内油气的浓度，若检测结果两台仪器数据相差较大，应重新调整测试。检测油气浓度值低于防火、防爆和防毒的安全规定值时为合格。在人员入罐作业前 30 分钟内还应再检测一次油气浓度、确认符合规定允许值、并配备防爆型照明设备和通信器材，作业人员一般腰部系有救生信号绳索，且戴上防毒器具、在安全监护人员的监护下进罐作业。油罐清洗完毕后应进行验收，并做好验收报告存入设备档案，验收合格的油罐应立即封罐且及时进油。

（二）油罐的检修

1. 油罐检修周期及内容　油罐检修包括检查和修理两方面。检查包括外部检查和全面检查，修理有小修、中修、大修之分。油罐每过两个月应进行一次外部检查，主要检查各密封点、焊缝及罐体有无泄漏，特别应注意罐壁最下层圈板的纵、环焊缝及与底板的 T 形焊缝；油罐基础及外形有无异常变形，罐壁是否有凹陷、折皱、鼓泡等现象等。全面检查包括基础沉降量、锥面坡度、罐壁厚度、各连接焊缝等，一般基础稳定后，要求 5 年内均匀下沉量每年不超过 10mm，每年雨季来临之前应检查一次油罐基础护坡，观察有无裂缝、破损或严重下沉现象；对底板和底层圈板应逐块检查，发现腐蚀点应除去腐蚀层用超声波测厚仪测量钢板厚度。

油罐修理应根据检查结果，油罐结构特点及使用实际确定修理周期和内容。一般小修每半年一次，中修视具体情况 1~3 年一次，当油罐体及各附件腐蚀损坏严重、接近报废程度或使用已久接近设计寿命时应组织大修。小修包括检修防火器、阀门、在不动火情况下修理罐壁和罐顶、安装在罐外的附件等；中修包括清罐，用焊接方法更换个别罐底、顶、圈板，翻修损坏的焊缝、平整基础、涂防腐漆，检测各部件及油罐的强度和密封性，更换部分附件等。大修包括中修的全部内容，只是实施的规模更大一些。油罐大修项目标志及要求见表 8-6。

2. 油罐主要附件的检修 油罐附件繁多、各附件的检修周期和内容都不相同，现将主要附件的检修周期、内容及要求列于表 8-7~表 8-9，供参考。

表 8-6 油罐大修项目标志

序号	油罐大修理项目	主 要 标 志							
1	更换油罐内所有垫片	人孔、进出油短管、排污阀等垫片老化发现两处以上，紧固螺栓无效							
2	油罐表面保温及防腐涂漆	油罐表面保温层或漆层起皮脱落达 1/4 以上							
3	罐体、罐顶或罐底腐蚀严重超过允许范围需动火修理换底	(1) 罐体圈板纵横焊缝，尤其是 T 形焊缝，发现连续针眼渗油或裂纹，应立即修理，不得继续储油							
		(2) 圈板麻点深度超过下述规定值(mm)							
		钢板厚度	3	4	5	6	7	8	9	10
		麻点深度	1.2	1.5	1.8	2.2	2.5	2.8	3.2	3.5
		(3) 钢板表面伤痕深度不大于 1mm							
		(4) 油罐底板允许最小剩余厚度(mm)							
		底板厚度	4				>4		
		最小剩余厚度	2.5				3.0		
		(5) 底板出现面为 $2m^2$ 以上，高度超过 150mm 的凸隆							

续表

序号	油罐大修理项目	主 要 标 志				
4	油罐圈板凹陷,鼓泡、折皱超过规定值	(1) 凹陷、鼓泡允许值				
		测量距离/mm	1500	3000	5000	
		允许偏差/mm	20	35	40	
		(2) 折皱允许值				
		圈板厚度/mm	4	5	6	7	8
		允许折皱高度/mm	30	40	50	60	80
5	油罐基础下沉、倾斜的修理	(1) 罐底板的局部凹凸变形,大于变形长度的2%或超过50mm				
		(2) 罐体倾斜度超过设计高度的1%				
6	结构和部件方面损坏或有缺陷,必须进入罐内修理	(1) 浮顶油罐的密封圈开裂、损坏、浮盘渗漏油或其他固定零件与罐壁摩擦				
		(2) 排污管堵塞				

表 8-7　油罐主要附件检修周期

序号	附件名称	检 查 周 期
1	人孔及透光孔	每月一次
2	量油孔	每月不少于一次
3	机械呼吸阀	每月二次,气温低于零度时每次作业前均应检查
4	液压呼吸阀	每季度一次
5	防火器	每季度一次,冰冻季节每月一次
6	通风管	每季度一次
7	保险活门	结合清洗油罐进行
8	升降管	结合清洗油罐进行
9	放水管	每季度一次和清洗油罐时进行
10	进出油阀门	每年不少于一次和清洗油罐时进行
11	泡沫发生器	每月一次
12	加热器	每年冰冻期前检查一次,冬季每月一次

表 8 – 8 油罐附件检修内容

序号	配件名称	检查内容	维修养护内容
1	防火器	波纹板是否清洁畅通,有无冰冻,垫片是否严密,有无腐蚀现象。	清洁波纹板,螺栓加油保护
2	通气管	防护网是否破损	清洁防护网
3	保险活门	试验灵活性,检查填料函是否渗漏,检查钢丝绳是否完好	活动关节加油润滑,上紧并调整填料,必要时更新钢丝绳及填料
4	放水阀	试验转动灵活性,填料函处有无渗漏,检查内部放水管段完整情况	如活门不灵,卸下整理,修整填料函,冬季要放净罐内积水
5	罐根阀	检查填料函有无渗漏,检查阀体内部	螺杆加油润滑,清除底部积污。发现关闭不严,及时更换
6	人孔及透光孔	是否渗油、漏气	
7	量油孔	盖与座间密封垫是否严密	密封垫每三年换一次,板式螺帽及压紧螺栓活动关节处加油
8	机械呼吸阀	阀盘和阀座接触面是否良好,阀杆上下灵活情况,阀壳网罩是否完好,有无冰冻,压盖衬垫是否严密	清除阀盘上灰尘、水珠,螺栓加油,必要时调换阀壳衬垫
9	液压安全阀	从外面检查保护网是否完好,有无雀窝,测量液面高度	清洁保护网,添注油品,每年秋末应放出油品,清洁阀壳内部,必要时更新油品
10	泡沫发生器	玻璃是否破裂,有无油气泄出,护罩是否完好	换装已损玻璃,调整密封垫,修理护罩
11	加热器	阀门有无漏气,油水分离器性能是否良好,排水有无带油现象。检查内部支架有无损坏,管道接头外部检查	清理油水分离器积污,不使用时应打开排水阀,每年冰冻期前按试验压力作水压试验

表8-9　内浮顶油罐附件检修内容

序号	配件名称	检查内容	维护内容
1	带芯人孔	芯板弧度必须同罐壁一致,且边缘无尖角、毛刺,孔盖密封不漏	清理、除锈
2	浮盘人孔	盖板紧闭不漏	清理、除锈
3	量油导向管	导向部分转动灵活,间隙适宜	清理、除锈
4	自动通气阀	开关灵活,阀盖关闭时密封好	清理、除锈
5	浮盘立柱	完好无严重锈蚀	清理、除锈
6	密封装置	密封胶袋无皱折,无破损,密封良好	修理或更换
7	罐壁通气孔	金属网完好,防雨罩不漏水	更换
8	导静电装置	接触良好,对地电压为零	紧固或更换
9	液位报警器	是否安全、可靠、准确	修理或更换

3. 油罐渗漏检测及修补　　油罐的渗漏是油罐常见的损坏现象,也是日常保养和检查的主要项目。引起渗漏的原因有原材料缺陷、安全附件失灵、操作不当、压力和温度周期性变化及腐蚀等。油罐是否存在渗漏可通过目测、真空检漏、煤油或氨气检漏、仪表检漏等方法进行检测。

目测检漏主要靠平时的仔细观察,如发现罐顶、罐壁上某些部位粘有尘土或黑色斑点、或罐壁上有油滴流淌的痕迹等,这些都是油罐有可能渗漏的体表象征。真空检漏法主要用在罐底的渗漏检测,其方法是清除罐底涂层,在焊缝或其他可疑点上涂肥皂水,然后扣上带玻璃罩的密封盒,盒底周围包上不透气的海绵橡胶,如图8-31所示。启动与密封盒连通的真空泵,抽真空至 26 ~ 40kPa,观察密封盒内有无气泡出现,

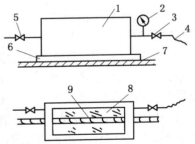

图8-31　真空检漏法示意图
1—真空盒;2—真空表;3—球形阀;4—接真空盒的橡胶管;5—进气球阀;6—密封胶圈;7—底板;8—观察窗;9—焊缝

无气泡者为合格，出现气泡的部位即为渗漏点。煤油检漏和氨气检漏是利用煤油和氨气的强渗透性来检查有无渗漏，其方法与压力容器及管道用煤油、氨气进行致密性试验的方法相同，这里不再细述。

油罐渗漏修补的方法主要有焊补、环氧树脂补漏、弹性聚氨酯涂料补漏，罐底螺栓、法兰堵漏等方法。焊接补漏是采用电焊的方法进行修补渗漏部位。对小穿孔、腐蚀坑及宽度较小的裂纹可直接进行补焊，其方法是先在裂缝两端钻一直径大于裂缝宽度的孔，并铲或割去两孔之间的焊缝或基本金属，当钢板厚度大于5mm 时应开 50°~60°的坡口，检查钢板开口处无细微裂纹时方可施焊，当裂缝长度超过 100mm 时，应从裂缝两端向中间以分段倒退法施焊。对于较密集的腐蚀穿孔、蚀坑及宽度较大的裂缝，可采用挖补或贴补的方法补漏。挖补法是切去渗漏部位的钢板，裂缝宽度方向不小于 250mm、长度方向取比裂缝大 50~100mm，再焊上同样材质和大小的一块新钢板；贴补法是在渗漏处原钢板上覆焊一块钢板，其尺寸和材质要求与挖补相同。无论是挖补还是贴补都要注意使新焊缝与罐壁上原焊缝错开一定的距离。

环氧树脂补漏法可以在不动火及油罐装油的情况下完成对罐壁和罐顶的补漏。这种方法只适用于较小的穿孔、蚀坑及裂缝，其具体方法是，先清除需修补的部位的油污、铁锈，并用丙酮洗干净，用环氧腻子填补裂缝、穿孔或蚀坑，并向四周抹平，若填充量较大可先填入适量的铅丝或铅片，然后刮腻子、待腻子固干后涂一层约 2.5mm 厚的环氧树脂补漏剂且贴一层玻璃布，并压紧刮平，完全固化后再重复涂剂贴布 1~2 次，最后再涂一次补漏剂。做到"三剂两布"或"四剂三布"，每层涂贴均稍大于前一层，以使每层都能与钢板很好接触。

罐底螺栓堵漏法是针对罐底较大穿孔的一种修补方法，先在穿

孔处钻出一长方孔，大小恰好能使特制螺母穿过，一般为 28mm ×
14mm，若罐底与基础之间有间隙则先从方孔处注入一些细沙，并在
沙面上浇注一层沥青层，然后把特制螺母放入孔内并用铜丝吊起（螺
母上有小孔），再将带有压紧板和石棉垫片的螺杆轻轻旋入特制螺母
中并拧紧，清除周围污物后涂一层约 3～4mm 厚的环氧树脂补漏剂，
并贴一层玻璃布，然后涂剂贴布，最后再涂一层补漏剂即可。螺栓
堵漏如图 8 - 32 所示。其他补漏方法请参阅有关专门资料。

4. 油罐的其他检修措施　油罐
检修除补漏补外还包括基础沉陷的
修复、罐壁变形的矫正、浮顶罐浮
盘的修理等内容。下面对基础沉陷
及罐壁变形的修复做简要介绍。

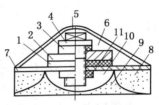

图 8 - 32　罐底螺栓堵漏
1—耐油石棉板；2—钢压板；
3—耐油石棉板；4—压紧螺母；
5—玻璃布；6—环氧树脂补漏剂；
7—油罐底板；8—沥青砂垫层；
9—细沙；10—防腐层；
11—特制螺母

油罐基础若出现不均匀下陷现
象，对罐壁的受力是极为不利的，
应及时修复，其方法是先在罐底相
应部位 $2m^2$ 以上的面积上切一直径
为 200～250mm 的孔口，然后用防
水混合土（掺有沥青的沙土）填平陷
坑，再用纵深振动器或手工夯实，孔口上焊上直径大于孔口直径
100mm、厚度与罐底钢板相同或稍大的盖板。对新建的油罐设计
时都预留有下沉量，一般使用 3～5 年下沉基本稳定，这时若发
现基础下沉超过了设计时的规定量，就应采取措施消除由于下沉
过量在罐体中产生的应力；一般是罐底周围用千斤顶将油罐整体
抬起，在罐底下面建筑钢筋混凝土拼装圈梁。

油罐罐壁局部小的变形可用矫正的方法修复，其方法是在凹
陷中心用断续焊缝焊上一块厚 5～6mm、直径大于凹陷部位
120～150mm 的盖板，然后在此盖板上焊一拉钩，系上钢丝绳用
卷扬机牵拉矫正。最后在凹陷部位的背面（油罐内壁）横向用断

续焊缝(100mm×300mm)焊上角钢，角钢的弯曲半径与罐体半径相同，角钢两端(油罐圆周方向)应比凹陷的尺寸多出 200～250mm。作业完毕后还应再检查一遍有过凹陷部位的金属，一旦发现裂缝则必须更换有裂缝的钢板。

（三）油罐事故预防及处理

1. 溢油　溢油是指罐内油品超过了安全储量，从泡沫发生器、呼吸阀等处溢向罐外的现象，溢油不仅造成浪费且还可能引起其他事故，国内也曾有过由于溢油遇到罐区的明火引起爆炸的事例。引起溢油的主要原因是操作失误或计量、液位报警等附件发生意外，所以防止溢油主要是加强对操作人员的工作责任心教育，严格遵守岗位操作规程，一旦发生溢油事故应立即停止油泵的输转作业，检查并关闭油罐区的水封井及其他阀门，事故现场不得有任何产生火花的操作，如电焊、气焊、砂轮打磨、金属敲击等，同时应立即报警。

2. 内浮顶油罐沉盘　浮盘沉盘是内浮顶油罐的主要事故，其原因是多方面的。如腐蚀、油温变化、罐体变形等的影响使浮盘变形，甚至出现翘曲使各部位的浮力不均匀，量油导向管滑轮被卡住等使浮盘出现倾斜现象，上升阻力增大，油品通过浮盘与罐壁之间的密封圈处或自动通气阀孔漏到浮盘上面，造成沉盘事故；油罐的施工质量不合格也会造成沉盘事故，如罐体不垂直、内壁面凹凸不平、浮盘歪斜、密封不好等都可能造成油品串入浮盘上面，继而引起沉盘；另外如浮盘支柱损坏、进油速度过快使浮盘受力不均匀等也都有可能造成沉盘事故。

防止沉盘事故的发生主要应从日常操作和定期检查两方面入手。严格执行操作规程，认真做好定期检查和维护工作，对新投运或清罐后第一次进油的内浮顶油罐，最好是先用水将浮盘托起（水的浮力比油大），然后再进油，当进油量达 300t 左右时，缓慢将水脱尽；空罐进油时初速度不超过 1m/s，油品浸没进出油管后流速仍不宜大于 4.5m/s，罐内存油不得超过安全储油高度，最低液位应不低于表 8 - 10 所限定的最小值。应定期（每月一次）检查如浮顶密封装置、导向轮、浮盘立柱、浮盘表面凹凸情况及运行平稳状况等，发现问题及时采取有效措施。

表 8 - 10 内浮顶油罐作业最低液位

油罐容量/m³	液位最低高度/mm	油罐容量/m³	液位最低高度/mm
5000	1200	2000	1500
3000	1500	1000	1500

3. 油罐被吸瘪 油罐内的压力是随油品的进出量和罐外大气温度的变化而变化的，当罐内真空度过大超过了油罐设计负压时，油罐就可能（设计有一定的安全系数）失去原有的圆筒形形状，出现褶皱、局部凹陷等现象，这在理论上称为油罐的失稳，也就是所谓的吸瘪。油罐被吸瘪是立式固定顶油罐常见的事故，多发生在罐顶或上部罐壁。

立式金属油罐工作的压力，正压 1.961 ~ 3.923kPa，大多为 1.961kPa，负压在 245 ~ 490Pa 之间，通常为 490Pa，在储油过程中由呼吸阀进行调节。在油罐发油过程中，若出油速度过快，呼吸阀来不及（呼吸阀与呼吸量不匹配或呼吸阀故障）向罐内补充足够的空气，使罐内压力逐渐降低，真空度逐渐增大，当真空度大于油罐设计负压力时，就有可能造成油罐失稳，引起吸瘪事故。另外，夏季在雷雨过后也易出现油罐吸瘪事故，因夏季气温高、罐内气体膨胀多、压力较高，遇雷雨罐内气体急剧降温而收缩造成负压，呼吸阀来不及补充空气，使油罐被吸瘪，特别是气相空间较大的油罐发生此类事故的可能性更大。防止油罐吸瘪事故主要是规范操作，加强对呼吸阀、通气管等安全附件的定期检查和维护，使其始终保持完好的工作状态。

油罐发生吸瘪事故后应及时修复，目前较常用的方法是"注

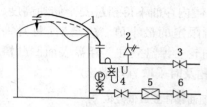

图 8 - 33　修复吸瘪油罐工艺流程图
1—耐压软管；2—安全阀；
3、4、6—闸阀；5—注水泵

水压气法"，其工艺流程如图 8 - 33 所示。先向罐内注入一定高度的水，然后密闭油罐继续缓慢注水，使罐内气体空间压力增大使变形部位逐渐复原；油罐第一次（密闭罐以前）注水高度一般为罐高的 2/3 为宜，因修复所需施加在罐内的压力一般不超过 12kPa，故安全阀的开启压力控制在 10kPa 左右，油罐恢复原状后不要立即放水卸压，一般应保持 8 小时左右，待变形稳定后再卸压。另外，注水泵的扬程应事先进行校算（以安全阀开启压力加一定裕度为依据），使其能满足修复所需的压力，以防因泵负荷过大而烧毁电机使修复工作失败。

第三节　其他类型储罐

一、卧式储罐

卧式储罐和立式储罐相比，容量小（最大容量 400m³，实际使用一般不超过 120m³，最常用的是 50m³）；承压能力变化范围宽从内压 4MPa 到负压 0.49kPa；适宜在各种工艺条件下工作，适合于工厂成批制造、成本相对较低，便于搬运和安装、机动性强。卧式罐在炼油厂广泛用于储存液化石油气、丙烯、拔头油等低沸点的石油化工气体，各种工艺性储罐也大多用小型卧式罐；在中小型油库卧式罐用于储存汽油、柴油和数量较小的润滑油；另外，汽车罐车和铁路油罐车也大多用卧式储罐。

卧式储罐由罐体、支座及附件等组成。罐体包括筒体和封头，筒体由钢板拼接卷板，组对焊接而成，各筒节间的环缝可以

是对接也可以是搭接连接；封头常用椭圆形、碟形及平封头。卧
式储罐的支座有鞍式支座、圈式支座和支承式支座。大中型卧式
罐通常设置在两个对称布置的鞍式支座上，其中一个固定在地脚
螺栓上是不动的，称为固定支座；另一个其底板上与地脚螺栓配
套的孔采用长圆形，当罐体受热膨胀时可沿轴向移动，避免产生
温差应力。由于鞍座处罐体受力复杂，为提高罐体的局部强度和
刚度，一般在鞍座处筒体内壁设置用角钢煨弯成的加强环，当罐
直径大于 3m 时还应在加强环上设置三角支撑。卧式储罐的罐体
如图 8－34 所示。

卧式储罐的附件根据其所充装的介质、压力、用途等不同有
较大差异，一般油品储罐或工艺罐，主要有进出油管、人孔或手
孔、量油孔、排污放水管、通气孔等。液化石油气储罐的具体结
构如图 8－35 所示，其主要参数和各接管口见表 8－11、表8－12。

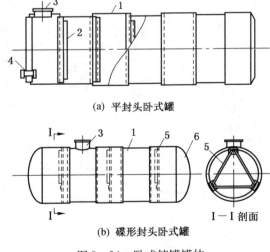

(a) 平封头卧式罐

(b) 碟形封头卧式罐

图 8－34 卧式储罐罐体
1—筒体；2—加强环；3—人孔；
4—进出油管；5—三角支撑；6—碟形封头

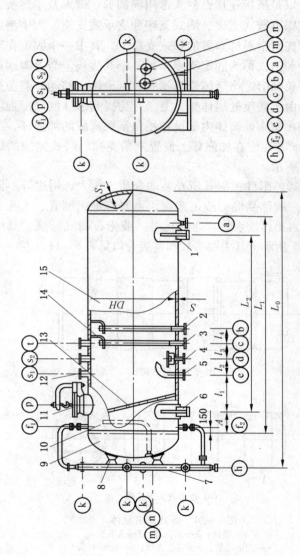

图 8 - 35　20～50m³ 液化石油气卧式储罐

1—活动支座；2—气相平衡引入管；3—气相引入管；4—出液口防涡器；5—进液口引入管；
6—固定支座；7—液面计连通管部件；8—支承；9—椭圆封头；10—压力表气相引入管；
11—水平吊盖对焊法兰人孔；12—锻制法兰接管；13—内梯；14—管托架；15—筒体

表 8－11 液化石油气卧式储罐主要参数

容器类别	Ⅱ LC	Ⅲ MC	
设计压力/MPa	0.79	1.77	2.16
设计温度/℃	50℃		
液化石油气种类	50℃时饱和蒸气压小于等于0.58MPa(表压)	50℃时饱和蒸气压小于等于1.6MPa,大于0.58MPa(表压)	50℃时饱和蒸气压大于1.6MPa表压
装量系数	0.90		
水压试验压力/MPa	0.98	1.96	2.7
气密性试验压力/MPa	0.79	1.77	2.16
安全阀开启压力/MPa	≤0.79	≤1.77	≤2.16
焊接接头系数	1.0		
腐蚀裕量/mm	1.5		
主要受压元件材质	16MnR		
最低使用温度/℃	－40	－40	－40

表 8－12 液化石油气卧式储罐管口表

管口符号	管口名称	管口公称压力 PN/MPa 储罐设计压力/MPa			管口公称直径 DN/mm 储罐公称容积/m³		管口数量 储罐公称容积/m³			法兰密封面形式	管口伸出高度/mm
		0.79	1.77	2.16	20~50	80~150	20~50	80	100~150		
a	排污口				80						
b	气相平衡口										
c	气相口				50	80	1				
d	出液口										
e	进液口										
f₁₋₂	连通管引出口	1.57	2.45	3.92	32		2			凹面	150
h	连通管排污口						1				
k₁₋₄ k₁₋₆	液面计口				20		4		—		
m	温度计口						—	2			
n	压力计口						1				
p	人孔				500		1	—			

管口符号	管口名称	管口公称压力 PN/MPa			管口公称直径 DN/mm		管口数量			法兰密封面形式	管口伸出高度/mm
		储罐设计压力/MPa			储罐公称容积/m³						
		0.79	1.77	2.16	20~50	80~150	20~50	80	100~150		
s_{1-2}	安全阀口	1.57	2.45	3.92	80 100	100 150	2			凸面	150
t	排空口	1.57	2.45	3.92	50		1			凹面	

① 管口公称直径 100、150 用于设计压力为 0.79MPa 的储罐。

② 温度计口的盲板设有 G3/4″连接口，压力计口的盲板设有 M20×1.5 连接口。

二、球形储罐

　　球形储罐与圆筒形储罐相比，具有容积大、承载能力强、节约钢材、占地面积少、基础工程量小、介质蒸发损耗少等优点，但也存在制造安装技术要求高、焊接工程量大、制造成本高等缺点。在炼油厂，球罐主要用于储存液化石油气及其他低沸点的石油化工原料，在城市大中型液化气库及煤气库中也多采用球形储罐。球罐按公称容量，常见规格有 50m³、120m³、200m³、400m³、1000m³ 等几种，最常用的是 400m³ 球罐，设计压力为 1.8MPa。球罐的罐体材料常用 Q245、Q345、15MnVR 等压力容器专用钢。

　　（一）球形储罐的构造

　　球罐由球形壳体、人孔、接管及支座构件等组成，如图 8-36所示。球壳是球形储罐的主体，由许多块在工厂预制成一定形状的钢板，运到建造施工现场组装、焊接成完整的球壳。根据小块球壳板的排列方式，球形储罐的壳体可分为带式球壳和足球式球壳，如图 8-37所示。带式球壳板规格尺寸较多、工厂预制较麻烦，但现场组装方便。足球式球壳是按足球分瓣的方法分成若干块形状尺寸完全相同的球壳板，预制方便，但组装较困难。目前我国大多采用带式球壳，这种球壳是在不同高度上用水平面分割为奇数个环带，然后通过球心的垂直面将各环带分割为若干块瓜瓣状球壳板，各环带分别按地球的分区来命名，以5带球壳为例，从上至下依次为北极板、北温带、赤道带、南温带、南极板。

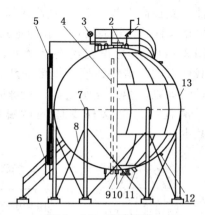

图 8-36　球形储罐

1—安全阀；2—上人孔；3—压力表；4—气相进出口接管；5—液位计；6—盘梯；7—赤道正切柱式支座；8—拉杆；9—排污管；10—下人孔及液相进出口接管；11—温度计连接管；12—二次液面指示计连接管；13—球壳

　　球罐常用支座有柱式和裙式两种。柱式支座又分为赤道正切式、V形柱式、三柱合一式等形式，如图8-38所示。其中应用最普遍的是赤道正切式支座。这种支座是由$\phi 159 \times 6 \sim \phi 529 \times 8$的无缝钢管制成，每根支柱都有其独立的基础，它们对球壳的支承点在赤道带的水平球径上，并与球壳相切，在连接点的球壳上焊有加强板。支柱的数目一般为赤道带分瓣数的一半，支柱间有拉杆，以增强其稳定

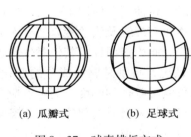

(a) 瓜瓣式　　(b) 足球式

图 8-37　球壳排板方式

性，支柱高度按使球罐底距地面的距离不小于 1.5m 来确定。根据拉杆的结构有可调式和固定式两种，具体结构见图 8－39～图 8－41。赤道正切式支座受力状态好，壳体具有热膨胀和承载变形的可能性，便于现场安装、操作和检修，一般用于大容量的球罐。裙式支座较低，故球壳重心也低，较稳定，支座钢材消耗少，但这种支座的球罐操作、检修不便，所以应用减少。

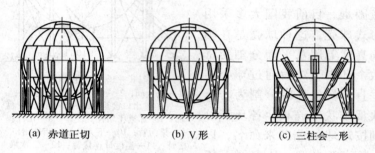

(a) 赤道正切　　　　(b) V 形　　　　(c) 三柱会一形

图 8－38　球罐柱式支座

球罐的附件主要有操作平台及扶梯、安全阀、放空阀、压力表及液位自动检测引出装置，罐顶环状布置的喷淋水降温设施、人孔、脱水阀、进出油管及阀门等。

（二）球形储罐的检查及应用

球罐竣工后应进行水压试验和气密性试验，具体方法和要求与一般压力容器相同。试验合格后交付使用，使用单位投入生产后还应对球罐进行外观检查，观察所有焊缝及法兰接口处有无泄漏、结构件有无不正常的变形，安全阀、液面计及其他附件是否正常，尤其注意罐内物料的变动情况，特别是腐蚀成分的变化。每隔半年或一年应用超声波测厚仪测量罐体的厚度，测定点应在南北极板、南北温带、赤道板，经过焊补修复的部位，液面经常变化的区域及容易产生腐蚀的部位分别选取。

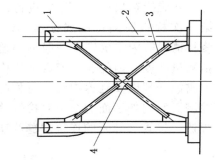

图 8-41　固定式拉杆
1—补强板;2—支柱;
3—管状拉杆;4—中心板

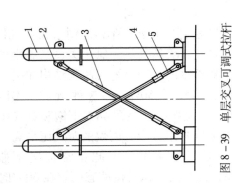

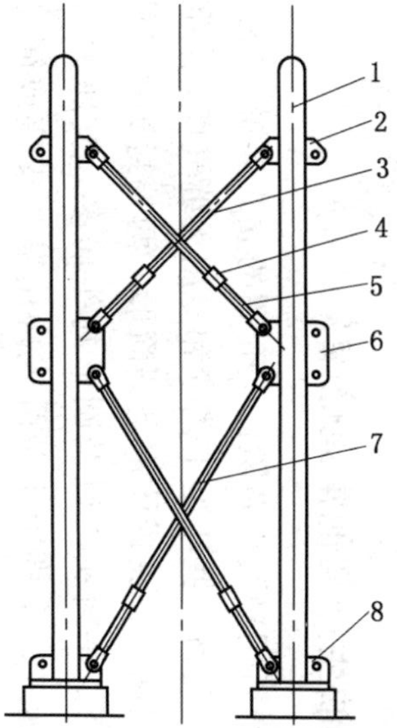

图 8-40　双层交叉可调式拉杆
1—支柱;2—上部支耳;3—上部
长拉杆;4—调节螺母;5—短拉杆;
6—中部支耳;7—下部长拉杆;
8—下部支耳

图 8-39　单层交叉可调式拉杆
1—支柱;2—支耳;3—长拉杆;
4—调节螺母;5—短拉杆

为了检查物料对球罐的腐蚀情况，每隔一定时间还应开罐进行检查。首次开罐应在投产后一年内进行，以后开罐检查的间隔应根据第一次检查所测得的腐蚀速率，发现的缺陷的性质、数量及修补情况等因素确定，一般不得超过 3 年。开罐检查的内容包括测量厚度，内外表面宏观缺陷检查，若发现有比较严重的应力腐蚀开裂以及延迟裂纹，对相应部位还应进行射线或超声波检测。对内外表面的全部对接焊缝及其周围、建造时的工夹具焊迹、接管与球壳的连接焊缝等还应进行磁粉或渗透检测。

对以上所有检查和修补结果都应作详细的记录，存入设备档案。

三、炼油生产其他常见储罐

炼油生产所用罐类设备除以上介绍的立式储罐、卧式储罐及球形储罐外，还有一些小型工艺罐和专用无缝气瓶。各种工艺罐有立式和卧式两类，其罐体都是圆筒形，两端封头视具体情况有椭圆形、锥形、平封头，以椭圆形封头居多。支座大多为支承式、耳式及腿式，个别中小型卧式罐用鞍式支座或简易鞍式支座。这类设备大多都结构简单，附件也不多，其使用、检查、检验等与一般压力容器相同。

无缝气瓶主要用于储存和运输永久性气体和高压液化气体，如氧气、氢气、天然气、一氧化碳、二氧化碳气等。民用液化气钢瓶也是最常见的一种无缝气瓶其结构如图 8 - 42 所示。按充装量有 10kg、15kg、50kg 装三种规格。钢瓶的公称压力为 1.57MPa，这是按纯丙烷在 48℃下饱和蒸气压确定的，因同温度下液化石油气各组分中，丙烷的蒸气压最高，实际使用中环境温度一般不会超过 48℃，因此正常情况下瓶内压力不会超过 1.57MPa；钢瓶的容积是按液态丙烷在 60℃时，正好充满整个钢瓶而设计的，因同温度下、重量相同时，丙烷的体积最大。故正常使用情况下钢瓶是安全的。

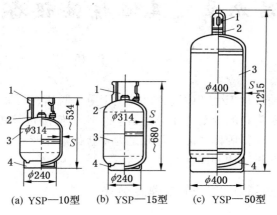

(a) YSP—10型 (b) YSP—15型 (c) YSP—50型

图 8 – 42 液化气钢瓶

1—护罩；2—瓶嘴；3—瓶体；4—底座

第九章 其他炼油设备

第一节 过滤机

在炼油及化工生产中过滤机被用于重油脱蜡、石油精制、料浆增稠以及染料的分离等工艺过程。生产中使用过滤机的目的，有时是为了获得固体产品，有时是为了获得液体产品，有时则是为了同时获得液体和固体两种产品。

一、过滤机的工作原理及分类

（一）过滤原理

过滤机的工作原理都是利用多孔性过滤介质，依靠重力或人为造成的压力差使悬浮液中的液体穿过过滤介质流出，而将固体颗粒截留在过滤介质上，从而实现固液两相产品的分离。

根据过滤完成后是否在过滤介质表面形成滤饼层，可以将过滤过程分为深层过滤和表面过滤两类，深层过滤如图9-1所示，由于采用的过滤介质具有很多长而曲折的通道，因此，在过滤过程中，悬浮液所含的直径小于过滤介质空隙的颗粒随液体流入这些通道后，在通道内静电力和液体表面力的吸附作用

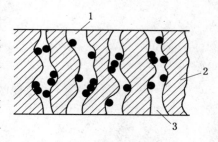

图 9-1 深层过滤示意图

1—悬浮液；2—过滤介质；3—滤液出口

下附着在通道壁面上，而让液体穿过这些通道流出过滤介质。所以，过滤完成后在过滤介质表面没有滤饼层形成。但是，由于过滤介质所能吸附的固体颗粒量是有限的，因此，深层过滤只限于处理含固体颗粒量很少且颗粒很细的悬浮液。

　　表面过滤如图 9 - 2 所示，一般采用金属滤网和纺织滤布作为过滤介质，滤网和滤布的孔眼尺寸略大于颗粒直径，因为孔眼太小会增加过滤的阻力。过滤操作开始时，会有少量颗粒穿过滤网和滤布随滤液流出，但随着进入滤网和滤布的颗粒发生"架桥"现象，在滤网和滤布表面就会形成一个滤饼层，液体穿过滤饼层空隙流动，滤饼层成为有效过滤介质。此后流出的液体便为清洁的滤液，操作开始阶段流出的混浊液体可返回重滤，以获得全部清洁的滤液。

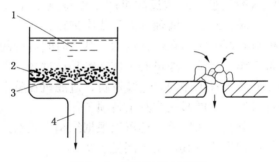

图 9 - 2　表面过滤示意图
1—悬浮液；2—滤饼；3—过滤介质；4—滤液出口

　　由于表面过滤适于处理固体颗粒含量高，且颗粒大小不均的悬浮液，因此，在炼油及化工生产中应用广泛。

（二）过滤机的分类

　　根据过滤机中推动滤液流动的压力差来源，可将过滤机划分为重力过滤机、加压过滤机以及真空过滤机三种类型。

重力过滤机结构简单，操作可靠，依靠自然重力造成的压力差推动滤液流动，基本上不消耗动力，但由于重力造成的压力差十分有限，因此，过滤速度慢，一般只用于过滤所含颗粒直径较大，液体黏度较低的易过滤液体。

加压过滤机也称为压滤机，依靠压榨机构或泵对物料加压，操作压力差较高，过滤速度快，处理量大，但对设备及滤网和滤布的强度要求也较高，可广泛用于各种悬浮液的过滤。

真空过滤机大多数采用转鼓作为工作部件，转鼓外表面作用有大气压，转鼓内部与真空源连通，转鼓外表面为过滤面，滤液从外向里流，操作压力差不大，但由于能够自动连续生产，适于处理量较大，而所需压力差不高的悬浮液过滤。

根据过滤机的工作方式，还可将过滤机划分为间歇过滤机和连续过滤机两种类型。间歇过滤机的工作特点是在过滤机上加料、过滤、洗涤、卸渣、清理等工序依次进行，在每一个工作周期中过滤机只有部分时间在进行过滤，其余时间进行的都是辅助工作和准备工作。连续过滤机的工作特点是在过滤机上加料、过滤、洗涤、卸渣等各工序同时连续进行，过滤机在整个工作过程中都在进行过滤，并同时完成其余各项工作。

除了以上分类方法以外，还可以根据结构形式对过滤机进行分类，具体结构形式及其适用范围见表9-1。

二、板框式压滤机

(一) 板框式压滤机的结构

板框式压滤机如图9-3所示，由多块带凹凸纹路的滤板和滤框交替排列组装于机架而成。滤板和滤框是压滤机的工作部件，形状一般为正方形，如图9-4所示，在板和框的四角开有圆孔，左上角圆孔为洗涤液流入通道，右上角圆孔为悬浮液流入通道，左下角圆孔为滤液流出通道，右下角圆孔为洗涤液流出通

表9－1　过滤机的形式及其适用范围

过滤方式	机　型	适　用　的　滤　浆	适用范围及注意事项
间歇式真空过滤	叶滤机	适于广泛的滤浆	不适于大规模过滤
连续式加压过滤	转鼓过滤机和垂直回转圆盘过滤机	适于各种浓度的高黏性滤浆	各种化工、石油化工等工业，因过滤推动力比真空式大，所以处理量大，适于浮发性物质的过滤
	预涂层转鼓过滤机	稀薄滤浆	适于真空过滤机难处理的滤浆的澄清过滤
间歇式加压过滤	板框型及厢式压滤机	适于广泛的滤浆	用于食品工业、冶金工业、颜料和染料工业、采矿业、石油化学工业及其他化学工业
	加压叶滤机	适于广泛的滤浆	用于大规模过滤和澄清过滤，后者需借助预涂层
重力式过滤	砂层过滤机	适于浓度百万分之一程度的极稀薄滤浆	用于饮用水、工业用水的澄清过滤，废水的三次处理、沉降分离装置和凝聚沉淀层的溢流水的过滤

续表

过滤方式	机　　型	适 用 的 滤 浆	适用范围及注意事项
连续式真空过滤	转鼓过滤机 1. 带卸料式	浓度为2%~65%的中、低过滤速度的滤浆，5min内必须在转鼓面上形成超过3mm厚的均匀滤饼	是用途最广的机型，适用于化学工业、冶金、矿山、废水和下水处理等领域
	2. 刮刀卸料式	浓度为5%~60%的中、低过滤速度的滤浆，滤饼不薄，且厚度超过5~6mm	对于固体颗粒在滤浆槽内几乎不能悬浮的滤浆，滤饼通气性、过滤性好，滤饼在自重下易从转鼓上脱落的滤浆不适宜
	3. 辊卸料式	浓度为5%~40%的低过滤速度的滤浆，滤饼有黏性，且厚度为0.5~2mm	滤饼的洗涤效果不如水平型过滤机
	4. 绳索卸料式	浓度为5%~60%的中、低过滤速度的滤浆，滤饼厚1.6~5mm	
	顶部加料转鼓式转鼓过滤机	浓度为10%~70%的过滤速度快的滤浆，滤饼厚12~20mm	用于含水量中的结晶盐和结晶性化工产品的过滤，即对于沉降速度快，颗粒粗的滤浆适宜
	内滤面转鼓过滤机	沉降速度快，颗粒较粗的滤浆，1min内至少要形成15~20mm厚的滤饼	用于采矿、冶金工业，用于滤饼易从滤布上脱落的场合，不宜用在滤饼需要洗涤的场合
	垂直回转圆盘过滤机	过滤速度快的滤浆，1min内至少要形成15~20mm厚的滤饼	用于矿石、微粉煤、水泥原料等的过滤因为过滤面重直，所以滤饼不能洗涤

续表

过滤方式	机型	适用的滤浆	适用范围及注意事项
连续式真空过滤	水平回转圆盘过滤机	浓度为30%~50%的过滤速度快的滤浆,滤饼厚12~20mm	广泛用于磷酸工业 适用于沉降速度快、颗粒粗的滤浆,能够多级逆流洗涤
	水平台型过滤机	固体颗粒沉降速度快的滤浆,1min内形成超过20mm厚的滤饼	用于磷酸工业等 适用于沉降速度快的滤浆以及颗粒重、浮在液面上的滤浆 不宜用在要求滤饼洗涤效果好的场合
	水平带式过滤机	浓度为5%~70%的过滤速度快的滤浆,滤饼厚4~5mm	用于磷酸工业,铝、各种无机化学工业,石膏以及纸张等方面 适用于沉降性好的粗粒滤浆滤饼洗涤效果好
	预涂层转鼓过滤机	浓度为2%以下的稀薄滤浆	用于各种稀薄滤浆的澄清过滤 适用于粘状、胶质、橡胶质和稀薄滤浆的过滤 适用于细微颗粒易堵塞过滤介质的难过滤滤浆,但滤饼中含有少量助滤剂,所以不宜用在获得滤饼的场合

道。在滤框的两侧盖有四角开孔的滤布，框与滤布构成容纳悬浮液及滤饼的空间。滤框右上角圆孔内开有与框内相通的侧孔，悬浮液可由此孔进入框内空间。滤板有过滤板与洗涤板两种，两板左下角圆孔内均开有与板面两侧相通的侧孔，供滤液流出。洗涤板左上角圆孔内开有与板面两侧相通的侧孔，供洗涤液流入滤框。过滤板右下角圆孔内开有与板面两侧相通的侧孔，供洗涤液流出。过滤板、滤框以及洗涤板在机架上的排列顺序依次是：过滤板、滤框、洗涤板、滤框、过滤板……。

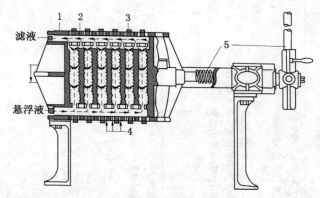

图 9-3　板框式压滤机
1—固定头；2—滤板；3—滤框；4—滤布；5—螺杆压紧装置

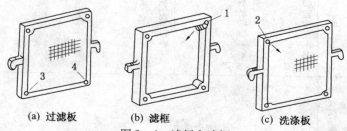

(a) 过滤板　　　　(b) 滤框　　　　(c) 洗涤板
图 9-4　滤板和滤框
1—悬浮液入口通道；2—洗涤液入口通道；
3—滤液出口通道；4—洗涤液出口通道

在过滤机的一端设有固定头，另一端设有压紧装置，装在机架上的滤板和滤框由压紧装置压紧在固定头上，防止悬浮液从板与框的贴合面向机外泄漏。由于在压滤机工作时，压紧装置提供给板与框贴合面的密封力等于装置压紧力与悬浮液压力之差，因此，当悬浮液压力增大时，相应的压紧力也应随之增大，才能保证密封力不变，压滤机不产生泄漏。

板框式压滤机的压紧装置有手动式，电动式和液压式三种类型。手动式采用螺杆压紧，压紧力一般只有 0.25~0.5kN，只用于尺寸较小的板框压紧。电动式用电机代替手动，当压紧至一定程度后因电流增大，继电器切断电源使电机停止压紧，松开时，使电机反转即可。液压式采用油缸压紧，操作灵敏，新型的全自动板框式压滤机都采用这种装置。

（二）板框式压滤机的工作过程

板框式压滤机属于间歇工作的压滤机械，其工作循环包括：加料、过滤、洗涤、卸渣、清洗滤布共五个阶段，过滤装置如图9-5所示，操作一般采用光恒速后恒压的方式。压滤机工作时，首先用容积式泵将悬浮液打入滤框内，待悬浮液充满滤框空间后，过滤过程开始，由于容积式泵的流量不随压力变化，因此，打入滤框的悬浮液体积等于流出滤框的滤液体积，过滤初期阶段压滤机的过滤速度保持不变。但是，随着过滤过程中滤框内的滤饼增厚，过滤阻力增大，使得滤框内的悬浮液压力随时间成直线关系增大，为了避免因压力过高造成压滤机泄漏，滤布破损，在过滤装置中设有回路旁通阀，在过滤过程中，当悬浮液

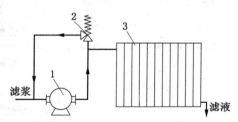

图9-5　先恒速后恒压的过滤装置

1—容积式泵；2—回路旁通阀；3—压滤机

压力增高到一定值时，回路旁通阀自动打开，部分悬浮液经旁通回路返回泵的入口，使进入压滤机的流量减小，滤框内的压力保持不变，过滤速度减慢，直到滤饼充满滤框后过滤停止。

过滤阶段压滤机内的液体流动路线如图 9-6(a) 所示，悬浮液进入滤框后其中所含的滤液穿过滤框两侧的滤布，再经相邻滤板汇集后从滤液出口流出，固体颗粒则截留在滤框内。在过滤即将结束时，滤液通过的滤饼层厚度为滤框厚度的一半，过滤面积则为两侧滤布面积之和。

过滤结束后，为了进一步除去附着在滤饼颗粒上的黏液，需要对滤饼进行洗涤，洗涤液在压滤机内的流动路线如图 9-6(b) 所示，洗涤液在泵所提供压力作用下，进入洗涤板板面与滤框一侧滤布之间后，再穿过滤布和整个滤饼层及另一侧滤布，最后从过滤板下部的洗涤液出口流出。由于洗涤液是单向穿过滤框的，因此，穿过滤饼厚度为整个滤框厚度，但洗涤面积仅为过滤面积的一半。

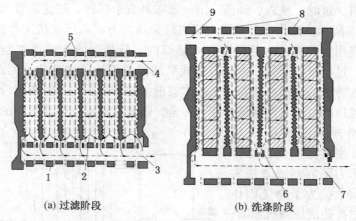

(a) 过滤阶段　　　　　　(b) 洗涤阶段

图 9-6　板框压滤机内的液体流动路线

1—滤框；2—滤饼；3—滤液出口；4—悬浮液入口；5—滤布；
6—过滤板；7—洗涤液出口；8—洗涤板；9—洗涤液入口

洗涤结束后，松开压紧装置并将板框拉开，卸出滤饼，清洗滤布，然后重新用压紧装置将板框压紧，压滤机又进入下一个工作循环。

板框式压滤机的优点是结构紧凑，过滤面积大，操作压力一般在 0.3～0.8MPa 的范围内。滤板和滤框的数目，可根据生产任务自行调节，一般为 10～60 块，过滤面积为 2～80m²，生产中可广泛用于各种悬浮液的过滤，它的主要缺点是间歇操作，生产效率低，且滤布易破损。

三、转鼓式真空过滤机

（一）转鼓式真空过滤机的结构

转鼓式真空过滤机如图 9－7 所示，其结构主要由转鼓、分配头、滤浆槽、搅拌器及刮刀等部件组成。转鼓用铸铁铸造或用钢板焊制，转鼓内部沿径向分隔成若干个扇形滤室，每个滤室内都有单独的输液管通向分配头。转鼓两侧盖板上装有铸铁制的轴颈，转鼓外表面为开孔的筛板，上面覆盖有金属筛网和滤布，为防止过滤机工作时滤布鼓起，需用金属丝将滤布在转鼓上缠紧。

分配头由一个安装在转鼓端盖上随转鼓转动的阀盘和一个安装在滤浆槽上固定不动的阀座组成。滤室内的输液管一端插在阀盘上所开的圆孔内。阀盘和阀座借助弹簧力紧密贴合，在阀座的贴合面上开有几个弧长不等的凹槽，分别与真空吸滤液管、真空吸洗液管以及压缩空气管相通。转鼓转动时，滤室内的输液管可通过阀盘上的圆孔与连接阀座的真空管及压缩空气管依次接通。

转鼓的轴承装设在滤浆槽两端的轴承座内，在滤浆槽底部所装的摆动式搅拌器，可起到防止悬浮液沉淀的作用，此外，在滤浆槽一侧，还装设有刮刀，供操作中卸下滤饼用。

（二）转鼓式真空过滤机的操作

转鼓式真空过滤机是一种连续工作的过滤机械，过滤机工作时，转鼓下部浸没在盛有悬浮液的滤浆槽中并以 0.1～3r/min 的转速转动，转鼓内各扇形滤室凭借分配头的作用依次进行过滤、洗涤、吸干、吹松、卸饼等各项工作。如图 9－8 所示，滤浆槽液面以下为过滤区，当转鼓上的某扇形滤室浸入液面时，滤室内

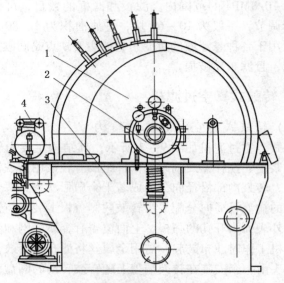

图 9－7　转鼓式真空过滤机
1—转鼓；2—分配头；3—滤浆槽；4—搅拌器

的输液管通过阀盘上的圆孔与阀座上的真空吸滤液槽接通，进入滤室的滤液被真空吸滤液管抽走，固体颗粒附着在转鼓外表面的滤布上形成滤饼。滤室转出液面以后，抽吸还会继续一段时间，以抽干附着在滤饼上的滤液。转鼓继续转动，滤室就进入洗涤区，从喷嘴喷出的洗液从转鼓外面向滤饼喷洒，这时滤室内的输液管也正好转动到与阀座上的真空吸洗液槽相对，流入滤室的洗液被真空吸洗液管抽走，转鼓再往前转动，滤室就进入卸渣区，

滤室内的输液管与分配头阀座上的压缩空气孔接通，压缩空气将滤饼吹松，帮助刮刀铲下转鼓表面的滤饼，滤饼卸除后，在滤室内继续通入压缩空气，可再生和清理滤布。

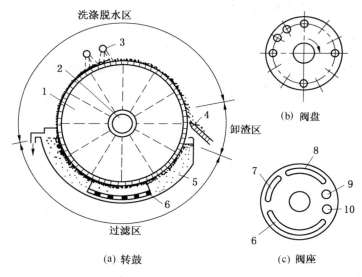

图 9 - 8　转鼓式真空过滤机的工作过程
1—转鼓；2—分配头；3—洗液喷嘴；4—刮刀；5—滤浆槽；
6、7—真空吸滤液槽；8—真空吸洗液槽；9、10—压缩空气孔

　　转鼓浸入悬浮液的面积约为全鼓面积的 30% ～ 40%，在不需要洗涤滤饼时，浸入面积可增至 60%，转鼓表面形成的滤饼厚度一般在 40mm 以下，转鼓式真空过滤机所得的滤饼含湿量较高，常为 30% 左右。

　　由于转鼓式真空过滤机能够自动连续生产，节省人力，生产能力高，因此，适宜处理量大而又易过滤的悬浮液；缺点是过滤面积小，滤饼的洗涤不够充分，并且在真空条件下温度高的液体

易挥发，所以，不宜过滤温度高的悬浮液。

四、过滤机的型号编制及选择

（一）过滤机的型号编制

过滤机的型号由基本代号、特性代号、主参数与分离物料相接触部分的材料代号四部分组成。基本代号和特性代号均用名称中有代表性的大写汉语拼音字母表示，主参数用阿拉伯数字表示，具体表示方法如下：

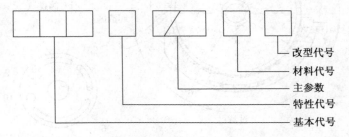

如 G20/2.6-X 表示普通刮刀卸料转鼓式真空过滤机，过滤面积为 20m²，转鼓直径为 2.6m，转鼓衬胶。

又如 BMZG60/800-VA 表示有隔膜挤压的自动板框式过滤机，过滤面积为 60m²，板框尺寸为 800mm×800mm，塑料板框，第一次改型设计。

（二）过滤机的选择

选择过滤机时要综合考虑悬浮液的过滤特性，生产规模的大小，操作条件以及过滤目的等诸因素，并根据生产过程的主要特点进行选择。

对于过滤性良好的悬浮液，宜采用转鼓式真空过滤机；过滤性中等的悬浮液，宜采用垂直回转圆盘过滤机或板框式加压过滤机；过滤性差的悬浮液，宜采用真空叶滤机等。

生产规模大时，宜采用连续式过滤机，生产规模小时，宜采用间歇式过滤机，过滤机的处理能力还应与工艺系统的生产能力相平衡。

过滤易汽化的悬浮液时，宜采用压滤机，处理有毒有害的悬浮液时，宜采用全密闭式过滤机。

此外，如过滤操作的目的为取得固体颗粒时，宜采用滤饼洗涤充分，湿含量低的过滤机；过滤操作的目的为得到滤液时，宜采用滤液澄清度高，滤液和洗液易分离的过滤机。

第二节　烟气轮机

在催化裂化生产过程中，催化剂表面因积炭需送入再生器进行再生烧焦，烧焦过程将产生大量的高温烟气。高温烟气所带走的能量约占全装置能耗的26%。

为降低装置能耗，以前常采用余热锅炉(或 CO 锅炉)来回收高温烟气的显热及 CO 燃烧所放出的热量。再生烟气的压力高于大气压，以往高于大气压的这部分能量没有充分利用，而是在烟气流经再生器双动滑阀或降压孔板时，白白损耗掉了。现在多采用烟气轮机及余热锅炉等设备来同时回收烟气的压力能和热能。

一、烟气轮机的作用原理及结构

(一)烟气回收系统

再生器烧焦时所用的空气是由主风机(空气压缩机)提供的，主风机能耗很大。现在可利用烟气轮机来带动主风机工作，以降低装置的能耗。典型的烟气能量回收系统如图 9-9 所示。

来自再生器的温度为 620~750℃，压力为 220~360kPa(绝)的高温烟气，经高效三级旋风分离器分离出烟气中所带的催化剂粉尘，使烟气中粉尘的含量小于 0.2g/m³，然后经调节蝶阀进入烟气轮机膨胀做功。烟机入口的烟气温度约为 590~690℃，压力约为 200~320kPa(绝)。经烟机膨胀做功，将再生烟气的压力能转换为机械能，驱动主风机运转。

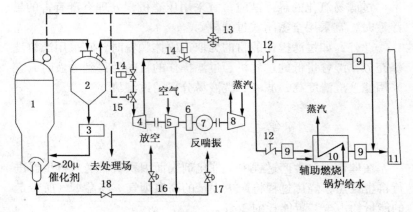

图 9-9　烟气能量回收系统示意图

1—再生器；2—三级旋分器；3—筛选器；4—烟气轮机；5—主风机；6—增速箱；
7—电动机/发电机；8—蒸汽透平；9—水封罐；10—余热锅炉；11—烟囱；
12—手动蝶阀；13—双动滑阀；14—风动闸阀；15—高温蝶阀；16—放空阀；
17—反喘振控制阀；18—单向阻尼阀

主风机通过增速箱与辅助电动机/发电机(或蒸汽透平)相联。开工时因无高温烟气，主风机由辅助电动机/发电机(或蒸汽透平)带动。

正常操作时，若烟机带动主风机后还有剩余功率，还可带动辅助感应电动机作为发电机向配电系统反输电力。烟气经烟气轮机做功后，温度约下降 100~150℃，压力降至 104~106kPa(绝)。另外，烟气的焓值也要同时下降。此时烟机的出口烟气温度仍很高，再经手动蝶阀和水封罐进入余热锅炉回收热能。

余热锅炉产生的蒸汽可供蒸汽轮机或装置其他用汽设备使

用。为减少空气污染，从余热锅炉排出的烟气，经电除尘器除尘后，经烟囱排向大气。必要时还需对烟气进行脱除硫化物的处理。

为了操作灵活方便和安全，从再生器三级旋风分离器分离出的烟气，可用另一条辅助线直接引入余热锅炉或烟囱。

当采用完全再生技术时，烟气温度较高，烟气中基本不含有CO气体，可利用余热锅炉回收高温烟气的热能。当采用一般再生技术时，烟气温度较低，烟气中含有一定的CO的气体，需利用一氧化碳锅炉，使CO在此燃烧生成CO_2，以回收CO的燃烧热和烟气所带的热。

（二）烟气轮机的作用原理

烟气轮机也称烟气膨胀透平机，其作用原理如图9-10所示。工作时，以具有一定压力的高温烟气为动力，通过膨胀做功，推动烟气轮机的转子旋转，将烟气的压力能转换为烟气轮机的机械能，带动主风机或发电机等设备工作或发电。

烟气轮机与一般的燃气轮机有所不同，烟机的工作介质烟气中，含有固体催化剂颗粒，属于气-固两相流高温烟气透平。在设计时必须考虑气-固两相流的磨蚀特性及对热力性能的影响。除设备有关部件应选用耐磨材料，并选择合理的叶片形状和冲角外，还应严格控制烟气中催化剂的浓度和黏度，并尽可能降低烟气的流速，以减少固体颗粒对叶片及流道的冲蚀和磨损。

烟气轮机可回收的能量与烟气通过烟机时的压力降及入口温

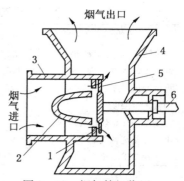

图9-10　烟气轮机作用
原理示意图
1—静叶片；2—导锥；3—进气壳体；
4—排气壳体；5—动叶片；6—转子

度、入口烟气量等有关，烟机的轴功率可用下式计算：

$$N = 1.634 p_1 V_1 \frac{K}{K-1} \left[1 - \left(\frac{p_1}{p_2} \right)^{\frac{K-1}{K}} \right] \eta \qquad (9-1)$$

式中　N——烟气轮机的轴功率，kW；

　　　p_1——烟气入口压力，MPa(绝)；

　　　p_2——烟气出口压力，MPa(绝)；

　　　V_1——烟气入口流量，m^3/min；

　　　K——烟气绝热指数，一般约为 1.313；

　　　η——烟气轮机和机械的总效率，约为 73.5%~80%。

　　随着催化裂化技术的不断发展和装置处理能力的不断提高，特别是重油催化裂化及两段再生和高温再生技术的应用，使再生催化剂的含碳量可降到 0.05%(质)以下，烟气中 CO 含量接近于零。再生器顶部操作温度可达到 730℃以上，操作压力可达到 360kPa(绝)左右。装置再生烟气量有的已超过 2000Nm³/min。这些条件的改变，使高温烟气进入烟气轮机的技术参数不断提高，如表 9-2 所示，这必将使烟气轮机的轴功率也不断提高。

表 9-2　　烟气轮机技术参数的变化

项　目	同高并列式	提升管式	两段再生与高温再生
再生器顶压力/MPa(绝)	0.22~0.25	0.24~0.28	0.36
烟机入口压力/MPa(绝)	0.2~0.205	0.22~0.26	0.32
再生器顶温度/℃	620~650	660~700	710~750
烟机入口温度/℃	590~620	620~650	690
再生器烟气总热焓/(kJ/kg)	753	795	867
再生催化剂含碳量/%(质)	0.2~0.3	0.12~0.2	<0.05
产生轴功率的热焓/(kJ/kg)	155	205	268

　　目前，烟机回收的功率，一般可满足主风机所需功率的80%以上，有的可满足主风机的全部需要，甚至有节余，除带动主风机工作外，还可同时带动发电机工作，向配电系统反输

电力。

另外，再生烟气经新型高效的三级旋风分离器的分离，可回收烟气中直径为 $20\sim50\mu m$ 的催化剂粉尘，使烟气的含尘量可降至 $0.08\sim0.2g/m^3$，有效地降低了催化剂粉尘对烟气轮机关键部件叶片的磨损。为今后烟机的广泛使用和发展，创造了良好的条件。

（三）烟气轮机的结构类型

烟气轮机按叶片的级数可分为单级、双级和多级三种类型。单级和双级烟气轮机的结构类似，一般都采用悬臂支承，轴向进气的结构形式。多级烟气轮机的结构，一般都采用两端支承，径向进气的结构形式，叶片的级数一般为 3~4 级。

1. 单级、双级烟气轮机　目前，国内外的单级、双级烟气轮机，绝大多数都采用悬臂支承，轴向进气的结构形式。二者的结构非常类似，主要区别是双级烟机比单级烟机多安装了一组叶片。单级、双级烟机的典型结构如图 9 - 11 和图 9 - 12 所示。

烟气轮机主要由进气壳、排气壳、转子、轴承、轴承箱及其他附件所组成。转子由轴承和轴承箱支承。静止部分由两侧各一点及垂直中心线下一点，共三点来支承。转子和静止部分的支承完全分隔。

进气壳由外进气壳、导向锥及内进气壳等三部分组成。为减少机壳变形，并使机壳热膨胀较均匀，机壳多采用垂直剖分，或加高温膨胀节。导向锥的作用是使烟气进入静叶片前均匀加速，并使气体涡流减到最小。

对双级烟机，第一级静叶片直接固定在导向锥体上，第二级静叶片则分为四段，固定到第二级的围带圈上。

排气壳由不锈钢板制成的内、外壳所组成，把烟气导向出口。内壳用螺栓及法兰固定在外壳上。在内壳的外表面用厚层隔热材料进行隔热，防止轴承箱受高温的影响。

轴承及轴承箱由钢板制成，轴承箱水平剖分，其上半部分又垂直分成两半，以利拆装。径向轴承为五块可倾瓦，推力轴承为双向推力轴承。

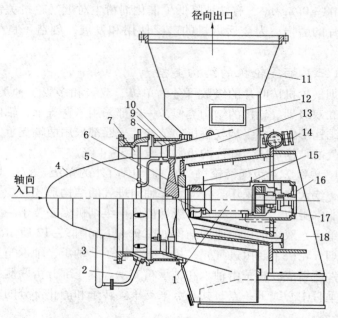

图 9 – 11 单级烟气轮机

1—轴；2—蒸汽冷却；3—进口壳体(中心支承)；4—入口锥；5—径向轴承；
6—迷宫式蒸汽/空气密封；7—入口锥支承；8—静叶片；9—剖分式安装孔；
10—动叶片；11—出口壳体；12—人孔；13—出口扩压器；14—叶片看窗；
15—振动探头；16—联轴器；17—径向及推力轴承；18—中心线支承轴承架

转子由轴和轮盘等组成。轴由合金钢锻造而成，推力盘及联轴节与轴联成一体。轮盘由耐高温的合金钢制成，其外圆上有轴向开槽，以安装转子上的叶片。轮盘上还开有径向孔，以装入固定销与轴联结。也可采用特种销钉与轴连接，以确保轮盘的冷却效果。还可采用蒸汽冷却轮盘的结构，将冷却蒸汽直接通入到轮盘的盘面，而不是通入到进气锥内。

　　动叶片是烟气轮机的核心部件，多采用反动式扭曲形叶片。其特点是气速低、效率高。为增强叶片的抗磨损能力，在叶片及机身部分可采用等离子喷涂耐磨层技术，延长叶片的使用寿命。叶片磨损，不仅严重影响使用寿命，还将使烟机的效率降低。

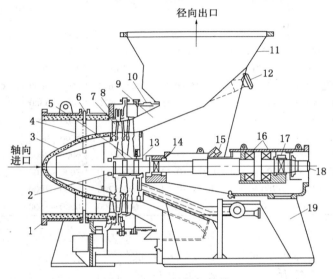

图 9-12　双级烟气轮机

1—进口壳体中心支承；2—多根的螺栓；3—进口导向锥；4—进口导向锥支焊；
5—径向槽连接；6—蒸汽冷却；7—第一级静叶片；8—第一级动叶片；
9—出口扩压器；10—壳体膨胀节；11—出口壳体；12—动叶片观察孔；
13—迷宫式蒸汽密封；14—径向轴承；15—净化气口；16—推力轴承；
17—径向轴承；18—轴驱动端；19—中心支承的轴承架

　　附件主要为两个窥视孔，可在烟机运转时观察叶片的磨损情况。其中的一个孔提供闪频光源，另一个孔用来拍照。

　　悬臂支承的转子和完全独立支承在薄壁壳体内的定子，增加了抵抗高温变形的能力。不足之处主要是工作时流道内烟气的流速较大，叶片易磨损。我国自行设计制造的烟气轮机，有单级和双级两种类型，都采用悬臂支承、轴向进气的结构形式，最大功率可达 15000kW。产品已系列化，见表 9 – 3。

表 9 – 3　YL 型烟气轮机性能参数表

型号	流量/ （Nm³/min）	入口压力/ MPa（绝）	入口温度/ ℃	功率/kW	级数
YL – 2000	600 ~ 750	~ 0.22	~ 660	~ 2000	单级
TL – 3000	750 ~ 1000	0.22 ~ 0.245	620 ~ 640	2000 ~ 3000	单级
YL – 4000	1000 ~ 1250	~ 0.22	660	3000 ~ 4000	单级
YL – 8000	~ 2100	0.275	730	7000 ~ 8000	单级
YL Ⅱ – 3000	720 ~ 800	0.235 ~ 0.26	625 ~ 645	2500 ~ 3000	双级
YL Ⅱ – 4000	740 ~ 1160	0.23 ~ 0.25	600 ~ 670	3000 ~ 4500	双级
YL Ⅱ – 5000	1100	0.30	640	4500 ~ 5000	双级
YL Ⅱ – 6000	1100 ~ 1540	0.245 ~ 0.27	640 ~ 650	5000 ~ 6000	双级
YL Ⅱ – 7000	1430	0.30	640	6000 ~ 7000	双级
YL Ⅱ – 8000	1700 ~ 2100	0.275 ~ 0.305	660 ~ 730	7000 ~ 8500	双级
YL Ⅱ – 1000	1760 ~ 2300	0.28 ~ 0.32	600 ~ 700	8500 ~ 1000	双级
YL Ⅱ – 15000	2300 ~ 3500	~ 0.32	640 ~ 700	10000 ~ 15000	双级

2. 多级烟气轮机　多级烟机的转子为双支承结构，径向进、排气，壳体水平剖分。多级烟机的烟气可采用上进、下进、单进、双进等方式，一般多采用双径向入口和双径向出口的方式，以平衡壳体的热膨胀差及改善催化剂粉尘在通过静叶流道时的分布。

多级烟机的主要优点是气速低、叶片磨损小、效率较高。但级数多，叶片更换费用相应增加，结构也较复杂。

3. 烟气轮机级数的选择　烟机级数的选择主要取决于烟气通过烟机的焓降。要从结构设计和经济因素两个方面综合考虑。设计因素主要包括焓降、转变为机械功的焓值、级的速度比、转速、转子直径、叶片高级反动度等。

经济因素主要包括烟机的总效率、叶片使用寿命及总投资等。一般情况下，可根据烟气温度和压力比（膨胀比）来选择级数。当再生器压力较低、烟气温度也较低时，可选用单级烟机。当再生器压力较高，烟气温度也较高时，可采用双级烟机，以降低每一级的负荷。从而提高整个烟机的效率，同时也降低了叶片流道中烟气的速度，减轻了叶片的磨损。

典型的流化催化裂化烟气轮机级数的选择曲线如图 9 – 13 所示。图中压力比为烟气进出烟机的压力之比。

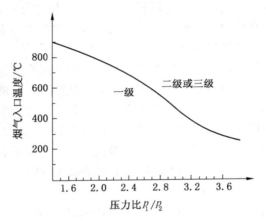

图 9 – 13 烟气轮机级数选择曲线图

二、烟气轮机的使用

（一）烟气轮机使用组合形式

烟气轮机的烟气入口压力对烟机的功率影响最大。由于不同类型的催化生产装置其再生器的操作压力不同，进入烟机的烟气入口压力也不相同，烟机工作时的功率也有大有小，可能超过主风机所需功率，也可能不满足主风机所需功率。

另外，装置开工时，还没有产生高温烟气推动烟机工作，需输入动力使烟机工作。因此，烟气回收系统还必须安装辅助驱动设备，作为开工时的启动设备和烟机功率不能满足要求时的补充设备。

生产中是将烟机、主风机、辅助驱动设备等组装成机组来使用的，按组装方式可分为两大类型。一类是同轴机组，即将烟机、主风机及辅助驱动设备等安装在同一轴线上。其特点是投资省、占地小，使用可靠、稳定性高，控制系统的操作也较简单，回收的功率可直接驱动主风机工作，经济性较好。因此，使用较广泛。另一类是分轴机组，即将烟机与主风机分别安装，二者不在同一轴线上。烟机不与主风机相联，而是与发电机直接相联。烟机工作时直接驱动发电机工作，向电网反输电力。主风机另外用电动机或蒸汽轮机驱动。

分轴机组的特点是操作灵活性较大，便于现有装置改造而受场地限制时的空间布置。而且当烟机发生故障时，对催化裂化装置的生产影响较小。但这种配置方式要求具有快速切断的大口径蝶阀及多功能电子调速器，当机组转速过高时，能快速切断烟气，防止烟机超速工作，生产中一般采用液压控制带有弹簧快速动作的执行机构，并由电信号进行控制。分轴机组目前使用较少。

目前国内常见的同轴机组组装方式见表 9 − 4。

表 9 − 4　同轴机组的组装形式

序号	辅助驱动机	布置方案	备　注
1	蒸汽轮机	烟机—蒸汽轮机—风机	用于烟机发生功率小于主风机所需功率，蒸汽供给充分可靠，经济合理的情况，此方案很少采用
		烟机—风机—蒸汽轮机	

续表

序号	辅助驱动机	布置方案	备 注
2	感应式电动机/发电机	烟机—风机—增速箱—电机	用于烟机产生功率大于、等于或小于主风机功率,供电方便可靠,经济合理的情况,约三分之一机组采用此方案
3	蒸汽轮机加电动机/发电机(或蒸汽轮机加大发电机)(简称四机组)	烟机—风机—增速箱—电机—蒸汽轮机 烟机—电机—增速箱—风机—蒸汽轮机 烟机—风机—蒸汽轮机—增速箱—电机 烟机—风机—增速箱—电机—蒸汽轮机	适用于烟机功率大于、等于或小于主风机所需功率,经济合理的情况,采用此方案机组最多(适用于烟机的功率大于、等于或小于主风机所需功率,蒸汽供应方便可靠,炼厂需要发生部分自用电,经济合理的情况,此方案设备利用率最高,但投资增加)

1. 烟机—主风机—蒸汽轮机及烟机—蒸汽轮机—主风机机组　这两种组装形式(见表9-4序号1)投资最省。装置开工时用蒸汽轮机来启动。当烟机功率小于主风机功率时,差额由蒸汽轮机补充,操作比较合理。但当烟机功率大于主风机功率时,为避免机组超速,须将一部分烟气引入旁路,造成经常性的烟气能

量损失。因此，使用已逐渐减少。

2. 烟机—主风机—齿轮箱—电动机/发电机机组　这种组装形式（见表9－4序号2），由于辅助驱动设备为电动机/发电机，增强了能量回收系统的灵活性。当烟机功率超过主风机的功率时，辅助驱动设备为发电机，将多余电力向配电系统反输；当烟机功率低于主风机的功率时，辅助驱动设备为感应式电动机，向系统补充所需功率的差额。但由于感应式电动机的低启动转矩，启动电流很大，为正常值的4～7倍。所以，这种机组只用在无蒸汽可利用的小型能量回收系统

3. 烟机—主风机—蒸汽轮机—齿轮箱—电动机/发电机的几种机组　这几种组装形式（见表9－4序号3）的机组，都是同时使用蒸汽轮机和电动机/发电机作辅助驱动设备，这是大型催化裂化装置普遍采用的组装形式。蒸汽透平只在启动时使用，当主风机转速进一步提高，要求增大输入功率时，再将电动机也投入使用。

当烟机回收的功率大于主风机所需功率后，将蒸汽轮机断开，同时将电动机转换为发电机，向供电系统反输电力。电动机/发电机的功率约为主风机所需功率的10%～20%。在主风机启动时，电动机也可同时使用，以降低蒸汽轮机的启动功率。

当炼厂蒸汽充裕而电力紧缺时，可将电动机/发电机更换为一台大发电机。辅助驱动设备可选用一台能单独启动机组工作、动力足够大的蒸汽轮机。在正常操作时，蒸汽轮机并不断开，其输出的功率和烟机的剩余功率都供给机组的大发电机发电，给炼厂电网补充部分电力。

炼厂催化裂化装置的处理能力，主要受主风机负荷的限制。为了提高处理量，可再增设一套烟气能量回收系统。正常操作时，将再生烟气的一部分引入增设的烟气能量回收系统中，用烟机带动增设的主风机工作。开工时仍用原主风机，当处理量提高后，原主风机和增设的主风机同时使用。

　　无论何种组装形式，烟机都应位于机组的一端。因为悬臂支承、轴向进气的烟机，要求入口前必须有一段直管线，所以烟机只能装在机组的一端。而两端支承、径向进气的多级烟机，考虑到维护方便及烟机与主风机便于脱开，一般也应布置在机组的一端。

（二）烟气轮机的烟气旁路

　　烟机正常工作时，其入口蝶阀对再生器的操作压力起控制作用。为了保证装置的正常操作，开停工及发生事故时的安全，一般应设置烟气旁路。烟气旁路上安装双动滑阀，正常生产时烟气旁路应全关。

　　烟气旁路的烟气流量按再生烟气量的100%考虑时，称为全旁路。全旁路设计，当烟机发生故障停用时，装置仍可正常生产。主风机由辅助驱动设备带动，烟气全部走旁路，进入余热锅炉或直接经烟囱排出。再生器压力由旁路双动滑阀控制。全旁路设计时，阀门及管线的投资较大，机组的辅助驱动设备及余热锅炉也都要加大，以保证烟机停用时，装置仍能正常生产。

　　烟气旁路也可按再生烟气量的30%设计。当操作波动时，可对进入烟机的烟气量进行适当调节，使机组平稳工作。但当烟机因故障停机时，则生产装置也必须全部停工检修。

　　为了使操作更灵活方便，也可在烟机入口阀后至烟机出口之间，安装一条占再生烟气量5%左右的烟气控制旁路，对较小的烟气波动，进行迅速地调节。

　　早期制造的烟机，工作不可靠，烟气旁路多按全旁路设置。现在使用的烟机，其技术水平已有很大提高，运转稳定、周期长、生产非常可靠，新设计的烟气旁路多按烟气量的30%设置。

（三）烟气轮机入口蝶阀压降对烟机使用的影响

　　正常生产时，再生器的压力由烟机的入口蝶阀来控制。因此，入口蝶阀必须有一定的压降，以使蝶阀对压力有一定的调节范围。但此压降应适宜，若过大，则使烟气能量在蝶阀处的损失增大，导致烟机入口压力降低，工作时的膨胀比下降，烟机功率降低。

烟机入口蝶阀的压降一般应控制在 9.8～14.7kPa 范围内。当入口蝶阀全开，而再生器压力仍继续升高时，可利用烟气旁路上的双动滑阀来进行调节。

（四）烟气流量对烟机使用的影响

烟机的设计烟气流量，一般都接近于烟气的阻塞流量（达到阻塞流量时的气速超过了临界气速，此时会引起机组振动，无法正常工作），烟机定子叶片的流通面积控制烟机工作时的膨胀比（烟机进出口压力比），如果流通面积和烟气流量不匹配，就会造成烟气能量的损失。

若流通面积大，则烟气进入烟机入口的压力就会下降，膨胀比也会下降，烟机的轴功率就降低。若流通面积过小，为保持适当的膨胀比，须将一部分烟气从烟气旁路放空，造成烟气能量的白白浪费。

当烟机定子叶片的流通面积一定时，为保持适宜的膨胀比，进入烟机的烟气量应适当。一般应按设计的烟气流量来操作。

（五）烟气后燃对烟机使用的影响

烟气后燃有两种形式，一种是在再生器内发生的焦炭后燃，一般是由于再生器热量不平衡或因氧含量过大等原因造成。若未控制，火焰就有可能扩散至烟机入口管线。另一种是 CO 后燃，主要是烟气中 CO 含量增大或氧含量增大造成，可在任何部位发生。

CO 燃烧产生的热量，几乎全部用来加热烟气，烟气温度的升高又促使 CO 的燃烧更加快速。往往在一瞬间，烟气温度就由 600℃ 左右，上升至 700～800℃，高的甚至可达 1000℃。为防止后燃对烟机带来的危害，可在再生器的顶部、三级旋风分离器前后、烟机入口管线的上游，装设急冷喷嘴。

当发生后燃时，立即喷入蒸汽，阻挡火焰继续扩散，给操作人员采取其他措施争取必要的时间。但后燃时喷入大量蒸汽，使进入烟机的气体量增加，此时可调节烟气旁路的开度，使增加的气体量经烟气旁路直接排走，以保持烟机的进气量基本维持不变。后燃发生时，除部分烟气经烟气旁路排出外，还应同时减少再生器主风量，以降低烟气中的氧含量，防止后燃发生。

采用一般的再生技术时，烟气中的氧含量一般控制在0.5%~2%（体）；当采用 CO 助燃剂等完全再生技术时，烟气中的氧含量一般在3%（体）以上。

第三节　套管结晶器

套管结晶器是炼油厂润滑油生产的专用设备。主要用在润滑油溶剂脱蜡装置，是溶剂脱蜡结晶系统的核心设备。其作用是将生产润滑油的原料油与溶剂的混合溶液，通过套管结晶器与滤液液氨进行换冷，将混合溶液降至较低的温度，使原料油中的蜡结晶析出，并被输送到过滤系统，对油、蜡进行过滤分离，得到优质润滑油基础油和蜡原料。

一、套管结晶器的作用原理及结构

（一）润滑油溶剂脱蜡

1. 溶剂脱蜡原理　润滑油生产中需将原料中含的蜡除去，以满足各种机械设备对润滑油在低温下的使用要求。凝固点是润滑油低温流动性的主要指标，为降低润滑油的凝固点，就必须除去润滑油原料中所含的蜡。

在润滑油原料中，蜡与油是互溶的。随着温度的降低，蜡在油中的溶解度不断下降。当达到饱和状态时，蜡就开始不断地结晶析出并长大。因降低温度时，润滑油的黏度要增大，不利于蜡结晶的扩散和长大。因此需在原料油中加入溶剂，以降低油品的黏度，以利于生成有规则的大颗粒蜡结晶。

　　溶剂脱蜡是利用溶剂在低温下对油的溶解度很大，而对蜡的溶解度却很小的特性，在含蜡原料油中加入稀释溶剂，再将其送入套管结晶器中，以一定的冷却速度降低温度，使蜡浓缩并结晶析出，再利用过滤设备，将油和蜡进行分离。得到低温流动性很好的润滑油基础油和在工业上很有用处的蜡原料。

　　溶剂脱蜡生产装置，主要由结晶系统、过滤系统、冷冻系统和溶剂回收系统等四部分组成。结晶系统的作用是将原料油和溶剂的混合溶液，冷却到蜡结晶所需的低温，并维持必要的时间，使蜡从溶液中结晶析出并长大，以利于过滤分离。结晶系统的关键设备是套管结晶器。

　　过滤系统的作用是将油、蜡进行过滤分离，其关键设备是转鼓真空过滤机。冷冻系统的作用是制冷，取走蜡结晶时所放出的热，其关键设备是氨冷冻机。溶剂回收系统的作用是将油和蜡中的溶剂分离出来，进行回收使用。其关键设备是溶剂蒸发塔。

　　2. 结晶系统的工作过程　　结晶系统是溶剂脱蜡的关键，根据不同的原料性质和产品要求，可选择不同的结晶工作过程。使用套管结晶器的馏分油常规酮－苯脱蜡结晶系统的工作过程如图9－14所示。含蜡原料经泵送至水冷却器或换热器，冷却降温到比原料油凝固点高的温度，然后进入套管换热器与冷滤液换热。

　　在换冷套管结晶器的适当位置，加入一次稀释溶剂，加入的位置因原料而异。对馏分原料油，在原料冷却到比凝固点低15～20℃时加入溶剂，称为"冷点稀释"。冷点稀释时，常在换冷套管结晶器的第6根或第9根、第10根套管的位置加入溶剂。采用冷点稀释的目的是减少蜡晶体内部的含油量，提高脱蜡油的收率。

　　在两台氨冷套管结晶器之间加入二次稀释剂。因此时温度已进一步降低，溶液的黏度上升较大，对蜡的结晶和输送不利，需要用溶剂进一步稀释。

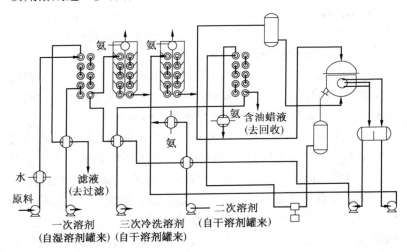

图 9 - 14　常规脱蜡结晶系统工作过程

　　经过氨冷套管结晶器后，蜡的结晶过程基本完成，此时溶液温度更低，黏度进一步增大，需加入第三次稀释溶剂进一步稀释，使溶液黏度降低。同时，使蜡晶体表面上的油得到溶解，以提高油收率和过滤速度。

　　经过三次稀释后的溶液，已被冷却至要求的过滤温度，被送至过滤系统过滤机的进料罐，准备进行过滤分离。

（二）套管结晶器的作用原理及结构

　　套管结晶器的主要作用是冷却含蜡原料油和溶剂组成的混合溶液，取走溶液降温和蜡结晶所放出的热。并保证蜡有一定的时间在套管结晶器内从原料油中结晶析出及不断地被及时送出。

　　套管结晶器的工作过程既有冷换过程，又有除去附着在套管结晶器内壁上的蜡的除蜡过程，还有在低温下输送高黏度溶液的输送过程。因此套管结晶器的结构，一般由给冷部分、换热部分及刮蜡输送部分所组成。

1. 给冷部分　主要由氨罐及进入套管的液氨线和从套管出来的汽氨线所组成。液氨吸热后汽化，使混合溶液降温，蜡结晶析出，气氨从管线排出。

2. 换热部分　主要由 10～16 根套管所组成。每根套管与普通的换热套管结构相同，由两根直径不同的同心圆管所组成。原料油走内管，冷冻剂走两同心圆管之间的环形夹套。

3. 刮蜡输送部分　由于从原料油中析出的蜡，易粘结在内管的管壁上，而蜡的传热能力又很低，所以会影响传热和蜡、油及溶剂混合物的输送。因此，套管结晶器必须有转动的刮蜡设备。

刮蜡设备主要由刮刀、弹簧、空心轴、套管小轴及链轮等构件组成。空心轴安装在内管的中心并贯通全管。每根空心轴上一般装有 5 个刮刀，为使刮刀与管壁贴紧，在空心轴与刮刀之间装有弹簧压紧。所以刮刀在管的径向有一定的伸缩余地，当在管内壁某一部位结有硬块，如冰块等，刮刀即可缩回，防止把轴扭断。

刮刀一般用 30 号或 35 号钢制作，若用高碳钢制作，则易磨坏套管。套管结晶器中，套管的结构如图 9－15 所示。

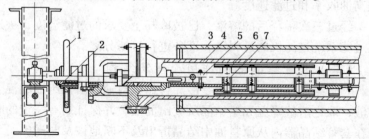

图 9－15　套管结晶器中套管的结构
1—链轮；2—安全销；3—外管；4—内管；5—转动轴；6—刮刀；7—弹簧

每台套管结晶器由 8～12 根套管组成。用一台电动机经减速器用链条、齿轮等带动各根套管的空心轴和刮刀同时转动，一般每分钟的转速只有十几转。

刮刀的转速对结晶操作有一定的影响。加快转速，可减小管内介质的输送阻力，加强结晶过程中蜡分子的扩散。但转速过大时，会破坏蜡的结晶，给后面的过滤分离增加困难，同时，也增大了电机的负荷。因此，刮刀的转速不能太高，一般为 12～15r/min。

由于带蜡的液体在低温下很黏稠，流动阻力也很大，所以管内的压力一般按 3～4MPa 来设计。因套管在低温下工作，最低温度可达 -40℃，所以套管必须用无缝钢管制作。套管结晶器的主要技术规格见表 9-5 所示。

表 9-5　套管结晶器的主要参数

项　目	换冷套管结晶器	氨冷套管结晶器
传热面积/m²	70　90　105	70　90　105
套管根数/根	8　10　12	8　10　12
套管内管直径/mm	219	219
套管外管直径/mm	273	273
套管有效长度/mm	1310	1310
设计温度(内/外)/℃	-15/-25	-35/-40
设计压力(内/外)/MPa	4.0/2.0	3.0/2.0
配套电机功率/kW	7.5	7.5
电机转数/(r/min)	1450	1450
减速机速比	1:11.8	1:11.8
刮刀转速/(r/min)	12～13	12～13

套管结晶器在使用过程中分为换冷套管结晶器和氨冷套管结晶器两种。换冷套管结晶器以过滤系统的冷滤液为冷却剂来取热；氨冷套管结晶器以冷冻系统的氨液为冷却剂来取热。二者的结构形式基本相同，目前应用最广的换冷和氨冷套管结晶器，如

图 9 - 16、图 9 - 17 所示。

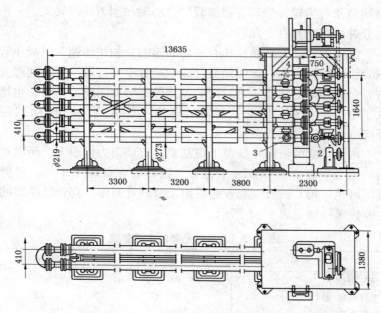

图 9 - 16　换冷套管结晶器

1—原料溶液进口；2—原料溶液出口；3—滤液入口；4—滤液出口

二、套管结晶器的使用

（一）开工

套管结晶器开工前，应给变速箱、链条、齿轮等处加油，按规定时间进行设备试运转。设备各部件运转正常，没有问题后，则可在结晶系统引入原料油与溶剂的混合物，进行循环。三次稀释溶剂和冷洗溶剂也进行循环。若无问题，则启动冷冻机向结晶器和冷却器放氨冷却。

当结晶系统和三次稀释溶剂及冷洗溶剂降温达到要求后，向装置引入原料油，开启过滤机和溶剂泵，向结晶系统加入溶剂之后，立即停止循环，引入原料油。

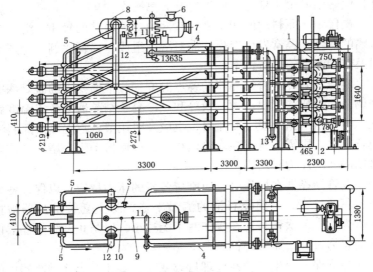

图 9－17 氨冷套管结晶器

1—原料液入口；2—原料液出口；3—液氨入口；4—液氨出口；
5—气氨排出管线；6—气氨出口；7—液面计；8—液面调节管箍；
9—氨压力计管箍；10—热电偶管箍；11—氨罐；12—气氨总管；13—排液口

结晶系统在循环时，若套管内的油温过高，含油少、黏度低，电机电流大或传动链条跳动较严重等，应停止运转，待问题处理好后，再重新运转。

若三次稀释溶剂采用干溶剂，用换热器冷却时，在开工初期，溶剂质量较差，循环降温时，不能降温过快过低，应等溶剂质量变好后，才能降至要求温度。结晶系统循环降温到 0℃以下时，原料油的水冷却器应停止进水。

当结晶系统从循环转入正常操作时，应注意控制好原料泵的流量调节。

（二）正常操作

结晶操作主要是根据不同原料的性质，采取不同的操作条件，使蜡结晶生长良好，便于过滤分离操作。

操作中，原料油的切换是较频繁的。原料油的轻重、组成及脱蜡的深度，经常发生变化，需对溶剂组成、稀释比例、冷点油温及溶剂温度等进行调节。

换冷和氨冷套管结晶器的各点温度，应根据要求的脱蜡深度来调节。脱蜡深度要求大，换冷和氨冷套管结晶器的各点温度就低。当原料的组成发生变化时，也应及时调节各点温度。原料油中若含水，则需注意水在套管内结冰，而使流动阻力增大，使套管结晶器的压力降增高。

套管结晶器在操作时，应维持各段的压力稳定，以保证各处压力不致过大，各路原料油的流量平稳，防止套管结晶器被损坏。为此，一次稀释比在操作时不能过小，以防止套管结晶器内流动阻力过大，压降超标。

为确保安全生产，在处理量改变时，要注意套管结晶器中的溶剂量不能过少，以防止套管结晶器的内管压降过大。在提高原料处理量时，应先提高溶剂量，再提高原料量；在降低原料处理量时，应先降低原料量，再降低溶剂量。当装置内溶剂量不足时，应首先保证一次稀释的溶剂量，而三次稀释溶剂量和冷洗溶剂量，则可暂时适当减少。在操作中发现套管结晶器压力增大，应及时找出原因并处理。

在操作中应经常注意溶剂罐液面的变化，防止一次稀释溶剂泵抽空。一旦抽空，应立即停止原料进入套管结晶器，以防套管结晶器凝死。应经常检查套管结晶器运行使用情况，传动和转动部件的润滑情况，套管结晶器的压力变化情况。

（三）停工

结晶系统停工时，氨冷套管结晶器停止进液氨，用冷冻机往回抽气氨。原料泵降量并增大稀释比。当过滤机进料温度上升至不能保证脱蜡油凝固点合格时，原料泵和过滤机应立即停止进料。用溶剂置换原料15min。

结晶系统和三次稀释溶剂及冷洗溶剂系统进行循环。结晶系统的溶液用原料泵出口加热器加热至45～60℃后抽出。对三次稀释溶剂及冷洗溶剂系统，可用温洗加热器将溶剂加热至20～30℃，使附着在管壁上的油和冰，溶解后送入溶剂罐。

当上述两系统进行循环升温时，冷冻机继续往回抽气氨，直至将气氨抽净为止。在未抽干净之前，不能急于向换冷和氨冷套管结晶器内吹入高压热氨气，防止设备内存有液氨，造成设备上热下冷，上胀下缩，易于损坏。

若停工前一次稀释溶剂采取冷点稀释，应首先将一次稀释溶剂的一部分改在原料泵的出口，让换冷套管结晶器中未加入溶剂的几根套管里的原料油被顶出来。顶出的原料油又被原冷点溶剂所稀释，到下一套管结晶器中降温后，阻力才不会很大，原料泵的压力也不会急剧增大。经过数分钟后，原料被置换完毕，冷点稀释溶剂停止向套管结晶器输送，全部加在原料泵的出口，并同时降低原料泵原料的流量，一次稀释比控制在(2～3)∶1范围内，以便把套管结晶器中的蜡冲化下来。

结晶系统循环时，随着油温的上升，油的黏度变小，套管结晶器的传动链条可能跳动较严重，此时可将带动链条的电机停下来，使套管结晶器停止工作。

结晶系统停工后，必须将系统内的存液全部抽出后，再用安全气进行扫线，严禁用压缩空气扫线。若安全气量不足时，可改用低压蒸汽扫线。扫线前应先检查流程是否贯通，防止扫线时溶剂受热急剧汽化后憋压，造成套管结晶器的套管破裂。扫线时蒸汽阀门开度应缓慢开大。

装置停工时，套管结晶器外管内的液氨也不会很快全部汽化。内管中的存液用泵抽出后，若用蒸汽扫线，液氨受热突然汽化，压力急剧升高，套管结晶器的内、外管受热胀冷缩的影响，可能会破裂。因此要求用蒸汽吹扫套管结晶器之前，应将液氨尽量抽净。同时，套管结晶器的氨气出口阀要全部打开，通入蒸汽的速度要缓慢，防止残存液氨受热汽化压力升高，损坏设备。

用蒸汽扫线后的设备，要放净残液，防止冻坏和冻凝管线。用软木保冷的设备与管线，扫线时间要控制在 12h 之内，防止温度过高发生自燃。用聚苯乙烯塑料保冷的管线和设备，不能用蒸汽扫线。

（四）故障处理

套管结晶器传动和转动部件较多，操作条件经常变化，生产中有时会出现不正常现象，操作中需认真检查，及时发现和处理各种问题，使设备平稳工作。

1. 原料泵出口压力增大　　原料泵出口压力增大时，会出现原料流量减小，套管结晶器通过链条带动空心轴转动的电机电流上升，而原料泵电机电流下降等现象。

采用冷点稀释时，换热套管结晶器内的部分套管较长时间没有溶剂时，管内结蜡较多，使流动阻力增大，导致原料泵的出口压力上升。此时可将一次稀释溶剂缓慢地改至原料泵的出口，把换热套管结晶器中未加溶剂的那几根套管中的结晶蜡冲化掉。冲出的原料油和蜡经溶剂稀释后，再进入氨冷套管结晶器。

原料油或溶剂若含水，进入套管结晶器后，因温度降低而结冰，也使原料泵出口压力增大。应对原料油或溶剂进行脱水处理，也可采取用热溶剂的方法来处理。

若套管结晶器的冷冻温度过低，使套管内析出的蜡增多，混合溶液的黏度增大，流动困难，也将使原料泵出口压力上升。此时，如果是套管结晶器中的一组套管温度过低，可将这组套管的氨出、入口阀门关闭，提高氨的蒸发压力，即可使冷冻温度上升，使溶液黏度降低。

如果是套管结晶器的温度普遍偏低，则应适当调节控制冷冻机的一段入口阀，使冷冻温度上升，也可降低溶液黏度，使原料泵出口压力下降。

溶剂泵抽空，原料得不到溶剂的稀释，流动阻力将增大，也会使原料泵出口压力上升。此时应停止原料进入套管结晶器，设法将溶剂引入套管结晶器，并处理溶剂抽真空问题。同时提高冷冻温度，待套管结晶器压力降低后，再转入正常。

套管结晶器长时间没有冲化，管壁结蜡多，也将使原料泵出口压力升高。套管应定期冲化，遇到套管结晶器管壁结蜡多、压力升高的情况时，应立即冲化。此时应注意脱蜡油的质量。

溶剂带蜡，也会使套管结晶器内溶液流动阻力增大，使原料泵出口压力上升。此时应降低原料泵的流量而提高溶剂泵的流量。严重时可停止原料进入套管结晶器，待溶剂质量改善达到要求后，再转入正常操作。

原料性质改变，稀释比等操作参数没有及时随之调整，使套管结晶器流动阻力变大，造成原料泵出口压力上升。此时应根据原料性质改变情况，调整稀释比等套管结晶器的操作参数，使压力恢复正常。

原料泵出口压力突然增大，主要原因大多发生在套管结晶器内。即使套管结晶器按时冲化，但因蜡在管壁上的吸附能力较强，原料性质和产品品种又经常变化，都会使套管结晶器内因结蜡而流动不太畅通，甚至被堵塞。因此，只要溶剂罐液面无变化，原料泵出口压力上升时，应首先观察各组套管结晶器的进出口压降的变化情况，并对套管结晶器进行认真检查。

2. 套管结晶器负荷过大　套管结晶器负荷过大时，会出现套管结晶器进出口压降增大，电机电流增大甚至跳闸，套管小轴被扭断等不正常现象。

套管结晶器压降增大，可能是因为套管结晶器长时间未加热冲化，致使管内结蜡所造成。此时应立即进行冲化，并在以后操作中按要求定期对套管进行冲化。

套管结晶器电机电流增大，甚至跳闸，也有可能是用热溶剂冲化套管结晶器时，溶剂温度过高，冲化的时间过长，致使管内转动部件缺乏润滑所造成。应在冲化套管结晶器时注意套管温度变化和转动部件的运转情况。

当套管结晶器稍有振动时，应停止套管转动部件的转动。并用热溶剂进行冲化，然后将套管内的存液处理干净，找出故障原因，进行处理。

3. 套管结晶器结冻　套管结晶器结冻的主要原因是原料带水或溶剂带水、带蜡；溶剂中甲苯含量少；套管结晶器操作温度过低；溶剂的一次稀释比过小；溶剂泵抽空或切换流程时，一次稀释溶剂没有加入等。

套管结晶器结冻时，会出现原料油流量和溶剂流量下降，套管结晶器被堵塞等故障。此时应迅速将被冻结的套管结晶器切换掉，而改走侧线，并降低原料油流量而加大一次稀释的溶剂量。减少三次稀释的溶剂量，同时提高套管结晶器的操作温度。用热溶剂冲化冻结的套管结晶器，找出结冻的原因，进行处理。

4. 溶剂泵抽空　溶剂泵抽空，可能是溶剂罐液面下降，低于溶剂泵入口；溶剂泵出口压力大，溶剂打不出去；溶剂泵温度高使溶剂汽化；溶剂罐内的溶剂温度升高等原因造成。此时应停止向套管结晶器进原料油，并提高套管结晶器的冷冻温度。找出溶剂泵抽空的原因后进行处理。待溶剂泵能正常输送溶剂时，再恢复正常操作。

第四节　工业汽轮机

汽轮机又称"蒸汽透平"（turbine），是用蒸汽来做功、将蒸汽的热能转换成机械功的一种旋转式原动机。与其他形式的原动机（如汽油机、柴油机等）相比，汽轮机具有单机功率大、热经济性高、运行安全可靠、效率高、使用寿命长、转速容易控制、运转安全可靠等优点，因此被广泛地应用在发电、石油化工、冶金、交通运输、轻工业等行业。

除中心电站汽轮机、船舶汽轮机以外，在工业生产中直接用作原动机来驱动一些大型机械设备（如大型风机、给水泵、压缩机等功率比较大的设备）的汽轮机叫工业汽轮机。在石油化工装置中应用的工业汽轮机，所需的蒸汽主要来自生产装置中的废热锅炉，不足部分由辅助锅炉补给，充分利用了石油化工生产中工艺反应的余热。在炼油化工企业中应用的工业汽轮机具有数量多、品种杂、用途广、高参数、大容量、高转速、变转速、单系列运行、自控联锁程度高等特点。

工业汽轮机与电站用汽轮机的不同之处是：

（1）电站用汽轮机的工作转速比较低，并且固定不变，一般为3000r/min，而工业汽轮机的工作转速都比较高，而且不断变化，一般为6000~10000r/min，有的达到12000r/min。

（2）工业用汽轮机的功率相对较小，最小的只有几十千瓦，大的几兆瓦。

（3）工业汽轮机的结构比较紧凑，一般采用积木块结构，热力系统相对而言比较简单，而且通常不设高低压加热器等辅助设备，因此热效率较低。

（4）工业汽轮机的自动化程度比较高，操作比较简单，调节系统一般采用国际先进的调节器，如 WOOD – WARD505 调节器，也有的使用全液压调节器。

我国生产汽轮机的主要工厂有上海汽轮机厂、哈尔滨汽轮机厂、东方汽轮机厂和北京重型电机厂，生产工业汽轮机为主的杭州汽轮机厂和生产燃气轮机为主的南京汽轮机厂等厂。

一、汽轮机的分类及基本工作原理

（一）汽轮机的分类

汽轮机的类别和形式很多，有很多分类方法，可按热力特性、工作原理、蒸汽初压、结构形式等进行分类，如表9－6所示。

表9－6　汽轮机分类

分类	形式	说明
按热力特性	凝汽式汽轮机	排气在低于大气压力的真空状态下进入凝汽器凝结成水
	抽汽凝汽式汽轮机	排气压力低于大气压力，从汽轮机中间级中抽出一定压力的蒸汽作为他用
	背压式汽轮机	排气压力高于大气压力
	抽汽背压式汽轮机	排气压力高于大气压力，中间抽出部分蒸汽供其他部门使用
	多压式汽轮机	充分利用工业生产工艺流程中的副产蒸汽，将部分蒸汽注入汽轮机某级中做功，热能综合利用好
按工作原理	冲动式汽轮机	蒸汽主要在喷嘴叶栅内膨胀
	反动式汽轮机	蒸汽在静叶栅和动叶栅内膨胀
	冲动和反动组合式汽轮机	转子各级动叶片既有冲动级又有反动级

分类	形式		说明
按结构	单级汽轮机		通流部分只有一级
	多级汽轮机		通流部分具有两个以上的级
按蒸汽初压	低压汽轮机		蒸汽初压为 1.18～1.47MPa
	中压汽轮机		蒸汽初压为 1.96～3.92MPa
	高压汽轮机		蒸汽初压为 5.88～9.8MPa
	超高压汽轮机		蒸汽初压为 11.77～13.73 MPa
	亚临界汽轮机		蒸汽初压为 15.69～17.65 MPa
	超临界汽轮机		蒸汽初压大于 22.16MPa
按气流向	轴流式汽轮机		蒸汽在汽轮机内流动的总体方向大致与轴平行
	辐流式汽轮机		蒸汽在汽轮机内流动的总体方向大致与轴垂直
	周流式（回流）汽轮机		蒸汽在汽轮机内大致沿轮周方向流动，功率较小
按用途	中心电站用汽轮机		绝大部分用抽汽冷凝式、抽汽背压式汽轮机
	舰船用汽轮机		用于舰船推进动力装置，驱动螺旋桨
	工业汽轮机	单纯驱动	仅驱动各种工业机械，不向外供热，为凝气式汽轮机，可以变转速运行。用于化工、炼油、冶炼和电站等行业
		驱动并供热	驱动各种工业机械，并向外供热。为抽汽冷凝式、抽汽背压式、背压式汽轮机，可以变转速运行。用于化工、炼油、冶炼等行业
		单纯发电	工业企业自备电站中用于驱动发电机的汽轮机，定转速运行
		发电并供热	汽轮机为抽汽冷凝式、抽汽背压式，定转速运行

　（二）汽轮机的基本工作原理

　　汽轮机是用蒸汽做功的旋转式原动机，来自废热锅炉或其他汽源的蒸汽，经主汽阀和调节阀进入汽轮机，依次高速流过一系列环形配置的喷嘴（或静叶栅）和动叶栅而膨胀做功，将蒸汽热能转变为推动汽轮机转子旋转的机械功，从而驱动其他机械。汽轮机将蒸汽热能转变为机械功通常是通过冲动作用原理和反动作用原理这两种方式实现的，相应的将汽轮机也分为冲动式汽轮机和反动式汽轮机两大类。

　　图 9-18 是一个最简单的单级汽轮机结构，由图可以看出蒸汽在汽轮机中将热能转换为机械功的过程。首先，具有一定压力利温度的蒸汽流经固定不动的喷嘴，并在其中膨胀，蒸汽的压力、温度不断降低，速度不断增加，使蒸汽的热能转化为动能。然后，喷嘴出口的高速汽流以一定的方向进入装在叶轮上的动叶通道中，由于汽流速度的大小和方向改变，汽流给动叶片一作用力，推动叶轮旋转做功。由一列固定的喷嘴和与它相配合的动叶片构成了汽轮机的基本做功单元，称为汽轮机的级。在汽轮机的级中，可以通过冲动和反动两种不同的作用原理使蒸汽的热能转化为机械功。

　　冲动作用原理。由力学知识，当一运动物体碰到另一个静止的物体或者运动速度低于它的物体时，就会受到阻碍而改变其速度的大小或方向，同时给阻碍它的物体一个作用力，该作用力称为冲动力。在冲动力作用下，阻碍运动物体的速度改变，运动物体做出了机械功。汽轮机利用冲动力做功的原理，称为冲动作用原理。冲动作用原理的特点是蒸汽仅把从喷嘴中获得的动能转变为机械功，蒸汽在动叶通道中不膨胀，动叶通道不收缩。

　　反动作用原理。根据动量守恒定律，当气体从容器中加速流出时，要对容器产生一个与流动方向相反的力，称为反动力，利用反动力做功的原理，称为反动作用原理。火箭的发射就是利用反动作用原理的典型例子，火箭内燃料燃烧时，大量气体从火箭尾部喷出，高速汽流就给火箭一个与汽流方向相反的反动力，使火箭向上运动，如图9－19所示。反动作用原理的基本特点是蒸汽在动叶流道中不仅要改变方向，而且还要膨胀加速，从结构上看动叶通道是逐渐收缩的。

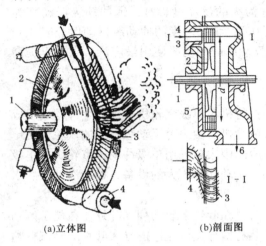

(a)立体图　　　　　　(b)剖面图

图9－18　单机冲动式汽轮机结构示意图
1—主轴；2—叶轮；3—动叶；4—喷嘴；
5—气缸；6—排气口

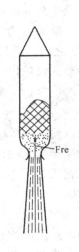

图9－19　火箭
原理

二、汽轮机基本概念

(一)汽轮机中的级

在汽轮机中，由喷嘴(又名静叶片)和与之配合的动叶片构成的做功单元称为级，喷嘴装在气缸的隔板上静止不动，动叶装在叶轮上随叶轮一起旋转。采用冲动原理工作的级称冲动级，采用反动原理工作的级称反动级。级是汽轮机中最基本的做功单元，蒸汽的热能转变成机械能的能量转变过程就是在级内进行的。

　　冲动级和反动级的区别在于蒸汽的热能转变为动能的部位不同，冲动级中只在喷嘴内进行，而反动级中一部分在喷嘴内进行，另一部分在动叶片内进行。我们把蒸汽在动叶片中的膨胀程度占级中总的膨胀程度的比例数，或蒸汽在动叶片中的理想焓降与级中总的焓降之比称为级的反动度（Ω），纯冲动级反动度为零，反动级的反动度为 0.5，带反动度的冲动级反动度介于 0 和 0.5 之间。近代带不大反动度的冲动级使用最广泛，它可以提高冲动式汽轮机的效率。

　　（二）单级汽轮机

　　只有一个级组成的汽轮机叫单级汽轮机。由一个冲动级组成的汽轮机叫单级冲动式汽轮机，由一个反动级组成的汽轮机叫单级反动式汽轮机，实际应用中大多采用单级冲动式汽轮机。单级汽轮机功率小，通常用来驱动功率不大的设备，如润滑油泵、水泵等。

　　在单级汽轮机中，有时在叶轮上装两列动叶片，在位于两列动叶片间的汽缸上还安装有引导蒸汽流向的导向叶片。蒸汽在喷嘴中膨胀加速后，首先流经第一列动叶片做功，后又由导向叶片引入第二列动叶片继续做功，然后再排出机外，这样就减少了蒸汽的能量损失，提高了汽轮机的效率。这种级叫双列速度级，有时还有三列速度级，但常用的还是双列速度级，这种级也可作为多级汽轮机的首级。

　　（三）多级汽轮机

　　随着机组功率的增大，单级汽轮机满足不了大功率的要求，因此出现了多级汽轮机，由多个冲动级组成的汽轮机叫冲动式多级汽轮机，由多个反动级组成的汽轮机叫反动式多级汽轮机。也有些汽轮机中既有冲动级，又有反动级，称冲动和反动组合式汽轮机。

在多级汽轮机中，蒸汽依次通过各级膨胀做功，汽轮机的功率等于各级功率的总和，因此多级汽轮机的功率可以做得很大。

三、国产汽轮机的型号

用来表示汽轮机基本特性的符号称为汽轮机的型号。国产汽轮机的型号分为三组，即：

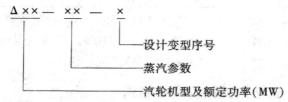

目前我国制造的汽轮机类型用汉语拼音表示，其意义见表9-7；汽轮机额定功率用阿拉伯数字表示，单位为MW；蒸汽参数一般分为几段，中间用斜线分开；设计变型序号用数字表示，若为按原型制造的汽轮机，型号中没有此部分。汽轮机型号中蒸汽参数的表示方法见表9-8。

表9-7　国产汽轮机类型的代号

代号	类型	代号	类型
N	凝汽式	CB	抽气背压式
B	背压式	G	工业汽轮机
C	一次调节抽汽式	Y	移动式
CC	两次调节抽汽式	D	地热式

表9-8　汽轮机型号中蒸汽参数的表示方法

汽轮机类型	蒸汽参数表示方法	示例
凝汽式	-蒸汽压力/主蒸汽温度-	N50-8.82/535
中间再热式	-主蒸汽压力/主蒸汽温度/中间再热温度-	N300-16.7/537/537

汽轮机类型	蒸汽参数表示方法	示例
一次调节抽汽式	–主蒸汽压力/调节抽汽压力	C50 – 8.82/0.118
两次调节抽汽式	–主蒸汽压力/高压抽汽压力/低压抽汽压力 –	CC25 – 8.82/0.98/0.118
背压式	–主蒸汽压力/背压 –	B50 – 8.82/0.98
抽气背压式	–主蒸汽压力/抽汽压力/背压 –	CB25 – 8.82/0.98/0.118

例如：N300 – 16.7/537/537 型汽轮机，表示凝气式汽轮机，额定功率300MW，主蒸汽压力为16.7MPa，主蒸汽温度537℃，再热蒸汽温度为537℃的中间再加热式汽轮机。

四、工业汽轮机的本体结构

（一）总体结构

在炼化装置中，应用的工业汽轮机数量多、品种杂，但常用的有凝汽式汽轮机、抽汽凝汽式汽轮机、背压式汽轮机、多压汽轮机等，图9－20为背压式汽轮机结构图。汽轮机主要由静止部分和转动部分组成，其中静止部分包括主汽阀、调节阀、气缸、前后轴承座、机座、滑销系统等，转动部分主要指转子组件，包括汽轮机的主轴、叶轮、转鼓、动叶片、危急保安器等。此外还有调节系统和保安系统等组成。工业汽轮机的转速比较高，转速范围变化相对较大，要适应所驱动工艺设备输送量、工艺系统所需流量、压力变化而适时进行转速功率的调节。

（1）主汽阀。又称紧急停机阀，在紧急停机时，主汽阀能够实现快速关闭，切断汽源，使机组安全停车，目前汽轮机常用液压油动缸控制主汽阀的开启及关闭。

（2）调节阀。通常分为五个阀头，在机组正常运行中，通过控制调节阀的开度来调节进入汽轮机的蒸汽量，从而实现汽轮机转速高低或输出功率大小的调节控制。

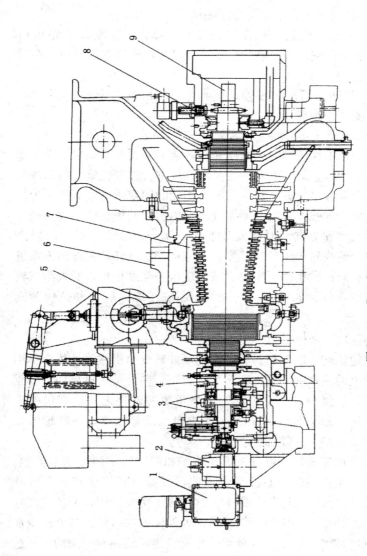

图 9 – 20 背压式汽轮机结构图

1—调速器;2—减速器;3—止推轴承;4,8—径向轴承;5—油动机及速关阀;6—汽轮机缸体;7—静叶持环;9—汽轮机转子

（3）轴承座。用来安装径向轴承以及推力轴承。

（4）气缸。汽轮机工作件的安装壳体，用于安装汽轮机喷嘴、调节阀汽室、各级静叶持环等，以及汽轮机进排气口均在气缸上。

（5）机座。用来安装轴承座和气缸，应具有牢固、不变形、支撑刚度高等特点。

（6）转子。汽轮机的主要做功原件。

汽轮机工作于高温、高压和高转速下的大型原动机，为了确保其安全运行，需要对它的主要零部件进行强度校核，包括静强度校核及动强度校核。稳定工况下不随时间变化的应力统称为静应力，属于静强度范畴；周期性激振力引起的振动应力称为动应力，其大小和方向随时间发生变化，属于动强度范畴。一般来说，对汽轮机转子上的主要零件，应从静强度和动强度两方面进行校核；对汽轮机静子零件，只需进行静强度校核。对大型汽轮机的某些零件，如转子、气缸等，还应考虑热应力和热疲劳问题。

（二）汽轮机转子

汽轮机转子的作用是将蒸汽的动能转变为机械能，传递作用在叶片上的蒸汽圆周分力所产生的扭矩，向外输出机械功，以驱动压缩机、泵等。转子是汽轮机最重要的部件之一，它包括主轴、叶轮（或转鼓）、动叶片、止推盘、危急保安器、联轴器以及其他装在轴上的零部件。

按结构形式转子可分为轮式转子和鼓式转子两种基本类型。轮式转子是在主轴上直接锻造成或以过盈方式安装有若干级叶轮，动叶片安装在叶轮外缘上，这种转子主要应用在冲动式汽轮机。鼓式转子主轴中间部位较粗，外形像鼓筒一样，转鼓外缘加工有周向沟槽，转子的各级动叶片就直接安装在周向沟槽中，这种转子通常应用在动叶片前后有一定压差的反动式汽轮机上。图

9 – 21 和图 9 – 22 分别为常用的整锻轮式、鼓式汽轮机转子示意图。

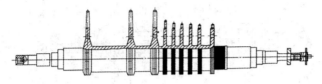

图 9 – 21　整锻轮式转子示意图

图 9 – 22　鼓式汽轮机转子

按制造工艺转子还可分为整锻式、套装式、焊接式、组合式等形式，一台机组采用何种类型的转子，由转子工作温度条件和锻冶技术来确定。

（1）套装转子。套装转子的叶轮、轴封套、联轴节等部件是分别加工后，热套在阶梯形的主轴上的。各部件与主轴之间采用过盈配合。套装转子在高温条件下，叶轮内孔直径将因材料的蠕变而逐渐增大，使叶轮和主轴产生松动，因此套装转子不宜用于高温高压汽轮机高压转子，只适用于中压汽轮机或高压汽轮机的低压转子。套装转子的构造如图 9 – 23 所示。

（2）整锻转子。整锻转子的叶轮、轴套和联轴节等部件与主轴是由一整锻件车削而成，无热套部件，解决了高温下的叶轮与

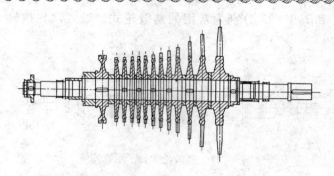

图 9-23　套装式汽轮机转子

主轴连接松动问题，并且结构简单、装配零件少，可以缩短汽轮机轴向尺寸、转子刚性好，因此作整锻转子常用作高温条件下运行。如大型汽轮机高、中压转子。国内石化行业应用的汽轮机转子多采用整锻式转子。

(3)焊接转子。汽轮机的低压转子通常直径大，特别是大功率的汽轮机低压转子质量很大，叶轮承受很大的离心力，当采用套装结构时，叶轮内孔在运行中会产生较大的弹性变形，因而需要设计很大的装配过盈量，这又引起很大的装配应力。若采用整锻转子，因锻件尺寸太大，质量难以保证。为此通常采用分段锻造、焊接组合的焊接转子。它由若干个叶轮与轴端拼合焊接而成，或由几个强度很高的实心叶轮在外缘部分焊接连成鼓筒结构。焊接转子锻件尺寸小、结构紧凑，重量轻，承载能力高。由于焊接转子的工作可靠性取决于焊接质量，故要求焊接工艺高，材料焊接性好。

(4)组合转子。组合转子是由套装转子和整锻转子组合而成，兼有二者的优点，国产大容量高参数汽轮机转子多采用这种结构。

1. 汽轮机转子叶轮　汽轮机转子叶轮的作用是用来安装动叶

片，并将动叶片所受的汽流作用力传递给转子主轴。叶轮由轮缘和轮盘组成，套装式叶轮还有轮毂。轮缘是安装叶片的部位，其结构取决于叶根形式，轮毂是为了减小内孔应力而加厚的部分；轮盘将轮缘与轮毂连成一体。根据轮盘的形线，汽轮机转子叶轮可以分为等厚叶轮、锥形叶轮、双曲线叶轮和等强度叶轮几种形式。

（1）等厚度叶轮结构如图 9 – 24（a）所示，叶轮的厚度沿半径不变，这种叶轮的优点是加工方便，轴向尺寸小，但叶轮的强度较差，只能用于平均直径不大、叶片较短的级中，一般圆周速度 120 ~ 130m/s。对于直径较大的叶轮，常采用将内径适当加厚的方法来提高承载能力。

（2）锥形叶轮结构如图 9 – 24（d）所示，叶轮厚度沿半径由内向外减薄成锥形，这种叶轮不但加工方便，而且强度高，可用在圆周速度达 300m/s 的级中，应用最为广泛。套装式叶轮几乎全采用这种结构。

（3）等强度叶轮结构如图 9 – 24（g）所示，叶轮厚度沿半径由内向外减薄成曲面，这种叶轮的特点是沿半径方向各处的应力都相等，这种叶轮强度最高，圆周速度可达 400m/s 以上，但加工要求较高，应用相对较少，多用于轮式焊接转子。

（4）双曲线叶轮如图 9 – 24（f），与锥形叶轮相比重量更轻，但强度并不一定比锥形叶轮高，而且加工复杂，故仅用在某些汽轮机的调节级中。

2. 汽轮机转子叶片　汽轮机转子叶片是汽轮机中重要的零部件之一，又称工作叶片，装满了叶轮一周，作用是将蒸汽的动能转变为叶轮转动的机械能。即由喷嘴流出的高速汽流流经动叶片时对动叶片产生作用力，推动叶片运动，再通过叶轮和轴产生旋转运动，驱动风机等机械对外做功。它主要由三部分组成：

（1）叶根部分。用来将叶片固定在叶轮或转鼓上。对叶根的要求是将叶片牢固地固定在轮缘中，在任何工作条件下保证叶片

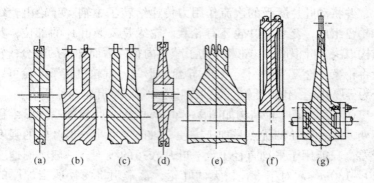

图 9 – 24　叶轮的结构形式

a，b，c—等厚叶轮；d，e—锥形叶轮；f—双曲线叶轮；g—等强度叶轮

在转子中位置不变。常用的叶根形式有 T 形、叉形、纵树形等。

（2）叶型部分。也叫工作部分、叶身等，这是叶片最主要的部分，汽流流经叶型部分时，蒸汽的动能转变为机械能，因此叶型部分是实现能量转换的部位。常用的有等截面叶片和变截面叶片（扭曲叶片）。

（3）叶顶部分。指叶片顶部的围带和拉筋。汽轮机高压段的动叶片一般都装有围带，围带在叶片顶部形成一个盖板，可以防止叶片顶部漏汽，另外围带还可以提高动叶片的抗弯曲能力，增强刚性。常用的围带形式有两种：一种是自带围带结构，围

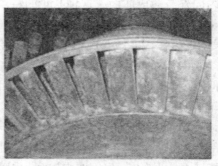

图 9 – 25　自带围带叶片结构

带与叶片的叶根部分、叶型部分在同一块材料上加工出来，如图 9 – 25 所示；另一种是外加围带，围带靠叶片顶端的铆钉将叶片

铆接在叶片上。

（三）汽轮机静子

1.隔板 多级汽轮机调节级以后的级叫压力级，各级间都用隔板隔开，隔板是汽轮机各级间的间壁，阻止级间蒸汽泄漏，每级隔板上的喷嘴与转子上叶轮工作叶栅共同构成汽轮机的一个级，使每个叶轮都在一个相应的相对独立的蒸汽室内工作。隔板上安装有喷嘴。隔板由隔板体、喷嘴、外缘以及隔板内圆汽封等组成。按喷嘴在隔板上的固定方法不同，可分为焊接隔板与铸造隔板。

（1）焊接隔板。焊接隔板结构如图9-26所示，先将经切削、精密铸造或模锻的喷嘴1焊在内环2与外环3上，然后再与隔板体5、隔板轮缘4经找平后焊在一起。这种结构的优点是强度和刚度好，喷嘴流道表面光滑，形状较精确，汽流在流道中流动损失小。这种隔板常用在汽轮机的高、中压部分。

（2）铸造隔板。铸造隔板是将已经成型的喷嘴叶片在浇铸隔板体的同时放入其中，和隔板体一块铸出。这种结构隔板强度较

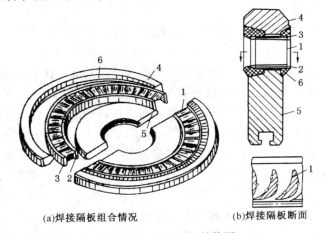

(a)焊接隔板组合情况　　　　(b)焊接隔板断面

图9-26　焊接隔板结构图

1—喷嘴片(静叶片)；2—内环；3—外环；4—隔板轮缘；5—隔板体；6—焊缝

差，喷嘴尺寸不够精确，表面不够光滑，所以蒸汽流动损失大，使用温度也不能太高，一般小于300℃，但制造工艺简单，成本低。这种隔板常用在汽轮机的低压部分。

2. 静叶片 汽轮机静叶片又称喷嘴，其作用是蒸汽在喷嘴中流动时降压、升速，将热能转换为动能，并使高速汽流按一定的方向喷向工作叶片；调节级喷嘴是直接安装在高压蒸汽喷嘴室中的，调节级的喷嘴按需要分成几个喷嘴组，每一个喷嘴组由一个调节汽阀控制；冲动式汽轮机调节级以后的各级喷嘴均安装在相应各级的隔板上，在整周均匀分布。

在反动式汽轮机中通常不使用隔板，各反动级静叶片直接安装在汽轮机缸体或静叶持环上，静叶持环再安装在汽轮机缸体上。高压段的静叶片一般都带有围带，它可提高静叶片的强度和密封效果，围带也分自带和铆接两种。采用静叶持环结构，把反动式汽轮机的几级甚至几十级的静叶片分成几段安装在相应的数个静叶持环上，简化了汽轮机缸体结构，也方便了检修。

3. 汽轮机缸体

（1）本体结构。气缸是汽轮机的外壳，主要作用是把进入汽轮机内的蒸汽与外界隔绝，形成一个蒸汽做功的封闭空间；另外气缸内部安装着隔板、喷嘴和汽封等部件，外部连接着进汽、抽汽和排汽等管道，因此它起着支承定位的作用。在汽轮机运行中，气缸除了承受内外压差及本身和装在其中的各零部件的重量等静载荷外，还要承受由于沿气缸轴向、径向温度分布不均而产生的热应力，特别是高参数大容量汽轮机，这一问题更为突出。为了减小热应力，要求气缸设计时在结构满足强度、刚度的条件下，尽量减薄气缸壁和连接法兰的厚度。为了安装和检修方便，一般把气缸分为沿水平对分的上半缸和下半缸，简称为上缸、下缸。水平结合面用法兰螺栓连接，且上下气缸水平中分面都经过精加工，以防止结合面漏气。

对于中低压汽轮机，一般采用单层气缸结构，即静叶片或静叶持环、隔板直接安装在气缸中。但当蒸汽压力较高时，为保证安全和水平中分面的汽密性，中分面连接螺栓尺寸要很大，相应的水平法兰和气缸壁也很厚、很笨重。在开停车和变负荷运行时，在气缸和法兰壁上温度分布很不均匀，会引起很大的热应力，甚至气缸变形、中分面螺栓拉断。因此对高压汽轮机(如大于 12.7MPa、535℃)大都采用双层缸结构，把喷嘴蒸汽室和高压段做在内缸里，由内缸和外缸分担蒸汽的压力、温度，这样内缸和外缸均可做得较薄些，在汽轮机启动、停车和变负荷运行时，缸体内不会产生较大的应力。内缸主要承受高温及部分蒸汽压力作用，其尺寸小，可以做的较薄，节省贵重耐热金属；外缸的内外压差比单层缸降低许多，保证了气缸结合面的严密性。但是双层缸增加了安装和检修的工作量。

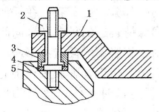

图 9 - 27　下缸猫爪中分面
支承方式

1—下缸猫爪；2—螺栓；3—平面键；
4—垫圈；5—轴承座

(2)支承及滑销系统。汽轮机气缸要求支承平稳，同时要保证气缸受热后能够自由膨胀，其动、静部分同心状态不变或变化要很小。因此汽轮机设计支承及滑销系统来保证以上要求。气缸通过其水平法兰延伸的猫爪(搭爪)作为承力面，支承在轴承(机)座上，故称猫爪支承，如图 9 - 27 所示，机座又用地脚螺栓固定在基础上。猫爪支承又分为上缸猫爪支承和下缸猫爪支承两种。

下缸猫爪支承时，利用下缸体水平法兰前端延伸猫爪，作为承力面，支承在前机座上，上缸压在下半缸上。这种支承结构简单，安装和检修方便，但因支承面低于气缸中心线，当气缸和猫爪受热膨胀后，气缸中心线向上抬起，而此时支承在轴承上的转子中心未变，结果会使气缸中心与转子中心不同心。上缸猫爪支承时，利用上半缸体前端伸出的猫爪作为承力面，支承在前机座上，下半缸通过中分面螺栓吊在上半缸上，这种支承方法因支承面与气缸中分面在同一平面内，当缸体受热膨胀后，气缸中心仍与转子中心保持一致。由于排汽端外形尺寸较大，通常利用下缸两侧伸出的搭脚直接支承在机座上，这样支承面比气缸中分面低，但因排汽端温度低，正常运行时缸体膨胀不明显，所以影响较小。但对一些排气温度较高的背压式汽轮机，其排汽端也采用上半缸猫爪支承法。

　　汽轮机在启动、停机和运行时，气缸的温度变化较大，与静态时相比，动、静部件因温度变化而发生膨胀，将沿长、宽、高几个方向膨胀或收缩，但是基础台板的温升要低于气缸，如果气缸和基础台板间采用固定式连接，必然使得气缸不能自由膨胀，因此为了保证受热后气缸自由膨胀、动静部分中心不变，在任何条件下各部件自由膨胀和动、静部件间保持合适的径向和轴向间隙，避免发生动静件间的摩擦，以及由于膨胀不均匀造成不应有的应力，汽轮机缸体都设有一套滑销系统。机组在膨胀过程中有一点相对于支座是不动的，称为死点，运行时缸体以该点为中心，按规定方向向前、后、左、右、上、下各方向自由膨胀。一般采用在气缸前、后端下部设立销，前轴承座或前机座下面设纵销，在排汽端两侧搭板下设横销的办法给缸体定位，保证运行时缸体按规定方向膨胀。也有一些汽轮机外缸体采用挠性支承板支承，利用支承板的弹性变形保证机组均匀合理地膨胀。一般汽轮机缸体的膨胀死点设在排汽端，进汽端缸体上的猫爪搭在前支座上，使整个缸体可以自由地向前膨胀，转子以推力轴承为死点相对于气缸发生膨胀。

　　（四）汽轮机转速调节和保安系统

　　来自蒸汽发生器的高温高压蒸汽经主汽阀、调节阀进入汽轮机。由于汽轮机排汽口的压力大大低于进汽压力，蒸汽在这个压差作用下向排汽口流动，其压力和温度逐渐降低，部分热能转换为汽轮机转子旋转的机械能。做完功的蒸汽称为乏汽，对于凝汽式汽轮机乏汽排入凝汽器，在较低的温度下凝结成水，凝结水泵抽出送经蒸汽发生器构成封闭的热力循环。对于背压式汽轮机乏汽被送往其他系统再利用。为了调节汽轮机的功率和转速，每台汽轮机有一套由调节装置组成的调节系统。另外，汽轮机是高速旋转设备，它的转子和定子间隙很小，是既庞大又精密的设备，为保证汽轮机安全运行，配有一套自动保护装置，以便在异常情况下发出警报，在危急情况下自动关闭主汽阀，使之停运。调节系统和保护装置常用压力油来传递信号和操纵有关部件。汽轮机的各个轴承也需要油润滑和冷却，因而每台汽轮机还配有一套润滑油系统。汽轮机设备是以汽轮机为核心，包括凝汽设备、回热加热设备、调节和保护装置及供油系统等附属设备在内的一系列动力设备组合。正是靠它们协调有序地工作，才得以完成能量转换的任务。

　　汽轮机在运行中，外界负荷经常改变，为了保证机组出力与用户所需的功率相适应，汽轮机设有调节机构，改变汽轮机组的出力，使其与外界负荷相适应。可以调节进入汽轮机的蒸汽量或改变蒸汽在汽轮中的做功能力，或同时采用这两种措施来实现作功能力调节，常用的调节方式有节流调节和喷嘴调节。当机组发出的功率与外界负荷不相适应时，汽轮机转速就要发生变化，汽轮机调节系统就是感受转速的这种变化，控制调节阀的开度，改变汽轮机的进汽量，使发出的功率与外界负荷重新平衡，并使转速保持在规定的范围内。根据转速变化进行调节的系统又称调速系统。

　　现代汽轮机还有根据功率、加速度等信号进行调节的。汽轮机是大功率高速旋转机械，转子的惯性相对于汽轮机的驱动力矩很小，机组运行中一旦突然发生被驱动机突然甩去全部负荷，巨大的驱动力矩作用在汽轮机转子上，会使转速快速飞升，如不及时、快速、可靠地切除汽轮机的蒸汽供给，就会使转速超过安全许可的极限转速，酿成毁机恶性事故，即飞车事故。此外，机组运行中还会发生低真空、低润滑油压、振动大、差胀大等危及机组安全的故障。因此，为保障汽轮机各种事故工况下的安全，除要求调节系统快速响应和动作外，还设置保护系统。并在调节汽门前设置主汽门，在事故危急工况下，保护系统快速动作、使主汽门调节汽门同时快速关闭，可靠地切断汽轮机的蒸汽供给，使机组快速停机，汽轮机调节保护系统的设备组成如图 9 - 28 所示。

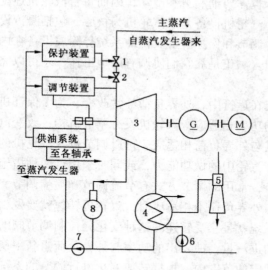

图 9 - 28　凝汽式汽轮机设备组成图

1—主汽阀；2—调节阀；3—汽轮机；4—凝汽器；5—抽汽器；

6—循环水泵；7—凝结水泵；8—汽封漏气冷凝器

综上所述，汽轮机调节保护系统的任务是，正常运行时，通过改变汽轮机的进汽量，使汽轮机的功率输出满足外界的负荷要求，且使调节后的转速偏差在允许的范围内；在危急事故工况下，快速关闭调节汽门或主汽门，使机组维持空转或快速停机。

1. 调节系统　汽轮机的调节系统工作原理如图 9 - 29 所示：转速感受机构将转子的转速信号转变为一次控制信号；中间放大器对一次信号作功率放大，并按照调节目标作控制运算，产生油动机的控制信号；油动机是一种液压伺服马达，按照中间放大器发出的控制信号产生带动配汽机构动作的驱动力，并达到预定的控制开度。配汽机构将油动机的行程转变为调节汽门的开度，通过配汽机构的非线性传递特性，汽轮机的进汽量与油动机行程间校正到近似线性关系；同步器作用于中间放大器，产生控制油动机行程的控制信号，以改变汽轮机的转速或随被驱动机所需功率调节机组输出功率。启动装置在机组启动时用于冲转并提升转速至同步器动作转速。

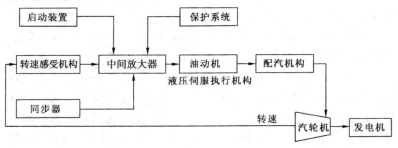

图 9 - 29　汽轮机调节系统原理图

由于汽轮机所用蒸汽压力通常很高，开启主汽门和调节汽门需要很大的驱动力，并且为了机组负荷调节以及转速稳定控制，必须要求调节汽门的驱动机构有较好的响应灵敏性和快速的响应速度。因此，汽轮机调节汽门和主汽门的驱动机构要求具备惯性小、驱动功率大特殊性，故汽轮机的调节保护系统总是以油动机作为调节执行机构。

汽轮机的调节系统根据其转速感受机构及中间放大器的结构不同，可分为机械液调节、模拟电液调节、数字电液调节三种形式。特别是近年来由于电子技术的发展，测速以及电液转化技术的发展，数字电液调节得到了广泛应用，具有结构简单、调节迅速、信号可靠等特点。近年生产和投用汽轮机，基本都已采用该种调节机构。对其调节原理在此不做详细介绍。

工业汽轮机运行时需要调节的参数主要如下：

（1）转速。在被驱动机负荷不变，汽轮机转速稳定在某一固定值；在被驱动机有负荷扰动而引起机组转速波动时，汽轮机能够自动调节，维持转速基本不变。在汽轮机转速控制信号发生变化时，汽轮机要能够迅速响应调整。

（2）输出功率。适应工艺过程的需要，汽轮机能在不同负荷下工作，即汽轮机所发出功率的大小，在设计许可的范围内要随着被驱动机需要随时调整。

（3）蒸汽压力调节。如背压式汽轮机的背压、抽汽式汽轮机的抽汽压力调节，使之维持基本不变。

工业汽轮机的调节系统的主要作用有两点：一方面调节汽轮机与被驱动机所组成机组的机械参数，如转速、功率；另一方面调节机与汽轮机本身有关又与整个工艺系统有关的热力参数和启动参数，如背压压力、抽汽压力、离心压缩机的入口或出口压力。

2. 保安系统　为了确保汽轮机的运行安全，防止设备损坏事故的发生，除了要求调节系统动作可靠以外，还应具备必要的保护系统。保护系统的作用是对主要运行参数：转速、轴向位移、真空、油压、振动等进行监视，当这些参数值超过一定的范同时，保护系统动作，使汽轮机减少负荷或者停止运行。保护系统对某些被监视量还有指示作用，对维护汽轮机的正常运行有着重要意义。大功率汽轮机的保护不但要求齐全、可靠，而且还具备逻辑判断及自动巡测、自动记录等功能。随着汽轮机自动控制水平的不断提高，保护已不再是一个独立的系统，而是和调节系统紧密结合在一起，成了保证汽轮机安全、经济运行的一个整体。

保护系统和调节系统一样，也由感应、传动放大及执行机构组成。所不同的只是调节方式不同，调节系统是根据参数给定值进行跟踪调节，使运行参数始终维持在给定值附近。而保护装置只有当某些参数超越给定值时，才使执行机构动作，发出信号或切断汽轮机的进汽。

现代汽轮机的保护系统一般具有以下的保护功能：

(1)超速保护。当汽轮机转速超过一定范围时，危急遮断器(又称超速保安器)动作，通过液压传递关闭主汽门，停机。

(2)低油压保护。当轴承润滑油压低于最小设定值时，先后启动备用润滑油泵、事故油泵，直到停机。

(3)轴向位移和胀差保护。当汽轮机的轴向位移和胀差达到一定数值时，发出警报信号；增大到更大数值时，发出信号使汽轮机停止运转。

(4)低真空保护。当凝汽器的真空低于某一数值时，发出警报信号，若真空继续降低到另一数值时，停止汽轮机运转。

(5)振动保护。当汽轮机振动超过安全范围时，使汽轮机停止运转。

(6)热应力保护。当汽轮机转子或气缸的热应力超过安全范围时，限制汽轮机功率或转速的变化速度。

(7)低汽压保护。当主蒸汽压力低于某一限制时，开始减少汽轮机功率，主蒸汽压力进一步下降到某一限度时，停止汽轮机运转。

（8）防火保护。在发生火灾被迫停机时，安全油失压，防火保护动作，切断去油动机的压力油，并将排油放回油箱，防止火灾事故的扩大。

3. 保护系统的主要装置　保护系统主要由自动主汽阀、超速保护装置、轴向位移保护、低油压保护组成。

自动主汽阀装在调节汽阀之前，正常运行时保持全开状态，不参加蒸汽流量的调节。主汽阀是保护系统的执行元件，当任何一个遮断保护装置动作时，主汽门便迅速关闭，隔绝蒸汽来源，紧急停机。对自动主汽阀的要求是动作迅速、关闭严密，对于高压汽轮机来说，自汽轮机保护系统动作到主汽阀完全关闭的时间，要求不大于 0.5~0.8s。自动主汽阀动作是靠压力油来控制的，此压力油称为安全油。安全油压建立后，自动主汽门开启才具备条件，安全油压消失，自动主汽门关闭，一般汽轮机保护系统中设有三套遮断装置，即超速保护遮断装置、磁力遮断装置和手动遮断装置。其中任一遮断装置动作均泄去安全油，关闭自动主汽门，迫使机组紧急停机。

超速保护装置。为防止机组飞车，汽轮机都配备了超速保护装置（属遮断保护）。一旦汽轮机转速上升到 $110\% \sim 112\% n_0$ 时，超速保护装置动作，使机组紧急停机。危急保安器是超速保护装置的转速感受机构，其作用是当汽轮机转速超过最大连续运行转速设定值后，危急保安器动作，通过快速跳闸系统使汽轮机停机。危急保安器安装在汽轮机轴上，主要由偏心锤、调节螺钉、导向环、压缩弹簧等组成。离心飞锤在随主轴旋转时，产生离心力，汽轮机转速升高、离心力增大，转速高到一定值时，离心力超过弹簧对其的约束力，偏心飞锤飞出，打到快速跳闸装置（危急遮断油门）上，使汽轮机控制油卸压、自动主汽门快速关、汽轮机停车。随着电子测速技术发展以及测量准确性、可靠性提高，近年生产的汽轮机不再利用危急保安器结构，而是直接电子测速，转速超设定值后，发出超速保护信号，关闭主汽阀。

　　轴向位移保护。汽轮机主轴的轴向位置，是由推力轴承严格定位的。但在运行中往往由于某些事故(例如水冲击、振动、润滑油断油等)会使巴氏合金熔化，转子发生轴向窜动，导致动静间隙消失而发生摩擦，引起严重的事故。因此，对轴向位移进行监视和保护。轴向位移保护装置的作用，是当汽轮机主轴的轴向位移达到危险值时发出信号，并使汽轮机紧急停机。目前常用电磁式轴位移探头，当轴位移监测值大于设定值时，给控制系统发送关闭主汽门信号实现停机保护功能。

　　另外还有低油压保护在系统断油或油压过低时，保护动作使机组迅速停车。

五、常见故障及故障处理(见表 9 – 9)

表 9 – 9　常见故障及故障处理

故障现象	故障原因	处理措施
调节系统故障（转速波动调速器不能控制）	1. 仪表压力变送器故障，风压控制信号波动	1. 汽轮机转速控制改为手动，检修仪表风压变送器
	2. 错油门、油动机卡涩	2. 清洗、检修错油门、油动机
	3. 汽轮机排汽压力低或油压波动	3. 检查控制油系统
	4. 油质太脏	4. 清洗油循环系统，检查更换油过滤器
	5. 传动执行机构卡涩	5. 清洗传动机构，转轴处加润滑剂
	6. 调节汽阀卡涩、阀座松动、阀头脱落或调节提杆断裂	6. 检修调节阀
	7. 调节汽阀和油动机连接尺寸不正确或二次油压与调节汽阀开度的关系不正确	7. 检查调节汽阀和油动机连接尺寸，调校二次油压与调节汽阀开度的关系

故障现象	故障原因	处理措施
调节系统故障（转速波动调速器不能控制）	8. 主汽阀未全开，处于节流状态	8. 全开主汽阀
	9. 蒸汽参数太低或蒸汽压力波动	9. 检查蒸汽系统，恢复蒸汽参数
	10. 调节阀提板组件装反	10. 检修调节阀组件
	11. 调速器内部故障	11. 检修调速器
汽轮机轴位移增加	1. 设备长期超负荷运行	1. 降低机组负荷，恢复到正常值
	2. 蒸汽压力、温度突然降低，流量大幅度增加	2. 调整蒸汽参数至正常值
	3. 汽轮机排汽压力高	3. 调整提高真空度
	4. 通流部分结垢，使级前压力增加，级反动度增加使轴向推力增加	4. 监测第一级后压力变化，超过规定值时进行清洗
	5. 负荷增加过快，叶片流道内蒸汽加速度、轴向分速度瞬时增大，轴向力增加	5. 控制加负荷速度
	6. 平衡活塞及级间的密封间隙磨损增大使平衡室及叶轮前压力增高，轴向排力增大	6. 检修时各密封间隙应调整合格，按规定启动和运行，不使密封发生摩擦
	7. 联轴器内、外齿间结垢；中间套筒窜量太小，使一个转子的轴向力传给另外一个转子	7. 联轴器应清洗干净，联轴器套筒有足够的浮动量
	8. 推力盘轴向跳动大，止推轴承座变形	8. 更换推力盘，查找轴承座变形原因，并予以消除
	9. 轴位移探头零位调整不正确或探头性能不好	9. 重新调整探头零位或更换探头

续表

故障现象	故障原因	处理措施
汽轮机异常振动	1. 暖机不彻底，气缸或转子热变形，产生摩擦	1. 严格按操作程序规定暖机和升速
	2. 气缸热膨胀受限	2. 检查并消除滑销系统卡涩，监测气缸热膨胀值
	3. 转子不平衡	3. 检查转子弯曲度，消除结垢、叶片或拉筋损坏等，转子作动平衡
	4. 轴颈或轴承故障	4. 修理轴颈，消除由于轴颈偏磨引起的形位公差超差。检查轴承间隙是否太大，瓦壳是否松动，轴承巴氏合金层是否磨损或脱层，检修或更换轴承
	5. 蒸汽带水或水冲击	5. 降低负荷，提高蒸汽参数，如无明显效果则立即停机
	6. 汽轮机进汽量波动	6. 检查调速系统工作情况
	7. 基础不均匀下沉或机座变形	7. 停机消除机座变形，修复后应达到机组台板滑动面冷态和热态均无间隙
	8. 轴承座松动或下沉	8. 检查轴承座支承和紧固系统，消除松动。轴承座下沉时，重新调整轴承座支承，恢复原位
	9. 转子热弯曲	9. 停机后应立即投入盘车，禁止在不盘车情况下通入轴封汽；检查同缸体连通各蒸汽阀门关闭是否严密。转子热弯曲一般可通过延长低速暖机时间使之恢复

故障现象	故障原因	处理措施
汽轮机异常振动	10. 转子有裂纹	10. 更换转子
	11. 功、静部件轴向间隙小于热胀差	11. 重新调整动、静部件轴向间隙
	12. 联轴器故障或不平衡	12. 检查修复或更换联轴器，联轴器不平衡时进行动平衡
	13. 联轴器不对中	13. 联轴器重新对中，消除管道外力的影响，必要时进行热态对中检查
	14. 轴颈测振部位机械跳动或电磁偏差过大	14. 修复轴颈或进行消磁处理
轴瓦温度过高	1. 测温热偶问题	1. 检查和校验各热偶
	2. 供油温度高	2. 检查冷却水的压力和流量，必要时投用备用油冷器
	3. 润滑油量减小	3. 检查储油箱的油位及泵工作情况，检查润滑油过滤器前后的压差、油系统阀门开度和漏油情况，查出原因，予以处理
	4. 润滑油性能下降	4. 对润滑油作性能分析，润滑油变质时更换润滑油，油中含水量太大时进行脱水处理
	5. 轴承间隙太小或损坏	5. 检查修理或更换轴承
	6. 轴向推力增大或止推轴承组装不当	6. 检查汽轮机工作情况，消除使轴向力增大的因素。检查止推轴承，消除缺陷
	7. 汽轮机轴封漏汽量太大	7. 调整轴封漏汽量，必要时更换汽封
	8. 机组对中不好	8. 重新对中

故障现象	故障原因	处理措施
冷凝器真空下降	1. 抽汽器喷嘴阻塞	1. 投入辅助抽汽器，清洗原用抽汽器喷嘴
	2. 真空系统不严密、漏气	2. 检查泄漏部位并修理
	3. 冷却水温度高或量小	3. 降低冷却水温度或增加冷却水量
	4. 凝汽器水侧堵塞、结垢	4. 清洗凝汽器
	5. 凝汽器液面高淹没了列管	5. 及时启动两台冷凝液泵运行或打开冷凝水总管排放阀
	6. 工作蒸汽压力波动或压力低，抽汽器达不到工作能力	6. 提高蒸汽工作压力并保持稳定
	7. 汽轮机轴封间隙大或轴封汽压力调整不合适，沿轴封漏入空气	7. 更换汽轮机轴封或调整轴封汽压力
	8. 凝汽器至抽汽器的管线阀门未全开	8. 全开该阀门
	9. 汽轮机排汽量太大	9. 调整机组负荷
	10. 汽轮机排汽安全阀未建立水封	10. 送密封水建立水封

参 考 文 献

[1] 化工机械手册编辑委员会编．化工机械手册．天津：天津大学出版社，1991

[2] 潘永密，李斯特主编．化工机器．北京：化学工业出版社，1980

[3] 姚玉英主编．化工原理．天津：天津大学出版社，1999

[4] 高慎琴主编．化工机器．北京：化学工业出版社，1990

[5] 合肥通用机械研究所编．泵．北京：机械工业出版社，1980

[6] 王璠瑜主编．化工机器．北京：中国石化出版社，1993

[7] 黄仕年主编．化工机器．北京：化学工业出版社，1981

[8] 江云瑛，张湘亚主编．泵和压缩机．北京：石油工业出版社，1985

[9] 王永康主编．化工机器．北京：化学工业出版社，1991

[10] 胡忆沩．李发国，鲁国良等编．实用管工手册．北京：化学工业出版社，2000

[11] 上海化学工业专科学校编．石油化工过程和装备．上海：上海科学技术出版社，1980

[12] 《炼油厂设备检修手册》编写组编．炼油厂设备检修手册．北京：石油工业出版社，1980

[13] GB/T 151—2014 热交换器．

[14] 陈国理主编．化工容器及化工设备．广州：华南理工大学出版社，1989

[15] 毛希澜主编．换热器设计（化工设备设计全书）．上海：上海科学技术出版社，1989

[16] 胡正民主编．化工设备机械基础．上海：上海科学技术文献出版社，1994

[17] 顾芳珍，陈国桓编．化工设备设计基础．天津：天津大学出版社，1994

[18] 侯芙生主编．中国炼油技术（第三版）．北京：中国石化出版社，2011

[19] 朱耘青主编．石炼制工艺学．北京：中国石化出版社，1992

[20] 赵杰民主编．基本有机化工工厂装备．北京：化学工业出版社，1993

[21] 李淑培主编．石油加工工艺学．北京：中国石化出版社，1991

[22] 陈甘棠主编．化学反应工程．北京：化学工业出版社，1990

[23] 石油部第二炼油设计研究院编．催化裂化工艺设计．北京：烃加工出版社，1983

[24] 钱家麟等著．管式加热炉（第二版）．北京：中国石化出版社，2005

[25] 刘运桃主编．管式加热炉技术问答（第二版）：北京：中国石化出版社，2006

[26] 郭光臣等编著．炼油厂油品储运．北京：中国石化出版社，1999

[27] 田士良编．炼油厂油品储运技术与管理．北京：中国石化出版社，1995

［28］ 胡建华编著．油品储运技术．北京：中国石化出版社，2000

［29］ 王丰，郭继坤主编．油库设备管理与维修．北京：中国石化出版社，1998

［30］ 李超俊，余文龙，轴流压缩机原理与气动设计［M］．机械工业出版社，1987

［31］ 黄中岳，化工透平式压缩机，大连理工大学出版社，1989

［32］ 任晓善主编．化工机械维修手册．北京：化学工业出版社，2004

［33］ 代云修主编．汽轮机设备及运行．北京：中国电力出版社，2005

［34］ 黄保海主编，汽轮机原理与构造．北京：中国电力出版社，2002

［35］ 崔继哲编著．化工机器与设备检修技术．北京：化学工业出版社，2000

石油化工设备技术问答丛书

书名	作者	定价
泵操作与维修技术问答（第二版）	黄希贤 曹占友	10.00
催化烟机主风机技术问答	王群 许峰	15.00
带压堵漏技术问答	姚在桐 温洪钡	10.00
电站锅炉技术问答	郑伟军 胡磊军 许忠仪	15.00
电站汽轮发电机技术问答	陈宏波 夏杰 俞国宾	18.00
电站汽轮机技术问答	孔庆元 王勇	18.00
工业汽轮机安装技术问答	中石化五建公司 王学义	42.00
工业汽轮机检修技术问答	中石化五建公司 王学义	60.00
工业汽轮机设备及运行技术问答	第五建设公司	54.00
管式加热炉技术问答（第二版）	刘运桃	12.00
换热器技术问答	钱广华 刘剑锋	12.00
焦化装置焦炭塔技术问答	徐成裕	8.00
金属焊接技术问答	雷毅	48.00
空冷器技术问答	章湘武	10.00
离心式压缩机技术问答（第二版）	王书敏 何可禹	15.00
连续重整反应再生设备技术问答	邢祖远	8.00
炼化动设备基础知识与技术问答	钱广华	39.00
炼化静设备基础知识与技术问答	王百森 钱广华 郭庆云 彭乾冰	38.00
汽轮机技术问答（第三版）	张克舫 沈惠坊	18.00
球形储罐技术问答	梁利君	8.00
设备腐蚀与防护技术问答	刘小辉	30.00
设备润滑技术问答	钱青松	12.00
设备状态监测及故障诊断技术问答	钱广华 屈世栋	12.00
石化工艺管道安装设计实用技术问答（第二版）	章日让	30.00
石化工艺及系统设计实用技术问答（第二版）	章日让	30.00
实用机械密封技术问答（第三版）	朱立新	28.00
塔设备技术问答	梁利君	8.00
往复式压缩机技术问答（第二版）	安定纲	10.00
无损检测技术问答	雷毅	28.00
压力容器技术问答	钱广华 杨超	12.00
油罐技术问答	梁利君 淡平庆 杨增良	9.00
转鼓过滤机技术问答	章湘武 张达兴	8.00